U0251252

把论文写在大地上

——参加国家油菜产业技术体系工作纪实

◎ 胡宝成 编著

中国农业科学技术出版社

图书在版编目（CIP）数据

把论文写在大地上：参加国家油菜产业技术体系工作纪实／胡宝成编著 .—北京：中国农业科学技术出版社，2018.7

ISBN 978-7-5116-3817-5

Ⅰ.①把… Ⅱ.①胡… Ⅲ.①油菜-病虫害防治-文集 Ⅳ.①S435.654-53

中国版本图书馆 CIP 数据核字（2018）第 176047 号

责任编辑　李　雪　徐定娜
责任校对　马广洋

出版发行　中国农业科学技术出版社
　　　　　北京市中关村南大街 12 号　　　　　　邮编：100081
电　　话　（010）82109707　82105169（编辑室）　（010）82109702（发行部）
　　　　　（010）82109709（读者服务部）
传　　真　（010）82106626
网　　址　http://www.castp.cn
经　　销　各地新华书店
印　　刷　北京建宏印刷有限公司
开　　本　787mm×1 092mm　1/16
印　　张　26.75
字　　数　447 千字
版　　次　2018 年 7 月第 1 版　2018 年 7 月第 1 次印刷
定　　价　98.00 元

《把论文写在大地上——参加国家油菜产业技术体系工作纪实》

编写人员

编　著：胡宝成

日志撰写人员（按工作量和撰写量排序）：

胡宝成　侯树敏　李强生　荣松柏　费维新

郝仲萍　吴新杰　范志雄　陈凤祥　江莹芬

雷伟侠　孙永玲　宋　伟

前言

    农业部（2018年3月国务院机构改革组建农业农村部，不再保留农业部）现代农业产业技术体系于2007年启动，我很荣幸地被聘为油菜产业体系病虫草害防控功能研究室岗位专家，带领我们团队于2008年正式开展工作。在从事了20多年的油菜遗传育种研究后回归了所学的植物保护专业。九年来，团队全体成员按照农业部提出的重点任务、基础性工作、前瞻性工作和应急性工作，深入全国油菜产区，上山下田、走村入户、调查研究，进行指导和培训。同时，我们把生产中发现的问题予以梳理并凝聚课题，进行深入研究和创新。

    根据当时农业部的要求，我们的工作还必须以日志的方式记录下来，填报在"农业部现代农业产业技术体系管理平台"上。九年来我们经历了初期的填写日志不习惯，常常是一句话的流水账，逐步转变为我们工作一部分的自觉行动。团队每个成员均能把自己工作中的所做、所见、所闻、所感认真记录下来，累积至今已达1 000多篇40余万字。这些日志既是我们服务三农的无愧历程，也是把论文写在大地上的真实写照，更是珍贵的科研资料。

    2016年初，农业部对全国各产业技术体系实行新老更替的调整，我由于年龄原因不再任岗位专家。在这一过程中，我们在"农业部现代农业产业技术体系管理平台"上填写的日志"消失"了，当时就很后悔没有及时保存。网站上的日志信息恢复后就有把日志整理出来长期保存的想法。2016年下半年退休后，在整理过程中又有了要发表这本日志的"冲动"。

    从2008年至2016年，经历了我国"十一五""十二五"两个五年计划。我们在体系内承担的研究任务也有所不同。"十一五"期间主要以长江流域油菜病虫草害研究为主，兼顾安徽省油菜新品种选育。"十二五"期间主要是以全国油菜害虫和油菜新病害黑胫病研究为主，兼顾安徽省油菜根肿病和休闲农业。九年来，我们的工作范围涉及全国油菜产区的 19 个省（自治区、直辖市）中的 200 余个县（市、区、旗）。在油菜害虫研究、油菜蚜虫为害与菌核病发病的关系、油菜黑胫病研究和利用油菜开展乡村旅游和休闲农业等方面做了一些开创性工作。

在油菜害虫研究方面：对全国油菜害虫进行了系统的调查研究，明确了全国油菜害虫种类、为害程度和变化趋势规律，概括起来主要有三点：一是主要害虫抗药性增强，为害加重。二是次要害虫或以大暴发或以普发的方式逐步上升为主要害虫。三是春油菜区的害虫已进入冬油菜区，正逐步适应当地生态和耕作栽培环境开始为害。根据上述变化规律，我们还重点研究了油菜主要害虫的发生规律、综合防控技术、蚜虫为害与油菜菌核病发生关系；筛选和研究出一批安全、高效防控油菜害虫的药剂和技术；发现了一些新为害油菜害虫，甚至害虫新种（喜马象甲）等。在上述研究中，团队成员经常跋山涉水追踪害虫，日晒雨淋乐此不疲，高原缺氧无所畏惧，掘地翻土寻虫找蛹研究生活史。由于虫害具有突发性和暴发性的特点，团队成员始终坚持全国范围内只要有害虫大发生的报告，不管多远，24 小时内一定赶到发生地。收到请求帮助鉴定害虫和指导防控的需求，及时答复。这些在日志中均可见原始记载。

在油菜病害研究方面：在全国率先开展了油菜新病害黑胫病的系统调查和研究。通过对全国 18 个省（自治区、直辖市）中 180 余个县（市、区、旗）的调查研究，明确了我国油菜黑胫病病原种类、致病性。对全国油菜黑胫病的分布范围和为害程度的系统调查，得出几点明确的结论：一是就全国范围来说，冬油菜区普遍发生，已造成不同程度的产量和品质损失。重病区的产量损失已超过油菜菌核病所造成的损失。春油菜区黑胫病零星发生。二是冬油菜区的重病区：江苏南京，安徽合肥，河南信阳、湖北襄阳、陕西汉中一线北纬 29°~33°区域油菜黑胫病发生很重。重病田块发病率达 80%~90%、产量损失达 30% 左右，已超过当地油菜菌核病造成的损失。长江中下游的江苏、安徽、湖北和西南的贵州病害重，重病田发病率达 60%~90%。产量损失达 20% 左右。三是同一病区，丘陵地区病害普遍重于平原地区，发病率高出 30% 左右，产量损失高出 20% 左右。前茬旱地作物的油菜病害普遍重于前茬水稻的油菜，发病率高出 50% 以上，产量损失高出 30% 左右。为此，团队全体成员付出了 10 余年（体系启动前就开展了工作）艰辛的努力。每年油菜青角期，我们就开展全国范围的"追逐战",在一个多月的时间里,经常上午驱车300~500千米,下午在相关综合试验站和病区调查取样,晚上处理样品。团队成员每次调查在密不透风的油菜田里虫咬蚊叮,汗流浃背,以苦为乐;每次为确定病害的级别,必须手剪成熟前的茎秆达几百株至上千株,手掌起泡也没有知觉;为确定病害损失率,在收获时节正午的阳光下继续工作,甚至田间中暑。大家在日志中也仅仅记录了工作,没有记录辛苦,更无怨言。

油菜黑胫病多年系统研究也为我国油菜籽进口的话语权提供了技术支撑和研究证据。向江苏省和上海市植物检验检疫部门提供了油菜茎基溃疡病(黑胫病强侵染种)检测方法和标样。应国家质量监督检验检疫总局的邀请,团队成员参加了与加拿大代表团就中国限制加拿大油菜籽进口的谈判,为谈判提供技术支撑和研究证据。国家质量监督检验检疫总局于2009年11月发布了《关于进口油菜籽实施紧急检疫措施的公告》(2009年第101号公告),团队成员为国家生物安全和贸易话语权作出了应有的贡献。这些在日志中均有原始记载。

填写日志是体系工作规定的任务,尽管逐步变成了我们团队全体成员的自觉行动,但当时并没有考虑要发表。加上很多日志是在非常忙碌的工作间隙中填写的,用词造句有时不是很规范。这次整理时仅调整和简化了格式,把参与人员直接放在日志正文中,撰写人放在最前。删除或合并了一句话纯流水账式的和重复的日志80余篇。另外,补充了体系工作相关的出国参加国际学术交流及合作的体会、启示和建议共9篇。这9篇日志由胡宝成撰写后仅向安徽省农业科学院和省有关部门汇报过,没有及时上网填报。其余1 000多篇日志仅对明显的病句和手误错别字予以纠正,保持日志的"原汁原味"。

"把论文写在大地上",说起来容易,做起来和坚持下去比较难,在科研单位现行评价机制和标准中得到认可则更难。这本日志的出版,期望对推动观念的转变尽点微薄之力。

油菜体系首席科学家王汉中院士及首席办公室人员、傅廷栋院士、官春云院士、体系功能研究室刘胜毅研究员对我们的工作给予了大力支持和指导,油菜体系各岗位专家及团队和全国各油菜综合试验站对我们的工作给予了大力支持和帮助,在此一并表示衷心地感谢!

胡宝成

2018年4月

目录

2008 年度

标题：巢湖考察油菜冻害

日期：2008-02-14

多年罕见的大雪过后，胡宝成、张长青、陈凤祥、侯树敏等人到巢湖考察巢湖市农科所油菜试验冻害情况及居巢区大田油菜生产冻害情况。油菜试验地和大田生产油菜冻害普遍 1~2 级，下雪前已抽薹 10 厘米以上的受冻严重，估计减产幅度很大。基本没有发现蚜虫。

标题：南陵、贵池考察油菜冻害

日期：2008-02-19

胡宝成、侯树敏等赴芜湖市南陵县和池州市贵池区调查雪后油菜冻害情况。南陵双季稻面积比较大，约为 30 万亩（1 亩约等于 667 平方米，1 公顷=15 亩。全书同），油菜常年种植 16 万亩，但田间考察 2008 年油菜播种面积达不到 16 万亩。很多地方是小麦地里找油菜，稻—油茬变成了稻—麦茬，这种轮作方式不利双季高产和土壤培育。油菜普遍冻害 1~2 级，对产量影响不大。基本不见蚜虫。贵池区棉花茬—油菜面积比较大（约 30 万亩），池州市农委示范点栽培技术落实到位，亩栽 5 000~6 000 株。9 月 10—20 日育苗，苗龄 30~40 天，品种核优 56，由于大雪，长柄叶断裂率比较高，对产量有一定的影响。基本没有蚜虫，霜霉病有可能发生，建议叶面施肥加多菌灵防治病害。

标题：赴东至大渡口镇考察油菜冻害情况

日期：2008-02-20

胡宝成、侯树敏等赴东至县大渡口镇考察雪后油菜冻害。该镇主要是棉花茬油菜，密度偏稀，亩株数 3 000~4 000 株，冻害 1 级居多，品种主要为核优 56，该品种长柄叶叶柄较长，有弹性，压断不多，但据反映，下雪前叶柄就冻裂。基本没有蚜虫。

标题：赴六安市农科所（油菜综合实验站）调查油菜冻害

日期：2008-02-22

　　胡宝成、侯树敏、费维新等赴六安市农科所及周边油菜产业区调查油菜冻害。结果表明，该所内油菜试验田冻害重于大田生产的冻害。主要是试验田块油菜营养体较大，尤其是早熟品种，主茎基本冻死。基本没有蚜虫，也无霜霉病。机械损伤（雪压断）大于冻害本身。大面积生产油菜由 2006—2007 年底的 180 万亩恢复到 2008 年的 220 万亩，但早熟品种（四川蓉油系列、贵州油研系列）比较多，由于 2008 年迟播冻害不重，还需到油菜成熟前了解菌核病发生情况，才能判断四川、贵州两省引进的早熟品种在安徽的应用价值。

标题：课题组讨论工作安排

日期：2008-02-25

　　课题组全体成员经讨论后，拟定油菜害虫定点考察监测点为昆明、绵阳、宜春、合肥、苏州、宜昌，待先前考察，征求功能研究室主任刘胜毅意见和各拟定监测点意见再决定。宣布课题组分工：胡宝成负责全面工作，决定研究方向，具体负责病虫害研究。陈凤祥负责育种工作，李强生负责品质分析、国际学术交流和合作，其余同志相互支持、协作。吴新杰、范志雄、江莹芬以育种为主，侯树敏、费维新、孙永玲以病虫害为主，雷伟侠以品种分析为主。大家表态同意该方案，下午与刘胜毅主任电话联系，通报上述初步意见，刘主任表示原则赞同，但还要与体系办公室协调确定。

标题：赴江苏省农科院和苏州市农科所考察

日期：2008-02-29

　　胡宝成、侯树敏等赴江苏省农科院和苏州市农科所考察。江苏省秋播油菜800 万亩左右，从南京和苏州试验田情况看油菜已开始返青，油菜冻害情况与安徽差不多，1~2 级冻害为主，少数早熟的（已抽薹）冻害严重，早熟品种风险比较大。与苏州市农科所谈建立油菜害虫观监点事宜，所长刘敬阳、油菜室主任孙华及许才康站长均表示欢迎。此外，苏州市农科所油菜试验地多年田间禾本科杂草为害严重。准备向刘胜毅推荐苏州市农科所也作为杂草监测点。

　　傅廷栋院士参加农业部春季作物田间管理现场会后也赴江苏省农科院考察，

正好同时观看田间油菜长势，江苏省农科院副书记、副院长赵西华出面接待。油菜雪后抗灾救灾工作总结已于 2 月 27 日报到油料所。

标题：课题组会议

日期：2008-03-03

课题组开会，总结前一阶段抗雪灾救灾工作。安排布置下两周的工作：胡宝成和侯树敏负责落实油菜害虫监测点工作；吴新杰负责重点实验室总结工作；李强生负责土耳其专家和英国专家来访的日程安排工作；陈凤祥负责农业部育种分中心申报工作，及云南省农科院经作所合作小孢子培养工作；费维新负责落实油菜害虫调查统一标准和表格设计。

标题：赴宣城市参加"全省农业春季生产科技行动启动仪式"宣城市分会场活动

日期：2008-03-07

3 月 6—7 日，胡宝成赴宣城市参加"全省农业春季生产科技行动启动仪式"宣城市分会场活动，并承担培训任务。在宣城分会场参加仪式的有宣城市农委和市所属各县区农委负责同志。农技推广技术干部 50 余人。本会场由宣城市农委副主任徐启才主持，胡宝成作为指导督查组第二组组长在现场连线直播中介绍分会场情况，并代表安徽省农科院参加该行动的 30 多位专家发言。同行的有安徽省农委科教处高宗霞副处长，省菜办齐波副主任及安徽农大教授丁克坚等。宣城市耕地面积 280 余万亩，主要是水稻、油菜。今年小麦面积有扩大趋势。油菜常年种植面积 120 万亩左右，现下降为 70 万~80 万亩，直播面积达 60%。

胡宝成讲课题目为"油菜抗灾高产栽培原则与技术"主要从 4 个方面讲述：（1）油菜在我国农业生产中的地位；（2）油菜在轮作中的地位；（3）稻油轮作中油菜品种的选择与抗灾避灾；（4）油菜高产抗病虫害栽培技术要点。授课对象为宣城市农委及所属各县农委农技干部 50 余人。

标题：商量建立油菜害虫定点实验站

日期：2008-03-08

近日，审核油菜害虫统一调查表，并与功能研究室刘胜毅主任电话联系再次商量建立油菜害虫定点实验站事宜。刘胜毅表示没有意见，他也征求过廖星助理的意见，但尚未向首席科学家王汉中汇报。赞同我们可以先联系，边工作边等待最终答复。同时还通报了赴江苏省苏州和南京点考察情况，建议在苏州同时建立油菜杂草定点观察点事宜。刘胜毅也通报选择油菜病害试验定点站的初步想法。

标题：课题组会议

日期：2008-03-10

胡宝成主持课题组会议安排育种试验田间春管工作。费维新负责与刘胜毅商定害虫统一调查表设计；侯树敏负责在昆明实验站油菜害虫标本采集及调查准备工作。

标题：赴云南综合实验站考察

日期：2008-03-14

胡宝成、侯树敏、陈凤祥、范志雄于3月11—14日赴云南综合试验站访问了云南省农科院经作所、生物技术与种质资源研究所，参观了实验室和田间油菜试验，商讨油菜小孢子合作育种和建立油菜害虫监测点事宜及油菜虫害（蚜虫）与病害的相关性研究。云南今年油菜播种面积为330万亩，并有扩大趋势，丽江市部分河谷地区在20世纪90年代曾创油菜亩产400多千克的记录。经作所李根泽所长想征集全国油菜品种在丽江试种。争取亩产达500千克，看看油菜的产量潜力。

在云南期间我们还考察了油菜主产地区玉溪市的红塔山区、峨山县和终南县。当地油菜主要与烟草轮作。以常规品种直播为主，部分免耕直播，密度多达1.5万~3万株/亩（6 000~7 000穴，每穴3~4株）。生育期180天左右，平均亩产达200千克，高产可达300多千克。云南省农科院培育的云油8号表现很好。高产的主要原因：（1）温差大，千粒重高；（2）青角长达40天左右，有利光合积累；（3）无病害。但虫害，尤其是蚜虫为害严重，如果不能及时控制住蚜虫，对产量影响很大。当地农民有防治蚜虫习惯，我们看到农民在蚜虫发生的初期就积极防治，但技术有待提高。防治所用药剂多为乐斯本、农地乐、蚜净、功夫、高效氯氰菊酯等，防治时期于花期—青角期防治 2~3 次，每亩成本 20 元左右，但过量用农药，对药剂的选择有盲目性。其次苗期菜青虫、跳甲和青角期潜叶蝇也有发生。考察中谈到了蚜虫迁飞的可能性（长距离），可以先调查当地蚜虫，明确是同种，在此基础上可考虑蚜虫标记释放，捕捉，看看迁飞规律。

蚜虫传播病毒病，有些带毒植株不表现病毒病症状，但带毒植株受其他病害（菌核病、霜霉病等）侵染后对产量的影响如何值得做些工作。可以用该院生物技术研究所研制的试剂盒测病毒株（每盒可测 500 个单株，价格 1 500 元/盒），而后人工接种菌核病，研究菌核病株率，病指与病毒病（隐症状）的关系。云南省农科院戴陆国副院长、唐开学副院长参与接待。隋启君所长、张仲凯所长介绍情况。李根泽副所长、王敬乔研究员等及农业厅钟处长带领我们赴玉溪等地考察大田油菜生产情况。3 月份上半月工作汇报在途中完成，于 15 日报中国农科院油料所。

标题：课题组会议

日期：2008-03-18

胡宝成主持课题组会议，安排田间管理及花期准备工作。

标题：育种、培训、调查

日期：2008-03-20

3 月 19—20 日育种工作花期杂交、套袋等。陈凤祥赴巢湖培训农民技术员，侯树敏赴含山基地检查制种情况，发现油菜新害虫 2 种，等待鉴定种类。

标题：参加省农委组织的春季田间管理科技行动检查工作

日期：2008-03-26

3 月 23—26 日，胡宝成参加安徽省农委组织的春季田管科技行动检查工作，赴黄山市、池州市、铜陵市、马鞍山市检查督导工作。安徽省农科院 30 余位专家均已赴各地培训，讲课，指导当地雪灾过后春季田间管理工作，并且得到当地政府和农民的一致好评。上述 4 个市耕地面积均不是很大，但油菜播种面积比例大。贵池区 20.2 万亩油菜,生育期较上年推迟 15 天以上,由于雪灾和鸟类为害,预计减产 20%~30%。其他市情况也类似。周日还专门赴江西婺源考察当地利用油菜花与旅游相结合的情况。婺源与黄山市同为山区,但油菜播种比例比较高,江岭、江湾等地油菜花正盛开,一派金黄,与古村落的徽式古建筑、粉墙黛瓦、飞檐翘角相结合,风景十分优美,也吸引了很多游客游览。用车水马龙、人山人海形容一点也不夸张。从车牌上看,小车自驾游的多来自江、浙、沪,而旅行社组织的大巴多来自两广、福建、湖北、河南。返回安徽后我们也到黟县的西递、宏村考察,对比,游览的人比较少,差距太大。所以,鼓励当地发展冬闲田种油菜,当地政府给予适当补贴,以油菜开花期一个月的旅游收入足以弥补政府补贴的支出,我想这是安徽省、黄山市等地发展油菜的一个思路。

标题:赴巢湖、芜湖、宣城三市考察并参加巢湖市农科所"国家油菜综合实验站揭牌仪式"

日期:2008-04-03

4 月 1—3 日,胡宝成赴巢湖、芜湖、宣城三市考察并参加巢湖市农科所"国家油菜综合实验站揭牌仪式"。仪式结束后首先考察该市无为县汤沟遭受雪灾后油菜恢复情况。汤沟镇万亩棉花茬油菜品种为德油、绵油系列,在安徽省沿江地区表现早熟,由于播种较迟,雪灾前刚抽薹,但叶片发黄枯死,冻害率为 100%,多数田块冻害指数在 0.55 以上,不少农户已对灾后油菜恢复生长失去了信心,放弃管理。巢湖实验站的科技人员在该镇农技中心的配合下直接在田间地头技术指导,采取三项措施:(1)追肥管理;(2)清沟沥水;(3)病害防治。6 万亩棉花茬油菜恢复生长,花期长势良好,但生育期推迟,产量在 100 千克左右。宣城市郎溪县常年种植 50 万亩油菜,近年由于比较效益下降,油菜今年只有 15 万亩左右,小麦达 20 多万亩(已种 2~3年,产量可达 500~600 千克/亩),田野是绿油油的小麦地里点缀着金黄的油菜。加上小麦良种和种植补贴,机械化收割,小麦种植有扩大的趋势。郎溪县是我省油菜机械化播种面积较大的地区,而油菜面积缩小,小麦面积扩大显然是效益在起作用。农民种 1 亩小麦收 250 千克左右,毛收入近 400 元,加上政府补贴的 10 元/亩,机械化收割又省工,而种 1 亩油菜仅有种子补贴,费工费事。

启示：（1）尽管汤沟镇万亩油菜灾后及时采取了措施，已恢复生长，但在选用品种上有失误，如果不用长江上游的品种，如贵池那样，用本省中熟品种就不会出现如此严重的灾害。实践已证明，长江棉花茬油菜选用本省中熟品种，育苗移栽，才可达棉、油双高产。棉花茬口区农民习惯育苗移栽，加上棉花收摘晚，田间也只能育苗移栽，还需因地制宜支持发展该技术，不应强调轻简化栽培。（2）郎溪县的例子说明，农民首先考虑的是种植效益，尽管轻简化栽培在该地已推广。该地稻油茬多年，种小麦 2~3 年，小麦产量高，加上政府保护价收购，种植补贴，效益大大高于种油菜，但继续种小麦有 2 个不利：一是对水稻的产量影响较大，二是赤霉病的风险加大。而当地小麦品质也不好，只能做饲料。建议政府对小麦种植的补贴应定在适宜种植区，郎溪及沿江江南小麦种植不应补贴，而应补贴油菜种植，鼓励在优势产业区发展优势农产品的生产。（3）阳光培训为农民外出务工提供了很好的技能，发挥了很好的作用，促进了农民增收。但农村青壮年劳动力已下降很快。而阳光培训仍以每年几十的百分率增加，同时农村劳动力每年只增加千分之几，这样下去，农村从事农业的人口更少，不利于粮食和农产品的生产，不利于国家粮食安全，应考虑加强农村从事农产品生产的农民技能培训。

标题：赴武汉，中国农科院油料所

日期：2008-04-10

　　胡宝成于 4 月 9—10 日赴武汉，与中国农科院油料所刘胜毅主任及华中农大姜道宏教授共同商讨病虫害功能实验室下一步工作安排，讨论了三个问题：（1）统一在 11 个综合试验站从事病虫害定点监测工作，这 11 个试验站分别为昆明、贵阳、绵阳、常德、宜昌、黄冈、宜春、巢湖、扬州、苏州、信阳；（2）秋种前举办全国各综合试验站相关人员培训班，授课内容主要为油菜主要病虫害生物学症状、为害情况、防治措施、统一调查记载标准等；（3）编写油菜病虫害症状图集及防治措施的小册子，农民易于掌握的明白纸等。指导农民防治油菜病虫害。会议结束后参观中国农科院油料所在武汉市郊区新购买的 1 000 亩规模的试验区，参观油菜菌核病人工接种设施，该设施对油菜品种田间抗性鉴定效果很好，我们也准备建设。

标题：赴贵州考察油菜病虫害发生情况

日期：2008-04-18

　　4月15—18日，胡宝成赴贵州考察油菜病虫害发生情况，详见《考察报告》。

标题：赴波兰和匈牙利考察

日期：2008-05-07

　　4月28日—5月7日，胡宝成赴波兰和匈牙利考察，执行中波两国政府间国际合作项目。主要访问了波兰科学院植物遗传育种研究所、波兰植物育种与栽培研究所，考察了该所的科研设施、油菜试验基地、制种基地等。有以下几点收获：（1）继续进行油菜菌核病生理小种分子鉴定工作和油菜黑胫病病菌微卫星分子鉴定工作；（2）将中国抗菌核病的品种和亲本送到波兰鉴定抗黑胫病抗性；（3）引种波兰的油菜杂交品种（萝卜细胞质）并鉴定抗菌核病病性；（4）引种波兰小黑麦。

标题：接待荷兰瓦郝宁根大学教授

日期：2008-05-17

　　5月14—17日，荷兰瓦郝宁根大学教授 Win Heijaman 博士应邀来访，胡宝成、李强生等人参与接待。学术交流后，双方主要商谈科技人员在该大学短期和中长期培训事宜。短期培训（2个月）该校可单独组织，但一个月以下的，该校委托有关部门联合办。培养博士生可以有"三明治式"：第一年在该校读学分，第二、第三年在国内做试验，第四年回到该校写论文并答辩，通过答辩后授学位。学制也可长达6年，在国外时间短些，在国内时间长些。这种培养方式可以申请荷兰奖学金，但竞争比较激烈，如果国内有部分资助，申请奖学金的成功率就可能大些。

标题：接待英国洛桑试验站3位专家

日期：2008-05-22

　　5月18—22日，英国洛桑试验站3位专家（Alastair McCartney, Jon West, Sarah）来访，执行中英伙伴关系项目和引智项目。会议安排了下一阶段中英伙伴关系项目的工作。双方商定 2009 年春中方 6~8 人短期访问英国洛桑试验站（我们团队和中国农科院油料所各 3~4 人），进行项目总结。同时探讨下一步申报合作项目的渠道，有可能联合起草申报书。Jon 可为中方赴英国洛桑试验站短期培训提供详细的计划安排。访问期间，Jon 作学术报告：Pathogen Population Biology and Disease Management Research at Rothamsted。双方对中国油菜黑胫病发生的气候条件的变化、耕作制度的变化及病菌对这种变化的适应性和可能造成的为害进行了讨论。

标题：赴北京参加科技部重点项目评审会

日期：2008-05-30

胡宝成于 5 月 29—30 日赴北京参加"十一五"国家科技支撑计划"农作物规模化制种关键技术研究及产业化"重点项目评审会。在申报的油菜项目中，专家一致通过推荐中国农科院油料所科技新产业有限公司申报的项目（平均 86 分）。评审意见认为：该项目联合了全国油菜研究和育种的主要单位，针对中国杂交油菜主要控制授粉系统存在的问题开展攻关，定位准确合理，与总体目标关系非常密切，关键技术选择准确合理，技术创新突出。通过项目实施，能显著提高杂交油菜制种产量和纯度，减小种植风险。同时参加单位各具优势，特点突出，研究成果能提升中国油菜产业水平和效益。

标题：赴俄罗斯学术访问

日期：2008-10-14

胡宝成等人于 10 月 4—14 日赴俄罗斯，主要访问俄罗斯农科院、全俄油料作物研究所、园艺研究所、农业研究所，并与俄罗斯上述三个研究所在油菜、向日葵、小麦等作物育种及水果加工（草莓、苹果、李、杏）进行学术交流和商讨合作的可能性。在油菜上我方主要介绍了我们隐性核不育三系的特点。俄方在油菜育种上效率比较高，每年能育成 1~2 个品种。杂交油菜主要利用萝卜细胞质，油菜类型包括冬性、春性均有。冬油菜在 9 月下旬播种，6 月初收获，和安徽省生育期差不多，田间试验规模大，基本机械化，这也是他们育种效率高的主要原因之一。其冬油菜有时需要在低于 -10℃ 的气温下生存，这对我们抗低温新品种的选育来说是很好的种质资源。此外，他们抗角果开裂的品种也可引进到中国作为选育适应机械化收获的品种资源。

出国访问前安排好秋种工作和岗位病虫害调研工作。秋种由陈凤祥具体负责，吴新杰、侯树敏、费维新、范志雄、雷伟侠等配合，并各自负责自己所分工的试验播种。李强生、侯树敏、费维新还要负责病虫害的调查和各试验点工作。荣松柏负责原种生产和基地制种工作。

标题：油菜主产区田间指导

日期：2008-10-20

　　胡宝成、侯树敏等于 10 月 16—20 日赴巢湖、滁州等油菜主产区调查油菜播种和出苗情况。各地总体能适时播种，出苗情况尚好，但也存在一些问题。(1) 滁州有些地方苗床缺水，缺肥比较严重，当地农民炼苗、蹲苗过度，已指导他们如何适当炼苗，尽快浇水，施送嫁肥、送嫁药；(2) 苗期病虫害在局部地比较严重。六安市金安区张店镇金庵村较大面积苗床有地下害虫褐纹叩头甲为害，严重的田块幼苗损失达 50%，农民防治不理想，主要用触杀类杀虫剂。经及时指导农民用害虫净、辛硫磷等杀虫剂，有效控制了虫害；(3) 巢湖市油菜苗期霜霉病普发，部分农民对病害不认识，经指导施用代森锰钾、甲霜灵等；(4) 巢湖市含山县耀华村监控油菜叶露尾甲的发生情况，拟开展生活史、传播途径等方面的系列调查工作。

标题：田间试验

日期：2008-10-21

　　秋种已 20 多天了，近日调查院内试验地。育苗地幼苗已普达 2~3 真叶期，苗势长势好，直播试验正陆续出苗。已完成育苗 3 亩，直播 57 亩，267 个组合，所内品比鉴定 (5 个父本，11 个母本所制)，临保系 34 个不同株系和组合两用系配置全不育系，种植育种小材料 4 000 余份。有 3 个品种参加全国区试，1 个品种同步进入全国长江下游组生产试验，8 个品系参加省区试，7 个进入预试。

标题：指导油菜移栽和病虫害防治

日期：2008-10-31

　　侯树敏、陈凤祥等人于 10 月 28—31 日赴天长、池州、东至等地，调查示范田病虫害发生及防治情况。天长县建立了皖油 25 和核优 56 两个品种千亩示范片，开展了机械条播试验，苗情长势良好。10 月 28 日示范片移栽，苗床及时浇水、施肥和喷药，幼苗壮苗率 95%，无虫害。池州市贵池区已建立核优 56、皖油 25、核优 46 等品种万亩示范片。皖油 25 集中连片 1 000 余亩，核优 46 连片 600 余亩。9 月 5 日开始播种育苗，10 月 15 日开始移栽，主要是棉田套栽和稻茬免耕移栽。目前苗旺但菜青虫发生较重。已指导当地农民及时防治虫害，对长势过旺的田块要求控肥控水，喷施多效唑或稀效唑控苗。当地农民缺乏除草剂使用知识，幼苗有不同程度药害。东至县大渡口镇已建立核优 56 示范区 5 000 亩，其中核心区连片 500 余亩，均为棉田套移栽，目前已返青，长势良好，有少量菜青虫为害，未发现其他害虫。调查中发现，其他技术只要条件许可，均比较容易推广，农民也易掌握，但病虫害年年发生，年年指导，农民还是缺乏知识，不易掌握。

标题：赴北京参加农业部跨越计划项目评审

日期：2008-11-01

胡宝成于 10 月 31 日—11 月 1 日赴北京参加农业部跨越计划项目评审。油料作物组评审 16 项，其中油菜 8 项，花生和胡麻等 8 项。从上报的材料来看，国家急需的油菜早熟品种（甘蓝型油菜生育期 180~210 天）还是比较缺，长江中下游区拿不出一个品种符合该生育期的，长江上游的品种引种到中下游有可能达 210 天以内，但根据以往的经验，这些品种往往菌核病偏重发生，或冬前抽薹，极易在越冬中冻死。故应用生物技术培育白菜型油菜的熟期、甘蓝型油菜的单产的品种已是生产上急需，尤其是国家大力发展粮食生产，双季稻的面积必将扩大的情况下，早熟品种意义更大。

标题：含山县指导移栽油菜和病虫害调查

日期：2008-11-05

侯树敏赴含山县仙踪镇指导油菜移栽，调查病害、虫害防治工作，在苗床中发现叶露尾甲。仙踪镇与上次发现该害虫的耀华村相距了 3 千米，中间有一座大山相隔，该虫是迁徙过来的，还是原来就存在，是否由于今春冻害，天敌冻死，而少量该虫存活，在适宜的气候条件下繁殖起来？除了为害油菜外，在大白菜上也发现了它的为害，可能食谱不单一。小菜蛾、猿叶虫、菜青虫等也开始出现。当地农民不认识这些害虫，也缺乏防治技术，叶露尾甲和猿叶虫在安徽省也是一种新虫害，需要靠查文献资料来认识和指导防治。

标题：合肥试验地病虫害普查

日期：2008-11-07

　　近日，侯树敏等人对合肥试验地的各种油菜试验普查病虫害发生情况。9月28日前后直播的幼苗，普遍5~6片真叶，少量有高脚苗，病虫害不重，少量菜青虫，无蚜虫。10月5日前后直播也达5片真叶，长势较好，但杂草（禾本科为主）比较严重。10月15日后直播田仅2片真叶，要求不打农药，子叶上开始有霜霉病出现。田间管理主要是间苗、补苗、施肥。另部分田块有地下害虫（地老虎）为害。

标题：池州市、黄山市油菜生产考察

日期：2008-11-15

　　胡宝成、侯树敏等于11月14—15日赴池州市、黄山市考察油菜生产情况。总体上两市播种面积有所扩大，黄山市农委陈长春副主任介绍今年播种面积增加了10%左右。池州市没有去农委，仅在路上实地考察。可能前期雨水偏多，幼苗表现发红、发紫，出现缺肥症状。田间杂草偏多，部分田块有高脚苗，有些田块有菜青虫和蚜虫，均不重。

标题：南陵县油菜生产考察

日期：2008-11-17

　　胡宝成、侯树敏赴南陵县考察油菜生产情况。县农技中心副主任刘跃华接待并带领我们调查。据介绍该县常年种植10万亩左右油菜，去年仅6万亩，今年秋播恢复到10万亩左右，主要是种油效益提高了，收购价到了3.8~4.2元/千克。但近年当地农民种旱稻的积极性提高了，有补贴，而且浙江来人收购达2元/千克，明年可能发展更快。这样双季稻发展起来后，冬闲田可能要增加，或种油菜更粗放，有些地方农民干脆就撒播，产量可能上不去。

标题：油菜生产调查

日期：2008-11-22

近日，胡宝成、侯树敏等赴东至和江西婺源县调查油菜生产情况。东至棉花套种油菜面积仍较大，达 20 万亩（全县 30 万亩油菜，其余是稻田或其他旱作），品种仍然是长江上游的早熟品种（德油系列 4、5、10 号，蓉油系列 8、10、11 号，绵油系列 11、12 号），安徽省农科院自育品种核优 56 经去年示范表现很好，今年已扩大到 10 000 亩左右。当地老百姓习惯用上游品种（早熟），尽管抗寒性差，但棉茬田间可挡风，可减轻部分冻害，去年严重冻害情况下，其亩产仍达 160 千克。今年播种和移栽均较早，我们所看的田块均是国庆节后农民抢雨移栽的，已达 10 片叶子。由于棉花田施肥水平比较高，油菜基本不怎么施肥均可高产。婺源县由于不熟悉，没有与当地农业部门联系，仅在路边走马观花和查看当地资料，询问农民，在赋春镇，当地农民介绍，种油菜每亩地可补助 50~60 元。但我们观察的实际效果并不理想，空闲田还是比较多。可能旅游景区附近面积比较大，但我们没有时间过去。

标题：参加体系年终总结会和油料作物学术年会

日期：2008-12-04

胡宝成、陈凤祥、李强生、侯树敏、吴新杰等于 11 月 29 日—12 月 4 日在福州参加"农业部现代农业产业技术体系油菜体系年度总结会""中国作物学会油料作物专业委员会第六次会员代表大会暨学术年会"和"国家'十一五'科技计划油料课题执行情况交流会"，胡宝成在体系年度总结会发言 8 分钟，总结了一年来本岗位在完成重点任务、突发性工作、基础性工作和前瞻性工作的情况，分析了存在的问题，提出下一年度工作计划。胡宝成在学术年会上再次被选为中国作物学会油料作物专业委员会副理事长。在油菜学组交流发言中做了题为"国际学术交流与合作（2）——农业和农业科技走出去"的学术报告。

标题：合肥试验地调查冻害

日期：2008-12-09

月初强寒潮袭击江淮地区，过程降温达 10℃ 以上，合肥最低气温达 -4~5℃。田间观察各试验油菜总体冻害不重。但迟播直播苗受冻偏重。4 片真叶中第一片或包括第二片中部冻伤。面积占叶片总面积 60% 左右，7~8 片真叶以上的大苗，部分品系 1~2 片叶子叶缘轻微受冻。该寒潮对害虫（主要是菜青虫杀灭作用较大，对蚜虫也有一定的控制作用），近日气温回升很快，今天最高气温可达17℃，明日接近20℃，这种气温剧烈变化对选育抗寒品种是有帮助的。

标题：合肥试验地冻害调查

日期：2008-12-10

　　李强生、侯树敏等对合肥试验地油菜冻害进行了调查。调查品种为全国有关育种单位征集的10个品种，按区域规模种植，3次重复，试验种2次（分别于10月10日和10月17日播种）。结果见调查报告。

标题：天长县油菜冻害调查

日期：2008-12-11

　　12月11—12日，侯树敏赴天长县调查油菜冻害，指导防冻抗冻工作。大田冻害较重，普遍2~3级，部分4级冻害，主要是20多天来未下雨，干冻影响大。田块浇过水的则冻害较轻，此外高脚苗受冻严重。提出防冻措施：（1）及时浇水，提高土壤湿度；（2）根据苗情追肥，或叶面施美洲星或磷酸二氢钾；（3）墒情较好的田块及时中耕培土。同时在稻茬油菜田的高脚苗的根茎中发现二化螟，对油菜的为害与否尚需观察。

标题：岗位会议

日期：2008-12-19

　　胡宝成主持团队会议落实培训计划、档案管理工作。培训计划由个人提出，分新品种推广、病虫害防治、栽培管理、突发事件（冻、虫、病）等处置。档案由李强生管理，每人工作中形成的材料、档案等交李强生一份。培训和调研每人均有任务，结合自己的工作，出差时完成。

标题：项目验收

日期：2008-12-23

　　安徽省科技厅"十一五"重大科技专项"兼用型杂交油菜新品种选育与开发"今天通过验收，其中部分研究内容也是本岗位研究内容。

2009 年度

标题：油菜旱灾冻害情况调查

日期：2009-01-03

    1 月 5 日，陈凤祥、侯树敏和章东方、张海珊赴池州与池州市农技推广中心主任作物栽培站站长陈翻身、植保站站长林邦宜一起对池州市贵池区和东至县两个油菜万亩种植区的旱情、冻害及病虫害情况进行了调查。调查结果：两个万亩种植区油菜生长正常健壮，未出现旱情，冻害较轻，冻害率为 10% 左右，冻害级别 1~2 级。只发现零星的蚜虫，未发现病害情况。

标题：池州市、天长市调查冻害情况

日期：2009-01-13

    侯树敏、王文相等赴池州市和天长市调查油菜冻害情况及防冻措施落实情况。池州市油菜冻害较轻，冻害率在 10% 左右，基本为 1~2 级。天长市油菜冻害非常严重，冻害率 100%，大多数达 3 级。少数田块冻害致死率达 50% 左右。已采取措施的田块，如浇水、喷施叶面肥，中耕培土的田块冻害轻，一般 2~3 级。秦油 2 号冻害轻，四川等地的绵油系列、德油系列冻害重。指导措施：（1）及时浇水、提高土壤含水量，根据苗情追施腊肥；（2）喷施美洲星或磷酸二氢钾等叶面肥；（3）中耕培土护根基调查中发现：部分高脚苗茎内有二化螟幼虫为害，可能是作为越冬场所。已取样，包括虫害田块取土，了解二化螟幼虫越冬情况。

标题：安徽省油菜干旱冻害调查报告（简要）

日期：2009-02-05

    自去年 10 月下旬以来，安徽省降雨普遍偏少，沿淮淮北地区已连续 3 个多月没有有效降雨，旱情非常严重；江淮之间和沿江江南地区，仅有 12 月 27—28 日和 1 月 5—7 日和 2 月 2—4 日的 3 次降雨过程，但降雨量不大，旱情较重。期间 3 次强寒潮造成油菜干冻，特别是 1 月 23—25 日，安徽北部气温最低温度达到 -14℃，南部最低气温也达到 -9℃，加剧了旱情影响。合肥、六安、滁州

— 15 —

以北地区油菜面积约 200 万亩，早熟油菜品种如蓉油系列、德油系列、绵油系列、油研系列和迟播田块冻害达到 3~4 级，产量损失 50% 以上；中熟品种皖油系列、华油系列、中油系列、湘油系列等冻害 3 级左右，秦油系列冻害 2~3 级。该区域今后应慎用长江上游的早熟品种。合肥以南、长江以北地区面积约 700 万亩，早熟品种冻害 3 级左右，中熟品种冻害 2~3 级，秦油系列冻害 2 级，该区域应重点加强抗旱保苗、加强田间管理，力争减少损失。长江以南约 300 万亩，冻害级别 1 级左右，对产量影响不大。预期全省单产为 110~120 千克，比去年减少 10~20 千克。

标题：六安市油菜冻害调查

日期：2009-02-05

　　胡宝成、张长青、荣松柏等人于 2 月 5 日赴六安市调查油菜冻害情况。六安市今年秋播油菜 250 万亩左右，品种有蓉油系列、德油系列、绵油系列、秦油系列、中油系列、华油系列、湘油和皖油系列。早熟的蓉油、绵油等系列品种冻害严重，普遍在 3 级以上，灌溉不及时的达 4 级，基本冻死（占 15% 左右）；其他系列品种冻害在 2~3 级之间，比去年雪灾冻害重些。六安市农科所试验地油菜普遍冻害 2 级，少数 3 级，该所自己培育的品系冻害已为 3~4 级。我们布置的蚜虫、菜青虫定点调查正常进行，但蚜虫发生不重，可能与去年雪灾冻害降低了越冬虫口及今年年底几场寒潮发生有关。全国引进的 11 个品种抗虫性鉴定，目测发现有 1 个品种高脚苗较多，且有 10%~20% 的枯死率，似有虫蛀现象，但没有发现虫体，有待进一步调查。从六安到合肥近 70 千米高速公路旁，抛荒比较严重，目测抛荒田块达 70% 左右，已种植的以油菜为主，但苗比较小，可能是迟播和干旱所致，冻害比较重，有 60% 左右冻害达 3~4 级，其他也达 2 级以上。

标题：赴巢湖调查油菜冻害调查

日期：2009-02-06

　　吴新杰、荣松柏等于 2 月 6 日赴巢湖市调查油菜冻害情况。巢湖市今年油菜播种面积扩大到 175 万亩（2008 年 120 万亩），品种也比较多，主要是华油和皖油系列，棉区主要是四川早熟品种德油 5 号。从合肥到巢湖油菜播种面积略有增加，但冬闲地还有不少，冻害情况不重，基本 1~2 级。巢湖市农科所内油菜试验地 20 余亩，有省区试、产业化协会布置的试验以及所自己安排的试验。育苗地基本在 9 月中旬播种，直播的在 10 月上旬播种。冬发很好，开盘度达 30 厘米左右，真叶叶片数也达十余片。整个试验规划整齐。普遍冻害 1~2 级，2~3 片真叶冻死，少数真叶受冻后，功能期缩短，提前衰老渐死。德油 5 号在该所种植面积比较大，有小区试验（不同播期、密度的栽培试验），也有大块试种，仅该品种冻害相对较重，达 2~3 级。根腐病（尚有待于最后确定）发生严重，有的地方整块死亡。发病率估计在 20% 左右，还有些植株没有完全出现症状。温度升高后，可能病株率还要升高。该病发病植株损失率达 100%，应提醒当地明年种植时更换新品种。

标题：油菜冻害、旱灾调查

日期：2009-02-07

在前几天调查的基础上，根据农业部的紧急通知和油菜产业化体系首席科学家办公室的具体布置，再次组织本岗位的的科技人员调查油菜冻害旱灾情况。共分 3 个组，第一组：胡宝成、陈凤祥、吴新杰主要赴肥东县调查；第二组：李强生、费维新、孙永玲赴长丰县调查；第三组：荣松柏、范志雄、雷伟侠赴定远、固镇等地调查。肥东县今年油菜播种面积为 90 万亩左右，是安徽省第一面积大县，主要品种为皖油系列（占 35% 左右），秦油系列（占 30% 左右），四川、蓉油系列、德油近 30% 和江苏、湖北等地品种。受干旱少雨气候的影响，油菜长势普遍不如往年，冻害普遍 1~2 级，少数田块叶片冻害率达 80% 以上。我们调查的王铁镇 2 个村干旱指数为零，主要是近期降水大大缓解了干旱，菜苗新根生长旺盛，即将开始返青。冻害率比较大，主要是 12 月初寒潮所致，普遍 1~2 级，早熟品种 2 级以上。育苗移栽的油菜长势优于旋耕直播的。旋耕直播技术尚有待于改进提高，尤其是播种前田间墒情、密度和播期均需改进。当地农技推广部门已针对当前苗情，提出了 4 项措施：提前追施蕾薹肥；喷施叶片肥；注意在初花期防治病害和终花前后防治蚜虫。

标题：寿县、凤台、定远、长丰、怀远油菜冻害调查

日期：2009-02-08

李强生、费维新、孙永玲、荣松柏、范志雄、雷伟侠等赴沿淮地区调查油菜冻害。寿县全县油菜播种面积43万亩，品种杂多，所调查为秦油系列（抗冻）、蓉油系列（不抗冻），干旱指数0.75~0.81，冻害率100%，大部分达3级，少数（15%左右）4级死苗。全县3类苗面积12.9万亩，占30%，比上年同期上升10个百分点。凤台县油菜播种面积1万亩，全为白菜型品种，干旱指数0.42。定远油菜播种面积10万亩，绵油系列等品种，干旱指数0.5左右，冻害率100%，冻害程度2~3级，少数（10%左右）达4级死苗。长丰县油菜播种面积46万亩，干旱指数0.58~0.66，主要品种为秦油系列和皖油系列。冻害率100%，冻害程度2~3级，少数4级死苗。怀远播种面积1万亩，干旱指数0.83以上，多数为白菜型品种，建议采取措施：立即灌水、浇水，根据苗情结合浇水追施1次蕾薹肥，每亩尿素5千克左右，注意防治蚜虫。

标题：长丰油菜冻害调查

日期：2009-02-09

胡宝成、费维新、荣松柏等人于2月13日再赴长丰县与当地农技推广部门联合商讨春季管理措施，并赴长丰县西部调查干旱冻害情况，结果表明：长丰西南部干旱和冻害情况轻于东北部。

标题：旱灾、冻害调查

日期：2009-02-11

胡宝成等陪同首席科学家王汉中博士调查旱灾和冻害情况，并在合肥考察油菜全国生产试验和区试。生产试验地力均匀一致，植株生长整齐，处于抽薹初期，试验很规范。育种材料和试验地材料全部开始返青。

标题：滁州市油菜旱灾冻害及虫害情况调查

日期：2009-02-14

2月12—13日，侯树敏、费维新、荣松柏等赴滁州市对南谯区、全椒县、来安县、天长市的油菜旱灾冻害进行调查。滁州市秋播油菜面积130万亩左右，种植品种主要为秦油系列、皖油系列和德油系列。种植方式以育苗移栽为主。调查发现：油菜一类苗占23.9%，二类苗占41.3%，三类苗占34.8%。由于12

月、1 月该地区下过 3 次小雨及部分农民浇水施肥，因此，田间调查，未发现油菜有明显的缺水症状。但冻害普遍发生，冻害率 100%，冻害一般在 2~3 级，其中德油系列等早熟品种及迟播迟栽油菜冻害较重，一般在 3~4 级，20% 左右的油菜苗被冻死。随着近几日的小到中等降雨，气温的回升，油菜受旱情况已基本缓解，油菜生长加快，一类油菜苗绿叶数已达 8~10 片，二类苗绿叶数 5~7 片，三类苗绿叶数 3~4 片。同时蚜虫发生较普遍，且有翅蚜大量出现。平均有蚜株率 28.3%，每株有蚜 70.7 头，每株有翅蚜 3~4 头，如不及时防治，有大发生的可能。同一地区棉茬油菜一般较稻茬油菜蚜虫发生量大，如全椒县六镇白酒村相隔不远的 3 块油菜田，其中 2 块田为稻茬直播油菜，分别于 10 月 8 日、15 日播种；1 块为棉茬移栽油菜，9 月 25 日播种，11 月 10 日移栽，3 块田均未打杀虫剂，调查发现蚜虫发生情况差别很大，稻茬油菜基本未发现蚜虫，而棉茬油菜有蚜株率达 52%，每株有蚜达 28 头。

标题：2009 年 2 月（上半月）工作小结

日期：2009-02-16

一、调查油菜干旱冻害情况，指导油菜抗旱及春季田间管理工作

2 月 5—9 日、12—13 日，岗位科技人员分赴六安市金安区、巢湖市居巢区、肥东县、定远县、怀远县、长丰县、寿县、凤台县、滁州市南谯区、全椒县、来安县、天长市调查油菜干旱、冻害及病虫害发生情况，总体情况是：合肥—六安—滁州一线以北地区油菜干旱、冻害比较严重，干旱指数在 0.48~0.85 之间，冻害率 100%，冻害级别普遍达 3 级，20% 左右的早熟品种或迟播品种已被冻死绝收。一类苗占 23.9%，二类苗占 41.3%，三类苗占 34.8%。随着近几日的小到中等降雨，气温的回升，油菜受旱情况已基本缓解，油菜生长加快，一类油菜苗绿叶数已达 8~10 片，二类苗绿叶数 5~7 片，三类苗绿叶数 3~4 片。同时蚜虫发生较普遍，且有翅蚜大量出现，如不及时防治，有大发生的可能。平均有蚜株率 28.3%，每株有蚜 70.7 头，每株有翅蚜 3~4 头。

另外，同一地区棉茬油菜一般较稻茬油菜蚜虫发生量大，如全椒县六镇白酒村相隔不远的 3 块油菜田，其中 2 块田为稻茬直播油菜，分别于 10 月 8 日、15 日播种；1 块为棉茬移栽油菜，9 月 25 日播种，11 月 10 日移栽，3 块田均未打杀虫剂，调查发现蚜虫发生情况差别很大，稻茬油菜基本未发现蚜虫，而棉

苔油菜有蚜株率达 52%，每株有蚜达 28 头。

二、及时将调查结果上报省政府部门及通报地方主管部门

制定油菜抗旱减灾技术措施《安徽省油菜旱灾、冻害情况调查与春季管理建议》已上报安徽省政府，并在安徽农业科技网上发布。

根据首席科学家办公室的发出的《当前油菜抗旱应急技术方案》结合本省油菜旱灾冻害及病虫害发生实际情况，制定油菜抗旱减灾技术措施，且以明白纸的形式发放到受灾地区的农户手中。

1. 对旱情严重的田块应立即浇水灌溉。水源充足的地方实行沟灌，水面淹过沟深 3/4 处，保持 1 天左右，让水分渗透到厢中，然后及时放水以免产生渍害；水源不足的地方实行水管水打或人工担水浇湿厢面，保证土壤湿润深度 30 厘米左右。一旦旱情缓解，则抓紧追肥促苗和中耕保墒。

2. 根据苗情和冻害程度追施适量速效氮肥、磷钾肥，及早恢复油菜长势。对干旱严重的 3 类苗采用叶面施用和结合抗旱土壤施肥双重措施促进油菜生长，每亩可用 60 毫升美洲星对水 30 千克施 2 次，每次相隔 15 天左右，或尿素 50 克、磷酸二氢钾 50 克、硝酸钾 20 克、速乐硼 10 克，对水 20 千克，连续喷施 3 次，每次相隔 5~7 天；结合抗旱浇水每亩撒施尿素 2~4 千克、磷酸二铵 1~2 千克、氯化钾 1~2 千克。对 2 类苗结合抗旱浇水每亩撒施尿素 4 千克、磷酸二铵 2 千克、氯化钾 2 千克。对于长势正常的 1 类苗油菜，在抽薹初期可每亩撒施尿素 3 千克、氯化钾 2 千克，如果苗期长势过旺，则可不施蕾薹肥，如果基肥未施硼肥或施用量不足，则叶面喷施速乐硼 30 克左右（分 2 次，浓度 0.2%，2 次相隔 1 周左右），在喷施硼肥时可同时喷施磷酸二氢钾 100 克左右（分 2 次，浓度 0.5%）。如能结合中耕松土施肥效果更佳。

3. 加强病、虫、草害综合防治。干旱期间主要病害为白粉病，药剂防治方法：发病初期喷 15% 粉锈宁可湿性粉剂 1 500 倍液，或丰米 500~700 倍液，或 50% 多菌灵 500 倍液等药剂。防治 2~3 次，每次间隔 7~10 天。如近期降雨，湿度加大则霜霉病可能发生较重，药剂防治方法：当病株率达 20% 以上时，开始喷洒 58% 甲霜灵·锰锌可湿性粉剂 500 倍液，或 64% 杀毒矾可湿性粉剂 500 倍液，或 70% 乙膦·锰锌可湿性粉剂 500 倍液，每亩喷对好的药液 60~70 千克，每隔 7~10 天防治 1 次，连续防治 2~3 次。对上述杀菌剂产生抗药性的地区可改用 72% 杜邦克露、72% 克霜氰、72% 霜脲锰锌或 72% 霜霸可湿性粉剂 600~700 倍液。轻旱地

区油菜根系生长比往年好，有可能蕾薹期旺长及"倒春寒"天气下茎秆裂秆，易发病害。受冻油菜植株抗病能力下降，病害也可能加重，因此油菜初花后是防治菌核病的关键时期。药剂防治方法：油菜初花期喷 36%粉霉灵或 80%多菌灵超微粉 1 000 倍液，或 40%多·硫悬浮剂 400 倍液，7 天后进行第二次防治。提倡施用美洲星 100 毫升，与 50%防霉宝 60 克混合加水 60 千克，于初花末期喷施防治油菜菌核病。在霜霉病、菌核病混发地区，可选用 40%霜霉灵可湿性粉剂 400 倍液加 25%多菌灵可湿性粉剂 400 倍液，兼防两病效果优异。

干旱季节苗期有蚜株率达 10%，每株有蚜 1~2 头，或抽薹开花期 10%的茎枝或花序有蚜虫，每枝有蚜 3~5 头时，用下述药剂防治：40%乐果乳油 1 000~2 000 倍液，或 20%灭蚜松 1 000~1 400 倍液，或 50%马拉硫磷 1 000~2 000 倍液，或 2.5%敌杀死乳剂 3 000 倍液等药剂喷雾。菜青虫的药剂防治：菜青虫卵孵化高峰后一周左右至幼虫 3 龄以前，用 25%亚胺硫磷 400 倍液或 50%马拉硫磷乳油 500 倍液，或 2.5%溴氰酯 3 000 倍液喷雾防治。

三、积极落实油菜春季田间管理技术培训计划

已与全椒县、天长市的农技部门签署油菜科技培训协议，计划于 2 月 18—20 日分别在全椒县的二郎镇和天长市的新街镇开展油菜春季田间管理技术培训工作。

标题：国家油菜育种中心合肥分中心等 3 个基建项目实施的安排

日期：2009-02-17

去年申报的国家油菜改良中心合肥分中心项目已经批准建设，2009 年 2 月 17 日下午，油菜课题组就该项目以及农业部双低油菜原原种建设项目和安徽省油菜工程技术研究中心共 3 个基建项目的实施进行了讨论和安排。会议由陈凤祥主持。田间设施和库房建设部分主要由侯树敏负责规划，仪器选型根据不同的功能研究室的要求进行，大型仪器原则上由以后具体操作人员进行选型，力争在 2 月底完成合肥分中心的扩初设计工作，并为后续的库房施工、仪器招标的顺利开展做好准备。

标题：安徽旱情解除

日期：2009-02-18

从 2 月 14—17 日，安徽普降小到中雨，油菜产区（淮河以南）累计降雨量达 15 毫米以上，油菜旱情已解除。合肥及以北地区早熟品种刚抽薹，合肥以南普遍抽薹，进入田间管理，追施蕾薹肥。

标题：参加湖南油菜改良分中心会议

日期：2009-02-20

胡宝成赴湖南农业大学，参加国家油菜改良中心湖南分中心，湖南农业大学油料作物研究所第一届学术委员会学术会议，并就职学术委员会委员。在讨论中，胡宝成就中国在保障粮食安全前提下，发展油菜生产提出了自己的看法，提出了稻稻油三熟制地区适度发展白菜型油菜，以解决甘蓝型油菜早熟性差难以满足三熟制地区需求的矛盾。

标题：参加安徽省春季农业生产电视电话会议

日期：2009-02-25

今天安徽省政府召开了"全省春季农业生产电视电话会议"，省委常委副省长赵树丛在会上做了重要讲话，省农委主任张华建布置了当前小麦、油菜田间管理工作。胡宝成结合油菜生产实际，就当前和今后一段时间油菜田间管理应落实的关键技术措施做了发言。

主会场参加会议的省直涉农的 18 个单位负责同志。各市、县（区）设分会场，各市政府分管负责同志，各县（区）政府主要负责同志和分管负责同志，及涉农的 10 余个部门负责同志在所在市县（区）分会场参加会议。

胡宝成在安徽省春季农业生产电视电话会议上，提出油菜春季田间管理技术措施。

1. 清沟沥水，预防油菜霜霉病和防治软腐病。"春雨是油菜的病"，近期的连绵阴雨导致渍害严重，搞好清沟排渍是油菜春季田间管理的头等大事。要逐级加深沟系，做到耕层无暗渍，沟内无明水。由于干旱和冻害致使油菜植株抗病能力下降，气温回升后易引起蕾薹期霜霉病和软腐病的发生，当霜霉病病株率达 20% 以上时，喷洒 64% 杀毒矾可湿性粉剂 500 倍液、或 58% 甲霜灵·锰锌可湿性粉剂 500 倍液，每亩喷对好的药液 60～70 升，每隔 7～10 天 1 次，连续防治 2～3 次。软腐病发病初期，全田喷洒农用链霉素 4 000 倍液或 47% 加瑞农可湿性粉剂 400~600 倍液，每隔 7~10 天 1 次，连续防治 2~3 次。

2. 追施蕾薹肥。追施蕾薹肥需根据苗情和冻害程度，在薹高 10 厘米以前追施适量速效氮肥、磷钾肥及硼肥，对于前期干旱严重，油菜苗较小的 3 类苗，采用叶面施肥和土壤施肥双重措施促进油菜生长，每亩可用 60 毫升美洲星对水 30 千克喷施 2 次，每次相隔 15 天左右；同时每亩撒施尿素 5~7.5 千克、磷酸二铵 1~2 千克、氯化钾 1~2 千克。对于长势中等的 2 类苗，每亩撒施尿素 4 千克、磷酸二铵 2 千克、氯化钾 2 千克，同时每亩用速乐硼 10 克对水 20 千克叶面喷施 2 次，每次间隔 7 天左右。对于长势正常的 1 类苗，在抽薹初期可每亩撒施尿素 3 千克、氯化钾 2 千克，如果苗期长势旺盛，则可不施蕾薹肥，以免造成贪青倒伏，病害加重。如果基肥未施硼肥或施用量不足，则每亩用速乐硼 60 克、磷酸二氢钾 150 克对水 30 千克叶面喷施，连续喷施 2 次，每次相隔 7 天左右。

3. 花期防治菌核病。初花到盛花期是防治菌核病的关键时期。轻旱地区油菜根系生长比往年好，有可能蕾薹期旺长及"倒春寒"天气下茎秆裂秆，易发病害。受冻油菜植株抗病能力下降，菌核病可能加重。防治方法：（1）清沟排渍，降低田间湿度；（2）有劳力的地方可摘除病叶、黄叶，以减少病源和改善通风透光条件，控制病菌蔓延；（3）药剂防治。在油菜的初花和盛花期各防治 1 次，在油菜初花期喷施 36% 粉霉灵或 80% 多菌灵超微粉 1 000 倍液，或 50% 复方菌核净可湿性粉剂 1 000 倍液，7~10 天后的盛花期进行第二次防治，重点喷洒在植株中下部茎秆和上部枝叶上，采用机动喷雾机喷药，可使植株表面获得足量的药液，效果更好。

4. 及时防治蚜虫。抽薹开花期 10% 的茎枝或花序有蚜虫，每枝有蚜 3~5 头时，喷洒 40% 乐果乳油 1 000~2 000 倍液，或 20% 灭蚜松 1 000~1 400 倍液，或 2.5% 敌杀死乳剂 3 000 倍液进行防治。青角期如天气较旱、气温偏高，也要注意防治蚜虫。

5. 注意防治潜叶蝇。近年来，油菜潜叶蝇明显上升，尤其是春后 4 月上、中旬，油菜中、下部叶片为害较重，对油菜的产量和质量影响较大。防治方法：（1）毒糖液诱杀。成虫发生期用 30% 糖水，配成 0.05% 敌百虫液。在每距离 3 米左右点喷 10~20 株，3~5 天 1 次，共 4~5 次。（2）在幼虫初期，用 20% 氰戊菊酯 3 000 倍液；或 50% 辛硫磷 1 000 倍液；或 90% 晶体敌百虫 1 000 倍液喷雾防治，每隔 7~8 天用药 1 次，连续用药 2~3 次效果较好。

6. 适时收获。油菜有"八成黄，十成收，十成黄两成丢"的说法，终花后 30 天左右，全株有 2/3 角果呈淡黄色，主轴中部角果的种子呈本品种固有色泽时即可收获。收获应选晴天上午进行，以免角果爆裂损失。油菜脱粒后需及时晒干，当油菜籽含水量在 10% 以内时可入库贮存。

标题：以色列 BF 农业技术有限公司首席执行官 Zohar 来作物所交流访问

日期：2009-02-26

以色列 BF 农业技术有限公司首席执行官 Zohar 于 26 日下午来作物所三楼会议室交流访问，胡宝成、陈凤祥、李强生、侯树敏等油菜课题组成员共 8 人参加了会议。双方就自 2006 年 11 月份以来染色体加倍杂交油菜育种合作项目的执行情况进行了回顾总结，Zohar 先生不仅介绍了该项目的最新研究进展，而且具有前瞻性地提出了合作项目的四个阶段，并打算筹集 300 万美元，以期推动该项目的研究和开发。

标题：安徽省油菜渍害情况调查报告

日期：2009-02-28

近日我们岗位科技人员分别对六安、滁州、巢湖、池州、芜湖、黄山等地油菜渍害情况进行了调查。

一、总体情况

江淮地区南部及沿江江南地区由于持续阴雨时间较长，且雨量中到大雨，局部地区还下了冰雹，目前已出现轻度渍害，当前已采取清沟排水措施。但是据天气预报，近期还将持续阴雨。因此，必须进一步加大清沟排水力度，保持田间排水通畅，否则渍害将会进一步加剧。另外，持续的低温已对早熟品种产生一定的影响，即将开花的油菜已停滞开花，后期可能会出现分段结实现象。江淮地区北部由于前期干旱较重，虽持续下雨 12 天左右，但雨量不大，多为小雨，只是近 2~3 天才下了中雨，因此，尚未出现明显的渍害现象，当前已采取清沟排水措施。

二、具体情况

1. 六安市。该地区持续阴雨 11~12 天，前期主要为小雨，近 3~4 天为中雨，目前大多数田块已采取清沟排水措施，未出现明显渍害。但是低温已使早熟品种（如德油系列、蓉油系列、绵油系列）开花停滞，后期可能会出现分段结实。

2. 滁州市。该地区持续阴雨 10 天左右，前期雨量很小，只是近 3～4 天才为中雨，未出现渍害现象。目前大多数田块已采取清沟排水措施。

3. 巢湖市。该地区持续阴雨 13 天左右，前期雨量为小到中雨，近 3～4 天才为大雨，目前已采取清沟排水措施，还未出现明显渍害现象。

4. 芜湖市。该地区持续阴雨 13 天左右，前期为小雨，近一周基本为中到大雨，目前已出现轻度渍害，现正加大田间清沟排水力度，保障田间排水通畅。

5. 池州市。该地区持续阴雨 14 天左右，前期为小雨，近一周基本为中到大雨，目前棉茬油菜尚未出现渍害现象，但稻茬油菜已出现轻度渍害。现正加大田间清沟排水力度，保障田间排水通畅。

6. 黄山市。该地区持续阴雨 15～16 天，基本为中到大雨，期间还下了一次冰雹，目前油菜已出现渍害。据预报还有 3～4 天的阴雨天气，现正加大田间清沟排水力度，保障田间排水通畅。

三、建议措施

1. 进一步加大田间清沟排水力度，确保田间积水能够及时排出。

2. 及时调查田间病虫害发生情况，特别是注意雨后天晴，气温回升后注意菌核病、霜霉病、软腐病及蚜虫的防治。

标题：2009 年 2 月（下半月）工作小结

日期：2009-02-28

2009 年 2 月（下半月）工作汇报

一、调查油菜渍害情况，指导春季田间管理工作

2 月 14—17 日，安徽普降小到中雨，油菜产区（淮河以南）累计降雨量达 15 毫米以上，油菜旱情解除。但是在随后的十多天里，安徽油菜产区持续阴雨，且雨量中到大雨，局部地区还下了冰雹，部分田块已出现轻度渍害。岗位科技人员对六安、滁州、巢湖、芜湖、池州、黄山等地油菜渍害情况进行了调查。总体情况是：江淮地区南部及沿江江南地区由于持续阴雨时间较长，一般 15 天左右，且雨量中到大雨，局部地区还下了冰雹，部分田块出现轻度渍害。

江淮地区北部由于前期干旱较重，虽持续下雨12天左右，但雨量不大，多为小雨，只是近2~3天才下了中雨，尚未出现明显的渍害现象。根据油菜生长及渍害情况，我们编写了《油菜低温雨雪灾害及春季田间管理技术措施》技术资料，发放给全省油菜产区的农技人员和农民。2月27日胡宝成在安徽省政府召开的"全省春季农业生产电视电话会议"上，结合油菜生产实际，就当前和今后一段时间油菜田间管理应落实的关键技术措施做了发言。

二、积极开展国内、国际学术交流和科技合作

2月20日，胡宝成研究员赴湖南农业大学，参加国家油菜改良中心湖南分中心、湖南农业大学油料作物研究所第一届学术委员会学术会议，并当选为学术委员会委员。2月26日，以色列BF农业技术有限公司首席执行官Zohar来访，双方就开展油菜染色体加倍杂交油菜育种技术进行了交流。

标题：试验田调查和工作安排

日期：2009-03-03

近日团队成员进行田间管理。试验田油菜大多处于蕾薹期，少量的材料处于初花期。近半个月的连阴雨、雪等天气造成试验田沟渠不同程度的积水，部分田块出现不同程度的渍害。不同田块的蚜虫也有不同程度的发生，靠近地面的叶片蚜虫发生较重，少部分为害严重的菜苗甚至出现僵苗。霜霉病普遍1级。下一步需要及时清沟沥水、防治蚜虫和霜霉病。另外，由于油菜花期短、育种小材料的育性调查任务重，因此利用目前抽薹期农事较少的空闲时期，正在调查小区的总株数。

标题：油菜低温雨雪减灾及春季田间管理技术措施

日期：2009-03-04

胡宝成、侯树敏赴全椒县调查油菜渍害和考察轻简化栽培、机械化播种示范情况。该县今年油菜播种面积36万亩，现已普遍抽薹。尽管阴雨达十多天，但田间排水工作做得比较好。所考察的十字镇和大墅镇均没有明显的渍害，低温延缓了生育进程，对油菜影响不大，但霜霉病已普遍出现。十字镇在3个村（汊河村、陈浅村和百子村）建立了1.1万亩的轻简化栽培（撒播）示范片，每亩播种量0.4~0.5千克，现田间苗数1.5万~2万株/亩，产量目标200千克/

亩。大墅镇建立了 200 亩多种机械化播种示范片，苗情不如人工播种（撒播）的苗情。当地农技人员认为：机械化播种对土壤墒情要求比较严，播种时机对出苗和全苗影响比较大。

根据国家油菜产业技术体系国油〔2009〕7 号《关于切实做好当前油菜雨雪低温减灾工作的通知》精神，结合安徽省当前油菜生产实际情况特制定《油菜低温雨雪减灾及春季田间管理技术措施》并下发县级农技部门 90 份。

2008 年秋以来，安徽省油菜主产区遭受旱灾和冻害，2 月中旬以来又遭受气温的大起大落和连阴雨天气，最近又出现持续的低温雨雪天气，延缓了油菜的生育期进程，同时造成了不同程度的冻（冷）害和渍害。当前要切实搞好春季田间管理，促进油菜春发生长，实现增产增收。

1. 清沟沥水，预防油菜霜霉病和防治软腐病。"春雨是油菜的病"，近期的连绵雨雪造成田间渍水，土壤湿度大，导致土壤缺氧、容易产生渍害、油菜烂根、地上部分黄叶增多、花蕾分化减缓、落花率增加，植株抗性下降，加重病虫害发生；并且容易发生倒伏，影响油菜的产量及品质。当前搞好清沟排渍是油菜春季田间管理的头等大事。要逐级加深沟系，做到耕层无暗渍，沟内无明水。由于干旱、渍害和冻（冷）害致使油菜植株抗病能力下降，气温回升后易引起蕾薹期霜霉病和软腐病的发生。当霜霉病病株率达 20% 以上时，喷洒 64% 杀毒矾可湿性粉剂 500 倍液或 58% 甲霜灵·锰锌可湿性粉剂 500 倍液。每亩喷对好的药液 60~70 升，每隔 7~10 天 1 次，连续防治 2~3 次。软腐病发病初期，全田喷洒农用链霉素 4 000 倍液或 47% 加瑞农可湿性粉剂 400~600 倍液，每隔 7~10 天 1 次，连续防治 2~3 次。

2. 防寒抗冻。雨雪低温是油菜遭受冻（冷）害的重要气象灾害。尤其是春后早熟油菜长势较旺，抽薹开花偏早的田块，娇嫩的花器官最容易遭受冻（冷）害，造成开花不结荚，引起较大幅度减产。对已经受冻的花序可作剪除处理，去掉早薹，增施氮、磷肥以促进分枝生长和花芽分化。同时补施少量钾肥或撒施草木灰提高土温，增强油菜的防寒抗冻能力，预防后续冻（冷）害。

3. 促控结合，平衡施肥。目前安徽省油菜已基本进入蕾薹期，春季油菜生长迅速，及时施用薹肥可显著增加分枝和花蕾，从而提高产量。追施蕾薹肥需根据苗情，在薹高 10 厘米以前追施适量速效氮肥、磷钾肥及硼肥。对于前期干旱严重，油菜苗较小的三类苗，采用叶面施肥和土壤施肥双重措施促进油菜生长，每亩可用 60 毫升美洲星对水 30 千克喷施 2 次，每次相隔 15 天左右；同时每亩撒施尿素 5~7.5 千克、磷酸二铵 1~2 千克、氯化钾 1~2 千克。对于长势中等的二类苗，每亩撒施尿素 4 千克、磷酸二铵 2 千克、氯化钾 2 千克，同时每亩用速乐硼 10 克对水 20 千克叶面喷施 2 次，每次间隔 7 天左右。对于长势正常的一类苗，在抽薹初期可每亩撒施尿素 3 千克、氯化钾 2 千克，如果苗期长势旺盛，则可不施蕾薹肥，以免造成贪青倒伏，病害加重。如果基肥未施硼肥或施用量不足，则每亩用速乐硼 60 克、磷酸二氢钾 150 克对水 30 千克叶面喷施，连续喷施 2 次，每次相隔 7 天左右。巧施初花肥：适当施用初花肥可以增加每角果籽粒数和千粒重，从而提高油菜产量。对于免耕油菜尤其是后期易早衰的田块可在始花期每亩追施尿素 2~3 千克。对于长势旺、薹期施肥量大的田块可不施；对早熟品种不施，或在始花期少施。

4. 花期防治菌核病。初花到盛花期是防治菌核病的关键时期。轻旱地区油菜根系生长比往年好，有可能蕾薹期旺长及"倒春寒"天气下茎秆裂秆，易发病害。受冻油菜植株抗病能力下降，菌核病可能加重。防治方法：（1）清沟排渍，降低田间湿度；（2）有劳力的地方可摘除病叶、黄叶，以减少病源和改善通风透光条件，控制病菌蔓延；（3）药剂防治。在油菜的初花和盛花期各防治 1 次，在油菜初花期喷施 36% 粉霉灵或 80% 多菌灵超微粉 1 000 倍液，或 50% 复方菌核净可湿性粉剂 1 000 倍液。7~10 天后的盛花期进行第二次防治，重点喷洒在植株中下部茎秆和上部枝叶上，采用机动喷雾机喷药，可使植株表面获得足量的药液，效果更好。

如果结合叶面施肥及蚜虫防治，菌核病防治的药剂配方推荐如下（亩用量）：（1）65% 菌核锰锌可湿性粉剂 100~150 克+95% 硼砂 80 克+10% 吡虫啉 30 克；（2）40% 菌核净可湿性粉剂 150~200 克+95% 硼砂 80 克+10% 吡虫啉 30 克；（3）25% 咪鲜胺乳油 70~90 毫升+95% 硼砂 80 克+10% 吡虫啉 30 克；（4）50% 多菌灵可湿性粉剂 100 克+95% 硼砂 80 克+10% 吡虫啉 30 克。以上任选一种配方与初花期施药 1 次，去年重发病田盛花期再施药 1 次。

5. 及时防治虫害。抽薹开花期主要害虫为蚜虫和潜叶蝇。当 10% 的茎枝或花序有蚜虫，每枝有蚜 3~5 头时，喷洒 40% 乐果乳油 1 000~2 000 倍液，或 20% 灭蚜松 1 000~1 400 倍液，或 2.5% 敌杀死乳剂 3 000 倍液进行防治。青角期如天气较旱、气温偏高，也要注意防治蚜虫。近年来，油菜潜叶蝇明显上升，尤其是春后 4 月上、中旬，油菜中、下部叶片为害较重，对油菜的产量和质量影响较大。防治方法：（1）毒糖液诱杀。成虫发生期用 30%糖水，配成 0.05%敌百虫液。在每距离 3 米左右点喷 10~20 株，3~5 天 1 次，共 4~5 次。（2）在幼虫初期，用 20%氰戊菊酯 3 000 倍液；或 50%辛硫磷 1 000 倍液；或 90%晶体敌百虫 1 000 倍液喷雾防治，每隔 7~8 天用药 1 次，连续用药 2~3 次效果较好。

标题：全省油菜春季田管现场观摩暨培训会议

日期：2009-03-05

胡宝成、侯树敏在全椒县参加"全省油菜春季田管现场观摩暨培训会议"，参加会议的有全省油菜产区的 11 个市、30 多个县的农技推广站负责人和农技干部 100 余人，会上交流了当前油菜苗情和下一步技术措施。胡宝成做了"油菜生产形势及当前油菜田管技术"的报告。

标题：参加油菜干旱后春季田间管理技术培训会

日期：2009-03-06

胡宝成、侯树敏赴湖北当阳市参加国家油菜产业技术体系病虫草害防治与监控研究室于 7 日举办的油菜干旱后春季田间管理技术培训会，并同中国农科院油料所与会的其他科技人员商讨培训事宜。

标题：试验田蚜虫防治

日期：2009-03-07

3 月 6 日合肥天气晴稳，下午即开始对试验田蚜虫进行普遍防治 1 次，用药为功扑和庄爱，每亩田喷施 50 千克药水。3 月 7 日，继续进行蚜虫的化学防治，并且完成育种材料小区总数的调查。

标题：油菜干旱后春季田间管理技术培训会

日期：2009-03-07

胡宝成、侯树敏参加国家油菜产业技术体系病虫草害防治与监控研究室在湖北省当阳市半月镇举办的油菜干旱后春季田间管理技术培训会。参会的农技人员、油菜种植户 200 余人。侯树敏做了"油菜春季田间害虫防治技术"的报告。会后还考察了半月镇油菜机械化播种栽培示范和宜昌市农科院四岗试验基地油菜轻简化（板田直播、翻耕直播）栽培示范和品种高产栽培示范等，并调查田间害虫发生情况。发现该地区小菜蛾发生较重，平均有虫株率 15% 左右，为害较重。及时与当地农技人员商讨防治措施，推荐使用安全高效的防治药剂及防治方法，指导农民进行及时防治，并计划在当地建立小菜蛾系统调查基地。

标题：制种田块霜霉病的防治和菌核病的预防

日期：2009-03-09

由于组合制种田块和全不育系制种田块需要进行套帐隔离，帐内的湿度和温度均比较高，容易造成病害的严重发生。吴新杰等人对这些田块进行霜霉病的防治和油菜菌核病的预防，用药多菌灵和杀毒矾，每亩喷施 50 千克药液。

标题：制种田块去杂

日期：2009-03-10

吴新杰带领临工在制种田去杂。制种田块的部分杂种形态明显，需要进行去杂，主要依据蕾型去除母本行中的可育株，以及父母本行中的变异株、优势株、病弱株等，并改善油菜生长的温光条件。

标题：春季田管会议

日期：2009-03-10

胡宝成赴涡阳县高炉镇参加省农委组织的全省春季田管和科技培训启动会。试验田已经陆续开花，田间工作正在开展。

标题：纯合两用系繁殖田块的不育株标记

日期：2009-03-11

吴新杰带领临工，在隐性核不育纯合两用系的繁殖田块，对不育株进行系红绳标记。油菜成熟后仅收获带红绳标记的单株，就是我们需要的不育株种子。

标题：油菜田间病虫害防治技术指导

日期：2009-03-11

侯树敏、荣松柏、张爱芳赴天长市张铺镇和怀远县农亢农场调查油菜春季生长和病虫害发生情况，指导农民注意及时防治菌核病和可能发生的虫害，并赠送防治菌核病农药 500 瓶。

标题：2009 年 3 月（上半月）工作小结

日期：2009-03-15

2009 年 3 月（上半月）工作汇报

一、开展油菜生产调查，掌握油菜种植、生长情况

3 月 4 日，胡宝成、侯树敏赴安徽省全椒县调查油菜渍害和考察轻简化栽培、机械化播种示范情况。该县今年油菜播种面积 36 万亩，现已普遍抽薹。尽管阴雨达十多天，但田间排水工作做得比较好，所考察的十字镇和大墅镇均没有明显的渍害。低温延缓了生育进程，对油菜影响不大，但霜霉病已普遍出现。十字镇在 3 个村（汉河村、陈浅村和百子村）建立了 1.1 万亩的轻简化栽培（撒播）示范片，每亩播种量 0.4~0.5 千克。现田间苗数在 1.5 万~2 万株/亩，产量目标 200 千克/亩。大墅镇建立了 200 亩多种机械化播种示范片，苗情不如人工播种（撒播）的苗情。当地农技人员认为：机械化播种对土壤墒情要求比较严，播种时机对出苗和全苗影响比较大。

二、积极开展科技培训，指导油菜春季田间管理工作

3 月 5 日，胡宝成、侯树敏在全椒县参加"全省油菜春季田管现场观摩暨培训会议"，参加会议的有全省油菜产区的 11 个市、30 多个县的农技推广站负责人和农技干部 100 余人，会上交流了当前油菜苗情和下一步技术措施。胡宝成研究员做了"油菜生产形势及当前油菜田管技术"的报告。根据国家油菜产业技术体系国油〔2009〕7 号《关于切实做好当前油菜雨雪低温减灾工作的通知》精神，结合我省当前油菜生产实际情况特制定《油菜低温雨雪减灾及春季田间管理技术措施》并下发县级农技部门 90 份。

3 月 6—7 日，胡宝成、侯树敏赴湖北当阳参加国家油菜产业技术体系病虫草害防治与监控研究室在半月镇举办的油菜干旱后春季田间管理技术培训会，参会的农技人员、油菜种植户 200 余人，侯树敏做了"油菜春季田间害虫防治

技术"的报告。会后还考察了半月镇油菜机械化播种栽培示范和宜昌市农科院四岗试验基地油菜轻简化（板田直播、翻耕直播）栽培示范和品种高产栽培示范等，并调查田间害虫发生情况，调查发现该地区小菜蛾发生较重，平均有虫株率15%左右，为害较重。及时与当地农技人员商讨防治措施，推荐使用安全高效的防治药剂及防治方法，指导农民进行及时防治，并计划在当地建立小菜蛾系统调查基地。

3月9日，胡宝成研究员在涡阳县高炉镇参加省农委组织的全省春季田管和科技培训启动会。

3月10—11日，侯树敏、荣松柏、张爱芳赴天长市张铺镇和怀远县农亢农场调查油菜春季生长和病虫害发生情况，指导农民注意及时防治菌核病和可能发生的虫害，并赠送防治菌核病农药500瓶。

三、开展油菜田间管理和育种工作

2008—2009年度，安徽省农科院油菜试验播种面积60余亩，田间调查发现有蚜虫发生，3月6—7日对试验田进行蚜虫防治。由于前期持续阴雨，田间湿度大，试验田现已出现霜霉病，3月9日对制种繁殖田块进行喷药防治，同时预防菌核病。3月10日以后，试验田油菜已陆续开花，开始田间选种，套袋保纯，杂交制种去杂去劣等工作。此外，油菜小孢子培养试验也已开始。

标题：油菜抗虫性试验调查

日期：2009-03-16

3月15—16日，胡宝成、侯树敏赴四川省绵阳市农科所考察设在该所的油菜抗虫性试验。与该所的郭子荣站长、周玉刚等一起进行了田间调查，并商讨下一步试验安排，签署合作协议等。此外，还和该所的领导及油菜室的其他科技人员进行了广泛的交谈，增进了彼此间的相互了解，为今后开展更广泛的合作奠定了基础。

标题：访问四川省农科院

日期：2009-03-17

胡宝成、侯树敏赴四川省农科院访问。期间认真听取了该院油菜科研情况介绍，参观了该院重点实验室，并赴新都参观该院新试验基地的规划设计，考察油菜预试和品比试验，田间调查病虫害。调查中仅发现有少量的小菜蛾、潜叶蝇和蚜虫，未发现病害。此外，还赴郫县参观了该院的创新基地和实验室，与科技人员进行了广泛的交谈。

标题：全不育系繁殖田搭建活动网架

日期：2009-03-18

3月15—18日，吴新杰、徐道云等带领临工在全不育系试验田搭建活动网架，建成41个网室，每个网室约1分地，用于不同临时保持系和全不育系的鉴定与繁殖。同时对全不育系繁殖田和杂交制种田继续去杂。

标题：田间观察和选择单株自交

日期：2009-03-19

范志雄、雷伟侠等带领临工在育种圃观察和选单株自交：（1）部分田间材料进入初花期，从即日起，白天暂停室内工作，开始观察田间小材料整齐度、蕾薹期长势、育性等内容。初花期对长势较好的可育株选择单株自交；（2）DH系观察长势，选择好的株系每系自交4~6株。

标题：编写国家自然科学基金项目并上报

日期：2009-03-19

近日吴新杰完成编写2009年国家自然科学基金项目"油菜隐性核不育全不育系育性转换的激素调控"申报书并上传。一般认为隐性核不育的不育性稳定彻底，但本课题组多年多点观察到隐性上位互作核不育全不育系在花后期产生不同程度的微量花粉，尤其是利用自育的紫叶临时保持系 PL12-204TAM 配制的全不育系花后期出现从不育到可育的育性转换，自交结实正常。这种全不育系育性转换现象是油菜隐性上位互作核不育研究中出现的新问题，给制种带来安全隐患。该项目拟研究5个不同临时保持系（TAM）、不同温光条件对全不育系育性转换的影响，以及相应全不育系、TAM系、9012AB中不育株、可育株和恢复系、单交种、三交种中内源激素的时空表达，旨在激素水平上揭示全不育系育性转换机理。在此基础上通过应用植物生长调节剂等措施，研究克服全不育系育性转换的解决办法，保障应用全不育系进行杂交油菜制种的安全。

标题：全不育系繁殖田套帐

日期：2009-03-20

试验田普遍进入始花期。吴新杰、徐道云等带领临工对全不育系繁殖田去杂情况进行最后的检查。将50目的尼龙网帐套在前期搭好的网架上，并固定，形成41个隔离网室，用于不同临时保持株系的鉴定和全不育系繁殖，套帐后将开过的花和角果摘去。对留苗床临时保持系进行套袋自交。

标题：田间观察、自交、做杂交

日期：2009-03-20

范志雄、雷伟侠田间观察育种材料性状，选优系中的单株自交：（1）将polima CMS与临保系杂交；（2）两型系手工兄妹交，以备遗传研究；（3）两型系中不育系与临保系杂交；（4）其他材料与高油选系间手工杂交。

标题：完成制种田去杂工作

日期：2009-03-21

该时期制种田中杂株形态已经非常明显。吴新杰、徐道云等带领临工对组合制种田进行全面彻底的去杂，保证组合的纯度。

标题：全省新型农民培训民生工程管理培训会议

日期：2009-03-21

3月20—21日，胡宝成参加省农委在广德县召开的"全省新型农民培训民生工程管理培训会议"，并在会上发言。会议期间还参与讨论了安徽省农委制定"关于在皖国家现代农业技术产业体系岗位科学家和综合试验站管理办法"。

标题：对组合父本材料选优良单株套袋

日期：2009-03-22

吴新杰、徐道云等带领临工对制种田进行套帐，根据不同组合父本，形成55个隔离网室，并将室内油菜开过的花和结的角果摘去。继续对育种材料进行优良单株选择，并套袋。对组合制种父本进行优良单株选择，并套袋。对9号田纯合两用系进行套帐繁殖。

标题：对高油酸材料进行挂牌套袋

日期：2009-03-24

吴新杰带领临工对田间高油酸材料进行育性调查，发现油酸含量在 80% 左右的高油酸临保系材料多份，大多农艺性状较差，需要继续用 9012A 进行回交转育，油酸含量在 80% 左右的育性分离材料多份，需要进一步确定其基因型，以利于高油酸纯合两用系的选育。对高油酸材料进行套袋自交。

标题：对纯合两用系 5AB 进行原原种繁殖套袋

日期：2009-03-25

吴新杰等在双隐性基因控制的核不育系 5A 的纯合两用系繁殖田，对长势好、形态特征典型、且上代可育株自交 3：1、不育株自交 1：1 的后代材料选优良单株进行大量兄妹交。

标题：蜜蜂进入网帐

日期：2009-03-26

蜜蜂具有非常好的油菜授粉效果，近十年课题组一直采用蜜蜂作为网帐内传粉的主要媒介。吴新杰、徐道云、范志雄及临工等将首批 53 箱经"净身" 2 天的蜜蜂放入帐内，开始为不育株授粉。

标题：油菜不育系纯度鉴定

日期：2009-03-26

3 月 26 日，陈凤祥、侯树敏参加由安徽省种子管理站组织的专家组，对合肥丰乐种业股份有限公司选育油菜隐性核不育系纯度进行鉴定。

标题：田间材料育性调查

日期：2009-03-27

前几天温度较高，开花快，因此主要任务放在挂牌套袋上。今天温度下降，并且下小雨，吴新杰、徐道云等带领临工抓紧时间进行调查。另外对网帐进行进一步修整，防治蜜蜂外串，影响授粉。

标题：六安油菜病害调查

日期：2009-03-28

胡宝成、侯树敏、荣松柏一行赴赴六安市裕安区调查油菜病害，据六安市综合试验站反映，裕安区城南镇桃湾村油菜根腐病和霜霉病发生较重。据我们实地调查，所反映的根腐病实际是油菜菌核病，从发病的症状看有可能是油菜感病花瓣直接落在分枝较多的基部引起茎腐，或菌核在土表萌发产生菌丝直接侵染。发病品种是"成油一号"。所谓的霜霉病，经田间调查可能是油菜根茎部肿大导致植株生长受阻、矮化，霜霉病可能仅是并发症，另外，前期蚜虫为害也有病毒病的一些症状。由于当时天正下大雨，不便进行发病株率的调查，已请六安试验站的荣维国等人天晴后进一步调查。田间取样已带回合肥进行病原鉴定。当天还考察了霍山县康尔美油脂公司，该公司主要利用油脂生产无胆固醇和反式脂肪酸的起酥油、人造奶油等高端产品，其生产技术为中国科技大学钱生球教授发明的专利技术。该公司主要对油菜等作物实现订单农业，建立稳定的原料生产基地非常感兴趣，如果该项工作开展起来，对当地及周边地区发展油菜生产，提高农民种植效益非常有益。

标题：继续育性调查

日期：2009-03-28

天气小雨，温度低。吴新杰带领临工继续抓紧对育种小材料进行育性调查。

标题：9012AB 纯合两用系原原种提纯

日期：2009-03-29

吴新杰等在 9012AB 纯合两用系原原种繁殖田中，在自交后代 3：1 分离，兄妹交后代 1：1 分离的株系中选择优良单株进行兄妹交。

标题：样品鉴定

日期：2009-03-30

3 月 28 日的六综合试验站送来的"油菜根肿病"样品经过鉴定为油菜缺硼引起的油菜根茎部肿大，上部花蕾萎缩。

标题：第二批蜜蜂进场及田间工作

日期：2009-03-30

吴新杰、徐道云、范志雄及临工等将第二批蜜蜂共 55 箱蜜蜂放入网帐。上一批蜜蜂经过网内环境适应后，开始为油菜授粉，蜂群状态总体良好。除了迟熟品种外，其他材料套袋基本完成，准备杂交工作。陈凤祥、侯树敏赴巢湖油菜制种基地指导油菜制种去杂工作。

标题：高油酸临保系和纯合两用系回交转育等田间工作

日期：2009-03-31

侯树敏带领临工选择符合目标性状的油菜育种材料进行人工杂交。吴新杰等人针对高油酸材料中油酸含量还不够高、农艺性状有待改善，对高油酸材料用 9012A 进行回交转育。主要方案在高油酸材料与 9012A 测交的不育株上，再用高油酸材料与之测交，后代进行高油酸性状筛选。

标题：发现雌性不育突变体

日期：2009-03-31

范志雄、雷伟侠在观察 DH 系性状时，发现一株系所有单株开放授粉结实极少。进一步观察其柱状裂开，形似双柱头，个别花有 3 个柱头。六枚花药近等长，而不是油菜典型的"四强雄蕊"，花粉量大，散粉习性好。去掉花萼和花瓣后发现该突变体无蜜腺，自交袋内的子房目前未见膨大，花序下部子房发黄且开始脱落。人工辅粉自交能否结实需进一步观察。此突变体可能具有发育生物学上的研究意义，故将此突变体与正常姊妹系正反交以备遗传研究。

标题：2009 年 3 月（下半月）工作小结

日期：2009-03-31

2009 年 3 月（下半月）工作汇报

一、积极开展油菜病虫害调查，掌握油菜病虫害发生情况

3月15—16日，胡宝成、侯树敏赴四川省绵阳市农科所考察设在该所的油菜抗虫性试验，与该所的郭子荣站长、周玉刚等一起进行了田间调查，并商讨下一步试验安排，签署合作协议等。此外，还和该所的领导及油菜室的其他科技人员进行了广泛的交谈，增进了彼此间的相互了解，为今后开展更广泛的合作奠定了基础。

3月17日，胡宝成、侯树敏赴四川省农科院访问，认真听取了该院油菜科研情况介绍，参观了该院重点实验室，并赴新都参观该院新试验基地的规划设计，考察油菜预试和品比试验，田间调查病虫害。调查仅发现有少量的小菜蛾、潜叶蝇和蚜虫，未发现病害。此外，还赴郫县参观了该院的创新基地和实验室，与科技人员进行了广泛的交谈。

3月28日，胡宝成、侯树敏、荣松柏一行赴赴六安市裕安区调查油菜病害，据六安市综合试验站反映，裕安区城南镇桃湾村油菜根腐病和霜霉病发生较重。据我们实地调查，所反映的根腐病实际是油菜菌核病，从发病的症状看有可能是油菜感病花瓣直接落在分枝较多的基部引起茎腐，或菌核在土表萌发产生菌丝直接侵染。发病品种是"成油一号"。所谓的霜霉病，经田间调查可能是油菜根茎部肿大导致植株生长受阻、矮化，霜霉病可能仅是并发症。另外，前期蚜虫为害也有病毒病的一些症状。当天还考察了霍山县康尔美油脂公司，该公司主要利用油脂生产无胆固醇和反式脂肪酸的起酥油、人造奶油等高端产品。其生产技术为中国科技大学钱生球教授发明的专利技术。该公司主要对利用油菜等作物发展订单农业，建立稳定的原料生产基地非常感兴趣，如果该项工作开展起来，对当地及周边地区发展油菜生产，提高农民种植效益非常有益。

二、加强与政府部门合作，积极开展科技培训与管理工作

3月20—21日，胡宝成参加安徽省农委在广德县召开的"全省新型农民培训民生工程管理培训会议"，并在会上发言。会议期间还参与讨论了安徽省农委制定"关于在皖国家现代农业技术产业体系岗位科学家和综合试验站管理办法"。

3月26日，陈凤祥、侯树敏参加由安徽省种子管理站组织的专家组，对合肥丰乐种业股份有限公司选育油菜隐性核不育系纯度进行鉴定。

3月30日，陈凤祥、侯树敏赴巢湖油菜制种基地指导油菜制种去杂工作，

以提高油菜制种纯度。

三、油菜田间育种工作全面展开

试验田油菜已进入盛花阶段，田间工作全面开展。搭建制种隔离网室 55 个，搭建亲本繁殖网室 4 亩左右，选择单株套袋 30 000 株左右，人工杂交工作也已开始，同时完成油菜育性调查 10 余亩。

标题：全不育育性转换试验材料的配制等工作

日期：2009-04-01

吴新杰、徐道云及临工等选取 5 种不同保持系，在 9012A 小区各移栽 5 株，成对套纱网袋测交，配制全不育系。并在全不育系 A001 和 A002 进行薄膜覆盖加温，以探讨温度对全不育系育性转换的影响。同时发现在全不育系小区 WSL024 中，出现了明显的的育性转换（已照相），下部花正常不育，花瓣小；上部花雄蕊正常，花瓣大；顶部花蕾大，似正常。整个小区处于初花期。

标题：油菜不育系纯度鉴定

日期：2009-04-01

陈凤祥、侯树敏参加由安徽省种子管理站组织的专家组，对天禾农科院选育的 2 个油菜不育系纯度进行田间调查鉴定。

标题：具有 5AB 性状的核不育"三系"选育

日期：2009-04-02

吴新杰带领临工利用 5AB 配制的组合长势稳健，抗性好，易秋冬发，深受农民的喜爱，但是属双隐性核不育组合，制种比较麻烦。本项目将利用 9012A 临保系与 5AB 杂交，并通过回交转育的技术手段，将 9012AB 有关育性基因导入 5AB 中，选育出具有 5AB 性状的核不育三系系统，提高制种效率。范志雄、雷伟侠选不育系与临保系回交后代符合 F：S＝1：1 的株系，取 34 株不育系花序和 28 株可育株花序，带回实验室，晚间取 2 毫米花蕾。

标题：紫叶保持系的测交鉴定

日期：2009-04-03

吴新杰初步遗传研究表明，紫叶临保系 PL12-204TAM 的紫叶性状由两对隐性基因控制，对重要亲本具有形态标记的作用。紫叶临保系能够提高全不育系的纯度。但是目前的紫叶临保系材料大多自交结实性差，品质也有待改善。因此，需要对目前的紫叶临保系材料进行改良，以期育成满足育种目标的紫叶临保系。

标题：光叶临保系的选育

日期：2009-04-05

吴新杰带领临工用现有的保持系与光叶 9012A 进行杂交，并进行回交。后代已出现光叶临保材料，再与光叶 9012A 杂交，并回交，以期选育光叶 9012A 的同型光叶保持系。选用 5AB 中的早熟材料 JS523-529 与高油材料 WSL073 进行正反交，以期在后代选育出熟期早，含油量高的纯合两用系。

标题：高效施肥技术研讨会等

日期：2009-04-06

胡宝成、荣松柏参加安徽省农科院土肥所在巢湖市主办的"省农科院油菜高效施肥技术研讨会暨现场会"。实地考察了位于该市居巢区中捍镇建华村的连片一千多亩示范区的优良品种（皖油 25、秦优 10 号、华协 102 等）和平衡施肥技术。油菜正值盛花期，尽管遭受旱、冻、低温阴雨等灾害，示范区的油菜长势良好。与农民习惯施肥相比，优化推荐施肥的油菜植株粗壮，分支多。据估计，采用推荐施肥种植的油菜比农民习惯施肥可提高产量 10%~15%。侯树敏赴含山杂交油菜制种基地进行油菜去杂技术指导，现场指导制种农民识别油菜不育株、可育株和杂株，去除杂株的正确方法及去除杂株的处理等，培训农民技术骨干 20 人次，以保证杂交制种的纯度。

标题：调查油菜害虫：油菜叶露尾甲

日期：2009-04-07

侯树敏在含山县仙踪镇调查油菜叶露尾甲发生情况。目前油菜叶露尾甲已经开始为害油菜，有些田块有虫株率在 15% 左右，平均每株 1~2 头，主要集中在油菜的花蕾、叶腋处，少数在叶缘处，主要啃食花蕾和叶肉。成虫已进入交配繁殖期。我们将进一步调查研究该害虫的发展情况，并采集 100 余头油菜叶露尾甲带回实验室饲养，观察其生活史。油菜叶露尾甲除了为害油菜以外，还为害大白菜。当天胡宝成、荣松柏赴休宁、黟县考察油菜生产恢复情况，帮助当地发展油菜生产，推动当地旅游发展。尽管去年考察了当地油菜生产并与邻近的江西婺源县做了比较，向市农委建议补贴农民发展油菜，但实际效果不大，冬闲地仍很多，看来还要做过细的工作去推动。

标题：纯合两用系测交及新育性转换全不育系的鉴定

日期：2009-04-08

江莹芬等对纯合两用系材料用临保系对不育株测交，看两用系不育株是否纯合。吴新杰在发现初花期就育性发生变换的全不育系小区 WSL024 中，用现有的紫叶临保系和乳白花保持系进行杂交，同时在 9012A 和 WSL028 小区不育株上同步测交，对 WSL024 小区不育株进行比较鉴定。

标题：参加省科技厅组织的成果鉴定

日期：2009-04-11

胡宝成参加安徽省科技厅组织的"酯化黄油生产技术工艺"的成果鉴定。该技术是基于中国科技大学钱生球教授的技术发明专利，由安徽美尔康油脂公司进行人造黄油的生产。其主要原料是优质油菜油、大豆油加上一定比例的动物脂肪（其饱和脂肪酸、单烯酸和多烯酸的比例分别为 34%、33%、33%）。生产出不含反式脂肪酸的酯化黄油用于食品工业（起酥油、糖果、蛋糕、巧克力等）。据介绍该产品国际需求 1 200 万吨/年，中国需求 200 万吨/年。该公司近年产 1.5 万吨，市场反映良好，出口也获得许可。由于该产品以双低油菜油作为主要原料之一，这对安徽省农民种植双低油菜，提高效益很有意义。我们可以为该企业发展原料生产基地方面提供技术支撑。

标题：田间选择单株去袋

日期：2009-04-12

田间油菜部分材料已经终花。开始对已经选择套袋的单株进行去袋，并对袋内分枝进行标记。

标题：DNA 提取液等配置

日期：2009-04-13

江莹芬等准备提取纯合两用系和回交群体的 DNA，以筛选与隐性上位互作核不育基因相关的标记，用于分子标记辅助育种，加快育种进程。配置提取 NDA 所需的各种试剂以及灭菌所需要的枪头和离心管等。

标题：去自交袋等

日期：2009-04-14

范志雄、雷伟侠近日的主要工作：（1）大部分材料已到终花期，将其自交袋拆去，同时观察记载自交株菌核病发病与否；（2）将 4 月 8 日前手工杂交的组合杂交袋去除（清明前气温较低，手工杂交的子房生长较慢，清明后气温回升非常快，生长加速）。

标题：搭建防虫网室

日期：2009-04-14

侯树敏带领临工在田间和实验室分别搭建 20 平方米和 10 平方米的防虫网室，准备饲养油菜叶露尾甲，研究该害虫的为害情况及其生活史。

标题：去自交袋

日期：2009-04-15

田间试验大部分材料已到终花期，范志雄、雷伟侠等将其自交袋拆去，同时观察记载自交株菌核病发病与否。

标题：参加陕西省成果鉴定会

日期：2009-04-16

胡宝成赴西安参加陕西省科技厅组织的，由陕西省杂交油菜研究中心完成"甘蓝型油菜特高含油量育种技术研究与资源创新"的成果鉴定会。参加鉴定会的专家有傅廷栋、官春云院士和中国农科院油料所、华中农大以及陕西、湖北、湖南、安徽、江苏、四川、重庆、青海 8 省市的 10 余位油菜专家。该成果已育出一批含油量在 55% 以上的种质材料，其中含油量最高的已达 60%，达国际领先水平。该鉴定会实际又是一场高含油量育种技术的学术讨论会。通过质询、交流对提高我们的育种水平，加快高含油量（50% 以上）油菜新品种的选育是一次很好的学习机会，同时也增强了我们的紧迫感。这必将促使我们的育种目标在高产优质的同时，向高含油量方向发展。

标题：4 月上半月工作小结

日期：2009-04-16

2009 年 4 月（上半月）工作汇报

认真开展油菜田间育种工作。进入 4 月以来，安徽省农科院试验田油菜普遍进入盛花期，由于天气晴好，温度上升较快，课题组科技人员强抓有利时机，开展田间杂交工作，完成回交、测交、正反交等油菜手工杂交 2 000 余份。同时开展形态标记选择，并对已套袋的单株进行抖花、提袋，降低所选单株的病害率，提高选择效率。

积极展开油菜虫害调查。随着温度的升高，油菜生长加快，同时也进入虫害发生的高峰时期。4 月 7 日，岗位科技人员赴含山县仙踪镇调查油菜叶露尾甲发生情况。调查发现油菜叶露尾甲已经开始为害，部分田块有虫株率在 15% 左右，平均每株 1~2 头，主要集中在油菜的花蕾、叶腋处，少数在叶缘处，主要啃食花蕾和叶肉，成虫已进入繁殖期。我们将继续调查该害虫的发生范围、为害程度，研究其生活史等。此外，调查还发现油菜叶露尾甲除为害油菜以外，还为害大白菜。

积极展开科技服务工作。4 月是安徽省油菜科研生产最繁忙的季节，在此期间，岗位科技人员开展了多种形式的技术服务工作。如对制种基地农民进行油菜去杂技术指导、油菜示范基地病虫害防治与管理指导、油脂企业油菜籽原料生产基地建设建议等。

标题：田间调查油菜叶露尾甲

日期：2009-04-18

侯树敏、胡本进、张海珊等再次赴巢湖市苏湾镇耀华村、含山县仙踪镇姚庙等上年度发现油菜叶露尾甲的地方进行该害虫为害情况调查，并向周边地区的油菜田进行普查。结果在距耀华村 10 千米左右的尉桥村也发现了该害虫。耀华村油菜叶露尾甲发生最重，油菜田普遍遭叶露尾甲为害，严重田块幼虫株率达 100%，每株有成虫 1~3 头不等，幼虫若干。遭幼虫为害的叶片占绿叶数的70%~80%，油菜叶片枯死，引起植株早衰。此外，由于成虫具有假死性，且能飞行，所以，对成虫调查较为困难。据文献报道，1993 年在甘肃省临夏回族自治州春油菜上发现油菜叶露尾甲。而在耀华村发现油菜叶露尾甲是当地原有，还是由甘肃省等北方地区传播而来？安徽省与甘肃省的油菜叶露尾甲是否属于同一个种群？该害虫是如何越夏和越冬的？目前还不清楚，拟开展进一步的研究。

标题：油菜叶露尾甲形态观察

日期：2009-04-19

    侯树敏、胡本进、张海珊等对在巢湖市苏湾镇耀华村、含山县仙踪镇采集油菜叶露尾甲成虫和具有幼虫、卵的叶片样本在实验室内进行观察，培养。发现油菜叶露尾甲成虫、幼虫都能为害油菜和白菜。成虫灰褐色，主要啃食叶片和花蕾，幼虫乳白色，在叶片上下表皮间啃食叶肉，造成叶片枯死。成虫卵产在沿叶背的叶缘处，卵椭圆形，白色透明状。此外，4 月 19 日，在合肥的油菜田中也发现了几个与该虫幼虫相似的幼虫。

标题：安徽油菜新害虫油菜叶露尾甲发现观察报告

日期：2009-04-20

    胡宝成、侯树敏把对安徽发现的新害虫"油菜叶露尾甲"的观察情况及部分图片上报国家油菜现代产业技术体系首席专家办公室。全文如下。

    安徽省农科院油菜科学家岗位 2008 年 4 月首次在巢湖市居巢区苏湾镇耀华村油菜田发现油菜叶露尾甲。2008 年 11 月在含山县仙踪镇姚庙也发现该害虫，发现地与耀华村相距 3 千米左右，且中间有大山阻隔；2009 年 4 月 18 日，再次对耀华、姚庙等上年度发现油菜叶露尾甲的地方进行该害虫为害情况调查，并向周边地区的油菜田进行普查，结果在距耀华村 10 千米左右的尉桥村也发现了该害虫。此外，4 月 19 日，在合肥也发现了几个与该虫幼虫相似的幼虫。据文献报道，1993 年在甘肃省临夏回族自治州春油菜上发现油菜叶露尾甲。根据我们观察，油菜叶露尾甲成虫、幼虫都能为害油菜，成虫灰褐色，主要啃食叶片和花蕾，幼虫乳白色，在叶片上下表皮间啃食叶肉，造成叶片枯死。每年春秋季发生，春季为害较重，3—4 月为成虫产卵高峰期。成虫主要沿叶背的叶缘产卵，卵椭圆形，白色透明状。据 2009 年 4 月 18 日调查，耀华村油菜田普遍遭油菜叶露尾甲为害，严重田块幼虫株率达 100%，每株有成虫 1~3 头不等，幼虫若干，遭幼虫为害的叶片占绿叶数的 70%~80%。由于成虫具有假死性，且能飞行，所以，对成虫调查较为困难。从前期调查结果来看，油菜叶露尾甲扩展较快，而且农民普遍不认识该害虫，更不知如何防治，从而也加大了该害虫的发生。油菜叶露尾甲是当地原有，还是由甘肃省等北方地区传播而来？安徽省与甘肃省的油菜叶露尾甲是否属于同一个种群？该害虫是如何越夏和越冬的？目前还不清楚，有待进一步深入研究。

标题：查找资料、播种拟南芥

日期：2009-04-21

范志雄等发现田间无蜜腺突变株套袋自交后期结实较好，但开放授粉一直结实极低，且本突变体花丝未见异常，这两种现象与陈新军报道的类似突变明显不同。针对新发现的油菜中无蜜腺突变，在 NCBI 及 SCI 数据库中查找相关突变，结果发现拟南芥有相应突变，并查到 Nature Genetics、the Plant Cell 等 SCI 刊物中的相关文献。准备播种拟南芥，下一步拟从拟南芥及油菜中克隆该基因。

范志雄、雷伟侠等检查前段时间所做小孢子，发现已经开始出胚。部分材料胚已到子叶期。将出胚的材料转入摇床，25℃，40 转/分钟振荡培养。

标题：天长市油菜病虫害情况调查

日期：2009-04-22

侯树敏、陈凤祥、王文相、张爱芳、荣松柏等赴天长市油菜万亩示范片和百亩示范区调查油菜病虫害发生情况。油菜种植方式分别为稻田免耕机条播和稻田免耕移栽。调查发现该地区也存在油菜叶露尾甲的幼虫，只是目前虫量较少，为害还不重。此外，还发现潜叶蝇为害，在机条播田块油菜的老叶上还发现霜霉病，目前病虫为害都较轻。

标题：肥东县油菜病虫害情况调查

日期：2009-04-23

侯树敏、陈凤祥、荣松柏等对肥东县王铁、石塘等地油菜高产栽培示范片、机械化播种示范片的病虫害发生情况进行调查。调查发现，在两地的油菜田块均发现油菜叶露尾甲的幼虫，目前该害虫的数量较少，对油菜造成的为害不大。此外，还发现有小菜蛾、潜叶蝇及少量的蚜虫为害，目前为害程度也不大。

标题：池州市油菜病虫害情况调查

日期：2009-04-24

侯树敏、陈凤祥、荣松柏等对池州市贵池区驻驾乡油菜万亩高产栽培示范区的病虫害发生情况进行调查。调查发现，仅有少量的蚜虫和潜叶蝇为害，目前为害程度不大。此外，还发现有少量的霜霉病、菌核病发生。

标题：小孢子胚接种、PCR 反应等

日期：2009-04-27

雷伟侠、范志雄等将 Y9012B、M4、YDH8 等胚接种于固体 B5 培养基。下午配 SSR 反应体系，引物为 S158 和 S164，退火温度 59℃。PAGE 胶电泳后 10%醋酸固定。并读带 S158、S164 等；显影；电泳 S171 和 S172。所得数据存档，并将胶扫描保存。

标题：参加长江下游高油油菜新品种现场观摩会

日期：2009-04-29

胡宝成和侯树敏在巢湖参加了由中国农科院油料所主持召开的"长江下游高油油菜新品种现场观摩会"。农业部科教司产业技术处徐利群副处长、中国农科院油料所所长、油菜产业体系首席科学家王汉中研究员、廖星处长等专家，巢湖市政府、农委领导、巢湖综合实验站及有关县市和企业的专家 80 余人参加了观摩会。王汉中研究员在现场（居巢区夏阁镇高油新品种百亩展示片）介绍了两个高油品种中双 11 号（含油量高达 49%），中油 115 的特性。在会上王汉中研究员作了中国油菜产业的形势分析与对策建议。徐利群处长在会上肯定了油菜高油品种的发展方向，并介绍了体系建议的进展情况。胡宝成研究员也作了发言，简述了安徽油菜生产形势、存在问题和对策。

标题：杂交油菜新品种现场观摩会

日期：2009-04-30

　　侯树敏赴池州参加由合肥丰乐种业举办的油菜新品种现场观摩会，展示的品种有中油 5628、核优 56、国丰油 9 号，参加会议的有中国农科院油料研究所邹崇顺研究员、四川省绵阳市农业局左上琪副局长、丰乐公司副总彭家成、朱文忠及各地种子经销商代表 100 余人，侯树敏在会上发言，介绍核优 56 的选育、审定情况，品种的特征特性及栽培要点等。

标题：2009 年 4 月下旬工作小结

日期：2009-04-30

　　2009 年 4 月（下半月）工作汇报

　　一、积极开展油菜田间病虫害调查，指导病虫害防治

　　4 月下旬，安徽省油菜已普遍终花，进入青角期，也是蚜虫等虫害发生的又一高峰期。课题组科技人员先后赴池州、广德、太湖、六安、全椒、滁州、天长当涂、巢湖、肥东、合肥等地进行油菜病虫害普查。从调查结果来看，各地油菜青角期虫害并不严重，大部分地区只有少量的蚜虫、小菜蛾发生，少数田块蚜虫发生量较大。但是，在天长、肥东、合肥等地均发现了安徽油菜新害虫：油菜叶露尾甲，这表明油菜叶露尾甲发生的范围正不断的扩大。在病害方面，只发现有少量的霜霉病，为害不重。根据具体情况制定相应防治措施，指导当地农民和农技人员进行防治。

　　二、继续展开油菜叶露尾甲研究工作

　　4 月 18—19 日，岗位科技人员再次赴巢湖市苏湾镇耀华村和含山县仙踪镇调查油菜叶露尾甲发生情况，并扩大到周边地区调查，采集了大量的成虫和幼虫带回实验室进行研究。调查发现耀华村油菜叶露尾甲发生最重，严重田块幼虫为害株率达 100%，每株有成虫 1~3 头不等，幼虫若干，遭幼虫为害的叶片占绿叶数的 70%~80%。油菜叶片枯死，引起植株早衰。另外，在据耀华村 10 千米左右的蔚桥村也发现有油菜叶露尾甲的为害，表明此虫为害的范围正不断

的扩大。实验室研究发现油菜叶露尾甲成虫、幼虫都能为害油菜和白菜。成虫灰褐色，主要啃食叶片和花蕾。幼虫乳白色，在叶片上下表皮间啃食叶肉，造成叶片枯死。成虫卵较规律产在沿叶背的叶缘处，卵单产，卵椭圆形，白色透明状。

三、积极展开科技服务和育种基础研究工作

4月29日，胡宝成研究员和侯树敏副研究员在巢湖参加了由中国农科院油料所主持召开的"长江下游高油油菜新品种现场观摩会"，到会的专家、领导有农业部科教司产业技术处徐利群副处长、中国农科院油料所所长、油菜产业体系首席科学家王汉中研究员、廖星处长等专家，巢湖市政府、农委领导、巢湖综合实验站及有关县市和企业的专家80余人。王汉中研究员在现场（居巢区夏阁镇高油新品种百亩展示片）介绍了两个高油品种中双11号（含油量高达49%）、中油115的特性，在会上作了我国油菜产业的形势分析与对策建议。徐利群副处长在会上肯定了油菜高油品种的发展方向，并介绍了体系建议的进展情况。胡宝成研究员也作了发言，简述了安徽油菜生产形势、存在问题和对策等。4月30日，侯树敏副研究员赴池州参加由合肥丰乐种业举办的油菜新品种现场观摩会。参加会议的代表有100余人，侯树敏在会上发言，介绍核优56的选育、审定情况，品种的特征特性及栽培要点等。此外，课题组其他成员还开展了油菜小孢子培养、分子标记开发等油菜育种相关基础的研究。

标题：中以油菜多倍体育种项目考察

日期：2009-05-03

受安徽省农科院作物研究所委派和以色列 Kaiima 生物农业技术有限公司的邀请，陈凤祥和吴新杰于2009年4月29日—5月3日赴以色列对中以油菜多倍体育种项目进行考察访问。期间实地调查了位于加利利湖附近的试验基地多倍体油菜的生长情况，并听取以方人员对项目的执行情况汇报，双方就项目的进展及下一步工作进行讨论和交流。

一、项目基本情况

中以油菜多倍体育种项目始于2006年11月，双方致力于利用以色列的染色体组加倍技术选育多倍体油菜新品种，旨在提高多倍体油菜的产量、抗逆性和含油量。以色列方试验基地油菜种植在50目的网室内，稀植，防病除虫，水

肥滴灌，阳光充足，整体长相很好。染色体组倍性测定在 Technion 大学生物医学系实验室采用 FACS 技术进行。油菜含油量、芥酸、硫甙含量等品质测定尚未开展。

二、取得主要进展

1. 成功筛选出若干结实性良好的四倍体父本 CHR08，如 127 系、144~148 系、150 系。其中 127 系比对照父本早熟，产量潜力高；其他系长势与对照父本相当。

2. 采用二倍体母本 CHA01 与上述结实性良好的四倍体父本进行杂交配制三倍体杂交种，杂交的结实性正常，三倍体杂交种有望在本月底收获。

3. 四倍体母本 CHA01 的结实性普遍很差，而四倍体母本 CHA01 群体 145 小区，由 2 棵可育株和 2 棵不育株组成，结实性略好，供进一步筛选。

三、下一步工作

1. 继续对上述结实性好的四倍体父本进行染色体倍性稳定性和结实稳定性的鉴定。

2. 尽快对配制的四倍体杂交种、三倍体杂交种，及其相应亲本进行产量和育性、品质鉴定。

3. 加强结实性好的四倍体母本 CHA01 的选育。

标题：双低杂交油菜品种池州现场测评验收会

日期：2009-05-04

安徽省农科院组织有关专家对安徽省农科院作物所"核优 46"和"皖油 25"两个杂交油菜品种在池州市贵池区的千亩示范片进行现场测评验收。专家组由省农技总站研究员邢君、安农大教授曹流俭、省种子管理站研究员夏英萍和高级农艺师夏静、池州农技推广中心高级农艺师陈翻身 5 位同志组成。安徽省科技厅姜洪智副研究员及省农科院部分领导同志参加了这次测评验收会。

在田间，专家组认真听取了项目实施情况汇报，考察了示范区现场，并抽取有代表性的田块，按农业部推荐的新测产方法分别对上述两个品种进行现场测产，形成如下意见：（1）核优 46：贵池区普庆村示范面积 1 050 亩，前茬棉花。该油菜品种生长健壮、整齐一致，基本无病虫害。平均有效株 3 968.3 株/亩，角果粒数 961.3 个/株，角粒数和千粒重参照区试结果，校正系数按 0.8

计，折合亩产 256.3 千克；（2）皖油 25：池州市贵池区民生村示范区面积 1 128 亩，前茬棉花。该油菜品种生长健壮、整齐一致，基本无病虫为害。平均有效株 5 008.9 株/亩，角果数 825.6 个/株，角粒数和千粒重参照区试结果，校正系数按 0.80 计，折合亩产 218.3 千克。

在考察现场，专家组发现当地有少量农户自留农家品种种植，但菌核病发病相当严重。而与之相比，皖油 25 和核优 46 两个品种基本上无菌核病发生。专家组认为这两个品种抗（耐）病能力值得肯定。邢君研究员在与当地棉农交流后认为，安徽省广大棉区大力推广抗病高产油菜品种，可以充分利用农村冬季富余劳动力，对促进农民增产增收有极大好处，具有较大的经济和社会价值。

在专家组现场测产完成后，池州市农技推广中心公布了之前他们单独测产结果：核优 46 和皖油 25 分别折合亩产 278.0 千克和 244.4 千克。虽然测产方法和测产时间与本次专家组所测均不一样，但结果差别不大，表明验收结果较可靠。

标题：调查核优 56 示范片表现

日期：2009-05-05

胡宝成、荣松柏赴东至县大渡口镇调查我们自育双低品种核优 56 万亩示范片成熟前表现。该示范片系沿江棉区棉茬油菜，育苗移栽，每亩 3 000 株左右，菌核病零星发生，病株率在 5% 以上，抗病性明显优于其他品种。也没有什么虫害，但熟期偏晚（在当地农民尚可接受的熟期范围内）。当地农技部门估产可达 200 千克/亩以上。沿江棉区雨水偏多，菌核病易大发生。从核优 56 万亩示范的情况看，该棉区劳动力较富足，通过棉、油轮作、双移栽，选用抗病性强的品种可达到棉、油双高产，提高油菜籽的产量，提高农民的收入。

标题：转小孢子胚

日期：2009-05-06

范志雄、江莹芬将子叶期胚在无菌条件下取出，接种在所配固体 B5 培养基，未到子叶期的胚留在液体 N13 条件下继续暗培养。转到固体 B5 中的胚置光照培养箱中培养。提取纯合两用系 DNA，用于分子生物试验。

标题：沿江池州地区油菜病虫害调查

日期：2009-05-06

费维新和李强生赴池州市调查油菜虫害与病害的发生情况。池州市地处沿江，油菜种植面积为 20 多万亩，主要是棉花-油菜模式。油菜品种需求以早熟抗病品种为主。油菜青角期的虫害主要是蚜虫，今年受前期低温多雨的影响蚜虫发生较轻，并且在油菜花期喷施杀虫剂。调查结果表明有蚜株率普遍在 10% 以下。油菜菌核病的发病株率在 20% 以下，病害分级基本上都在 1 级发病。

标题：油菜试验考察

日期：2009-05-07

侯树敏参加由安徽省种子管理站组织的油菜试验考察，分别赴滁州、全椒、来安、当涂、池州、合肥等地考察油菜预试、区试、生产试验等。

标题：油菜成熟前调查

日期：2009-05-08

陈凤祥、荣松柏赴肥东县石塘乡和马集乡，重点对皖油 25 和核优 56 示范片油菜生长情况进行了调查。两品种长势较好，病虫害轻，没有倒伏。此次调查由肥东县农技推广中心人员陪同，初步理论测产两品种产量均在 260～270 千克/亩。与周边田块比较，两品种产量应高于其他品种，抗（耐）病性明显较好，熟期基本相当。

标题：皖南黄山市油菜病虫害调查

日期：2009-05-09

费维新和范志雄赴皖南山区的休宁县和歙县调查了油菜虫害情况和油菜根肿病的发生情况。黄山市油菜种植面积 39.4 万亩，其中休宁县油菜种植面积为 9 万亩，主要是稻油模式。歙县面积 14 万亩，主要是稻油模式。油菜品种需求以早熟抗病品种为主。油菜青角期的虫害主要是蚜虫，今年受前期低温多雨的影响蚜虫发生较轻。有蚜株率普遍在 10% 以下，其中一块重发生田达 24%。油菜根肿病休宁县发生面积 5 万多亩，歙县发生面积达 10 万亩。发病田块病株率

20%左右，重发田块达70%以上，尤其是水田较重（病原菌随水流扩散），旱地较轻。另外在屯溪市的屯光镇的白菜地里发现小白菜根肿病病株率达90%以上，严重影响蔬菜种植区的十字花科作物的生产，周围的农户非常担心，当地农技部门也没有很好的办法来控制该病的蔓延，亟须研究新的有效的防治方法与控制策略。

标题：早熟材料开始收割

日期：2009-05-11

田间部分油菜资源材料已经成熟，并开始收割。同时收获成熟的杂交组合，吴新杰将赴青海鉴定上述组合的育性。

标题：继代小孢子培养胚

日期：2009-05-12

范志雄配制培养基并进行继代小孢子培养胚。

标题：油菜新品种核优 56 和皖油 25 现场测产情况报告

日期：2009-05-13

安徽省农技推广中心的汪新国研究员、安徽农业大学曹流俭教授、安徽省种子管理站夏静研究员、合肥市科技局马卫东研究员和肥东县农技推广中心高级农艺师程家兴 5 位专家对合肥市肥东县石塘镇两个油菜核心示范区的新品种进行现场测产。安徽省农科院科研处副处长郭高研究员，作物所油料室主任陈凤祥，李强生，侯树敏等全程参与，同时调查了油菜病虫害的发生为害情况。专家们认真考察了示范区现场，抽取有代表性的田块测产，结果如下：肥东县石塘镇马集村核心示范区面积 250 亩，示范品种"核优 56"，前茬水稻。该核心示范片油菜生长健壮，整齐一致，基本无病虫害。经测产平均有效株 5 800 株/亩，角果数 594.5 个/株，折合亩产 258.5 千克。肥东县石塘镇富光村核心示范区面积 200 亩，示范品种"皖油 25"，前茬水稻。该核心示范片油菜生长健壮、整齐一致，基本无病虫害。经测产平均有效株 3 902.7株/亩，角果数 974.25 个/株，折合亩产 209.4 千克。

标题：陕西省田建华主任等一行来我院考察油菜国家生产试验

日期：2009-05-14

陕西省杂交油菜研究中心田建华主任等一行来安徽省农科院考察油菜国家生产试验情况，并详细询问了今年安徽省气候状况和油菜总体生产状况。胡宝成、陈凤祥参与接待。在田间，具体负责生产试验的雷伟侠汇报了田间情况。

标题：2009 年 5 月上旬工作小结

日期：2009-05-16

2009 年 5 月（上半月）工作汇报

一、积极开展油菜成熟前的田间病虫害调查

进入 5 月，安徽省油菜由南向北逐渐进入成熟期，也是调查油菜菌核病、根肿病等病害的关键时期。因此，课题组科技人员先后赴池州、黄山、休宁、歙县、广德、全椒、滁州、天长、当涂、肥东、合肥等地进行油菜病虫害调查。从调查结果来看，今年各地油菜菌核病发病较轻，只是在池州沿江圩区棉茬的早熟油菜田发病较重。休宁县和歙县油菜根肿病发生较重，休宁县发生面积 5 万多亩，歙县发生面积达 10 万亩。发病田块病株率 20% 左右，重发田块达 70% 以上，尤其是水田较重（病原菌随水流扩散），旱地较轻。另外，在屯溪市的屯光镇的白菜地里发现小白菜根肿病病株率达 90% 以上。严重影响蔬菜种植区的十字花科作物的生产，并逐年加重。当地农技部门也没有很好的办法来控制该病的蔓延，亟须研究新的有效的防治方法与控制策略。虫害发生不重，大部分地区只有少量的蚜虫、小菜蛾发生。不过菜粉蝶已在部分地区发生，需预防菜青虫对后期十字花科蔬菜的为害。

二、积极开展油菜示范区田间测产工作

5 月 4 日、6 日、13 日，安徽省农科院组织省内有关专家对安徽省农科院作物所育成"核优 46""皖油 25""核优 56"等油菜新品种在池州、东至和肥东等地的高产高效栽培示范区进行测产验收。测产结果表明各示范区油菜产量均在 200 千克/亩以上、高产田块达 250 千克/亩以上。示范区油菜生长健壮，基本无病虫害，很好的起到示范作用。

三、积极参加安徽省农委组织的油菜试验、生产考察

5 月 5—7 日，侯树敏参加由安徽省农委种子管理站组织的省内油菜区试、

预试和生产试验考察，解答承试人员的问题，并汇报安徽省农科院承担试验的执行情况。

四、积极展开国际国内科技交流与合作

5月1—6日陈凤祥和吴新杰赴以色列考察油菜多倍体育种，开展多倍体合作育种工作。

5月14日，陕西省杂交油菜研究中心田建华主任等一行来安徽省农科院考察油菜国家生产试验情况，并详细询问了今年安徽省气候和油菜总体生产状况。胡宝成、陈凤祥等陪同考察，具体负责生产试验的雷伟侠同志汇报了田间情况。

五、开展油菜相关基础研究

5月上旬，课题组成员继续开展了油菜小孢子培养、分子标记开发等油菜育种相关基础的研究。

标题：天长市油菜示范展示区新品种现场测产

日期：2009-05-16

组织有关专家对天长市油菜百亩示范区和机械化免耕直播展示片新品种皖油25和核优56进行了测产。胡宝成、李强生、侯树敏、费维新等参加。省种子管理站副站长夏英萍研究员、夏静高级农艺师、安徽农业大学曹流俭副教授、安徽省农科院郭高研究员和滁州市种子管理站高级农艺师姜治中5位有关专家组成专家组。专家们认真考察了示范区现场，抽取有代表性的田块测产，结果如下：天长市张铺镇平安社区皖油25、核优56示范区各100亩，前茬为水稻。该核心示范片油菜生长健壮、整齐一致，基本无病虫为害。经测产：皖油25平均有效株6 854株/亩，折合亩产208.0千克。核优56平均有效株6 101株/亩，折合亩产227.0千克。天长市新街镇新街村皖油25、核优56机械化免耕直播展示片面积各10亩，前茬为水稻。该展示片油菜生长健壮、整齐一致，基本无病虫为害。经测产：皖油25平均有效株1.67万株/亩，折合亩产202.0千克。核优56平均有效株2.71万株/亩，折合亩产210.2千克。

标题：肥东长乐油菜机械化收获现场观摩

日期：2009-05-17

在肥东农技推广中心陈家兴主任的陪同下，陈凤祥、吴新杰和荣松柏现场观摩了油菜机械化收获。现场油菜田属于一个种植大户，移栽种植，分枝多，产量高。机械选用湖州星光农机制造有限公司生产的 4LL-2.0D 型全喂入收割机，配有垂直割刀，切断交叉分枝，割台能上下调节，留茬低，秸秆同步粉碎，散落大田。据介绍，该收割机每小时能收割 3 亩地。今年合肥试验田的油菜将采用该收割机收获。

标题：滁州市全椒县油菜新品种测产

日期：2009-05-17

　　侯树敏和费维新配合当地有关专家，对滁州市全椒县的油菜示范区示范品种进行了联合现场测产。按照高、中、低产田的比例抽取有代表性的田块分别对示范户、辐射区种植户、非示范户测产，结果如下：全椒县马厂镇、大墅镇、十字镇和襄河镇等地示范区油菜生长健壮、整齐一致，基本无病虫为害，主要品种有皖油 27、皖油 25、秦优 7 号、秦优 10 号等。经测产：示范户平均亩产 190.6 千克，辐射区种植户平均亩产 178.1 千克，非示范户平均亩产 168.5 千克。

标题：滁州市南谯区油菜新品种测产

日期：2009-05-18

　　侯树敏和费维新配合当地有关专家，对滁州市南谯区的油菜示范区示范品种进行了联合现场测产。结果如下：南谯区乌衣镇、腰铺镇、章广镇和珠龙镇等地示范区油菜生长健壮、整齐一致，基本无蚜虫为害，菌核病轻发，主要品种有皖油 27、秦优 7 号、秦优 10 号、皖油 18 等。经测产：示范户平均亩产 186.6 千克，辐射区种植户平均亩产 169.5 千克，非示范户平均亩产 158.4 千克。

标题：油菜开始大面积收获

日期：2009-05-18

　　30% 左右的油菜已经成熟，开始大面积收获。对于育种小材料，仅收获单株。对于组合制种和全不育系繁殖田块，先收割父本，单放；母本成熟期略迟，暂时不割。

标题：油菜抗虫试验和区试试验材料开始取样收割

日期：2009-05-21

近几日侯树敏带领临工对安徽省农科院油菜抗虫试验、区试试验材料开始取样，收割。试验田油菜无倒伏，菌核病发病很轻，蚜虫量也很少。

标题：油菜秸秆还田循环利用技术现场测评会

日期：2009-05-23

胡宝成参加在合肥市大圩镇召开的"油菜秸秆还田循环利用技术现场测评会"。现场展示了油菜机收同步进行秸秆破碎抛洒还田、旱地油菜秸秆施埋还田、水田油菜秸秆耕翻还田等技术。现场调查油菜收获损失率小于8%，秸秆粉碎率高，抛洒均匀，田面秸秆覆盖率大于95%。旱地秸秆旋耕还田、水田耕翻还田技术，还田率大于90%。水田平整，对后季水稻插秧没有影响。但收获油菜籽青籽率偏多，可能对油菜籽加工后油脂品质有些影响（叶绿素含量高）。座谈时，胡宝成提出4点意见：（1）要选用高产、抗病的品种作为机收试验，不能因推广机收而影响油菜的产量和品质；（2）加大播种密度达1.5万~3万株/亩，这样可以缩短花期，减少青籽率，也可减少田间杂草；（3）选育适应机械化栽培的品种和改进机械装置同样重要，但后者速度更快，效果也更好；（4）加大国际学术交流和合作的力度，充分利用国外在秸秆还田循环利用技术和理论，加快提高理论水平。

标题：种子纯度鉴定

日期：2009-05-26

荣松柏赴青海西宁送杂交种子在青海种植和鉴定纯度。

标题：油菜抗虫试验材料开始脱粒

日期：2009-05-30

近日安徽省农科院油菜抗虫试验材料开始脱粒。引进一台小型油菜收割机在安徽省农科院油菜试验田进行机械收割和秸秆粉碎后还田试验，试验效果良好。

标题：**2009 年 5 月（下半月）工作汇报**

日期：2009-05-31

2009 年 5 月（下半月）工作汇报

一、积极开展油菜示范区展示、测产工作

进入 5 月中下旬，安徽省油菜大多数已经成熟，也是对示范区油菜进行展示、宣传和测产的关键时期。

5 月 16 日安徽省农科院组织省内有关专家对安徽省农科院设在天长市的油菜百亩示范区和机械化免耕直播展示片的新品种皖油 25、核优 56 进行了测产。参加现场会的专家、领导、农技人员 30 余人。示范区油菜角黄杆青，植株健壮，基本无病虫害，据专家现场测产，皖油 25、核优 56 产量分别为：208.0 千克/亩和 227.0 千克/亩。机械化直播示范区皖油 25、核优 56 产量分别为：202.0 千克/亩和 210.0 千克/亩，起到很好的示范作用。

5 月 17—18 日，安徽省农科院又组织专家分别对全椒县、滁州市南谯区、巢湖市居巢区的油菜高产示范片进行测产，测产结果也表明示范区油菜较非示范区油菜产量有很大提高。

二、积极开展油菜机收、秸秆还田试验

每年 5 月，合肥市油菜秸秆焚烧对合肥市大气造成严重污染，由此引起的交通事故时有发生，造成严重的生命财产损失。

5 月 23 日，安徽省农科院在合肥市包河区牛角大圩进行油菜机械化收割和秸秆还田试验，效果良好。合肥市长吴存荣等领导同志参观现场，给予高度评价。

5 月 30 日我院又引进一台小型油菜收割机在我院油菜试验田进行收割和秸秆粉碎还田试验，试验效果同样良好，为今后进行油菜大面积机械收割、秸秆还田、培肥地力等做好技术储备。

三、认真做好试验材料收获、考种等工作

5 月下旬，安徽省农科院试验田油菜均进入成熟收获期，5 月 21—22 日对油菜区试、抗虫试验进行田间取样。

5 月 23—25 日对试验材料进行人工收割。

5 月 28—31 日，天气晴好，充分利用这一有利时机，抓紧时间对试验材料进行人工脱粒，目前所有试验材料已完成脱粒工作。

标题：油菜区试、抗虫试验开始室内考种

日期：2009-06-04

安徽省农科院油菜田间试验材料全部收割脱粒完成，侯树敏带领临工今天开始对油菜区试、抗虫试验的田间取样材料进行室内考种。

标题：访问瑞士和捷克

日期：2009-06-08

5月26日—6月4日，胡宝成访问了瑞士联邦技术大学（ETH）和捷克生命科学大学（原捷克农业大学）、捷克 South Bohemia 大学、捷克谷物种植委员会。在瑞士联邦技术大学与从事植物病理、昆虫和生物技术的教授、科研人员、博士生等进行了广泛的学术交流。在油菜菌核病生物防治，蚜虫与油菜病毒病及蚜虫为害后对油菜菌核病的发生程度的影响进行了学术探讨，达成了合作意向。在捷克与上述大学作物研究所、植保研究所、园艺研究所生物技术中心等就油菜抗病虫育种、小孢子培养技术等进行了广泛的学术交流。在油菜小孢子培养高效加倍技术等方面达成合作意向。

标题：油菜基础材料及杂交开始脱粒

日期：2009-06-09

范志雄等收获今年的基础材料及杂交后代，将其悬挂后熟，晒干。自今天起脱粒基础材料及所做的杂交组合。脱粒过程中，观察记载亲本及基础材料粒色、有无胎萌、种子大小等直接感观性状。称重品比试验和生产试验的产量。

标题：2009 年 6 月（上半月）工作小结

日期：2009-06-15

2009 年 6 月（上半月）工作汇报

一、认真开展油菜室内考种、单株、杂交脱粒工作

进入 6 月，安徽省油菜田间收获工作已结束，安徽省农科院油菜试验、田间育种材料开始进行室内考种，小区称重，单株、杂交脱粒等工作，目前该工作仍在继续。

二、积极开展所需仪器设备采购和田间设施建设

油菜收获后，田间工作结束，工作量相对较少，因此，我们积极抓住这一时段开展研究所需仪器设备的采购和田间设施的建设工作。

三、积极开展实验室研究工作

充分利用油菜作物不在地这段时间，积极开展油菜实验室研究工作，目前正在进行甘蓝型油菜隐性黄籽临保系的分子标记和隐性核不育相关基因定位研究工作。

标题：和以色列签署合作协议

日期：2009-06-15

以色列 Kaiima 生物农业技术有限公司营销副总裁 Zohar 来作物所交流访问，胡宝成、陈凤祥等课题组成员共 10 余人参加了接待和交流。会议上 Zohar 先生首先报告了染色体加倍杂交油菜育种合作项目的最新研究进展，已初步选育出倍性稳定的多倍体父本 127，与对照相比熟期提早，产量显著提高，被认为是该项目里程碑式的研究成果。随后双方就该项目的应用前景进行了分析和讨论，并对下一步工作计划签署了协议。

标题：课题工作讨论

日期：2009-06-18

全体课题组成员对今年 1—6 月的工作进行总结，讨论预算经费使用进度，并安排下一步工作计划。

标题：室内工作开展情况

日期：2009-06-19

江莹芬、李强生等这一周实验室内的工作有几项：（1）室内单株样，小材料样脱粒，考种；（2）品种分析工作开始，每天精测 100 个样的油酸含量，用于高油酸育种选择；（3）用 SRAP 标记筛选与隐性核不育相关基因连锁的标记，这个星期共筛选 40 对引物，在小群体中找到与目标基因连锁的标记 2 个。

标题：技术交流会

日期：2009-06-19

李强生等参加流式细胞仪和核磁共振的技术交流会，主要是 BD 公司（流式细胞仪）和牛津公司（核磁共振仪）的产品做技术交流。

标题：调研核磁共振仪情况

日期：2009-06-22

雷伟侠赴杭州、上海、南京分别调研不同厂家核磁共振仪的情况，并拿去样品 18 份进行测试，准备回来同样的样品进行国标法测试，比对不同厂家不同型号仪器的精度及操作界面等系列的情况。主要是上海纽迈公司的、麟文公司代理的英国牛津公司的、布鲁克的三家的核磁共振仪。

标题：菌核病 EST 序列下载

日期：2009-06-22

范志雄登录公共数据库，下载核盘菌 EST 序列，以 FASTA 格式下载至本地硬盘，共下载到发育中的核盘菌 EST、侵染垫 EST、中性 pH 条件下生长 EST 和发育中的子囊盘 EST 共 4 个 EST 序列库，下载花了整整一天时间。

标题：开始查找 EST 序列中的 SSR

日期：2009-06-23

从今天起，范志雄利用 SSRIT 软件分析"中性 pH 生长条件下"核盘菌 EST 序列中的 SSR 序列。分析参数为：二碱基重复基元 ≥ 6；三-十碱基数重复基元 ≥ 5。软件自动过滤 5' 端 polyT 和 3' 端 polyA。整个工作运算量很大。

标题：访问河南农科院

日期：2009-06-24

6 月 22—23 日，胡宝成、侯树敏、荣松柏等赴河南省农科院经济作物研究所和植保所商讨利用该院植保所新型农药地蚜灵防治蚜虫事宜，并听取了张书芬研究员和刘爱芝研究员关于地蚜灵在油菜、小麦和蔬菜上应用情况的介绍。

安徽省农科院计划在今年油菜秋播时进行地蚜灵的试验示范工作。

标题：夏收材料近红外分析

日期：2009-07-08

整理完夏收小材料，编好号后，共 6 581 份，范志雄等开始近红外分析品质（含油量、蛋白质、硫甙、芥酸等），每个工作日约分析 800 份。

标题：开始设计 EST-SSR 引物

日期：2009-07-09

范志雄结束核盘菌 pH-7.0 生长条件下 EST 序列中 SSR 序列的查找工作，挑出含 SSR 序列的 EST 序列，开始设计 EST-SSR 引物。软件为 primer5，主要参数：引物长 17~25bp，TM 值 55~63，GC 含量 35%~70%，扩增片段 100~500bp。

标题：油菜小孢子培养试管苗继代

日期：2009-07-14

经过一段时间培养后，小孢子胚开始成苗，范志雄、雷伟侠将成苗的材料继代到固体 B5 无外源激素培养基上，其他培养条件相同。

标题：近期室内工作总结

日期：2009-07-14

近期室内工作有：（1）考种工作已经结束，开始对育种小材料进行各项指标的粗测（近红外分析），分析的速度为每分钟一个样，粗测工作已经进行了 5 天；（2）对重点育种材料进行硫甙、芥酸、含油量的测定：含油量测定工作今天开始，硫甙、芥酸测定工作已经进行了一个星期；（3）分子标记筛选工作：已经完成了 240 对 SRAP 标记的筛选，筛选到了各个标记若干，现在准备用群体来进行验证和测连锁距离。

标题：近红外分析结束，开始导出数据

日期：2009-07-15

从 7 月 8 日开始，安排工人用 NIR 分析油菜小材料品质。7 月 15 日分析结束，共 6 581 份。将结果导出到 Excel 表格中，准备整理结果。

标题：筛选到与 Rf 连锁的 SRAP 标记

日期：2009-07-20

范志雄、江莹芬利用 SRAP 标记检测 Rf 在群体中扩增，检测到 EM10/ME3、EM10/ME5 与 Rf 基因连锁，且这两个扩增片段大小相等。

标题：复测 NIR

日期：2009-07-23

范志雄将第一次测定的 6 581 份小材料 NIR 测定数据用 Excel 初步处理，挑出结果存疑材料 792 份，重新测定 NIR。

标题：参加天敌昆虫饲养技术学术研讨会

日期：2009-07-27

7 月 24—26 日，侯树敏参加在北京由中国植物保护学会生物防治专业委员会和植物病虫害生物学国家重点实验室举办的"天敌昆虫饲养技术学术研讨会"。会上听取了多位中外专家关于高品质昆虫的饲养技术、昆虫生理生化、天敌昆虫大量饲养中的遗传品质管理、昆虫滞育和休眠在昆虫饲养中的应用以及小花蝽、草蛉、赤眼蜂、小菜蛾弯尾姬蜂、中红侧沟茧蜂、丽蚜小蜂、浆蚜小蜂、平腹小蜂等具体天敌昆虫的饲养繁殖和田间释放技术的报告。参与天敌昆虫的繁殖和释放技术的发展方向、天敌昆虫工厂化生产目前存在的问题和今后可能采取的解决办法的讨论。通过这次会议，受益匪浅。

标题：近期室内工作总结

日期：2009-08-13

室内工作近期进行情况如下：（1）利用近红外对育种材料的芥酸、硫甙、含油量的粗测已经接近尾声，共测了 20 000 份左右；（2）利用气谱对芥酸的精测已经测了 2 000 多份；（3）利用残余法对含油量的精测已经测了 500~600 份；

（4）在室内营养钵播种了油菜，用菌核病的菌丝在叶片上接种，鉴定了 12 个品种的抗性；（5）分子标记筛选标记进行辅助选择的工作也一直在开展中，得到了与各个基因共分离的标记 2~3 个。

标题：油菜科技示范

日期：2009-08-14

　　侯树敏赴天长市冶山镇落实油菜千亩示范区，与当地农技人员商讨示范区建设、栽培技术、病虫草害综合防治措施等实施方案。

标题：参加国家油菜区试会

日期：2009-08-17

　　陈凤祥、吴新杰、费维新 8 月 14—17 日在沈阳参加国家油菜区试会。选育的核优 488 完成国家区试中间试验，等待报审，核优 46 进入下一年长江下游区试，推荐核优 488 参加长江中游区试。

标题：科技示范工作

日期：2009-08-22

　　侯树敏、荣松柏赴池州市农技推广中心、东至县大渡口镇分别与当地农技人员一起落实油菜千亩示范区，制定油菜高产高效栽培及病虫草害综合防治措施等，发放示范区油菜用种及农药，并商讨示范区科技培训事宜。

标题：油菜科技示范

日期：2009-08-24

　　侯树敏、荣松柏赴天长市冶山镇发放示范区油菜用种、农药等，与当地农技人员商讨示范区科技培训事宜。

标题：油菜科技培训

日期：2009-08-26

　　侯树敏赴东至县大渡口镇进行油菜高产高效栽培及病虫草害综合防治技术

培训。由于白天农民需在田间劳作，所以培训只能安排在晚上进行，参加培训的农民、农技人员 50 余人。

标题：以色列 Kaiima（卡伊马）生物农业技术有限公司营销副总裁 Zohar Ben-Ner 先生来访

日期：2009-08-27

以色列 Kaiima（卡伊马）生物农业技术有限公司营销副总裁 Zohar Ben-Ner 先生来访，交流多倍体油菜合作项目的研究进展，讨论下一步打算。初步确定 11 月 5 日在合肥举办本项目推介会，邀请有关政府官员、种子企业参加。

标题：油菜科技培训

日期：2009-08-28

侯树敏、荣松柏在天长市冶山镇进行油菜高产高效栽培及病虫草害综合防治技术培训，参加培训的农民、农技人员 60 余人。

标题：油菜病虫草害防治监控与栽培技术研讨会

日期：2009-09-04

国家油菜现代产业技术体系油菜病虫草害防治监控与栽培技术研讨会于 2009 年 9 月 1—3 日在黄山市国际大酒店召开，会议会期 3 天，会议共出席 116 人，胡宝成、李强生、侯树敏、费维新、江莹芬等参会。此次会议由安徽省农业科学院作物研究所承办，安徽省黄山市农业委员会协办。出席会议的有油菜现代产业技术体系病虫草害防治与监控研究室主任刘胜毅研究员，油菜现代产业技术体系岗位科学家华中农业大学姜道宏教授、中国油料所方小平研究员、张春雷研究员，安徽省农委科教处梁仁枝处长，安徽省黄山市农委陈长春副主任，以及 29 个综合试验站的站长及工作人员。大会特邀了云南农业大学何月秋教授和内蒙古农牧业科学院李子钦研究员做大会学术报告。会议主要报告了当前油菜病虫草害及栽培技术研究的新进展，以及气候变化对病虫草害的影响。针对当前新的病虫草害发生动态，提出了一些防治和监控的方法与措施，特别是油菜根肿病和油菜黑胫病的控制以及蚜虫的防控措施。大会还讨论了预防有害生物入侵的策略。各综合试验站也汇报了一年来的工作进展以及下一步的工作重点。胡宝成做了大会总结。研讨会还形成了纪要报油菜体系。

标题：油菜病虫草害防治监控与栽培技术研讨会纪要

日期：2009-09-08

国家油菜现代产业技术体系油菜病虫草害防治监控与栽培技术研讨会纪要

（一）国家油菜现代产业技术体系油菜病虫草害防治监控与栽培技术研讨会于 2009 年 9 月 1—3 日在黄山市顺利召开，参会人员共有 116 人

此次会议由国家油菜现代产业技术体系油菜病虫草害防治监控与栽培技术功能研究室主办，安徽省农业科学院作物研究所承办，安徽省黄山市农业委员会协办。出席会议的有油菜现代产业技术体系病虫草害防治与监控研究室主任刘胜毅研究员，油菜现代产业技术体系岗位科学家安徽省农科院胡宝成研究员、华中农业大学姜道宏教授、中国油料所方小平研究员、张春雷研究员，安徽省农委科教处梁仁枝处长，安徽省黄山市农委陈长春副主任，以及 29 个综合试验站的站长及工作人员。

大会特邀了云南农业大学何月秋教授和内蒙古农牧业科学院李子钦研究员做大会学术报告。在研讨会上 20 余人发言交流，其中 10 人介绍了当前油菜病虫草害于栽培技术研究的新进展，以及气候变化对病虫草害发生与为害的影响。10 余人介绍了当地病虫草害防治的做法经验和体会。

（二）研讨会参会人员背景广泛

此次参会人员中有科技单位、大学的专家学者，农业技术推广技术人员、企业科技人员等。研讨会实现了理论与生产实际的对接，扩大了信息来源，对油菜产业体系病虫草害和栽培专业技术队伍既是经验与技术的交流，又是一次知识的更新。在会上，一些新问题被提出，如：新病害为害逐步加重、老病害出现新问题、气候变暖对油菜病虫害发生的影响、次要病虫草害的上升、有害生物的入侵、耕作制度的变化等。如何应对这些新的问题是我们今后的研究方向。

油菜根肿病近些年在中国油菜产区的为害逐年加重。国内生产上的大多数品种是感病的，而且病原菌在土壤中存活 10 年以上。目前在防治策略上主要通过检疫、物理防治、化学防治和轮作等方法。化学防治代价高，需要降低成本减少环境污染；轮作对控制油菜根肿病有效，但是水旱轮作可加重病害，这对长江流域稻区油菜生产不利。因此开展抗病育种工作引起高度重视。

油菜黑胫病需要加大普查力度，明确为害现状。中国油菜黑胫病发生已经呈现由单纯弱侵染型向弱侵染型和强侵染型并存的过渡阶段。国内的品种基本上不抗油菜黑胫病，加之病原菌生理小种变化比较快，抗病育种尚不具备开展的条件。因此一旦受到该病菌的攻击，中国油菜产业将遭受重大损失。与会专家认为目前首先要加强病害检疫，指导基层农技人员和农民认识病害症状。化学药剂防治有效果，但防治时期与油菜菌核病不同，国内尚未开展工作，可借鉴国外经验开展工作。

油菜菌核病研究取得新的进展。主要表现在3个方面：（1）病害的侵染途径上又有了新认识，除了花瓣侵染外，由于气候变暖，子囊孢子提前萌发在开花前直接侵染基部老叶，菌丝直接侵染根部，给病害的防治带来新问题；（2）抗病遗传育种成效显著，生产上利用抗病品种结合化学防治已取得良好成效，但是气候变化和远距离引种，可加重病害的发生；（3）生物防治取得很大进展，盾壳霉防治病害效果明显，而且可促进油菜增产，该生物制剂前景广阔。

害虫防控应引起高度重视。蚜虫仍然是最主要的虫害，尤其是云南等地。对油菜蚜虫的发生规律进行了研究与监控。根据试验结果，油菜品种间抗蚜性差异不明显，但值得继续深入研究。另外蚜虫的调查方法需要简化。甲虫是北方春油菜主要害虫，但近些年有向南方油菜区发展趋势。在安徽省含山县发现有露尾甲在冬油菜区的为害。小菜蛾发生有加重趋势，菜青虫和潜叶蝇继续关注，鸟类为害加重和蜗牛等为害油菜值得关注。对以水稻为寄主的二化螟和稻飞虱对油菜的潜在为害值得进一步观察明确是否属实。

油菜种植和杂草控制技术发展迅速。近年来随着劳动力成本上升，中国面临着耕作制度由人力劳作向机械耕作的轻简化的种植模式转变。双低油菜栽培技术从结合中国油菜种植水平和生产实际出发，提出用新技术武装和改造传统油菜生产，促进传统生产管理技术升级。各地在实践中探索了一些新的技术，如油菜与水稻、棉花、马铃薯等作物的套播轻简化栽培新技术，油菜在低温冻害、干旱、渍害等气候条件下的抗逆性栽培与管理技术，油菜机械化播种、栽培和收获技术等。油菜田草害控制技术当前以化学除草为主，发展了油菜苗前苗后除草技术，得到广泛应用。同时开展非转基因抗除草剂油菜的研究，取得了一些进展。

各综合试验站汇报了在各地区油菜油菜病虫草害的防治经验，以及油菜病虫草害调查中发现的新情况。有害生物的入侵加重，频繁的国际贸易为杂草、害虫和微生物的入侵提供了很好的途径。如何预防有害生物的入侵应该受到政府及相关部门的高度重视。灰霉病的为害也引起重视，但灰霉病易与菌核病混淆，通过菌核的脱落与否容易辨认。另外开展油菜品种遗传潜力试验，对提高中国油菜的种植水平很有意义。同时通过油菜的种植带动旅游业的发展，在云南、青海和江西等地取得了很好的经验与效果。

（三）此次会议报告内容丰富，信息量大，报告水平高

体现了油菜病虫草害与栽培技术的最新进展，又与生产实践相结合，使每位与会者受益匪浅，促进了与会人员的相互学习交流。同时也是对油菜产业体系病虫草害与栽培研究技术队伍水平的一次检阅。为中国油菜产业的健康发展提供了保障。此次研讨会安排紧凑，取得了预期的效果，会议的组织获得了与会代表的一致肯定。

标题：发放油菜杂交生产种子亲本

日期：2009-09-17

荣松柏赴含山基地发放杂交油菜生产亲本种子。针对杂交种制种的关键技术详细地进行了讲解，并要求制种户严格按照技术规程进行操作。

标题：波兰科学家来访

日期：2009-09-24

波兰科学家玛古雅达·吉多斯卡女士来访。她是波兰科学院植物遗传研究所抗病遗传实验室主任、博士生导师，曾先4次来安徽省农科院访问，促成安徽省农科院与波兰科学院建立了良好科研合作关系。上午，来宾作了关于波兰油菜抗病研究方面的进展报告。会后参观了安徽省农科院实验地。下午，继续就欧盟项目下一步计划及安排展开讨论。参加讨论的我方人员主要有胡宝成、李强生和范志雄等。

标题：安排杂交种亲本生产

日期：2009-09-26

荣松柏到巢湖油菜杂交亲本生产基地安排亲本生产，并对附近生产的核优

56 杂交油菜苗情进行查看。出苗较为理想，同时指导公司技术人员和农户做好苗期管理工作。

标题：育苗

日期：2009-09-29

吴新杰、陈凤祥、徐道云等开始第一批油菜育苗，用于组合制种以及父本扩繁、不育系繁殖。

标题：油菜抗冻性试验播种

日期：2009-10-02

荣松柏到农科院作物所试验基地阜南点和濉溪点进行油菜抗冻性试验的播种。在当地农科所的协助下，顺利完成。

标题：长江下游生产试验（合肥）播种

日期：2009-10-03

范志雄等播种长江下游生产试验供种。总共 14 份材料，分为两组。每个材料 2 次重复，单因素随机区组设计。每行 10 穴，点播由于一直天旱，因此采用落水播种，播后立即覆盖。整个试验一天内完成。

标题：油菜抗冻试验播种

日期：2009-10-06

荣松柏到合肥大圩乡安排油菜抗冻合肥点试验，同时安排安徽省农科院油菜成果展示播种工作。涉及品种 10 个，面积 20 亩。播种使用肥东县利民合作社的播种、旋耕、施肥、开沟一体机操作。在当地推广中心\农科院食品加工所所长等部门和领导的帮助下顺利完成。

标题：生产试验材料出苗

日期：2009-10-07

范志雄调查生产试验材料出苗情况。由于连续 3 天晴朗高温，材料出苗较快，所有材料均已出苗，表明落水播种效果较好。侯树敏等准备油菜抗虫试验种子、油菜蚜虫防治药剂试验等。

标题：整理油菜种子，规划试验小区

日期：2009-10-08

侯树敏带领临工在安徽省油菜区试试验播种。整理油菜种子，规划试验田试验小区。

标题：油菜虫害试验田间规划

日期：2009-10-10

侯树敏带领临工开始油菜抗虫试验、油菜蚜虫药剂防治试验试验田小区规划，整理参试油菜种子、准备农药等。

标题：油菜苗床管理

日期：2009-10-12

侯树敏、荣松柏赴天长调查油菜育苗情况，指导油菜苗床管理、病虫害防治工作。

标题：油菜虫害试验播种

日期：2009-10-13

侯树敏、吴新杰等开始油菜抗虫试验、蚜虫防治药剂试验播种。准备苗床，对苗床进行沟灌。

标题：大圩检查抗旱保苗工作

日期：2009-10-14

胡宝成与荣松柏赴合肥市大圩镇检查指导油菜抗旱保苗工作。

标题：肥东油菜虫害试验

日期：2009-10-15

侯树敏、荣松柏及临工在肥东县进行油菜虫害防治试验田间规划。

标题：东至县油菜育苗情况调查

日期：2009-10-16

侯树敏赴东至县胜利镇调查油菜育苗情况，指导油菜苗床管理、病虫害防治工作。

标题：肥东油菜虫害试验播种

日期：2009-10-17

侯树敏、吴新杰、徐道云及临工在肥东县播种油菜虫害防治试验。RA 材料分期播种，登记育种材料。

标题：油菜试验播种

日期：2009-10-19

9 月底到 10 月以来，是秋种的大忙季节，各项工作都在有序地进行。国庆长假期间，大家都放弃了休息，一直都在忙着整理种子，整地播种。到目前为止，各种小材料已经全部播完，生产试验，品比试验，已经播完。制种基地也已经安排播完，出苗情况良好。在全国各地的抗寒性试验、抗病虫草害试验都已经安排播种完毕。

标题：德国访问

日期：2009-10-22

胡宝成于 10 月 18—22 日访问了德国吉森大学植物育种研究所，访问期间进行了广泛的学术交流并作了"中国油菜生产和育种现状及面临的挑战"学术报告。交流探讨了油菜抗菌核病抗病育种和杂种优势利用等方面的技术和方法。并在油菜抗菌核病育种方面开展合作。

标题：油菜抗旱（10 月 23—27 日）

日期：2009-10-23

由于持续高温少雨，田间旱情持续，范志雄、徐道云、吴新杰等从 23 日起，开始抗旱工作。从四里河抽水，灌入油菜田沟中，但不漫过油菜，待水分渗满土壤后，断水，将沟中的水排尽。首批抗旱田为品比田、生产试验田。每块田做到在同一天完成。

标题：查看出苗情况

日期：2009-10-24

荣松柏到大圩油菜成果展示田检查出苗情况和"油菜减灾避灾"项目试验点出苗情况。

标题：试管苗整理、查看出苗情况

日期：2009-10-27

范志雄、雷伟侠、荣松柏等将生长健壮的试验苗整理出来，准备炼苗。生长较弱的苗子或还未成苗的胚继续继代，准备生根后再炼苗。配2L B5固体培养基。荣松柏到阜南和濉溪实验基地检查"油菜减灾避灾"试验出苗情况，并进行田间管理。

标题：油菜播种、大田移栽

日期：2009-10-29

侯树敏、荣松柏赴天长市油菜示范区查看油菜移栽情况，指导油菜移栽及大田管理。安排组合制种田母本直播。

标题：油菜虫害调查

日期：2009-10-30

侯树敏赴肥东查看油菜虫害试验，调查油菜蚜虫、菜青虫等虫害发生情况。目前早播油菜田块已经出现蚜虫、菜青虫为害，有蚜株率达95%左右，且有翅蚜出现较多，可能向迟播迟栽油菜田转移，需及时防治。此外菜青虫发生也较重，有虫株率达20%左右，多为2~3龄幼虫，也需抓紧防治。

标题：向出入境检疫局提供油菜黑胫病研究资料

日期：2009-11-01

应上海出入境检验检疫局和江苏省出入境检验检疫局要求，李强生分别向该 2 个出入境检验检疫局提供了 6 个油菜黑胫病病原真菌的纯化菌株，提供了油菜黑胫病原真菌的分离与鉴定方法等资料和照片，以及受黑胫病感染种子的病原真菌的分离、鉴定技术。江苏省出入境检验检疫局在加拿大进口的油菜籽中鉴定出黑胫病强侵染病原真菌 *L. maculans*，上海出入境检验检疫局在澳大利亚进口的多批油菜籽中鉴定出黑胫病强侵染病原真菌 *L. maculans*。

10 月 28 日，应国家质量监督检验检疫总局的邀请，李强生与病虫草害防治与监控功能实验室主任刘胜毅研究员和华中农业大学李国庆教授一起参加了国家质量监督检验检疫总局的加拿大代表团就油菜籽进口问题的谈判，为谈判提供技术支持。

标题：油菜苗期田间管理

日期：2009-11-02

侯树敏应邀到安徽人民广播电台《金色田园》栏目介绍当前油菜苗期田间管理技术，解答农民提出的问题。

标题：杂交油菜制种技术培训

日期：2009-11-04

侯树敏赴巢湖市油菜制种基地开展科技培训活动，主讲杂交油菜制种技术、田间栽培措施、病虫草害综合防治技术等。参加培训的制种农民、农技人员120 人。

标题：中以油菜多倍体育种合作研究取得阶段性进展

日期：2009-11-05

安徽省农业科学院与以色列卡伊马（Kaiima）生物农业技术有限公司共同举办的中以油菜多倍体育种合作项目进展汇报会在我院交流中心二楼会议室召开。会议邀请了安徽省科技厅农村科技处李静处长、对外科技合作处董文君，以及中国种子集团有限公司、安徽天禾农业科技股份有限公司、安徽徽商农家福有限公司、安徽隆平高科种业公司、安徽国豪农业科技有限公司、安徽益海嘉里种业有限公司等 10 余家种子企业代表。会议由作物所张磊所长主持，胡宝成副院长、油料室及安徽创新种业有限责任公司技术干部参加会议。胡宝成副院长介绍了中以开展油菜多倍体育种合作的背景及执行情况，以方公司营销副总裁 Zohar 先生就项目目前取得的阶段性进展进行主旨发言。

中以油菜多倍体合作育种项目始于 2006 年 11 月，双方致力于利用以色列的染色体组加倍技术选育油菜多倍体新品种，旨在提高多倍体油菜的产量、抗性和品质。经过三年的合作研究，利用以方 CGM 多倍体加倍技术，成功筛选出若干结实性良好的四倍体父本 CHR08，如 127 系、144～148 系、150 系，其中 127 系比对照父本早熟，产量潜力高。2008—2009 年度采用二倍体母本 CHA01 与上述结实性良好的四倍体父本进行杂交配制三倍体杂交种，三倍体杂交种在以色列反季节高温条件下种植，结实较正常；同时在智利进行试种，目前进入终花期；在安徽小规模试种进入苗期。以方计划 2009—2010 年度在 3 个不同地方开展 1 公顷面积的机械化种植试验，并且生产 500 千克的三倍体油菜籽，用于各地试种，争取明年进入安徽省品种区域试验。李静处长表示看好这项以色列多倍体加倍技术，并鼓励科研人员加强合作、积极攻关，在品种上取得重大突破。

利用多倍体加倍技术进行油菜新品种的选育，对于我们来说，还处在不断摸索之中，还需要继续试验。在进入大面积示范之前，油菜多倍体品种需要进入中国（省）油菜区域试验，对多倍体品种的产量、抗性、品质等性状进行客观的评价。与会代表会后参观了合肥试验地 3 个三倍体杂交种的田间长势，苗情优于对照品种。

标题：油菜虫害调查、药效试验

日期：2009-11-06

侯树敏、李长春、胡本进等在合肥油菜试验田、肥东油菜田调查油菜虫害发生情况，并做蚜虫杀虫剂药效试验。调查结果显示，合肥、肥东两地早播早栽油菜田蚜虫、菜青虫均有较重发生。合肥点有蚜株率 50% 左右，平均蚜虫量 10 头/株左右，菜青虫有虫株率 25% 左右，虫量 1～2 头/株。肥东点有蚜株率达

100%，平均蚜虫量30头/株左右，菜青虫有虫株率20%左右，虫量1~2头/株。已通知当地农技人员及农民立即开始防治工作。此外，还发现小菜蛾、蚤跳甲、叶蝉等害虫，需注意防治。

标题：油菜区试间苗、虫害防治

日期：2009-11-07

　　侯树敏等对安徽省油菜区试进行间苗、定苗，防治虫害等。田间各种材料陆续间苗、移栽。

标题：查看油菜苗情

日期：2009-11-14

　　11月4日荣松柏到大圩成果展示区，调查冻害情况。11月5—8日荣松柏到阜南\淮北调查油菜冻害情况。11月14日陈凤祥、荣松柏到肥东调查油菜冻害及生长情况。

标题：雪后油菜苗情调研和抗雪减灾保苗技术预案发布

日期：2009-11-17

　　11月15日晚—17日安徽省普降大（暴）雪。16日上午胡宝成立即组织油菜课题专家，紧急部署油菜苗情调查，提出抗雪减灾保苗技术预案，并在安徽农业科技网发布。在取得油菜苗情第一手资料后，经商讨，进一步形成《油菜苗情调查及抗雪减灾保苗技术措施》。

标题：油菜苗情调查及抗雪减灾保苗技术措施

日期：2009-11-18

　　11月16日，安徽省普降大（暴）雪，安徽中部等地的部分地区出现暴雪，降水量一般有10~15毫米，局部地区可达20毫米以上，最低温度达-4~-3℃。为了了解全省油菜苗情，抗击雪灾，国家油菜产业技术体系岗位科学家胡宝成组织专家对我省油菜苗情进行初步调查，向各地技术推广部门、农科所等单位咨询有关情况，并针对苗情提出抗雪减灾保苗技术措施。

一、油菜苗情

今年油菜秋种遇持续干旱天气，给油菜移栽和直播带来困难，播期偏迟。11 月初全省有 1 次突然降温，合肥等局部地区温度降幅较大，造成油菜一定的冻害。11 月 9 日前后，有 1 次较大的降雨伴随降温天气，土壤墒情得到很大改善，但是温度偏低，油菜生长缓慢。本次调查了合肥市、巢湖市、安庆市、六安市、黄山市、芜湖市、池州市、天长市、当涂县、郎溪县、铜陵县 11 市（县），油菜面积 909 万亩，其中移栽面积 409 万亩，占 45%。普遍栽苗较迟，少部分苗未完成移栽，移栽苗 4~8 片叶子；直播面积 500 万亩，占 55%，直播苗不齐，2~7 片叶子不等，部分地区缺苗较重。

二、油菜抗雪减灾保苗技术措施

今年的油菜苗整体素质不高，而融雪后往往伴随低温天气，极易造成油菜幼苗冻死。这场早雪对油菜生长和防冻保苗十分不利。为减轻油菜灾害损失，防冻保苗，应及时采取以下措施。

（1）清沟沥水，培土壅根。化雪后如果田间积水不能及时排出，容易结冰导致凌抬拔根死苗。化雪后要利用晴好天气彻底清理田内三沟，及时清沟排水，降低田间湿度，同时加深田外沟渠，预防渍害发生。解冻后可利用清沟的土壤进行培土壅根，特别是拔根掀苗现象比较严重的田块更要注意培土壅根，以减轻冻害对根系的伤害。

（2）田间覆盖，提高地温。冰雪融化后，有条件的地方可以在油菜田撒施草木灰或谷壳，用稻草、厩肥或畜禽粪等有机肥覆盖。主要是加强油菜基部的覆盖，增温防冻，同时可以在开春后向油菜提供养分。

（3）喷施叶面肥，增施腊肥。油菜受冻后，叶片和根系受到损伤，必须及时补充养分，可喷施叶面肥，促进油菜尽快恢复。叶面肥以磷钾肥为主，以增加细胞质浓度，增强植株的抗寒能力。一般选择晴天下午用 0.3% 磷酸二氢钾水溶液 50~75 千克进行喷施，肥力不足长势较差的田块可加入 0.5% 的尿素，7~10 天一次，喷施 2~3 次，促进油菜生根，使其尽快恢复生长。未施硼肥的或基施不足的田块可加 0.2% 硼砂喷施（只加 1 次即可）。腊肥是油菜进入越冬期施用的肥料，施好腊肥，有保冬壮、促春发的双重作用。腊肥要以有机肥为主，达到填塞土缝、防冻保暖和腊施春用的目的。一般每亩施人粪尿或厩肥 1 000~1 500 千克，也可根据苗情和前期用肥量施氮磷钾复合肥 5~8 千克，同时进行壅根培土。

（4）中耕培土，壅根护苗。抓住年前的有利时机，适时施用腊肥、中耕松土，疏松土壤，消除杂草，培土护苗，达到保温防冻防倒的作用。

（5）加强测报，防治病害。油菜受冻害组织极易受病菌侵染，及时喷施多菌灵、甲基硫菌灵和代森锰锌等杀菌剂。

（6）由于前期温度较低，早熟品种易通过春化，往往造成冬前开花，越冬时遇低温冻死。各地要根据情况，注意在开花前及时采取打薹、增施氮肥等技术措施推迟花期，减少损失。

标题：油菜冻害调查

日期：2009-11-26

荣松柏到淮北进行油菜冻害调查。油菜经过前期的低温锻炼，此次受冻较轻。

标题：雪后油菜田间管理

日期：2009-11-27

上个星期雪后田间积雪多，雪后及时采取排涝除渍措施。从 11 月 23 日开始，田间积雪陆续化尽。由于雪后气温回升较快，油菜冻害较轻。从田间表现来看，这场雪对油菜的影响主要是压伤，长势旺盛的油菜大部分压断了 1~2 个叶柄。本星期根据田间墒情和苗情，抓紧农事操作，及时对稻田茬油菜喷施高效盖草能，防除禾本科杂草，并对部分田块亩施 7.5 千克尿素及中耕除草。

标题：室内分子标记工作

日期：2009-12-11

室内工作一直在开展中。为了筛选分子标记用于辅助选择，江莹芬又筛选了 300 多对 SRAP 引物，筛选到了隐性上位雄性核不育各个基因的标记若干。利用 3 个不同的分离群体对其中不育基因进行了连锁遗传分析，结果却表明：有些标记在这个群体中共分离，在另一个群体中却没有多态性，其中有 2 个标记在 2 个不同的群体中共分离。可能还是因为这些标记离基因之间还比较远，在杂交过程中产生了交换，造成了标记消失。下一步扩大标记筛选。

标题：芬兰科学家来访

日期：2009-12-14

芬兰 Helsinki 大学药学系 Into Laakso 博士和芬兰 VTT 生物技术中心 Eeva Laakso 博士到安徽省农科院访问。胡宝成、李强生、范志雄陪同 2 位外国专家参观了本院实验田，并向外宾详细介绍了中国及安徽省油菜发展情况。2 位专家在本院学术会议交流中心作了精彩报告。Into Laakso 博士介绍了脂肪酸特别是 α-亚麻酸对人体健康的影响。20 年前，芬兰食物结构以肉类为主，心血管疾病发病率居全球第一，发病率甚至达 10%。但自 20 年前开始实行植物油替代动物油的饮食结构革命后，心血管发病率大幅下降。Into Laakso 博士认为，正是菜籽油改善了芬兰人的健康。进一步研究表明，亚油酸（LA）和亚麻酸（LLA）达到平衡可以增加血管凝血作用，有益健康。各种 C18 脂肪酸被人体中的酶去饱和与延长的顺序是 α-LLA>LA>OA（油酸），菜油中的 C18 脂肪酸正符合这一比例。即菜油中首先被利用的是 α-LLA。传统研究表明，α-亚麻酸对儿童脑部发育、妇女胸部发育有重要影响，Into Laakso 博士最新研究拓宽了与会人员视野，即 α-亚麻酸在医药上有更重要的价值。从这一观点出发，高亚麻酸油菜育种在我国应当具有广泛前景。Eeva Laakso 博士的研究则主要集中在食用菜籽油与 I 型糖尿病的关系，她详细报告了研究对象各种生理指标的变化。这些研究对中国主要从事油菜育种的科研人员来说，是一片全新的研究领域，具有启迪意义。

标题：2009 年度工作总结会议

日期：2009-12-20

12 月 18—20 日，胡宝成、侯树敏赴武汉参加国家油菜产业技术体系 2009 年度工作会议，胡宝成做本岗位工作汇报。会议期间和其他岗位的专家、试验站站长进行了广泛的工作交流，增进了友谊，以便今后更好地开展合作。

标题：加拿大科学家来访

日期：2009-12-22

加拿大马尼托巴大学植物科学系 Dilantha Fernando 教授于 12 月 19—22 日访问安徽省农科院。专家来访期间与胡宝成研究员及油菜研究团队的有关科技人员进行了座谈交流。双方初步商定就以下内容开展合作：双方交换油菜黑胫病病原菌资源；油菜黑胫病的致病菌类型鉴定；黑胫病病原菌遗传结构研究；中国油菜黑胫病病害发生程度及分布情况调查；油菜黑胫病在中国流行的风险评估；中国油菜品种和资源的抗黑胫病评估；双方共同多渠道申请国际合作项目；安徽省农业科学院油菜研究团队派 1~2 名科技人员赴加拿大马尼托巴大学植物科学系进修或合作研究。

2010 年度

标题：油菜虫害试验调查

日期：2010-01-04

    侯树敏、吴新杰、荣松柏、曹流俭赴六安市调查油菜虫害试验及油菜翻耕移栽培模式的病虫草害发生情况。由于 2009 年秋旱严重，油菜移栽较迟，苗龄较长，高脚苗严重。目前虫害发生不重，由于持续雨雪天气，田间草害较往年偏重。随着天气转好，田间墒情合适，宜加快田间中耕除草、壅根培土，追施腊肥等田间管理。

标题：油菜苗期虫害调查

日期：2010-01-07

    侯树敏、吴新杰、曹流俭赴池州市贵池区、石台县调查新型药剂防治油菜虫害效果及油菜免耕撒直播栽培模式的病虫草害发生情况。从试验结果来看，所选药剂防治蚜虫效果良好，深受农民欢迎。我们将继续跟踪调查油菜后期虫害的发生情况，进一步评价防效。油菜免耕撒直播栽培模式下，苗期病虫害未见严重发生，但草害发生相对较重，需及时防控。

标题：云南油菜虫害调查

日期：2010-01-19

    1 月 10—16 日，侯树敏、吴新杰赴云南省调查油菜蚜虫等害虫发生情况。云南省油菜蚜虫为害十分严重，如防治不当，可造成油菜大量减产，甚至绝收。本次调查我们发现少部分田块有蚜枝率达到 80% 左右，蚜虫为害非常严重。因此，我们与昆明试验站的科技人员商讨油菜蚜虫高效、安全的综合防治技术措施，建立油菜虫害综合防治示范区等事宜，以提高当地农民防治油菜虫害的技术水平。双方均乐意今后加强合作，服务当地油菜生产。

标题：油菜杂交制种技术培训及田间调查

日期：2010-01-27

1月26日，侯树敏赴巢湖油菜杂交制种基地进行甘蓝型油菜杂交制种技术和亲本油菜冬春季田间管理、病虫草害综合防治技术培训，参加培训的农民50余人。陈凤祥、荣松柏赴巢湖大平油脂公司考察及含山县油菜示范区调查油菜苗情。

标题：2月1—7日核盘菌 EST-SSR 引物设计

日期：2010-02-01

范志雄从生物信息学网站批量下载核盘菌 EST，利用 BIOEDIT 软件除冗余、拼接，提交在线 SSR 筛查与引物设计软件，设计 SSR 引物180余条。

标题：油菜虫害及苗情调查

日期：2010-02-02

侯树敏、荣松柏赴天长市油菜示范区调查虫害防治情况及苗情，指导油菜冬春季田间管理。本示范区采用地蚜灵进行蚜虫防治试验，调查显示，蚜虫防治效果较好，也未见菜青虫、小菜蛾等害虫为害。此外，由于2009年秋冬较干旱，加之降温、降雪较早，部分田块菜苗长势较弱。根据具体情况，我们及时指导农民追施腊肥及春季喷施叶面肥等，以促进油菜春发生长。

标题：检查指导春季油菜田间管理

日期：2010-02-21

胡宝成、荣松柏等赴合肥市大圩镇检查指导油菜春季田管。由于节前雨雪天气多，温度低，油菜冻害、渍害普遍。早熟品种普遍冻害3级，我们自育品种皖油25、核优56、核优46也达2级左右。田间杂草也较多。提出管理措施主要是尽快清沟沥水，追施返青肥，清除田间杂草和受冻腐烂叶片，叶片喷施美洲星叶面肥，注意防治霜霉病等。

标题：油菜冻害调查

日期：2010-02-22

2 月 10—14 日安徽普降大雪，气温骤降，最低气温达-7~-5℃，油菜普遍遭受不同程度的冻害，多数为 3 级冻害。2 月 22 日，侯树敏及临工对合肥点参加抗虫试验的 17 个油菜品种进行冻害程度调查。所有参试品种冻害率均为 100％，平均冻指为 71.3，冻指变幅为 62.5~75°。以湖南、云南的早熟品种冻害较重，下雪前已开始抽薹，目前薹高均在 10 厘米以上。当前采取清沟沥水，追施速效肥、叶面肥等措施，加强田间管理。

标题：油菜冻害调查

日期：2010-02-23

侯树敏等继续对合肥点病害试验的 36 个油菜品种进行了冻害调查，冻害率为 100％。平均冻害指数为 69.1，冻指变幅为 61.1~75.0。以湖南、四川、云南的品种冻害较重。

标题：油菜冻害调查

日期：2010-02-25

荣松柏等继续在合肥和阜南调查油菜冻害。此次低温时间长，两地最低气温均在-7℃，大田种植油菜均有不同程度受冻。阜南点冻害程度一般为 1~2 级，一些早熟品种受冻较重。在抗冻选育试验中，40 多品种间受冻差异明显，其中核优 202、核优 46、核优 56、DKWL-4 和秦油 7 号等品种表现出较强的抗冻性，优于和相当于对照品种皖油 14，具体数据正在整理当中。

标题：油菜冻害数据整理

日期：2010-02-26

通过对油菜抗寒品种选育试验阜南点的冻害数据整理，所有试验品种均有不同程度受冻，冻害指数 1.47~50.47。一些熟期较早的品种受害较重。另在我省淮北油菜试验点，因北部气温太低，且低温时间较长等原因，目前全部冻死。

标题：杂交油菜制种基地冻害调查和技术指导

日期：2010-03-03

吴新杰与创新种业赵小庆、朱斌等到巢湖核优56制种基地对苗情及冻害情况进行调查。由于去年秋播干旱，不能及时育苗栽苗，苗情总体偏弱，但样板田苗情较好。整体冻害较重，一般2级，霜霉病较重，并结合目前天气情况，向制种基地技术人员提出及时清沟沥水、施用蕾薹肥、防治霜霉病的同时预防菌核病等技术措施。

标题：油菜春季田间管理

日期：2010-03-05

课题组根据国家油菜产业技术体系2010年油菜春季田间管理指导意见，结合安徽省油菜生产实际情况提出了我省油菜春季田间管理技术措施，并发给六安、巢湖两个综合试验站及黄山市农科所。且以共享文件上传油菜产业技术体系网及安徽农业科技网，指导我省油菜春季田间管理。

标题：油菜病虫害调查

日期：2010-03-06

胡宝成和费维新赴云南省罗平县调查油菜病虫害情况。板桥镇金鸡行政村拥有万亩油菜连片种植区，油菜品种主要有云油杂2号和2-4-3（农夫乐），种植以直播为主，密度达到每亩3万~4万株，已达青角期，蚜虫重度发生，有蚜株率95%以上，严重的田块有蚜株率达100%。叶片的无翅蚜达200头以上，有翅蚜达9个左右，并出现了有翅蚜的大量迁飞。当地农户在花期对蚜虫进行了化学防控，所用农药主要是康福多可溶液剂喷雾（吡虫啉）和敌百—毒死蜱粉剂撒施。但是防治效果一般，主要原因是防治时间不一致。蚜虫具有迁飞习性，在同一时期统一防治能够有效控制蚜虫。另外由于蚜虫前期主要附着在油菜叶片的背面，使用具有内吸性的药剂喷雾防效较好。敌百—毒死蜱粉剂主要用来防治地老虎，当地农户用该药剂对油菜蚜虫防治效果一般，撒施的方法也难以均匀有效控制蚜虫。在新寨村油菜制种户张菊芬和皇莆晓芬的地里，油菜受旱严重，特别是坡地上油菜角果不能正常结实基本绝收。据农户们介绍，今年的油菜花期较正常年份提前了20天以上，再加上蚜虫重度发生，造成油菜减产已成定局。调查中没有发现病害。

标题：油菜田间调查和指导

日期：2010-03-10

近一周时间的连续雨雪天气，对安徽省油菜造成不同程度的渍害、冻害。3月9—10日，李强生、侯树敏、荣松柏、江莹芬即赶赴池州市贵池区、东至县调查油菜冻害、渍害及虫害发生情况。该地区油菜总体长势较去年偏弱一些，目前已进入抽薹及初花阶段。多数田块均出现不同程度的渍害，少数田块渍害较重。课题组成员与当地农技人员讨论田管措施，指导农民尽快利用天气转好的时机进行清沟排水，降低田间湿度，同时指导农民适时喷药，防治菌核病。目前田间未出现蚜虫等虫害，有一定程度的冻害，但不严重。

标题：油菜田间生长情况调查

日期：2010-03-12

李强生、侯树敏、荣松柏赴天长市油菜新品种展示示范区调查油菜生长情况。该示范区油菜目前长势较好，已进入抽薹期，但部分田块由于前期渍害和冻害造成少量缺苗，低洼田块渍害较重。蚜虫等虫害防治较好，未出现虫害。根据田间情况，课题组成员指导当地农民和农技人员抓紧利用晴好天气进行田间清沟排水，喷施叶面肥，追施硼肥，注意防治病虫害等。

标题：油菜小孢子培养

日期：2010-03-15

范志雄开始小孢子培养。组合有 4 个：（1）临保系 Mic5X 黄籽 Mic2；（2）黄籽 Mic17X 临保系 Mic5；（3）临保系 Mic5X 三位点显性恢复系 9035DH；（4）178X185，crab claw 突变与野生型杂交 F1。

标题：黄山调查油菜冻害、渍害和病害等

日期：2010-03-15

胡宝成、荣松柏与黄山市农科所王淑芬所长、市农技中心张跃民站长等人在黄山市实地调查油菜冻害、渍害和根肿病等发病情况。由于 3 月 9 日强寒潮和大雪对处于初花期的植株影响很大，黄山市十几万亩油菜受灾，部分花薹被冰雪压断，比例达 30% 左右。加上近期雨水较多，比常年同期多出 1~2 倍，渍害较重，部分田块积水较深。当地采取减灾措施主要是清沟沥水。对受冻植株及时打苔并喷施叶面肥磷酸二氢钾和美洲星，促进二次分枝，减少产量损失。针对受灾情况，我们也提出注意防治菌核病和霜霉病。

黄山市根肿病发病面积约达 40%，我们在重病区休宁县齐云山镇宕前村调查发现今年根肿病发病比较轻。市农委的张站长分析认为主要是油菜苗期比较干旱。考虑到过去二年的严重病害与今年的病情的反差。我们准备在该地建立油菜根肿病监测点，探索发病规律及采取种子包衣技术来防治根肿病。

标题：参加国外学习培训

日期：2010-03-16

侯树敏参加由瑞典国际开发合作署（Sida）在赞比亚举行的"农业生产与种子培育"项目第二阶段的科技培训。主要学习了解农业部门在赞比亚农业发展中的任务，种子产业的进展、种子生产及贸易协会在种子行业的作用、私有种子企业在种业的角色等。"农业生产与种子培育"项目是由瑞典国际开发合作署（Sida）对世界上发展中国家的农业科技人员、管理人员进行的科技培训，旨在帮助发展中国家提高植物育种和种子生产水平，保障食物供给和食物安全。第一阶段培训已于 2009 年 9 月在瑞典举行。

参加培训的人员来自亚洲、非洲和欧洲的 17 个国家，项目由 Sida 向发展中国家发布信息，参加人员根据要求提出参加培训申请，最后由 Sida 根据申请者的情况选出参加项目培训人员。培训相关费用由 Sida 资助。

标题：油菜制种田间管理

日期：2010-03-17

荣松柏到含山县杂交油菜制种基地查看油菜生长情况。受去年低温，特别是今年 2 月 11 日前后的雨雪和冻雨的影响，该组合的父本受冻严重，部分植株冻死，比例约 30%。目前基地油菜正值抽薹期，为了减少农户损失，提高父本花粉量，延长花期，提高产量，要求农户及时对父本浇施速效肥尿素，每亩2.5 千克。同时要求除杂人员及时进行除杂工作。

标题：制种田管理

日期：2010-03-18

荣松柏到巢湖油菜亲本生产基地查看油菜生长情况。目前，油菜已进入抽薹期，因去年播种较晚，移栽时遇干旱，移栽推迟，加上低温雨雪期来的较早，并且时间较长，使得油菜整体生长较缓，发棵不旺。要求农户追施尿素，每亩5千克，喷施美洲星叶面肥，促进油菜生长，提高结实率。

标题：合肥试验田工作进展

日期：2010-03-19

上一周雨水较多，温度较低，不利试验田的田间管理和田间调查，田间主要是进行调查试验材料小区的总株数。本周天气较好，温度回升很快，利用有利条件抓紧田间操作，主要是对制种田进行去杂，搭建活动网室，对纯合两用系繁种田进行系绳标记；对父本繁殖田进行套帐隔离；进行田间材料观察和性状记载，制订育种方案。下一周拟继续制种田的去杂保纯和套帐隔离，优选单株。

标题：国外学习情况

日期：2010-03-20

3月16—19日，侯树敏继续在赞比亚参加Sida组织的培训。主要学习了解赞比亚农作物品种的种子证明、品种释放的程序，种子政策及规章制度，科技报告的基本技巧，木薯及红薯的育种及发展情况，高粱和粟的育种情况，杂交玉米种子的生产形式。参观高粱和粟的试验育种基地，杂交玉米示范展示基地等。

标题：油菜田间工作大量展开

日期：2010-03-20

3月中旬起，油菜陆续开花，根据花期安排不同工作。初花期开始大棚套帐、去杂，并用红绳标记不育株。小材料则开始选单株，挂牌。盛花期开始单株自交。终花期则开始接种菌核病、去杂交袋、自交袋等。整个花期工作量巨大，但能做到有序开展。

标题：皖南考察油菜生产促进旅游业发展

日期：2010-03-21

　　胡宝成、荣松柏等人赴黄山市黟县、歙县调查油菜生产促进当地旅游业发展的情况。自我们 2008 年在黄山市提出大力发展油菜生产促进旅游业发展的建议后，市农委非常重视，并与旅游局联合在良种补贴、农业保险等方面采取了一些措施。加上当地农业从旅游业中得到了实际的实惠，调动了种油菜的积极性。在全省油菜种植面积下降的情况下，黄山市油菜种植面积不断扩大。歙县今年发展油菜近 20 万亩。除了在稻田种植，山区的坡地、菜园中套种也比较普遍。开花时节，漫山遍野一片金黄，吸引了全国各地大量的旅游者前来赏花、观光游览。我们在歙县农委凌国宏站长的陪同下，实地考察了霞坑镇的石潭村、深渡镇的绵潭、坑口等地，看见来自江、浙、沪、鲁等地的大巴，自驾游小车到处可见。据当地农技部门的同志介绍，整个油菜花期 1 个月时间，平均每天可接 2 000 人左右。周末更可达 5 000 人左右。当地农民从住宿、餐饮、门票等收入非常可观，个别农民一年可收入 10 余万元。当地农委还准备积极发展向日葵等可观赏作物，延长旅游季节，促进农民增收。

　　考察期间我们也看到当地农委在油菜种植上也采取了很多措施，如品种选择、配方施肥、病虫害防治，达到农业生产和旅游双发展。在和农技人员和当地农民的交谈中，我们萌发了选育多色彩（橘红、白色等）花瓣的油菜品种的想法，得到了他们的认可。这样可以进一步促进旅游的发展，带动农民增收。

标题：室内分子标记工作

日期：2010-03-23

　　近几周，江莹芬在前期工作的基础上，对筛选到的与油菜隐性上位不育基因连锁的标记进行了验证。用来验证的标记分别有 SRAP 标记（18 个）和 AFLP 标记（32 个）。为了使试验的结果更为精确，选择了 5 个不同的纯合两用系群体来进行验证，如果能在不同的群体中都表现出连锁关系，说明此标记离不育基因位点应该非常近，可以用来分子标记辅助选择。试验结果表明：SRAP标记在不同群体中都表现共分离的标记有 3 个，其中一部分标记在这个群体中共分离，但在另外群体中没有多态性，说明标记离目标基因还是有一定的距离。AFLP 标记在不同群体中都表现共分离的标记有 3 个，但其中很多标记在另外 2 个群体中都表现共分离。那么这些在不同的群体中都表现共分离的标记应该离基因非常的近，可以用来分子标记辅助选择。另外，在筛选标记的过程中发现有 2 个纯合两用系群体，所有的标记在其中都没有任何多态性。初步判断为 2 对不育基因中的另外 1 对。其验证和等位性测定工作稍后展开。同时，对隐性上位基因的标记也进行了验证，筛选到的标记有 36 个，但用 2 个群体检验的结果表明，目前只有 2 个标记在 2 个群体中都表现为共分离，且从分子量大小看，这 2 个标记为一个位点，其余均没有标记，效率很低，拟扩大对引物的筛选，增加标记。

标题：油菜叶露尾甲调查

日期：2010-03-26

在含山油菜制种基地荣松柏和李强生检查除杂工作。调查中发现，在部分植株也有叶露尾甲，主要在茎秆和叶片上。因虫体小，肉眼观察困难，随后便采集样本带回做进一步观察研究。

标题：国外学习情况

日期：2010-03-29

3 月 22—26 日，侯树敏继续在赞比亚培训。参观植物种质基因库，汇报学习情况，模拟参加作物育种单位与种子生产贸易者以及政府相关部门的会议，洽谈合作协议，申请项目资助等，并对整个培训活动进行评估总结，颁发培训证书，完成项目培训。

标题：油菜菌核病抗性鉴定试验田间调查

日期：2010-03-31

2009 年秋，李强生在安徽省农科院试验地安排了 36 个品种（品系）的油菜抗菌核病花期牙签接种鉴定试验，其中 12 个品种同时进行自然鉴定。2009 年 10 月 14 日播种，直播，试验地前茬为大豆。苗期由于干旱，土壤墒情较差，后期又遇连阴雨，幼苗生长势偏弱。2009 年 11 月至 2010 年 2 月期间，几次低温使得油菜受到不同程度的冻害。2010年2月10日的大幅降温，使得所有油菜品种冻害率为100%。平均冻害指数为69.1。开春以后，气温又持续偏低，植株生长较正常年份略差，有些植株茎秆较细，花期牙签接种易折断，现正在做花期牙签接种前的准备工作。由于气温一直偏低，正值盛花期，试验地里还没有发现大量的子囊盘，预计今年的油菜菌核病自然发病不重。

标题：油菜根肿病等近期工作

日期：2010-04-01

油菜轮回选择群体标记，每个群体500株以上。今年由于轮回群体的前茬是花生，播期较晚长势较弱。今年的苗期冻害对油菜的影响很大，特别是迟播的一部分春性较强的资源材料基本上都被冻死了。另外通过转育的抗除草剂油菜长势良好。费维新对油菜根肿病进行了盆栽菌土接种试验，效果不太理想，估计播种时气温较低。经过调查油菜苗期时的温度对油菜根肿病的侵染率也有很大的影响。油菜大棚和喷灌设施主体施工已经基本完工，后来增加的水池部分正在建设调试。

标题：油菜不育系鉴定

日期：2010-04-02

陈凤祥、侯树敏参加由安徽省种子管理站组织的油菜不育系鉴定活动，对5个不育系的纯度进行了田间鉴定。

标题：油菜制种除杂工作

日期：2010-04-05

荣松柏在巢湖油菜制种点检查油菜除杂工作。目前，除杂工作已接近尾声，大部分田块不育株已经开花，田中杂株也基本除完。后期工作主要是针对少数移栽较晚，长势较差的，生育期推迟的田块进行除杂，同时对所有田块做最后依次检查，确保除杂质量。

标题：油菜制种除杂工作

日期：2010-04-06

荣松柏、侯树敏到含山油菜制种点检查油菜除杂工作。在当地负责同志的陪同下，对制种点 200 多亩的田块进行了全面的检查。检查发现，整体除杂情况较好，但还存在一定问题，主要是除杂人员将杂株不作任何处理，随意丢弃。由于油菜茎秆叶片内营养丰富，在短期内能开花传粉，严重影响除杂质量。根据检查情况，要求尽快将丢弃的杂株除去，并进行大田系统检查，做好最后除杂工作。

标题：皖南油菜生产情况调查

日期：2010-04-09

4 月 8—9 日，胡宝成、费维新、荣松柏来到皖南休宁县和绩溪县一带油菜产区调查油菜根肿病的发病情况和农户的技术需求。黄山市油菜种植面积 40 万亩，歙县近 15 万亩，休宁县油菜种植面积 10 万亩。绩溪县油菜种植面积近 10 万亩。均为皖南油菜主要生产大县。这里山区的土壤、气候条件对油菜品种以及生产技术要求较高。休宁县齐云山镇张村，油菜种植以直播为主，油菜根肿病发病轻发。绩溪县家朋乡坎头村农户许夏红，种植油菜 7 分地，以直播为主，防治根肿病，主要采取撒石灰、喷药（多菌灵）等措施，但效果不好。绩溪县家朋乡上圩村，菜地上十字花科蔬菜根肿病发病重，油菜田发病轻。绩溪县伏岭镇水村农户汪崇峰，种植油菜 3 亩多，油菜根肿病较重，防治上主要应用根必治在播种前撒施，但是效果一般。主要技术需求是油菜平衡施肥技术。绩溪县及周边的油菜种植区，均有油菜根肿病的发生。目前主要推荐播种前应用根必治处理土壤，有一定效果，其他如石灰等方法效果不明显。油菜根肿病近年来在皖南地区发病区域逐年扩大，在休宁、绩溪、歙县、屯溪等地均有发生，而且十字花科蔬菜的种植地发病尤为严重。

标题：中以油菜多倍体育种即将进入中试阶段

日期：2010-04-10

以色列卡伊马（Kaiima）生物农业技术有限公司营销副总裁 Zohar 先生来访，双方就中以开展油菜多倍体育种合作研究目前取得的最新进展以及下一步计划安排进行交流，胡宝成和岗位全体科研人员参加了会议。

Zohar 先生首先介绍了该合作项目取得的最新进展。利用我们提供的材料，筛选出四倍体优良新品系 127 系、101 系等，并与二倍体母本 CHA01 配制出 2 个具有前景的三倍体杂交组合 Kaiima 4、Kaiima 1，已经试制种，预计今年午季各获得 400 千克杂交种。同时在以色列 3 个不同地方分别安排了 1 000 平方米的品种比较试验，在罗马尼亚、意大利、阿塞拜疆等国进行小规模试种，目前长势良好。下一年将加大国外试种规模，积极开拓国外市场，明年计划销售数十万千克多倍体杂交油菜种子。双方明确了下一步重点是通过参加国内区域试验，对三倍体杂交组合的产量、品质以及抗性进行全面评价，安排 2 名中方科研人员 5 月赴以色列进行实地调查和技术指导。还就我国目前油菜生产上存在油菜根肿病加重发生的趋势以及油菜黑胫病有潜在流行的现状，建议进一步利用以方染色体加倍技术，加快抗（耐）根肿病和黑胫病油菜新组合的选育。双方就下一步杂交组合进入国内品种区域试验、小规模示范展示，以及成立合资公司，开拓国内外市场等方面达成一致意见，并签署协议。会后还实地考察了去年秋种试种的三倍体油菜田间长势。

标题：苏州试验站来访

日期：2010-04-11

苏州试验站许才康、孙华一行访问我院，参观我院油菜育种圃、病虫害试验田、网室大棚等设施。胡宝成就油菜菌核病、黑胫病、油菜蚜虫等害虫的研究情况和研究动态与许才康站长一行做了交流。课题组其他成员向他们介绍了田间试验的种植情况等。同时大家还就发展彩色花瓣油菜促进生态旅游，带动油菜发展，实现油菜、旅游双丰收进行了探讨，并表示今后大家要加强交流与合作。

标题：小孢子培养取得重大进展

日期：2010-04-12

范志雄今年小孢子培养取得重大进展，3 月 15 日起所做的 4 个组合全部成胚，且群体较大，为今后开展分子育种奠定了基础。当前工作集中于将子叶期小孢子胚从液体 NLN-13 培养基转至固体 B5 培养基，由于成胚较多，工作量巨大。

标题：近期田间工作总结

日期：2010-04-13

自 3 月份以来，正值油菜花期，田间各项工作都紧张有序地进行，现在田间工作已经告一段落，现将近期工作总结如下：油菜轮回选择方面：恢复系的轮回选择共 4 个群体，高油酸轮回群体 1 个，ogu 系统轮回群体 2 个，每个群体选择不育株 500 株左右开放授粉，由于今年气候异常，冬季寒潮来的早，部分苗被冻死，春季温度低，雨水多，油菜植株长势弱。同时开展了油菜抗除草剂的品种选育工作，并且进行了油菜 ogu 系统恢复系的选育，做了杂交 100 余份，目前已经得到 100%恢复的油菜株系 10 个。繁殖了部分材料并自交套袋 1 000 余株。另外还进行了油菜根肿病的盆栽接种试验，接种菌主要来自黄山和贵州，但是效果不明显。并且考察了皖南油菜根肿病的发病情况，其中歙县和绩溪油菜根肿病的发生较重，并且发病区域逐年扩大。

两用系纯化工作方面：分子标记工作需要建立近等基因系，这就需要对纯合两用系和杂合两用系进行多代纯化：选择育性调查符合预期分离比的小群体，进行姊妹交纯化。每个小群体套 4~3 个姊妹交，另外临保系套袋自交。同时，为了确保临保系无混杂，以每个临保系材料为父本，以纯合两用系中的不育株为母本，进行杂交，共计作了 100 多个杂交组合。室内分子标记已经确定隐性上位互作核不育系统中的一个基因，为了确定另外一个群体中是否含有另外一个不育基因，以一个群体的可育株为母本（去雄），疑似群体为父本进行杂交，从后代的分离比判断这两个基因是否等位。目前这些工作均已经结束，但要定期抽袋子。

育种工作方面：利用 93 个父本和 3 个不育系配制组合 279 个；利用 22 个临保系繁殖全不育系 2 亩左右；繁殖纯合两用系 2 亩；繁殖父本 2 亩。套帐 162 顶，放置蜂群 162 箱。筛选出高油酸临保系多份；利用高油酸品系和高油酸不育株杂交，供高油酸纯合两用系选育之用；利用高油酸品系和正常油酸品系成对杂交，供遗传和分子标记利用研究。发现紫叶临保系与去年微粉较重不育系杂交后代不育株微粉更加严重的现象，并对不育株进行套袋自交，用于全不育系育性转化的机理研究。

标题：美国先锋种子公司油菜专家来访

日期：2010-04-14

先锋公司油菜育种和生产项目负责人 Jennie shen 博士和加拿大育种站油菜专家 Jay Patel 博士、Lomas Tulsieram 博士、Julie Vogel 博士等一行5人来我课题组交流，商谈合作意向。胡宝成带领本课题组全体成员出席交流会议。会上，首先由胡宝成介绍了我国及我省油菜种植历史、现状及未来可能要面对的主要问题。之后，Jay 博士代表先锋公司介绍了该公司在全球研发的具体情况，着重介绍了公司在育种方面的研究进展，包括独家推出的抗菌核病品种及第一个抗根肿病品种等。该公司与本课题组在育种方向上存在高度一致性，包括高含油量育种、杂交育种、机械化品种选育与抗性育种等。双方认为，这种一致性为今后双方合作奠定了基础。经过协商，双方决定首先在抗根肿病育种与彩色花瓣资源筛选（景观育种）展开合作。

标题：油菜制种考察

日期：2010-04-16

陈凤祥、荣松柏陪同德农正成安徽办事处的两位负责人到含山油菜制种基地进行考察。在制种基地，两位公司负责人深入田间，仔细观察，并就制种技术、生产成本等询问了制种户。同时，就核不育与质不育在制种上的主要区别与陈凤祥进行了交流。通过考察，他们对该品种的合作开发产生了兴趣，为下一步工作打下了基础。

标题：江苏水乡油菜病虫害调查

日期：2010-04-17

胡宝成、侯树敏、荣松柏一行赴江苏里下河地区调查油菜病虫害情况，在兴化市缸顾乡东旺村水乡垛田这一独特生态条件区，走访了农户杨华才等人，询问了当地油菜种植的技术需求、种植的油菜品种、油菜产量、轮作方式、油菜主要病虫害及防治措施等，并留有联系电话保持联系。调查显示，当地油菜种植主要的技术需求为：高效病虫害防治技术，主要是防治菌核病和蚜虫。蚜虫一般在花期和青角期较重，当地主要采用化学农药防治。菌核病常年发生较重，对产量影响较大。种植品种以秦油7号等秦油系列品种为主，需要高产抗病的优良品种，对油菜品种的生育期没有特别需求。油菜亩产一般可达200～250千克，主要采用油菜－芋头轮作栽培模式，亩收入5 000~6 000元。近几年芋头出现一种"新的"病害，目前还没有有效的防治措施，急需获得技术支持。我们还访问了扬州综合试验站，参观了油菜育种实验室、田间试验、种子包衣厂等，并与张永泰站长、惠飞虎、李爱民等科技人员就油菜科研生产、尤其是水乡水网地区油菜病虫害发生的特点等交换了意见。同时还讨论了发展油菜旅游业、促进油菜生产发展、实现农民增收的技术措施等。

标题：江苏省农科院经作所戚存扣岗位科学家来访

日期：2010-04-18

江苏省农业科学院经济作物研究所戚存扣、浦惠明、张洁夫一行 3 人来我所进行交流指导，参观了油菜试验田和实验室。胡宝成团队成员与他们就油菜早熟育种、鸟害等问题进行了交流讨论。在南京鸟类对油菜造成一定的为害，在合肥试验田也发现了几棵疑似鸟害植株。双方认为，随着双低油菜的大面积普及，鸟害会有加重为害的趋势。

标题：花期部分工作小结

日期：2010-04-19

吴新杰利用 93 个父本和 3 个不育系配制组合 279 个；利用 22 个临保系繁殖全不育系 2 亩左右；繁殖纯合两用系 2 亩；繁殖父本 2 亩。套帐 162 顶，放置蜂群 162 箱。单株优选和套袋约 5 000 个，测交 1 000 余份。筛选出高油酸临保系多份；利用高油酸品系和高油酸不育株杂交，供高油酸纯合两用系选育之用；利用高油酸品系和正常油酸品系成对杂交，供遗传和分子标记利用研究。发现紫叶临保系与去年微粉较重不育系杂交后代不育株微粉更加严重的现象，并对不育株进行套袋自交，用于全不育系育性转化的机理研究。

标题：肥东油菜病虫害调查

日期：2010-04-20

侯树敏赴肥东油菜试验田调查油菜病虫害情况。由于近期雨水较多，气温较低，调查未发现蚜虫等虫害发生。油菜刚进入终花期，还未发现菌核病发生，但是草害较重。

标题：安徽省委王明方副书记赴省农科院调研并考察油菜基地

日期：2010-04-22

安徽省委副书记王明方带领省委副秘书长、省农委、省科技厅、省政府政研室等省直部门的领导赴省农科院调研。王明方书记一行首先实地察看油菜育种试验基地，听取了胡宝成关于油菜自主创新的汇报。得知我们油菜团队经过近20年的努力，育出了一系列品种，推广面积达2 000万亩，并且成果还获得"省科技进步一等奖""国家技术发明二等奖"时，王明方非常高兴，认真地询问油菜自主创新的过程。在座谈时王明方指出：强化农业科技是加强农业基础的关键举措，是转变农业发展方式的根本支撑，是打造农业产业体系的核心环节。当前农业科技面临前所未有的发展机遇，要以建设技术创新工程试点省为契机，加快农业科技发展步伐。围绕增强农业科技创新能力，加大重点领域科技攻关力度，围绕健全现代农业产业技术体系，有效组织技术集成配套。王明方还特别强调，要认真贯彻落实温家宝总理视察安徽重要讲话精神，全力做好当前农业生产科技服务。

标题：第六届 QTL 作图和育种模拟研讨会

日期：2010-04-23

4月18—21日，陈凤祥、范志雄、吴新杰、江莹芬4人赴武汉华中农业大学参加了为期三天的全国"QTL作图和育种模拟研讨会"和培训。培训由中国农科院作物所和华中农业大学植物科技学院主办，由中国农科院的王建康研究员和李慧慧博士、张鲁燕博士讲授。培训概述了数量性状遗传分析方法、染色体片段置换系群体的QTL作图、QTL作图的其他方法（关联分析、选择基因型、混合分离分析等）；育种模拟的原理和遗传模拟工具Quline；Quline的育种应用和已知基因信息的设计育种；QTL作图研究中的常见问题和对策。这部分内容由王建康研究员讲授。对于作图软件的原理和具体应用部分由两位博士讲授，内容有：QTL作图的基本原理和完备区间作图方法；中国农科院自己设计的软件QTL Icimapping软件的使用-作图功能、不同QTL作图方法的比较；F2群体的QTL作图模型和方法，作图软件的模拟功能；QTL IciMapping软件在染色体片段置换系群体的QTL作图和作图功效分析；育种模拟软件Quline的具体使用等。内容十分丰富，受益匪浅。

培训结束后，拜访了华中农业大学孟金陵教授，孟老师通过白菜型油菜和埃塞俄比亚芥的远缘杂交，创建了一个新型甘蓝型油菜种质基因库。这个基因库中基因组为 AACC，但其 AA 基因组来源于白菜型油菜，CC 基因组来源于埃塞俄比亚芥，其和传统甘蓝型油菜的遗传多样性分析表明：2 种甘蓝型油菜聚在不同的类群。这个库中包含了许多来自白菜和埃芥的有利基因，并且已经稳定遗传。孟老师希望通过和我们不育控制授粉系统的合作，利用这些资源。

标题：油菜病虫害防治技术培训与调查

日期：2010-04-24

4 月 23—24 日，李强生、侯树敏、荣松柏一行赴天长市油菜高产栽培示范区进行油菜病虫害综合防治技术培训。参加培训农民、基层农技人员 40 余人。侯树敏系统介绍了油菜花角期蚜虫、小菜蛾、甲虫的发生规律、为害特点、防治方法、防治药剂和使用方法。李强生详细介绍了油菜菌核病、根肿病、黑胫病、霜霉病的发病规律、症状、防治措施、药剂使用等。培训会后还到田间实际调查了虫害情况，由于近期当地雨水较多，气温也较低，田间虫害发生很轻。

标题：扬州试验站科技人员来访

日期：2010-04-25

4 月 24—25 日，扬州试验站的惠飞虎研究员来我院考察油菜试验、生产情况。侯树敏等介绍了我院油菜试验、病虫害防治及育种情况。双方交流了进行油菜试验的经验、方法等。

标题：油菜根肿病休眠孢子悬浮液的制作

日期：2010-04-27

费维新根据杨佩文的方法分离根肿病的休眠孢子。其中贵州的根肿病样品经过腐烂处理提取的休眠孢子量大，今年在黄山采的新鲜样品没有经过腐烂处理，分离到的休眠孢子较少。

标题：油菜叶露尾甲发生普查

日期：2010-04-28

4月27—28日，侯树敏、李昌春、胡本进赴肥西县小庙镇、金桥乡；六安市裕安区城南镇、苏铺镇、青山乡；霍山县下符桥乡、但家庙乡、黑石渡镇；岳西县城关镇、温泉镇；潜山县三祖寺、黄铺镇、余井镇、龙潭乡、槎水镇；太湖县小池镇等地调查油菜叶露尾甲及其他害虫发生情况。调查发现目前油菜田间主要害虫为油菜叶露尾甲。蚜虫等其他害虫发生很轻。其中六安市裕安区青山乡和潜山县余井镇、龙潭乡、槎水镇油菜叶露尾甲为害最重，平均有虫株率为100%，对油菜产量将造成较重的影响。在潜山县三祖寺旱地油菜有虫株率为60%左右，而水田油菜未发现有虫。在六安市裕安区城南镇、苏铺镇油菜叶露尾甲幼虫株率分别为32%和25%，肥西县小庙镇、金桥乡油菜有虫株率分别为5.1%和1.3%。在霍山县下符桥乡、但家庙乡仅发现1株油菜有虫，在其余地方均未发现该害虫，我们将继续监测该害虫发展情况，研究其发生规律和防控措施。

标题：赴六安试验站调查病虫害

日期：2010-04-29

胡宝成、李强生、荣松柏等人与加拿大马尼托巴大学植物病理学家 Dilantha Fernando 博士一行赴六安市考察油菜病虫害发生情况。在六安市农科所考察了油菜蚜虫定点试验和全国油菜品种鉴定试验。由于今年长期低温阴雨，当地蚜虫发生很轻，仅在10月底的幼苗期有少量发生，越冬后至今尚未发生蚜虫。油菜菌核病病叶已显现，但尚未入侵茎秆。从田间情况来看可能不如预报的那么重。主要原因可能是温度低、雨量大影响菌核子囊盘的生长和子囊孢子扩散。合肥试验地人工定点观察子囊盘生长情况也证实了这点。雨量大也影响花瓣在叶片上的"搭桥"作用。

在六安市郊区还考察油菜菌核病菌丝直接侵入油菜的地点：裕安区城南镇桃湾村（2009年3月底发现并拍照）。这次调查没有发现类似情况。但植物病害发生普遍早于其他田块。原因尚待进一步调查。同行的 Fernando 博士非常感兴趣，不停地拍照并详细地询问。在调查中我们也注意观察有无黑胫病的发生，但一无所获。Fernando 博士认为观察黑胫病症状最好是在冬前（11—12月份）

或收获前。由于该病系统侵染性，在青角期很难呈现。

标题：赴巢湖调查病虫害

日期：2010-04-30

　　胡宝成、侯树敏、荣松柏一行赴巢湖市调查油菜病虫害。加拿大马尼托巴大学 Dilantha Fernando 教授一同前往。在巢湖农科所（油菜综合试验站），与该所农技人员一道调查全国品种展示和其他试验田，发现油菜菌核病没有预报的严重，所调查的田块病叶株率均在 10% 左右。由于菌核病通过花瓣在叶片上"搭桥"造成侵染，发病叶片易脱落，实际发病情况主要在成熟前 1 周左右才能最后确定。

　　在田间发现油菜叶露尾甲发生十分严重，有虫株率达 100%，百株虫量达 2 400 头左右。农科所附近农民种植的油菜田块叶露尾甲发生情况类似。下午赴居巢区跃华村，这里三年前最先发现该害虫，我们实地调查有虫株率 100%，有虫叶率 100%，百株虫量达 3 000 多头以上。中下部叶片已基本枯黄，对产量已造成影响（千粒重下降，含油量降低）。由于该害虫在叶片内啃食叶肉，为害状类似潜叶蝇，但程度比潜叶蝇重得多。估计与该害虫的天敌不多有关系，大家商议认为 7—8 月份后去甘肃（最早报道该害虫）调查两地叶露尾甲是否同一种及侵入南方的途径。

标题：与加拿大油菜专家商讨合作事宜

日期：2010-05-01

　　4 月 28 日—5 月 1 日加拿大马尼托巴大学 Dilantha Fernando 教授访问我院。胡宝成和本岗位其他科技人员与 Fernando 教授一起考察了六安市和巢湖市的油菜病虫害发生情况，并访问了六安和巢湖两个综合试验站（具体事宜见 4 月 29 日和 4 月 30 日工作日志）。在访问期间双方重点交流油菜菌核病和黑胫病在两国发生的特点和差异及病害抗病性鉴定和抗病育种的方法和途径。Fernado 教授主动提出要在油菜黑胫病的抗病性鉴定和育种方面与我们合作。合作经费主要由加方提供，由我方派科技人员去加拿大鉴定我国的油菜品种资源。这使我们想起去年我国检疫局将加拿大进口的油菜籽列为检疫对象后，加方的一系列行动，派出了农业部官员访问我国农业部。派出加拿大双低油菜委员会的官员访问中国农科院油料所。现在加方科学家在获政府的资助承诺后（3周后加拿大政府将下达具体预算）立即访问为我国政府作出检疫决策提供技术支撑的研究团队，这表明该合作具有学术、经济甚至政治上的多重意义，同时也感受到加拿大政府在该方面作出反应的速度。该合作对我方尽早评价我国油菜品质资源，开展抗病育种，防止黑胫病对我国油菜产生的为害也具重要意义。

标题：调查油菜病虫害概况

日期：2010-05-04

为了调查油菜病虫害概况，帮助确定实地考察地点，今天胡宝成电话联系了湖北（方小平）、湖南（陈卫红）、贵州（饶勇）、云南（李根泽）、江苏（戚存扣）、四川（蒋梁材）、江西（宋来强）、浙江（张冬青）、河南（张书芬）和桂林市（刘助生）等了解上述10个省市的油菜病虫害发生情况，并征集油菜品种准备做油菜黑胫病和根肿病的抗病性鉴定工作。

从电话调查的情况来看，除云贵两省外，各地蚜虫均不重，这与今春长期的低温阴雨密切有关。云南、贵州今年大旱，蚜虫比较重，预计产量分别减少30%~50%。据了解，在云南示范的地蚜灵效果非常好。但当地想知道地蚜灵在油菜种子和土壤中的残留情况。经与河南农科院张书芬联系，她答应提供有关证据。另我们也准备今年检测由云南提供的种子和土壤的样本。如果残留在允许指标以下，地蚜灵将成为防治油菜蚜虫的一种很有前途的药剂。今年浙江和江西的油菜菌核病比较重。浙江由于冬季温度高，2月份就发现侵染，这与我们去年在我省六安市发现的早期侵染是否类似，值得去调查。湖南、四川正在收获，菌核病均比较轻。其余省份还在青角期尚不能定论菌核病发生轻重。上述9个省的油菜育种家均同意提供他们的品种和资源由我们进行油菜根肿病和抗黑胫病的鉴定工作，我们也承诺鉴定结果将无偿反馈给各位育种单位。侯树敏、李强生已赴四川、陕西实地调查病虫害情况。

标题：油菜现场观摩会

日期：2010-05-05

荣松柏等参加了北京中地集团在安徽巢湖中埠召开的"核优202"油菜现场观摩会。用于本次观摩会的油菜种植面积为10亩，连片种植，整体长势较好，通过观察未发现蚜虫等其他主要虫害，菌核病发病较轻。经过当地农委技术人员的测产，理论产量 180 千克/亩，与邻近田块的秦油 10 号相当，较当地主推的其他品种增产。现场观摩结束后，参会代表在会议室进行了交流。肥东县和贵池市代表分别作了发言，充分肯定了该品种的产量高、抗寒性强和品质好的优点，对该品种进入市场和占领市场充满信心。会上课题科技人员与代表们交流时，提出在油菜施肥技术上一定要科学施肥，按照不同的油菜生育期合理施肥，可避免肥料流失，提高肥料利用率，充分发挥植株的生长潜力，有利提高产量。针对低温灾害天气的频频发生，建议在选择品种时不可一味选择早熟品种，应根据实际情况，选择一些抗寒性好的品种，以免给农户和自己带来损失。本次参会代表 60 人，主要为各县市农业技术推广人员和经销商，北京中地集团副总经理徐进出席会议并讲话。

标题：国家油菜品种试验考察

日期：2010-05-06

今天由农业部农技推广中心品管处谷铁城处长带队的长江下游油菜品种试验考察来我院检查指导工作。同行的有中国农科院油料所刘凤兰和安徽、江苏两省种子管理站的夏英萍、蒋小平等专家近 10 人。大家考察全国油菜生产试验和我们岗位油菜育种基地及省区试。胡宝成研究员和范志雄博士分别介绍了今年的气候特点和对油菜的影响及试验情况。大家对在今年恶劣的气候条件下，试验的表现表示满意。谷处长还非常关心今年油菜的熟期和后期病虫害发生情况。大家讨论分析认为今年菌核病发生可能没有往年重，主要是低温、雨大，不利于病菌侵入，对生产上根肿病的迅速发展和黑胫病的潜在危险均表示担忧。胡宝成还介绍了我省油菜新害虫——叶露尾甲在巢湖。安庆、合肥等地的发生情况。

标题：西北农林科技大学油菜专家来访

日期：2010-05-07

岗位科学家胡胜武教授带领西北农林科技大学油菜育种中心的董振生等 10 余位科技人员来安徽农科院考察油菜田间试验和品种表现。胡宝成、范志雄、费维新、江莹芬等分别介绍了试验情况。大家还座谈交流了气候变化导致极端天气增多，在育种上要加强合作，选育抗寒、抗旱、抗病虫害的油菜新品种。胡宝成还介绍了陕西省油菜品种在安徽的表现，及不同年份气候变化对陕西省晚熟品种的影响及防范措施。陕西省的系列品种近年在安徽种植面积较大，尤其是抗低温、避菌核病性（开花迟，避开菌核病入侵最佳时机）是两大优势，但熟期晚与后茬有矛盾及后期高温逼熟导致含油量偏低和千粒重低影响产量。需加强早熟性育种。

标题：四川省油菜病虫害调查

日期：2010-05-08

　　5月4—7日，侯树敏、李强生赴四川省绵阳试验站和四川省农科院调查油菜病虫害发生情况并采集样本。在绵阳市实地调查了位于三台的油菜虫害试验田、安县黄土镇油菜万亩示范区，在成都市调查了四川省农科院新都试验基地油菜试验田和新都区新民镇万亩油菜示范区的油菜病虫害发生情况。从总体情况来看，油菜病虫害发生不重，但是在部分田块油菜青角期蚜虫发生量还是较重，有虫株率80%~90%，严重度达3级。此外，潜叶蝇发生较重，有虫株率达100%，平均每片叶片幼虫10头左右，最高一片叶片幼虫数达51头，叶片枯死，对产量和品质（千粒重、含油量）有较大影响，需引起重视。菌核病发病率在5%~10%，相对较轻。另外，还发现了根肿病植株，据当地农技人员介绍，根肿病在当地较常见，部分田块发生较重，目前除了改种其他作物和土壤施石灰外，还没有其他较好的防治方法，急需高效防治技术。

标题：陕西省油菜病虫害调查

日期：2010-05-09

　　5月7—8日，侯树敏、李强生赴陕西省杂交油菜研究中心调查油菜病虫害发生情况并采集样本。目前油菜虫害发生不重，尚未发现蚜虫和菌核病的发生，但是霜霉病发生较重，部分小区油菜霜霉病发病率100%，大量油菜叶片枯死，对产量和品质有很大影响；温室内油菜白粉病发生很重。据李殿荣研究员、田建华研究员介绍，当地油菜虫害主要有蚜虫、小菜蛾、茎象甲、跳甲和地下害虫为害较重，主要采用化学防治。病害主要有菌核病、霜霉病和白粉病，菌核病一般不严重，霜霉病和白粉病时有发生，年份间差异较大，白粉病主要在温室内发生严重。双方同意合作进行油菜根肿病、黑胫病、油菜叶露尾甲等病虫害调查，并提供品种由我们进行抗病虫害抗性鉴定。

标题：与以色列合作育种进展

日期：2010-05-10

应以色列 Kaiima 生物农业技术有限公司的邀请，陈凤祥和吴新杰于 5 月 2—9 日赴以色列执行油菜多倍体合作育种项目。期间考察了公司的育种基地、种子加工厂、品质分析室和组培室，听取了多倍体育种项目最新研究进展，并重点考察了品种比较试验，并对下一步的安排进行了讨论。公司安排的品种比较试验的品种有多倍体杂交种 Kaiima 4 和 4 个对照，其中包括皖油 14、皖油 25，小区 18 米×1.9 米，6 个重复，播量每平方米 25 粒种子。试验安排在 3 个地点，我们实地考察了 2 个地点，可能由于发芽率不一致，不同品种实际密度差异较大。所有品种结实正常，处于后熟期，即将收割。公司在网帐内进行了多倍体杂交种 Kaiima 4（母本为 9012A，父本为三倍体 127）和 Kaiima X（母本为 9012A，父本为三倍体 101）的制种，面积 6 000 平方米，估计能获得 500 千克杂交种。制种产量低是由于父本开花较早，花期相遇时间较短所致。与正常对照 CHR08 对比，其三倍体和四倍体衍生系的芥酸和硫甙没有发生显著的改变。三倍休 127 的染色休倍性和育性均稳定，更多的四倍体亲本还在筛选之中。公司计划今年秋季安排多倍体油菜制种面积 100 公顷，需要母本种子 14 千克。双方对制种田的密度、行比等要求进行了讨论。建议品种比较试验明年再重复一次，并把多倍体父本作为对照也加入试验。

标题：皖南油菜病虫害普查

日期：2010-05-11

鉴于油菜新害虫——叶露尾甲已在巢湖部分地区严重为害，在安庆、滁县、池州、合肥等市也发现该害虫的不同为害程度。胡宝成、荣松柏等人于 5 月 9—10 日赴石台、黟县等山区调查该害虫和其他害虫发生情况。该两县油菜品种多为浙平 4 号、浙双 3 号、浙双 6 号、核优 56、核优 46、德油 8 号、秦油 10 号等。在石台县我们实地调查了七都镇六都村、三甲村、河口村，走访了当地农技站。据农技站老杨介绍，当地品种多，今年浙江的品种冻害重，安徽的核优

46，核优 56 和秦油系列冻害轻。田间实地调查仅发现零星有翅蚜。在黟县柯村乡、江汐村实地调查仅发现叶露尾甲极少。蚜虫也是很少。但油菜黑胫病疑似病株很普遍，外观症状非常像，病株率达 40% 左右，已采样，准备室内分离病菌验证。此外油菜菌核病也非常重。不同田块品种发病率在 20%~35%，尤其值得注意的是江汐村油菜菌核病病株有两种，正在发病和早已发病完全枯死两种情况。完全枯死病株均在田埂边、马路边，枯死的植株内外有大量的菌核。可能是开花前，菌核直接萌发菌所侵染发病。这为菌核病新的侵染方式或途径提供了新证据。

　　我们这次普查采取的是不与当地县农技部门联系直接到田头，看我们想看的，有不少新发现，尤其是黑胫病和菌核病的新侵入方式证据。但也有不少困难，如很难在田间找到当地农民，偶尔遇到 1~2 人也是基本三不知，看来农技技术的普及还远远不够。

标题：近期室内工作小结

日期：2010-05-12

　　范志雄、江莹芬等近期的室内工作主要是小孢子培养：利用小孢子培养技术建立永久分离群体，可以快速、大批量得到双单倍体子代，这种子代是遗传学上真正意义的"纯系"，由于纯系性状不再分离且可以实现重复试验，因此比较容易筛选出具有育种价值的株系。同时，这种永久分离群体也是基础研究（遗传分析、基因定位等）的极好群体。本室在 2008 年、2009 年技术探索基础上，建立了成熟的小孢子培养技术体系，并于 2010 年春实现了大规模培养。目前建立了 4 个永久分离群体，这 4 个群体包括：（1）临保系 Mic5X 黄籽 Mic2：黄籽来源为宁油 10 号，其性状受多对隐性基因控制，该群体可用于定位隐性基因控制的黄籽性状；（2）黄籽 Mic17X 临保系 Mic5：黄籽度和黄籽率均较高，且 3 年含油量精测均稳定在 47% 以上，该群体是研究黄籽遗传和含油量遗传的极好基础群体；（3）临保系 Mic5X 恢复系 9035DH：目前国内出现一种新观点，认为 9012AB 这套系统育性应当是受 2 对基因控制而不是原先提出的 3 对基因理论，即新观点认为 Ms4 位点可能不存在。针对这一争议，设计出这一分离群体。9035DH 是 2009 年春以 9035 小孢子培养获得的 DH 系。9035 经陈凤祥分析认为存在 3 个显性位点。下一步分离群体中，如果育性出现 7:1 分离，则说明陈凤祥 3 基因理论正确，否则，很可能陈凤祥的育性调查结果存在问题，甚至 3 基因理论不成立。以上 3 个群体较大，具有一个共同的临保系亲本，因此除粒色等性状外，群体同时还可以用于对育性进行基因定位；（4）178X185，crabs claw 突变与野生型杂交 F1。2009 年秋 9012B 小孢子培养苗种到大田后，DH 子代出现令人困惑现象，具体表现为出现 crabs claw 突变、质不育等 DH 子代。而这种子代在 9012AB 的兄妹交群体中不会出现的。因此，建立了 crabs claw 突变型与野生型杂交的 F1 小孢子分离群体，下一步拟对该性状进行遗传研究。

分子标记工作在前期工作的基础上，从吴新杰田间育种材料纯合两用系中随机取了 20 个样，这 20 个材料遗传背景很广，但含有不育基因。从以前筛选到的与不育基因连锁的 SRAP 标记中选了 4 对引物对这 20 个材料进行扩增检测，结合田间育性调查结果表明：其中 2 对标记与育性表现共分离，另外 2 对标记都在同一个单株有一个交换，由于筛选引物所用的遗传群体与这 20 个样的遗传背景有很大不同，但标记依然与育性表现共分离，说明此标记与不育基因紧密连锁，在实际育种中可以用来标记辅助育种。为了进一步分析这些标记与不育基因之间的遗传距离，需要扩大群体对这些标记进行遗传连锁分析。由于今年特殊的气候（播种迟、长期低温阴雨），得到的群体不是足够的大。纯合两用系共有 4 个 300 多个单株的群体，目前在对这些样品进行 DNA 提取，已经完成一个群体样的提取。拟计划将所有的标记在这几个群体中进行分析，初步画一个连锁遗传图谱，然后把几个群体的图谱进行整合。对在几个群体中都与育性表现共分离的标记，进行测序，然后同 GenBank 公共数据库中发表的序列进行比对，筛选候选基因。

标题：油菜抗灾减灾示范区考察

日期：2010-05-13

5 月 12 日，吴新杰、荣松柏在含山县农科所张孟武所长的陪同下考察了铜闸镇油菜抗灾减灾千亩示范片。该示范片选用品种主要是皖油 25 号，油菜整体长势较好，病虫害轻，高产田块估产每亩能达 200 千克，但是示范区内小麦插花种植严重，原因是大部分种植户油菜、小麦都种。下午考察了司集乡的核优 56 制种田结实情况，总体结实较好，一般田块二次花较少，制种样板田目测产量可达 50 千克。5 月 13 日，陈凤祥、吴新杰和荣松柏在六安市裕安区农技推广中心徐进主任陪同下考察了青山镇油菜抗灾减灾千亩示范片以及城南乡撒直播油菜示范区。青山镇示范区选用品种主要是核优56，油菜较连片集中，但长势不一致，高产田块估产每亩可达200千克以上。有10%左右的田块，由于去年11月份的冻害造成严重缺苗，后期不再管理，产量很低。

标题：油菜示范片检查

日期：2010-05-14

　　陈凤祥、李强生、荣松柏在当地农业推广中心主任程家兴和其他技术人员的陪同下，查看了肥东万亩油菜高产示范和减灾避灾技术示范片。示范片位于肥东石塘镇联村，主要为核优56等优质品种，油菜整体长势较好，株高在160厘米左右，大田密度7 000~8 000株，低温造成的分段结实情况不明显，大田理论产量200千克左右。调查发现，目前该片油菜虫害（蚜虫、叶露尾甲等）和菌核病发病较轻，但发现有疑似黑胫病株，取样并拍照带回做进一步鉴定。通过与当地技术人员交谈，结合当地实际情况，认为为了避免低温冻害对油菜的影响，应适当早播，选用抗冻性优良的品种，科学管理；在受冻后应及时喷施有效的叶面肥和追施速效肥，促进植株快速恢复，有利提高产量，同时应做好病虫害防治工作。

标题：2009—2010年度油菜抗灾工作总结

日期：2010-05-15

　　2009—2010年度安徽省油菜遭受了较严重干旱、冻害、渍害和局部地区的病虫害等自然灾害，对油菜生产造成严重影响。在油菜抗灾夺丰收中，我们主要开展了下列工作。

　　一、抗旱保苗，及时移栽

　　持续干旱，造成油菜不能适时播种，直播时间推迟，育苗油菜苗龄过长，菜苗质量较差，高脚苗较多。我们及时赴池州、东至、滁州、天长、肥东、巢湖等油菜产区调查苗情，指导基层农技人员进行抗旱保苗，及时移栽，施肥管理、防治苗期病虫害。完成了池州油菜万亩示范片和天长、肥东等千亩示范片的油菜播种、栽植任务。

二、抗冻减灾，加强技术服务，确保油菜安全越冬

2009 年 11 月 16 日，安徽省普降暴雪，气温急剧下降。由于秋旱，油菜移栽和直播均较迟，当时仍有部分菜苗未完成移栽，直播田块幼苗弱小，部分晚播田块油菜刚刚出苗，这场突如其来的大雪对油菜幼苗造成严重的冻害，为此，在胡宝成研究员的主持下，在第一时间紧急召开科技人员会议，积极研究制定油菜抗冻减灾预案，部署具体实施措施，派遣科技人员赴油菜产区进行科技培训指导农民田间管理，发放技术明白纸。同时科技人员还在安徽人民广播电台介绍油菜冻害预防、冻后管理和油菜冬季田管技术，在安徽农业科技网发布油菜抗冻减灾技术措施，加强技术服务。开春以后，我省又不断出现持续低温雨雪天气，2 月 11 日又普降大雪，气温骤降，最低气温达-7~-5℃，此时油菜生长大都开始进入抽薹、开花关键时期，油菜冻害较重，为此，我们在利用电台、网络进行技术服务的同时，又多次赴油菜生产示范区进行技术指导，加强田间春管，取得较好的效果。

三、加强油菜病虫害调查防控工作

加强油菜菌核病防治，积极调查研究油菜根肿病和黑胫病。由于今年油菜苗期冻害较重，蕾薹期和花期雨水较多，田间湿度大，很有可能引起菌核病的大暴发。因此，我们积极宣传，引起基层农技人员和农民的重视，同时提出具体的防治措施。此外，我们还赴皖南、四川和陕西调查油菜根肿病、黑胫病的发生情况，并采集样品，开展研究工作。据我们调查，油菜根肿病目前在油菜产区有进一步扩大加剧的趋势，有些田块因为根肿病十分严重，已不能再种植油菜了，因此急需研究出一套高效防控技术。另外，油菜黑胫病这一未来可能对我国油菜造成严重影响的病害，目前大多数农技人员、农民还不了解该病害，因此我们在调查的同时积极宣传指导农技人员和农民认识该病害的症状、为害特点、可采取的防范措施等，以引起重视，加强监控。

积极开展害虫监控，预防虫害暴发。今年油菜生长季节，由于低温雨水较多，不利于油菜蚜虫、小菜蛾等虫害的发生。但是我们始终没有放松对油菜的虫害进行监控，根据虫害情况，及时指导农民防治。我们的调查中发现，在今年蚜虫、小菜蛾等主要害虫发生较轻的情况下，油菜叶露尾甲和潜叶蝇却发生较重，对油菜产量有较大影响。为此我们对合肥、巢湖、含山、芜湖、郎溪、六安、霍山、岳西、潜山、太湖、池州等地的油菜叶露尾甲和潜叶蝇

的发生情况进行了调查。调查发现油菜叶露尾甲这一在我省新发现的油菜害虫除在巢湖、含山严重发生外（调查田块有虫株率 100%，百株幼虫数 2 000~3 000头，油菜叶片枯死），在六安、霍山、岳西、潜山也发现了该害虫为害，少数田块还发生较重（有虫株率 60%~100%），且该害虫有进一步扩大蔓延的趋势。潜叶蝇有虫株率一般均达 80%~100%，平均每片叶片有幼虫 5~10头，部分叶片幼虫数高达 50 头左右，油菜叶片焦枯。由于广大农民以前对这些害虫很少了解，也很少防治，因此，在发生严重的田块，对油菜产量有较大影响。这也表明随着气候的变化和耕作制度的改变，油菜虫害也会随之发生改变。根据这一情况我们已及时将调查情况通报当地农技部门，注意调查防治。

四、加强油菜示范基地建设，加快科技推广

我们在池州市东至建立了万亩，在肥东、天长建立了千亩油菜高产、高效栽培示范基地，推广高效安全的病虫害防治技术。特别是引进示范地蚜灵轻简高效防治蚜虫技术，改传统的喷药防治为土壤底施防治，目前已取得良好的防治效果，示范区蚜虫发生量明显少于非示范区蚜虫量，现正进行进一步的技术分析和总结等。

五、加强与综合试验站和当地农技部门的密切合作，共同抗灾夺丰收

加强与巢湖、六安两个综合试验站以及池州、东至、肥东、天长的农技部门的密切合作，提供技术支持。例如，我们在巢湖、含山发现了大量的油菜叶露尾甲严重为害油菜，为害程度进一步加剧，为害范围进一步扩大时，我们及时将这一情况通知巢湖综合试验站，并赴巢湖试验站指导科技人员认识该害虫，了解该害虫的为害特点、为害症状、目前可采用的防治措施等。对油菜叶露尾甲调查监控，建立监控点，开展系统研究，提供高效防治技术，以控制该害虫为害。同时我们还指导当地农民认识该害虫并进行防治。一些防治的田块，该虫害发生较轻，油菜长势较好。在六安综合试验站，我们介绍了菌核病在油菜初花期菌丝就直接侵染油菜茎秆的方式、症状及相应的防治措施等。此外，我们还和昆明试验站、绵阳试验站、宜昌试验站和苏州试验站开展害虫防治研究。在池州、东至、肥东和天长的油菜示范基地，我们与当地农技部门合作，提供、推荐病虫害防治药剂、防治方法等，目前示范区油菜长势明显优于非示范区油菜，油菜丰收在望。

标题：油菜试验和病虫害调查

日期：2010-05-16

侯树敏赴郎溪、芜湖、铜陵、池州、肥西、六安等地查看油菜试验，调查油菜病虫害。调查结果表明，各地油菜菌核病总体发病不严重，病株率在 5%~10%，但是不同品种间差异较大，其中在池州棉田茬口油菜德油 5 号发病很重，病株率在 30%~50%，严重影响油菜产量。另外，在郎溪和芜湖两地发现 3 株疑似黑胫病病株，现已取样进行病原菌分离培养鉴定。蚜虫、小菜蛾较轻，但潜叶蝇发生较重，平均每片叶片有潜叶蝇幼虫 5 头左右，部分叶片幼虫数达 20 头，叶片焦枯，对油菜产量有较大影响。此外，由于油菜苗期干旱、冻害及春季低温多雨，油菜长势明显较往年差，结实率也较差，出现分段结实及阴角现象，产量将低于去年。

标题：油菜害虫普查和黑胫病调查

日期：2010-05-17

5 月 15—16 日，胡宝成、李强生、荣松柏等人再赴皖南普查油菜害虫，重点调查油菜黑胫病。由于今年雨水多，加上冻害严重，油菜蚜虫仅零星出现，近日南方油菜开始收割，油菜蚜虫今年无为害的结论可定。黑胫病调查是在上次普查的基础上，重点在黟县的柯村镇江溪村。调查取样在刘彩平、李善兵、陈方明等农户家田块进行。他们分别种植了几亩到十几亩的油菜，品种主要为浙平 4 号、中农油 6 号、德油 8 号、绵油 11 号、绵油 14 号，黑胫病发病比较严重，病株率均在 40%左右。有些病株黑胫病和菌核病同发在茎秆上，界线很清楚，上部为菌核病，并有菌核停留在分界线茎秆内，下部为黑胫病，茎秆内部已腐烂变黑。在 5 块田分别取样（随机选取），每个样 10 株左右，准备做病菌分离、鉴定，明确是强侵染型还是弱侵染型或是混合型，为下一步工作做准备。在回来的路上，还随机调查石台县七都镇七都村、黄山区焦村镇的郭村和上田村，均发现了黑胫病。其中郭村的林建平所种的绵油 11 号，发病率高达50%，六都村的发病率也有 22%。这些地方也分别取样拍照。根据黑胫病在皖南山区尤其是柯村小盆地（约 2 000 亩）严重发生的情况，今秋准备广泛征集国内的品种和资源，在该地做油菜黑胫病抗病性鉴定工作。同时，将我们选育的品种在该地试验示范，鉴定菌核病和黑胫病的抗性。

标题：杂交油菜皖油 25、核优 56 示范基地现场测评

日期：2010-05-19

　　安徽省农科院组织专家在肥东县石塘镇和含山县铜闸镇对自育油菜杂交种皖油 25、核优 56 示范基地进行现场测评，岗位科研人员全体参加。该两地油菜在苗期、蕾薹期、花期遭受 5 次寒流为害，示范基地积极采取适期早播、合理密植、科学施肥、化学调控、秸秆覆盖、清理三沟、及时防治病虫草害等田间管理措施，油菜冻害较轻，病虫草为害轻微，整齐一致，熟相好。经测产，肥东核优 56 示范片估产平均亩产达 198.5 千克；含山皖油 25 示范片估产平均亩产 164.7 千克。

标题：油菜田间取样

日期：2010-05-20

　　荣松柏同创新公司赵小庆、张毅等到油菜制种基地进行取样，准备送往青海省农科院种植鉴定纯度。此次取样涉及 3 个品种，核优 56、核优 202、中核杂 488 以及一些小材料。主要在含山县仙踪镇、巢湖司集村和巢湖后洞村，总计制种面积 1 500 亩左右。取样按照纯度鉴定要求进行田间取样，累计取样 200 余份。将于 24 日送到青海，8 月份将获得纯度结果，为品种的合法推广提供依据。由于制种基地后期油菜受粉正常，整体结实情况较预计的要好。

标题：油菜病害调查

日期：2010-05-21

　　胡宝成、李强生、侯树敏赴肥东县石塘镇和含山县仙踪镇调查油菜病害。所有调查田块均防治过菌核病，菌核病发病较轻，病株率在 5% 左右。几乎所有田块均发现有疑似黑胫病病株，发病情况地区间和田块间差异较大。含山县仙踪镇较重，肥东县石塘镇较轻。重病田块病株率在 20% 以上，有些病株黑胫病和菌核病同时发生。疑似黑胫病病株取了样，准备做病原菌分离、鉴定。

标题："新福星"防治油菜根肿病考察

日期：2010-05-22

胡宝成、李强生、荣松柏等赴休宁县万安镇、黄山区三口镇等地考察有机水溶肥料"新福星"防治油菜根肿病的效果。同行还有省农技推广总站。安徽农大和院植保所林华锋教授、戚仁德研究员等人。两地试验由农技推广总站统一布置，所用"新福星"由安徽省神农农业技术开发有限公司提供。试验设计按移栽田、直播田分别浇根和叶面喷施和不施药为对照4种处理。我们考察于收割前一天进行，直接拔取观察根部症状（考种由当地农技部门另行进行）。由于去年秋天播种时严重干旱，播种推迟，错过发病最佳时期，田间表面观察无明显差异，但从根部症状看，根肿"典型"症状不明显。根部施药的处理根系发达，无烂根现象，而没有施药的根系较少，部分植株根部已腐烂。已取样带回准备分离病原菌，以确定烂根是病害所致还是雨水过多所致。两地试验表明"新福星"对促进油菜健壮生长，提高产量有较明显的效果。但对于根肿病的防效还需进一步的试验，尤其是在重病年试验加以明确。在三口镇，田间黑胫病也比较严重，目测病株率在30%左右（雨大无法逐株调查），看来，皖南山区的油菜新病害将是影响当地油菜生产和乡村旅游业发展的一个主要问题。

标题：参加农业部农技推广工作调研座谈会

日期：2010-05-24

胡宝成参加由国务院研究室李希荣司长率农业部科教司严东权处长、张振华副处长的赴皖调研农技推广体系改革座谈会。胡宝成结合三年来承担现代农业产业技术体系科学家岗位所承担的基础性和应急性工作如何与农技推广结合发言。重点谈了基层农技推广工作的待遇保障、工作经费保障和政治待遇保障等重要性。建议国家机关工作人员不应仅通过公务员考试录取，应多从基层农技人员中选拔和提拔。提高农业大学本科毕业生，甚至硕士毕业生到乡镇农技推广工作的积极性，尽早改变农技推广工作后继无人的现状。这种方式同时也锻炼和培养地方官员和领导干部，解决温家宝总理所忧虑的"基层干部懂农业的人越来越少"的问题。胡宝成还介绍了科研单位的成果如何与基层农技部门结合和转化等方面的做法：（1）是通过政府的行为，如在安徽，省政府提出了粮食生产"三大行动"，安徽省农科院科研人员根据政府部门的要求携带技术和成果到生产第一线；（2）是通过项目的纽带，将技术和成果通过基层农技推广部门在各地试验、示范、培训和转化；（3）是通过与企业的合作，如农作物新品种的大规模推广多采用这种方式。

标题：青海育性鉴定

日期：2010-05-26

荣松柏将基地取回的杂交种样品和一些试验材料样品送往青海西宁青海农业科学院进行田间育性鉴定和扩繁。今年进行育性鉴定的有 246 份，扩繁 40 份，种植面积 3 亩。据农科院付老师介绍，每年他们都要提供不少土地给国内一些企业和科研单位进行油菜扩繁和育性鉴定。目前，大多数都已经播种，早播的已经出苗，迟的也在 18 日播种，我们是最后一家。他还说再迟播可能会影响春化通过率。由于今年春安徽气温整体偏低，与往年相比，油菜成熟期推迟 5~7 天。在取样时，角果普遍较青，有的籽粒还没有硬实。恰巧取样后又遇两天阴雨，为尽早将材料种下去，保证通过春化比例，我们采用烘箱烘干和人工剥角果将样品脱粒，但这样也可能对发芽率有一定的影响。如何及时将材料播种下去而不影响发芽率呢？为此这次带了一些角果并直接种到地里进行试验。

标题：油菜国家生产试验参试品种收获

日期：2010-05-27

范志雄带领临工今天下午收获我单位承担的油菜国家生产试验参试品种，2 次重复，共 14 个参试品种，按小区收获，成熟度 80%~90%，人工收获后铺开于各小区后熟。整个工作一下午完成。

标题：参加油菜全程机械化生产现场观摩会

日期：2010-05-28

5 月 26—28 日，侯树敏参加由国家油菜产业技术体系和全国农业技术推广服务中心共同主办，中国农科院油料所和上海市农科院承办的"油菜全程机械化生产现场观摩会"。会上展示了沃得、星光、黄鹤等品牌的油菜联合收割机、分段收获收割机、拣拾机、联合播种机等多种机械，并演示现场作业，取得了很好的示范效果。这些机械的应用将会使油菜种植效率大幅提高，同时种植成本将大幅下降。官春云院士、刘建政、张春雷、吴崇友、廖庆喜等分别就油菜生产、油菜机械化生产技术、油菜机械化研究进展等做了专题学术报告。在机收现场发现了油菜黑胫病病株，并取样带回实验室进行病原菌分离鉴定。此外，在油菜菌核病病株的茎秆中还发现了一种虫害，现正进行鉴定研究。

标题：油菜机收和秸秆还田现场会

日期：2010-05-29

胡宝成和岗位团队人员参加了本院在合肥市郊区大圩镇举办的油菜机收和秸秆还田现场。安徽省政协副主任王鹤龄、省政府省长助理邵国荷及省农委、省农机局等省市领导和合肥市副市长江洪及市农委等政府领导出席了现场会。现场所用的品种为我们岗位团队选育的核优46、核优56等双低品种。主要的机械有4LL-1.5星光油菜联合收割机，丹凤牌（GH-180）型水田秸秆还田机。从田间的操作来看，该次收割机械损失≤5%，切碎长度≤8厘米，油菜破碎率≤0.5%，清洁度大于80%，作业效率达7亩/小时。据前几年的研究结果表明，秸秆还田下单位面积化肥施用量减少15%，化学农药用量减少20%，较好地解决了油菜机收及秸秆还田处理难的问题。这次现场会农机农艺配合取得了较好的成效，首先是我们的品种抗寒性强，抗菌核病性强，保障田间油菜长势和一定产量。但田间杂草还是比较多，这与今年雨水多、人工除草不便进行、除草效果也不好有关。所以选育能抗除草剂的油菜品种势在必行。从栽培上看，密度还可以进一步提高，2万~3万株可保证提高产量的同时，对机收没有任何影响，同时花期和成熟期相对集中还可解决青粒率偏高的问题。

标题：油菜机播、机收秸秆还田测产

日期：2010-05-31

胡宝成研究员与本岗位团队人员参加了合肥郊区大圩镇我们自育品种核优56的测产。田块为去年机械化收割秸秆还田地块。去年播种时分2种方式：（1）撒播；（2）机械条播。田间测产结果撒播密度约为15 000株，亩产151千克，机械条播密度17 000株左右，亩产201千克。在去年秋天播种严重干旱，而整个生长季节遭受严重冻害和花期阴雨的情况下，这样的产量还是可喜的。从田间机收情况看，机械播种、收获和秸秆还田完全可行。机收对品种的株型要求不高，密度提高后还可以提高单产和减轻青粒率，有效解决困扰当前油菜

秸秆焚烧污染环境这一难点和热点问题。当然焚烧秸秆在重病田仍可提倡，这样可更有效地减少病源。

标题：油菜品比收获

日期：2010-06-04

范志雄及临时工在油菜品比试验中按小区收获，打镰枷脱粒，初步清理后收于网袋中。第一块田3号一天脱完，第二块田4号一天脱完。总体上讲，今年小材料和品比试验长势均不如去年，特别是品比试验，由于前茬水稻收获较晚，影响本季油菜茬口播种期，播后干旱长达20余天，之后又分别发生11月、2月和3月共3次影响较大的冻害，对油菜生长有较大影响。经验小结：从本人所管理的生产试验、小材料、品比材料综合来看，合肥地区油菜直播较合适时期为10月初至10月15日，在这个期间适当早播，可以充分利用光温资源。例如，生产试验播期为10月3日，因此收获期长势较好，冻害对产量影响不大。小材料播种期为16日、17日，长势比去年略差，但由于抗冻性不一样，材料间农艺性状差异表现比往年更明显。而品比则于10月下旬播种，此时合肥地区气温已经较低，油菜生长较慢，均未获得高产。

标题：江苏油菜病虫害调查

日期：2010-06-05

李强生、侯树敏、荣松柏赴江苏南京和扬州等地调查油菜黑胫病和菌核病的发病情况，并采集样品进行分离研究。在江苏农科院经作所的油菜试验田和镇江农科所的油菜试验基地，以及附近农民的油菜田中，我们均发现有大量的油菜黑胫病病株。病株率一般在20%左右，有些田块的病株率高达50%~60%，病株油菜的籽粒明显小于正常成熟植株的籽粒，已严重影响了油菜产量。此外，油菜菌核病的发病率一般在30%左右，对油菜产量也造成较大损失。在扬州农科院的油菜试验田中，菌核病发生十分严重，有些小区菌核病发病率在50%左右，对油菜产量造成很大损失，但尚未发现黑胫病株，这也表明油菜黑胫病在该市油菜产区还没有广泛地发生。在虫害方面，油菜后期除了潜叶蝇为害较重外，蚜虫、小菜蛾均为害不重。

标题：田间油菜收获工作小结

日期：2010-06-06

　　与往年相比，今年油菜花期和青角期温度偏低、雨水多，光照少，生育期延迟 1 周左右。收获工作从 5 月 24 日开始，这段时间天气晴好，非常有利于收获和晾晒，目前田间收获工作基本完成。病虫害情况：总体上看菌核病较轻，一般病株率不超过 10%。但是套袋单株病害严重，可能由于套袋时人为损伤，容易造成病菌侵染。还有提袋和抖花瓣不及时，造成大量脱落花瓣长时间滞留茎秆附近，加重为害。角果期蚜虫为害轻。制种和繁种情况：收获杂交组合 279 个，但由于 5AB、YAB 母本由于茬口和苗床地不足等原因，而采用直播方式，播期 10 月 23 日，较迟，造成花期推迟，部分组合父本开花早，这样父母本花期相遇时间短，影响授粉，部分组合制种产量较低。5AB 繁种 5 分地，估计产种 20 左右，9012AB 繁种 2 分地，估计产种 5 千克左右，YAB 繁种 2 分地，估计产种 3 千克左右。全不育系繁种 2 亩地，估计产种 40 千克左右。父本繁种 2 亩，估计产种 175 千克左右。单株和杂交情况：2010 年套袋单株病害严重，大量被淘汰。喷施阿特拉津，筛选出抗阿特拉津的油菜资源 RA10，但是长势很弱。2009 年表现不早花但早熟（5 月 13 日成熟）的 10RA05，今年进行株系比较，与皖油 14 相比，成熟期提前 3~5 天，株高 1.2~1.3 米，比对照矮 10 厘米左右，直立，病害轻。高油酸材料整体上今年结实性较差，套袋单株病害重。人工杂交结实性正常。

标题：皖中地区油菜生长形势及趋势分析

日期：2010-06-07

　　胡宝成于 6 月 6 日参加了省政府召开的全省"三夏工作座谈会"。会上合肥市、六安市和滁州市三市公布了今年官方油菜面积、单产、总产的数字。合肥市油菜收获面积 162 万亩，比上年减少 20 万亩，减幅 12%，总产 16.9 万吨，较上年减少 37%，单产减少 29.3%；滁州市油菜收获面积 96.1 万亩，比去年减少 2%，单产 146.5 千克/亩，比去年减 5%，总产 14.1 万吨，比去年减 6.9%；六安市油菜收获面积 137 万亩，比去年减 13 万亩，单产 118 千克/亩，比去年减产 8 千克/亩，总产 16.1 万吨，比去年减 2.8 万吨。从国家，尤其是省政府重视粮食生产的力度来看，油菜面积还将进一步下降，小麦种植面积将进一步向江南扩大。2009—2010年度全省投入的扶持小麦生产的资金达2.2亿元，其中国家5千万元，省级2千万元，市县1.5亿元，而油菜的投入远远不足。从种植效益来看，种小麦毛收入可达600元左右/亩，而且种和收基本实现机械化，省工省事，而油菜的机械化水平还很低，毛收入还低于种小麦。从结构调整来看，由于各地环保意识提高，城郊秸秆禁烧造成种油菜对下季水稻种植不便，如合肥市就明确提出"油退菜进""油退林进"战略。

江淮分水岭以南是传统的油菜种植区，今年小麦面积不断增加而且向江南扩大，这对我省粮食生产短期内有好处，但赤霉病暴发的危险已经非常大。今年由于省政府重视，加大资金和防治力度，赤霉病得到有效控制，但在南方防治不力的地区，赤霉病病株率已达50%以上，这种趋势继续下去，可能会造成油菜进一步减产，但粮食（小麦），的总产也难由于面积的扩大而增产。解决这一矛盾是个系统工程，油菜要大力推广轻简化栽培，尤其是机种机收和秸秆还田，国家要进一步提高油菜籽收购价格。还要大力发展以油菜花为代表的乡村农耕文化和旅游，以此提高农民的收入，带动油菜产业的发展。

标题：选择落实油菜虫害综合防治示范区

日期：2010-06-17

侯树敏、荣松柏、江莹芬赴天长市落实2010—2011年度油菜虫害综合防治万亩示范区，选择试验示范地点，查看土地情况，茬口安排，制订初步实施方案等。目前已基本落实了千亩核心示范区，示范区内有水田、旱地、空闲地等不同田块，计划采用油菜直播和育苗移栽等方式进行示范种植，调查不同前茬和不同种植方式下油菜虫害的发生情况，研究制定虫害综合防治技术。

标题：中以油菜多倍体育种合作研究进入第二阶段

日期：2010-06-19

胡宝成等岗位全体科研人员与以色列卡伊马（Kaiima）生物农业技术有限公司营销副总裁Zohar在作物所三楼会议室就中以油菜多倍体育种合作项目进展情况进行交流，并对下一阶段的安排进行讨论。经过四年的合作研究，利用以方CGM多倍体加倍技术，成功筛选出若干结实性良好的三倍体父本CHR08，如127系、101系等，染色体倍性遗传稳定，并与母本CHA01配制生产出多倍体杂交种 Kaiima 4 和 Kaiima 9 共 500 余千克,其中 Kaiima 4 在以方安排的品种比较试验中表现最为突出,亩产达 300 余千克。我们已经获得这两个杂交种各 2 千克。合作研究第一阶段已经顺利完成,将进入第二阶段,也就是区试审定阶段。为了全面评价多倍体杂交组合在我省的产量、品质以及抗性等方面表现,中方拟安排这两个组合参加今年安徽省油菜区试,并且进行抗病、抗虫鉴定,品质鉴定,以及在主产区进行小面积展示。以方拟在希腊、意大利、罗马尼亚、阿塞拜疆、美国等地进行示范展示。并将进行杂交油菜制种 1 500 亩,为下一年在国外的大面积推广准备充足的种源,目前已经收到希腊 1 500 亩用种量的订单。

标题:近期小孢子培养工作总结

日期:2010-07-13

范志雄近期将前段时间建立的 4 个永久分离群体成胚或愈伤从液体 N13 培养基转入固体 B5 培养基。在固体培养基上,部分胚或愈伤可以一次性成苗,另一些则形成次生胚或愈伤组织。前者导入生根培养基,对于后者,将其进行了再次继代:(1)临保系 Mic5X 黄籽 Mic2。该群体基本形成愈伤,将其继代。(2)黄籽 Mic17X 临保系 Mic5。一次性成苗率高达 40%。(3)临保系 Mic5X 恢复系 9035DH。此群休较有趣,在同样条件下,部分基因型成胚,部分基因型则形成愈伤。后者在固体 B5 培养基上一次性成苗率较高,但由于愈伤组织较松散,因此在 N13 液体培养基振荡培养时可能形成基因型混杂现象,后期工作应当注意这一点。直接成胚的基因型一次性成苗率则较低,不到 20%。(4)178X185,crabs claw 突变与野生型杂交 F1。此群体较小,无一次性成苗现象,但在继代一次后,50%胚成苗,余下的继续继代。

标题:近期分子标记辅助选择工作总结

日期:2010-07-15

江莹芬对 2010 年纯合两用系群体(经过连续多代姊妹交,背景已经相当纯化),在春季进行育性调查。育性调查结果,可育自交 3:1 分离,姊妹交 1:1 分离,均符合卡方测验。选其中一个较大的群体,按可育不育分别取样,其中可育 149 株,不育 155 株,符合卡方测验 1:1 分离。提取这 304 个单株 DNA

后，用前期工作筛选的在小群体中共分离的标记，在这个群体中进行分析。结果表明，共有 15 个标记与不育基因紧密连锁，其中包括 6 个 SRAP 标记和 9 个 AFLP 标记。这些标记中，有 4 个标记与不育基因共分离，3 个标记与不育基因只有一个交换。这 15 个标记构建起一个局域遗传连锁图谱。对共分离和只有一个交换的标记，从 PAGE 中回收，重新扩增后，进行 TA 克隆，送上海生物工程公司测序，目前，测序结果还没有拿到。测序序列得知后，用 Primer5 软件进行引物设计，将其转化为更简便易行的 SCAR 标记，用于标记辅助选择。同时，根据这些紧密连锁的标记，在另外一些纯合两用系中进行筛选，没有任何多态性的一些两用系，可以拟定为另外一个不育基因。接下来，用以前筛选到的与另外一个不育基因连锁的标记，在这些群体中进行验证，找到另外一个不育基因连锁的标记。

标题：青海调查叶露尾甲

日期：2010-07-20

　　针对安徽省油菜新害虫——叶露尾甲在巢湖、合肥、安庆等地发生的情况，7 月 17—19 日，胡宝成、侯树敏赴青海调查追踪该害虫的来源。在西宁市湟源、门源、祁连、共和等县油菜地调查，仅在西宁和湟源发现花露尾甲，无一地发现叶露尾甲。经与青海农科院植保所所长郭青云商定，在油菜青角期再次调查，以排除叶露尾甲是随夏繁收获的种子而带入内地的怀疑。同时 8 月上旬赴甘肃临夏市等地调查，看看叶露尾甲在当地的发生情况，并取样比较是否同一种，从而判断该害虫是否随着制种基地的种子带到内地的。为综合防治提供依据。

标题：选择油菜病虫害试验基地

日期：2010-07-30

　　7 月 28—30 日，侯树敏、李强生、荣松柏、费维新赴黄山市的黟县和休宁县选择 2010—2011 年度油菜病虫害研究试验基地，主要开展油菜品种、组合对黑胫病、根肿病、蚜虫等病虫害的抗性研究，筛选抗病虫资源，为抗病虫育种提供材料。同时开展病虫害防治技术研究和防治药剂筛选，服务当地油菜生产。课题组成员与黄山市农科所的科技人员、试验点的农户等落实试验用地事宜，并初步达成合作意向，计划于下月签订合作协议。

标题：青海花期夏敏育性鉴定

日期：2010-08-11

　　范志雄近日赴西宁对在青海夏繁的材料进行了花期育性鉴定。材料主要分为三类：（1）9012AB 系统杂交种；（2）9012AB 系统亲本；（3）其他小材料。从鉴定情况来看，9012AB 系统可以保证杂交种具有极高的杂交种纯度，调查按每户取样种子种 2 行或 4 行，样本容量 300 株以上，纯度均在 95% 以上。但是，9012AB 系统亲本纯度今年极低，分为嵌合体（不育株上有大量可育花）和可育株混杂。前者原因可能为背景不纯，后者原因为去年冬天冻害严重，临保系不抗冻造成临保系缺苗所至。针对上述情况，今后工作中应当加大亲本纯化力度，并对临保系抗冻性进行改良。

标题：甘肃、青海油菜病虫害调查

日期：2010-08-12

　　8 月 8—11 日，侯树敏等对甘肃省和政县和青海省西宁市的油菜病虫害进行调查取样。在和政县重点调查了油菜叶露尾甲发生情况，主要是为了鉴定该地区的油菜叶露尾甲与我们 2008 年在安徽首次发现的油菜叶露尾甲是否为同一个种。目前该害虫在安徽发展很快，在发生严重的巢湖地区，已对油菜生产造成很大影响。从文献资料得知甘肃和政县在 20 世纪 90 年代发现了该害虫，这次调查结果是：该地区油菜正处于花角期，油菜叶露尾甲发生十分严重，叶片为害状及幼虫与我们发现的十分相似，百株幼虫数达 3 000~5 000 头，大量油菜叶片枯死，对油菜产量和含油量均有较大影响。但是未能发现成虫，可能是因为气温较高，成虫已经夏眠。据当地农技人员介绍，和政县油菜种植面积约 10 万亩，每年的 6 月份是当地油菜叶露尾甲和花露尾甲高发时期，所以计划明年继续调查，捕获成虫，以鉴定两地的叶露尾甲是否为同一物种。研究长江流域的油菜叶露尾甲是否为夏繁、制种所传播，为该害虫的防控提供科学的方法。此外，还发现其他甲虫和鳞翅目昆虫的为害，现已取样进行鉴定。在和政县还发现 2 株油菜黑胫病病株，已取样进行实验室分离鉴定，此外菌核病也是当地的主要病害，但今年发病率不重，一般病株率在 5%~10%。在西宁发现的虫害与和政县发现的基本相同，但是未发现油菜叶露尾甲，病害主要为菌核病，病株率一般在5%左右，未发现黑胫病植株。

标题：近期小孢子培养工作总结

日期：2010-08-24

范志雄为检测小孢子培养试管苗加倍成功率，提前防止将单倍体苗移栽到大田，准备对试管苗倍性进行检测。具体做法是每转一棵试管苗，同时切下指甲盖大小的一片幼叶，将幼叶放入离心管，-20℃保存，准备用流式细胞仪进行检测。

标题：加拿大学术交流与合作项目讨论

日期：2010-09-08

受加拿大油菜协会和马尼托巴大学 Dilantha 教授的邀请，李强生、荣松柏于8月下旬赴加学术交流，并商讨加拿大油菜协会资助的中加合作项目事宜。一同受邀的还有中国农科院油料研究所刘胜毅研究员和内蒙古农科院植保所李子钦研究员。8月28日—9月1日，在油菜协会 Clinton 博士和马尼托巴大学 Dilantha 教授以及其他成员的陪同下，先后参观了马尼托巴大学农学院植物病理实验室、分子育种实验室、人工智能气候室等。初步了解了各实验室从事的项目工作和运转情况；参观了马尼托巴大学位于 CARMAN 镇的试验基地，了解当地油菜黑胫病发病情况和等级区分。从现场试验地种植情况看，黑胫病发病较为严重，植株发病率在50%以上，病株等级2~4级，部分达到最高5级（枯死状态）。在调查中发现，部分植株还伴随菌核病发生。访问期间还参观了加拿大孟山都公司的育种基地，来自中国的 Chunren WU 教授介绍了公司的遗传育种现状和油菜生产情况。

关于中加油菜黑胫病研究合作项目，Dilantha 教授受加拿大油菜协会委托，就项目的概况和设计等具体内容进行了介绍，并就合作征求中方单位代表意见。我们认为此项目的设计并未按照前期计划的进行，诸多内容不利于双方友好协作，因此要求共同讨论并更改项目设计，得到加拿大油菜协会的认可。经过认真考虑和研究，双方初步达成共识，项目主要内容按黑胫病的调查、监控、流行和防控等几个方面进行设计，互不侵犯两国粮食安全问题。在项目讨论过程中，双方还在分子标记、黑胫病研究、遗传育种和加拿大油菜生产状况等几个方面进行了学术交流。

9月2—3日，在油菜协会 Clinton 博士的陪同下，参观了加拿大农业与农产品研究中心位于 SASKATOON 的实验室和试验基地，对3块油菜试验地的黑胫病发病情况进行了调查，并进行了科学的统计。在中加黑胫病研究合作项目上，再次就项目内容作了进一步的讨论，形成了初步设计方案，双方达成初步的合作协议。

标题：加拿大专家访问我院

日期：2010-09-11

9月10日加拿大农业部萨斯卡通农业研究中心植物病理学专家 Gary Peng 博士来我院访问。来访期间 Gary Peng 博士做了题为"油菜根肿病、黑胫病在加拿大的研究现状"的学术报告，介绍了油菜根肿病的发病机理、病原生物学、病害流行学及病害综合防治，提出油菜根肿病抗病育种是解决的最佳途径。油菜是加拿大的主要作物，但是油菜黑胫病严重影响加拿大油菜的生产，目前主要通过抗病育种来解决，我国尚未发现油菜黑胫病的强侵染种，但入侵的风险比较大，因此要开展抗黑胫病育种的准备工作。

标题：参加全国作物学会

日期：2010-09-13

9月12—14日，江莹芬、范志雄两人参加了在沈阳举办的"中国作物学会第九次全国会员代表大会暨2010学术年会会议"。中国农科院院长翟虎渠，中科院副院长李家洋，中国作物学会荣誉理事长王连铮，中国工程院盖钧镒、朱英国、荣廷昭、于振文、谢华安、程顺和、陈温福、刘旭等院士以及来自相关单位的代表共800多人出席了会议。会议审议并通过了学会第八届理事会工作报告、《中国作物学会章程》修改（草案）和中国作物学会第八届理事会财务工作报告。选举翟虎渠为第九届理事会理事长。会议还对获得第三届中国作物学会科学技术成就奖、中国作物学会第八届理事会先进团体会员单位和先进工作者进行了表彰。在以"生物技术产业及粮食安全"为主题的学术年会上，翟虎渠作了题为"科技创新与现代农业"的报告。论述了新中国成立以来我国农业科技取得的成就，对未来5~10年我国农业科技发展的战略目标进行了勾画。李家洋（水稻品种的分子设计）、盖钧镒（大豆进化的基因组变异及其种质研究的启迪）、朱英国（生物技术在杂交水稻育种中的应用）几位院士都作了精彩的报告。中国农科院油料所王汉中研究员作了"油菜含油量母体调控的分子机理"的报告。报告认为，油菜种子的含油量由母体基因型控制，只有较小的花粉直感效应。此研究结果对我们高含油量育种具有很强的指导作用。在分会场，与会人员紧紧围绕"基因克隆与功能解析""基因发掘与分子育种""种质创新与新品种选育""作物栽培耕作与高产高效生产及农业技术推广"等领域进行了讨论。江莹芬、范志雄两人在基因发掘与分子育种分会场听报告，对一些新的技术（如RNAi、转基因、原生质体融合等）在作物高产育种、品质改良、抗逆性育种、近缘属种优异基因的利用等方面获益匪浅，也对我们今后的工作有很好的指导作用。

标题：内蒙古油菜病害调查

日期：2010-09-15

　　胡宝成、李强生、费维新于9月13—14日在内蒙古海拉尔农垦拉布大林农场调查油菜黑胫病的发生情况。海拉尔油菜综合试验站站长、农场总农艺师王树勇等人与我们一起进行病害调查。海拉尔农垦集团有土地1 400万亩，有耕地450万亩，其中油菜面积150万亩。地处北纬49~52度，有效积温1 900~2 000℃，无霜期90~100天，年降水量不足300毫米，属北方高寒旱作区。该农垦集团机械化装备水平达到99.9%，处于全国领先，接近发达国家水平。拉布大林农场为海拉尔农垦集团下属农场，是国家级原种场、北方高寒地区种子产业化示范农场、全国农垦系统首批现代农业建设示范农场，有耕地50万亩，其中油菜面积20万亩左右。油菜4月底至5月初播种，全部采用种子包衣处理，机械化播种喷药。7月份开花，期间雨水较多，9月中后期收获，采用两段式的机械化收获，室内烘干，油菜平均亩产达140多千克，并实行油菜与小麦和大麦轮作的免耕保护性种植。

　　我们分别调查了4个地点（2队、4队、良种场和试验站），每地点调查面积在200亩左右，今年油菜刚刚收割完，留有20余厘米高的秸秆，非常利于黑胫病病害调查取样，调查结果除试验站基地未发现黑胫病的疑似病株，其他3

个地点均有零星黑胫病疑似病株发生，其中 4 队田块在一块发现有近 20% 的发病率，我们将带回疑似黑胫病病株在实验室进一步进行病菌分离提取，培养鉴定明确类型，为该地区的病害防治提供指导。该地区气候条件与加拿大油菜产区相似，可以直接引种加拿大的油菜小麦品种，根据加拿大黑胫病的发生演变历史情况，该地区有潜在的黑胫病发生流行的威胁。

标题：与内蒙古试验站交流

日期：2010-09-16

今天在结束油菜黑胫病调查取样后，胡宝成、李强生、费维新与海拉尔综合试验站的科技人员及试验站站长王树勇（提布大林农场总农艺师）和该农场试验站站长张建民等人座谈交流。大家从油菜杂交育种、制种方式、油菜机械化收割方式、主要病虫害发生及为害、利用油菜发展旅游等方面进行了广泛的交流和探讨。在油菜杂交育种方面大家一致认为由于花期雨水少，可以借鉴欧洲油菜综合种方式生产杂交种，如果通过试验能达到提高效益的目的就可以利用。

病虫草害方面，当地油菜菌核病是主要病害，但取决于花期降雨量，由于农场防治措施比较得当，一般年份损失较轻。油菜霜霉病有加重的趋势，这可能与当地温差比较大有关。我们这次调查已发现黑胫病疑似病株，由于当地气候条件与加拿大油菜区类似，病害将会发展很快，可能会对当地油菜产业造成毁灭性影响。有利条件是加拿大的抗病品种可以直接在当地应用，如果能引进可以应对这种危机。

蚜虫发生不重，苗期跳甲和苗、花期的小菜蛾为害比较重，需要比较好的控制方法和药剂。在发展旅游方面，当地条件得天独厚，我们建议如果在油菜和小麦主要种植地段适当修建观光平台和设施，投入不大，可促进农业旅游的发展，从而带动当地餐饮和住宿业。同时解决部分农场工人就业问题。在草害防治、农药种类和应用方面也进行了广泛的交流，我们还介绍和推荐了青海省、河南省和我省几种农药和叶面肥的功效。

标题：油菜试验示范基地选择

日期：2010-09-17

侯树敏、荣松柏赴黄山市农科所、黟县了解油菜病虫害发生情况，商讨2010—2011年度油菜病虫害试验示范方案，选择试验示范基地。重点调查蚜虫、小菜蛾、菜青虫、油菜叶露尾甲等虫害发生情况及油菜根肿病、黑胫病的发生情况。目前已确定在黄山市屯溪区和黟县柯村两地开展油菜病虫害试验，同时调查歙县、休宁等地大田油菜的病虫害发生情况。当前试验地规划及试验方案已完成，等墒情合适即开始播种。

标题：岗位聘任人员遴选工作会议

日期：2010-09-21

胡宝成、李强生、侯树敏在武汉参加国家油菜产业技术体系"十二五"岗位聘任人员遴选工作会议。本次会议通过竞聘的方式确定了国家油菜产业技术体系"十二五"5个岗位和3个试验站。会议取得了圆满的结果。会议还通过全体人员投票的方式对"十一五"期间首席科学家和"十二五"体系执行专家组进行了推荐，结果维持原执行专家组。各位竞聘人员通过PPT形式向全体系人员报告，大家从国内外发展趋势、急待解决的关键问题、五年规划任务目标、研究基础团队情况、保障措施及单位承诺5个方面进行汇报。实际上也是一场很好的学术交流。孙万仓研究员关于北方冬油菜可抗-32～-28℃低温的品种为长江流域抗低温育种提供了很好的资源基础。北方小菜蛾和跳甲的为害加重也引起我们的关注。

标题：与华中农大植保学院交流

日期：2010-09-22

胡宝成、李强生、侯树敏在参加"国家油菜产业技术体系""十二五"岗位聘任人员遴选会议后赴华中农业大学植保学院考察。参观了实验室，并与体系病害岗位专家姜道宏教授和其团队人员进行了交流。在油菜菌核病方面，姜道宏教授团队研制的盾壳霉制剂防治菌核病的防效可达70%左右。而且在室温下该制剂可保存一定的时间，为大规模田间应用打下了基础。大家交流的焦点是在新型检疫性病害油菜黑胫病方面。目前国内已在冬油菜和春油菜区均发现了该病害，检测结果均为弱致病性。但有必要在全国进行普查，查清该病的发生范围和估测今后的为害。同时鉴定国内品种和资源的抗病性，尤其是注意强致病性种的入侵和流行。对与加拿大在这方面的合作，大家也分析了利弊和应采取的措施。

标题：基层农技人员科技培训

日期：2010-09-26

9 月 25 日，侯树敏赴安庆市太湖县对基层农技人员，农民专业合作社员、种植大户开展科技培训。本次活动由太湖县农委组织，与会人员 100 余人。我们主要进行油菜高产栽培、轻简栽培、虫害防控、病害防控、草害防控等专业技术培训。与会人员很感兴趣，表示很多知识还是第一次了解，当地农技人员还将授课的 PPT 拷贝，以便进一步学习、宣传等，培训会取得很好的效果。

标题：参加全国园艺作物病虫害预防与控制学术研讨会

日期：2010-09-29

第四届全国园艺作物病虫害预防与控制学术研讨会于今天在我院学术交流中心召开。出席会议的有来自全国各地的 200 余位专家学者，邀请了国内在园艺作物病虫害研究领域卓有成就的知名专家 12 人作了大会报告。由于十字花科蔬菜上的许多病虫害与油菜上的病虫害同源。这为我们团队提供了一个很好的学习机会。胡宝成、李强生、侯树敏、费维新参加会议。福建农林大学副校长尤民生教授有关"十字花科蔬菜主要害虫的灾变规律和生态控制"的报告，介绍了小菜蛾、黄曲跳甲等害虫的综合防治策略，这些策略可以在油菜小菜蛾和黄曲跳甲的综合防治上借鉴。其中狼蛛和斯氏线虫生物防治黄曲跳甲的做法可直接应用。农业部农药鉴定所生物测试中心主任姜辉研究员关于"我国生物农药发展现状与展望"，在微生物、生化物质、植物源农药、转基因生物和天敌生物 5 个方面介绍了生物农药的最新研究和应用结果，为生物防治油菜病虫害也展示了有意义的前景。中国农科院植保所邹德文研究员关于"植物免疫调控与病害防治"为我们当前油菜根肿病、黑胫病等生产上新出现的病害防控提供了一个新的方向。我院新型叶面肥"美洲星"及系列产品多年来的应用表明有一定的防治油菜病害的作用，机理至今尚不明了，是否可以从植物免疫调控方面进行探讨。

标题：油菜虫害试验播种

日期：2010-10-02

　　合肥天气开始转好，利用这一有利天气，侯树敏及临工进行油菜虫害试验播种。参试品种 17 个，按随机区组设计，3 次重复，小区面积 12 平方米。试验目的是研究油菜的抗虫性、虫害发生规律及虫害与油菜菌核病的关系等。目前试验播种顺利完成。

标题：油菜冻害试验

日期：2010-10-03

　　油菜冻害调查与筛选试验在安徽省农科院作物所阜南试验站进行。10 月 2—3 日，荣松柏赴阜南播种。试验涉及品种为近年安徽省市场合法流通的审定品种，共计 41 份，对照为皖油 14，试验设 2 次重复，小区面积 5 平方米，间比排列设计。3 日，试验播种结束。

标题：整理油菜病虫害试验种子

日期：2010-10-04

　　10 月 3—4 日，侯树敏整理油菜病虫害试验种子 300 份，并逐一登记编号，准备在黟县油菜病虫害较重的地区种植，研究油菜对病虫的抗性，筛选抗病虫资源，研究病虫害在稻田免耕条件下的发生规律等。计划于 10 月 6 日播种，目前准备工作进展顺利。

标题：油菜病虫害试验播种

日期：2010-10-09

　　10 月 5—8 日，侯树敏、荣松柏及临工赴黄山黟县油菜试验基地进行油菜病虫害试验播种，试验地面积 7.5 亩，参试品种 300 个，品种展示 1 个。该试验的主要目的是筛选油菜抗病虫的种质资源，研究在山区油菜稻田免耕直播栽培条件的病虫害发生规律，制定相应的防控措施。该试验将重点监控油菜蚜虫、小菜蛾、叶露尾甲、菌核病、黑胫病的发生，同时也调查其他可能发生病虫害，研究相应的防控技术。

标题：油菜叶露尾甲研究阶段性总结

日期：2010-10-13

油菜叶露尾甲是安徽省近年来发现的一种油菜新害虫。我们近两年的研究表明，该害虫为害有进一步扩大的趋势。现将该害虫的形态特征、为害特点等做一阶段性总结，为使更多的科技人员了解该害虫，我们已将该总结放在体系内共享文件夹。

2008 年 3 月在安徽省巢湖市居巢区耀华村发现一种油菜新害虫，该害虫以幼虫潜叶取食叶肉为害，经鉴定为油菜叶露尾甲 Strongyllodes variegatus（Fairmaire）。该虫在安徽省系初次发现，为安徽省新记录种。2008 年 10 月和 2009 年的普查在省内含山、潜山、天长、合肥等地的十字花科蔬菜上也发现该虫为害。经文献检索，油菜叶露尾甲在国外分布已知的有俄罗斯，国内在甘肃、青海有分布，一般山区重于川区和塬区。其他省区分布不详。

为害特点：该害虫成虫以口器刺破叶片背面（较少在正面）或嫩茎的表皮，形成长约 2 毫米的"月牙形"伤口，头伸入其内啃食叶肉，被啃部分的表皮呈"半月形"的半透明状，啃食面积约 4 平方毫米。此害状多分布在叶背主脉两侧或沿叶缘部位。虫量大时，叶片上虫伤多，水分蒸发加快，叶片易干枯脱落。成虫为害花蕾时，可取食幼蕾（长度<2 毫米）、咬断大蕾蕾梗，在角果期形成明显的仅有果梗而无角果的"秃梗"症状，直接影响产量；也可取食大蕾或花的萼片、花瓣、花药和花粉。蕾期单株虫量 10 头以上时，花蕾严重受害，出现植株顶部有叶无蕾的"秃顶"害状。雌虫将卵产在叶片或嫩茎上被啃食的"半月形"表皮下，主要在叶片的边缘。幼虫孵化后从"半月形"表皮下开始潜食叶肉，初期，被潜食部分的表皮呈淡白色泡状胀起，呈不规则块状而不是弯曲的虫道。从外可看到幼虫虫体及边潜食边留下的绿色虫粪。后期湿度大时，被害部分腐烂或裂开，在叶片上形成大孔洞，并过早落叶。每头幼虫平均潜食叶面积（2.05±1.61）平方厘米。受害较重的地块，20% 以上的叶面受害，叶片"千疮百孔"，整个田间状如"火烧"。

形态特征成虫：体长 2.5~2.7 毫米，宽 1.4 毫米；身体两侧平直，黑褐色、有斑纹，背部呈弧形隆起。触角 11 节，端部 3 节呈球状膨大。腹部末一节露出在鞘翅外。前胸背板和鞘翅黑色，被有不同色泽的刚毛。前胸背板梯形，被有淡棕色细毛，前缘凹入；背部中间常有略似"工"字形的黑斑。中胸小盾片三角形, 小, 被有白色刚毛。鞘翅中缝处有 3 个黑斑, 从前向后依次由小到大; 鞘翅靠侧缘有一大椭圆形黑斑; 端部有一半圆形黑斑; 鞘翅各黑斑上的刚毛均为黑色。白色刚毛在鞘翅背部形成似双 "W" 形的白色斑纹。前足胫节端部有小齿, 胫节外缘有一列整齐的小齿。中、后足相似, 胫节端部有齿。各足跗节下部生长有密毛, 卵: 乳白色, 长椭圆形, 长约 1 毫米。幼虫: 2 龄, 成长幼虫体长 3~4 毫米, 体扁平、淡白色。头部极扁, 褐色, 脱裂线 "U" 形。前胸背板有骨化程度高的淡白色斑 2 块。胸部侧突不明显。腹部共 9 节, 每节侧突呈明显乳状, 端部有 2 根刚毛。第九节末端分叉, 缺口深。自中胸至腹部末节各节背板上背突起和背侧突起退化成不太明显的骨化程度较高的圆斑。蛹: 长 3.0~3.4 毫米。初期乳白色, 羽化前, 翅、足变成黑色, 前胸背板梯形, 外缘有 5 根刚毛, 靠近前缘和后缘各有 4 根刚毛。末端分叉呈 "尾须状", 腹部每体节侧突起上有 2 根刚毛。

来源追踪: 2008 年 3—5 月只在巢湖市居巢区耀华村油菜制种田发现该害虫。油菜有虫株率在 80% 左右, 百株虫量 400 头左右, 但在只有一山之隔的含山县姚庙乡却没有发现该害虫。2009 年 4 月在姚庙乡的六衡村发现该害虫, 六衡村与耀华村相距 3 千米左右, 两村由百米高山间隔, 推测该村的油菜叶露尾甲可能来自耀华村。之后在肥东县、天长市张铺镇的油菜田中发现油菜叶露尾甲的幼虫。2010 年 4 月安徽省的其他油菜产区也发现了油菜叶露尾甲。2010 年 8 月赴甘肃临夏调查春油菜地区的油菜叶露尾甲 (据文献报道, 20 世纪 90 年代, 在该地区春油菜上发现过该害虫), 以鉴定两地害虫是否为同一个种。但是在临夏只采集到油菜叶露尾甲的幼虫, 没有发现成虫, 可能是由于气温较高, 成虫已经夏眠。单从幼虫的形态上来看, 两地的幼虫极为相似, 没有比较成虫形态和习性, 所以还不能肯定两地的油菜叶露尾甲是否为同一个种。我们计划在 2011 年 6—7 月再赴甘肃临夏采集成虫样本, 做进一步鉴定工作, 研究安徽油菜叶露尾甲的来源, 制定相应的防控措施。

防治建议: (1) 注意山区油菜叶露尾甲的防控。据近二年观察, 该害虫在山区油菜上的为害较平原地区为重, 因此在山区种植的油菜要注意该害虫的及时防治; (2) 加强对基层农技人员和农民的防控技术培训。据调查, 在油菜叶露尾甲发生地的农技人员和农民都不认识该害虫, 更不知道如何防控, 因此需要对基层农技人员和农民进行培训, 首先要使他们能够识别该害虫, 然后才能进行很好地防控；（3）防治措施。在春季油菜青角期及时清除田间的老叶及有幼虫的叶片，带到田外焚烧获填埋，能够很好地消灭幼虫。在成虫和幼虫出现时可用敌百虫 1 000 液喷雾防治，可取得较好的防治效果。目前由于还没有进行其他杀虫剂的防治试验，所以还没有更多的防治药剂推荐，需进一步试验筛选防治药剂。

标题：油菜病虫害试验田间管理

日期：2010-10-20

我院油菜病虫害试验幼苗已达 2~3 片真叶。由于前一段时间多阴雨，田间湿度大，幼苗生长缓慢，同时没穴苗数过多，并出现立枯病状。因此，我们及时对田间幼苗进行间苗，叶面喷施美洲星叶面肥，并用敌克松灌根等，促进田间幼苗正常生长。

标题：小材料和 2010—2011 年度国家冬油菜品种生产试验播种

日期：2010-10-22

10 月 1—10 日整理国家冬油菜品种生产试验（长江中下游）种子，并进行随机区组排列，田间设计严格按照 2010—2011 年度国家冬油菜品种试验实施方案进行；前茬芝麻。10 月 10 日穴播，11 日下雨，10 月 17 日生产试验所有材料都出苗，且出苗整齐。小材料在国庆期间陆续整理完毕，并于 9 日开始分批播种（院内试验田），21 日基本上大部分材料已经下地。由于 11 日有场明显降水，土壤墒情较好，因此总体上出苗情况较好。

标题：油菜病虫害试验田间管理

日期：2010-10-28

10 月 26—27 日，侯树敏对油菜病虫害试验进行中耕除草，间苗、定苗，目前油菜长势良好，已经有 3~4 片真叶。

标题：油菜病虫害调查及菌核病人工接种

日期：2010-11-01

10月31日，合肥天气晴好，气温回升，菜青虫也开始发生，平均百株虫量已达20~30头，需进行防治。侯树敏及临工在病圃试验田开始接种菌核，以研究油菜虫害与病害之间的关系。目前田间油菜长势良好，已有4~5片真叶。

标题：油菜小孢子培养试管苗移栽到大田

日期：2010-11-08

11月初晚间最低气温降至10℃以下。同时，白天光照充足，降雨偏少，是移栽小孢子培养试管苗的最佳时期。11月2日起，范志雄将试管苗陆续移栽到大田。移栽技术比较复杂，首先将试管苗小心从三角瓶中夹出，尽量不要伤到叶片或者弄断茎秆。小心洗尽培养基，不允许有培养基残留，然后将小苗栽至大田，盖上农膜保湿。

标题：浙江省湖州市油菜苗期病虫害调查

日期：2010-11-19

11月18—19日，胡宝成、侯树敏、李强生、荣松柏4人赴湖州试验站调查油菜苗期病虫害。实地调查了湖州油菜试验田的病虫害发生情况并与周可明站长及所内其他科技人员进行了座谈，参观了湖州市农科院的科技展厅，详细了解湖州市油菜栽培、病虫害发生及防治情况。湖州市试验站依托单位为湖州市农业科学院。该院是2004年6月在湖州市农业科学研究所和湖州蚕桑科学研究所重组而成。科研试验基地460余亩，专业科技人员35人，其中，中高级专业技术25人。湖州市今年油菜秋种面积40余万亩。主要为育苗、稻田免耕移栽，直播面积和机播面积都还较少，其原因是湖州市水稻多为粳稻，收割较迟，一般在11月中下旬才能收获，季节已不适宜油菜直播；油菜种植密度一般在4 000多株/亩，植株分枝较多，主花序和分枝角果成熟期不一致，也不适宜机械收获。因此，虽然湖州的油菜收割机械研发较好，但在湖州的应用面积并不大，这也是制约湖州市油菜进一步发展的一个重要因素。

种植品种主要为浙油系列和沪油系列品种，平均产量150千克/亩左右。油菜病虫害主要为菌核病和蚜虫。我们实地调查目前发现有极少量的蚜虫和少量的菜青虫，为害不重，未达到防治指标。油菜菌核病据介绍也基本不需防治，主要是油菜花期（3月中下旬至4月初）该地区雨水较少，避开了核盘菌子囊孢子释放的高峰期，因此菌核病发病不重。另一个原因是湖州的油菜主要是稻—油轮作模式，水田残留的菌核较少，也减少了病原菌的数量，使得油菜菌核病发病较轻。蚜虫近两年来发生也较轻，分析其原因可能是因为蚜虫越夏的寄主减少，蔬菜地蚜虫防治也较好，减少了越夏的蚜虫虫口数。我们将继续跟踪调查，研究蚜虫在新的油菜栽培及气候条件下的变化规律。

标题：江苏省油菜苗期病虫害调查

日期：2010-11-22

11 月 20—21 日，胡宝成、侯树敏、李强生、荣松柏 4 人赴江苏省调查油菜苗期病虫害。实地调查了苏州试验站和江苏省农科院试验田的病虫害发生情况，并与许才康站长、戚存扣岗位专家及其他科技人员进行座谈，具体了解苏州市、南京市油菜栽培、病虫害发生及防治情况。

苏州市今年油菜秋种面积 30 余万亩，较去年有所增长，主要是苏州发展油菜观光旅游带动了油菜的增长。栽培方式主要为育苗、稻田免耕移栽，直播、机播面积还较少。其原因也是水稻多为粳稻，收割较迟，油菜种植密度一般在 5 000 多株/亩，也不适宜机械收获。油菜病虫害主要为菌核病和蚜虫，但近年来蚜虫发生较轻，我们此次调查也只发现极少量的蚜虫和少量的菜青虫，为害不重，未达到防治指标。

南京地区油菜种植仍为直播和育苗移栽两种模式，油菜病虫害一般主要为菌核病和蚜虫。但是近两年来小菜蛾发生较重，而且防治较为困难，造成油菜较大损失，这是一个非常值得研究和关注的问题。此次调查只发现了少量的菜青虫，百株虫量为 4%左右，且不同品种和不同地点间存在较大差异。蚜虫基本没有，个别田块出现 1~2 头有翅蚜。

还赴江苏省农科院在溧水的千亩试验基地调查。该基地油菜种植 100 余亩，有大田种植和网室种植，有直播种植和移栽种植等模式。播种时间也有早有迟，播期相差 1 个月左右，10 月上旬播种油菜长势十分健壮。只有少量的菜青虫为害，基本无蚜虫。但在部分较小的网室种植的油菜菜青虫发生较重。而且还发现一个有趣的现象，就是在肥料试验没有施肥、油菜长势较差的小区菜青虫发生很重，这是一个巧合还是菜粉蝶有选择弱苗产卵的趋势也是一个值得调查问题。

总之，油菜蚜虫在近几年的发生情况较以往的发生规律有所变化，害虫种类及为害的严重度也在悄然发生着改变，以前优势种群可能在消退，而弱势种群可能正在上升为优势种群，成为主要害虫，我们将进一步调查研究，已提出新的防治措施。

标题：油菜种植技术培训

日期：2010-11-23

受宿州市职业技术学院成教处的邀请，陈凤祥、荣松柏赴宿州进行科技宣传授课。此次活动由宿州市职业技术学院成教处主办，在宿州宾馆举行。培训班共召集全省县乡农业技术推广人员百余人，邀请了水稻、小麦、大豆、油菜、棉花等在遗传育种、栽培技术等方面的专家进行分班授课。据成教处洪处长介绍，此次培训班为省里的农业技术推广普通班，另设高级班，由安徽农业大学承办。其主要目的是进一步提高农业技术推广人员素质，更好地服务农业生产，并为我省产业体系的建立打下基础。油菜培训班上，陈凤祥就我省的油菜生产状况和发展油菜的重要意义作了介绍，对油菜育种和高产栽培进行了详细的解答。对我省油菜产区近几年油菜面积逐渐下滑做出了解释，并对科学发展油菜生产也提出了自己的建议。在培训班上，向科技人员免费发放了自编科普性教材《油菜科学栽培》一书 100 余册。

标题：油菜虫害试验接种蚜虫

日期：2010-11-26

由于油菜虫害试验田间蚜虫发生量很轻，不能鉴定品种间的抗（耐）蚜虫的能力以及研究蚜虫为害与油菜病害之间的关系等，11 月 24—25 日，胡宝成、侯树敏对油菜虫害试验进行人工接种蚜虫，蚜虫采自合肥周边的蔬菜地，试验每小区均匀放置 6 个点，每点虫量 500 头左右，均为无翅蚜，以研究油菜品种对蚜虫的抗（耐）性及蚜虫为害与油菜后期菌核病等病害的关系。

标题：湖州试验站来访和交流

日期：2010-11-29

11 月 26—27 日，湖州试验站周可明站长、丁农院长带领湖州试验站、吴兴区、南浔区、德清县、安吉县、长兴县等农技推广部门负责人一行 11 人来我院访问交流。胡宝成详细介绍了安徽省今年油菜播种面积、种植方式、病虫害防治以及我院在油菜病虫害研究方面的最新进展等，并带领访问团参观我院油菜病虫害接种试验研究圃、温室大棚、油菜制种网架等试验及试验设施。胡宝成介绍说，安徽省油菜种植面积近年来逐年下降，冬季抛荒田较多，油菜生产面临严峻挑战。油菜生产急需机械化，湖州市农机研发较好，今后可加强在这方面的合作。安徽是油菜种植大省，但是目前在安徽传统的油菜种植区，小麦种植面积较大，但是这些地区一般都是小麦赤霉病的高发地区，种植风险很大，严重年份，小麦赤霉病发病率可达 100%，病指可达 80。因此恢复传统油菜种植区的油菜种植，对稳定提高农民收入、保障我国食用油安全都具有重要意义。

此外，胡宝成还具体介绍了油菜虫害变化的一些新趋势，如油菜叶露尾甲等春油菜害虫近年来已在安徽的冬油菜区发现，而且发展速度很快；在油菜稻田免耕直播、移栽等新的栽培条件下，由于前期温度还较高，水稻二化螟、大螟等水稻害虫也开始为害早播、早栽的油菜，跳甲、小菜蛾等害虫为害也在加剧，可能已成为为害油菜的优势害虫。相反，过去一直为害较重的蚜虫，近年来却相对发生较轻，这些新的变化都值得进一步研究和关注。除油菜虫害出现一些新变化外，油菜病害也出现新的情况，除传统的菌核病为害以外，还出现油菜黑胫病，并且还有进一步扩大的趋势。因此，急需向广大油菜种植户和农技人员宣传培训有关油菜黑胫病的知识，了解黑胫病的症状、传播侵染途径及防治方法等，以控制该病害的蔓延，保障油菜生产安全。通过此次交流访问，双方进一步加深了了解，在油菜研究、生产方面具有互补优势，双方均表示在今后加强合作，共同促进油菜产业的发展。

标题：油菜小孢子培养低温保存预备试验成功

日期：2010-12-06

油菜小孢子培养是快速获得纯系的好方法。但在实际工作中，由于有些基因型极易成胚，因此可以获得大量 DH 系基因型，如果转不及时，液体中的胚将会褐化死亡。因此，要在短时期内将这些胚接种于固体培养基上，必然要投入大量人力，这对多数课题组来说是个不现实的问题。基于此，范志雄、雷伟侠设计了小孢子胚低温保存试验。具体做法如下：4 月份小孢子培养获得大量胚状体后，挑出部分子叶期胚，接种于固体培养基上，余下的胚置于冰箱上层（4~5℃，黑暗）。11月待田间工作完成后有了空闲时间，将盛胚的三角瓶取出，无菌条件下置换新的液体培养基，放光照培养箱中培养3天（22℃/光/16小时，15℃/暗/8小时），此时，存活的胚会变成绿色，而死亡的胚则为褐色。将绿色胚挑出接种于固体培养基，即可成活，待成苗后直接移栽于田间即可。

标题：油菜田间管理技术培训

日期：2010-12-07

　　侯树敏赴东至县大渡口镇进行油菜冬季田间管理技术培训。大渡口镇位于长江南岸，耕地面积4万余亩，为传统的油菜种植区。主要为棉油轮作模式，多数采用棉田免耕移栽模式，油菜常年种植面积3万余亩。此次培训主要内容为苗期病虫草害防治、肥水管理及春后油菜病虫害防治等，特别是菌核病的防治技术。此外，还介绍了适合当地种植的近5年来已审定的国审和省审的油菜新品种，以便当地农民科学选择油菜品种。培训采用集中多媒体教学及田间现场指导的方式进行，参加培训的农民及当地农技人员100余人，发放技术资料100余份。

标题：油菜生长情况调查

日期：2010-12-08

　　胡宝成、李强生、侯树敏、荣松柏等赴六安试验站进行虫害和生产情况调查。由于试验站油菜试验按时播种，及时灌溉，出苗整齐，均匀一致，长势较好，大部分7~8片真叶。晚播、直播等特殊试验出苗相对较差。在油菜虫害调查过程中，未发现有害虫为害。尤其是近段时间以来，高温持续时间长，干燥少雨，应有利于油菜蚜虫发生，但在试验地和周遍田块的调查中仅少量发现，现象较为特殊，就其原因还需进一步调查分析。另在部分田块中发现有少量蚤跳甲为害。近几年，安徽油菜生产面积逐年下滑，为了进一步了解情况，沿途中我们也进行了观察。在沿路两边，大部分田块撂荒，少数种植小麦，几乎看不见油菜。这是油菜工作者们不愿见到的情景。据六安农科所和试验站人员介绍，2008年以前，全区油菜面积比较稳定，保持在250万亩左右，2009年下滑100多万亩，统计数字为140万亩，今年情况更不容乐观，他们根据调查估计在 100 万亩以下。交谈中大家一致认为，与小麦相比，油菜经济效益低、市场价格很不稳定、政府政策倾向少、种植费工费时、茬口晚、恶劣天气等都是严重影响油菜种植积极性、阻碍油菜生产发展的重要因素。针对近段时间天气持续干旱，本次还对油菜旱情进行了相关调查。

标题：天长市油菜苗期病虫害、旱情调查和指导

日期：2010-12-09

　　胡宝成、侯树敏、李强生等赴天长市油菜示范区、主产区查看油菜、小麦旱情及调查油菜病虫害情况。天长市是我省油菜、小麦混种区，在 20 世纪 90 年代油菜种植面积达 40 余万亩，但是近年来油菜面积下降十分严重，目前只有 5 万亩左右。主要原因是油菜籽市场价格过低，农民种植比较效益低。此次调查了解，这里已持续 60 余天未有有效降雨，油菜、小麦旱情严重，油菜、小麦苗期长势较差。育苗移栽的油菜高脚苗较多，有的油菜田块高脚苗达 80%。目前已指导农民抗旱浇水、追施氮肥、中耕壅根。油菜害虫主要为蚜虫，但是一般发生不重，只是少数田块需要防治，已指导农民喷施吡虫啉进行防治。对出现缺硼症状的田块，也及时指导农民叶面喷施速效硼肥、土壤追施硼砂等。

标题：全椒县油菜苗期及病虫害调查和指导

日期：2010-12-10

　　胡宝成、侯树敏、李强生 3 人赴全椒县调查油菜苗期病虫害及苗情。全椒县是我省油菜生产大县，虽然与往年相比油菜面积也在下降，但今年秋播油菜面积仍有 28 万亩左右。油菜种植主要为育苗移栽，由于今秋当地前期多雨而后期干旱，已持续 60 余天未有有效降水，油菜受旱严重。此外，由于缺水，油菜移栽普遍偏迟，高脚苗较多，菜苗质量较差。油菜虫害主要为蚜虫，部分田块有蚜株率达 60% 左右，百株蚜量 7 000 头左右，急需防治。另外，部分田块还出现缺硼症状，急需叶面喷施速效硼肥。我们已向当地农机人员、农民推荐了防治蚜虫的药剂、防治方法及补硼措施及弱苗管理技术等。

标题：福建农林大学学习

日期：2010-12-20

12月16—18日，侯树敏、荣松柏赴福建农林大学学习小菜蛾防控技术。福建省等南方地区蔬菜小菜蛾常年发生较重，福建农林大学在小菜蛾防控研究方面取得较好的成绩。由于近年来小菜蛾在长江流域冬油菜区及内蒙古等春油菜区时有发生，局部地区发生还很严重，可能将成为油菜的一个主要害虫。尤民生副校长及他的团队成员热情接待了我们，并介绍了他们在蔬菜上小菜蛾防控的一些技术措施，带领我们参观了他们的实验室，我们也邀请他们在明年春天的时候访问我院指导交流。

标题：参加体系年度工作总结会

日期：2010-12-30

12月26—28日，胡宝成、侯树敏、李强生3人赴武汉参加2010年度国家油菜产业技术体系年度工作总结会，会上认真听取了首席专家及各功能研究室主任、岗位专家、综合试验站站长的工作总结汇报。胡宝成做了油菜虫害岗位的年度工作汇报。通过此次会议，我们进一步了解到我国油菜产业的当前形势，未来的发展发展方向及2011年的具体工作安排等，深感我国油菜产业发展任重道远。

2011 年度

标题：黄山地区根肿病取样、调查

日期：2011-01-09

    江莹芬陪同华中农业大学植科院教授张椿雨博士去皖南地区取样根肿病。自 1995 年在四川雅安首次发现油菜根肿病以来，现已在云南、四川等地严重发生。近年来，在安徽皖南地区也发现了油菜根肿病，且发病程度呈上升趋势。我们在黄山市农科所王淑芬所长的陪同下，前往发病较重的一个试验点（位于休宁境内），发现虽然不同田块发病程度有所差异，但整个油菜种植区域内都有根肿病的发生，其中发病最重的一个田块，发病率达到 5% 左右。苗期发病率高于这个数字，因为间苗时，剔除了长势不好的病苗。据王所长介绍，今年发病率高于去年，这可能与今年油菜苗期雨水多，气温高，适于根肿菌休眠孢子萌发有关。另外，当地土壤 pH 偏酸性，也适于休眠孢子萌发。根肿菌是专性寄生菌，存在小种的分化。张椿雨博士采样准备回去后作一些接种研究，筛选抗性资源。张博士表示：筛选到抗性资源可以提供给我们合作作抗根肿病育种。

标题：胡琼研究员等一行来访

日期：2011-01-13

    中国农科院油料所油菜机械化育种岗位成员胡琼研究员、梅德圣研究员和刘佳博士来访。胡宝成和李强生详细介绍了安徽省农科院油料室的发展情况，并陪同客人参观了试验田。侯树敏详细介绍了田间病虫害试验，雷伟侠讲解了油菜国家生产试验合肥点情况。经过田间观察和交流，客人认为安徽今年油菜冻害总体比武汉重，且巢湖又比合肥重。

标题：油菜冻害调查

日期：2011-01-17

    侯树敏、荣松柏赴含山油菜示范基地调查油菜冻害情况。由于前期当地出现低温天气，最低温度达 -7℃，油菜普遍遭受较重冻害，冻害率达 100%。在水库周边的油菜一般为2级，山地油菜冻害多数为3级，少部分达4级，基本冻死。我们提出加强油菜冻后田间管理技术措施，指导农民进行抗冻保苗。

标题：雪后油菜生产调查

日期：2011-01-19

1月18日，安徽省普降小到中雪，部分地区达到暴雪。为此我们电话了解池州、黄山等地雪灾较重的地区油菜受灾情况。由于当地前期干旱较重，大雪对缓解旱情十分有利，目前主要是加强雪后田间管理工作，预防渍害发生。对播期较迟、冻害较重油菜，主要采取雪后及时田间排水、追施腊肥等田间管理措施，确保油菜顺利越冬。

标题：阜南县油菜冻害调查

日期：2011-01-27

1月25—26日，侯树敏、荣松柏赴阜南县三塔镇及阜南县农科所调查油菜试验及大田油菜冻害情况。由于该地区已持续60多天无有效降水，油菜干旱严重，没有浇灌的田块油菜已基本冻死，有水源浇灌的田块冻害多数为3级。早熟品已抽薹10厘米左右，有近30%的植株冻死，部分品种50%以上植株冻死，损失较重。中晚熟品种冻害相对较轻，一般为2~3级，仅大叶片受冻，但心叶正常。

标题：合肥油菜冻害调查

日期：2011-02-11

1月28—30日，侯树敏对合肥地区的33个油菜试验品种进行了冻害调查，冻害率为100%，冻害指数达60左右。其主要原因是前期油菜受旱严重。合肥地区去冬今春60余天未有有效降水，加之气温骤降至-7℃，且持续低温。目前随着气温逐渐回升，已建议农民抓紧时间追施油菜返青肥，促进油菜春发。

标题：农业科技服务纪要

日期：2011-02-14

胡宝成参加省农委组织的全省春季农业科技服务活动启动仪式。启动仪式上省农委要求从现在起到 3 月底，组织 2 万名科技人员立即开展以抗旱促春发为重点的春季农业科技服务活动，并明确服务时间、内容、目标任务，落实责任制。由于去秋普遍播种迟，冬季长期低温，受冻严重。初步调查普遍冻害 3 级以上，油菜促春发的任务很重。冻害重，菜苗长势弱，也将会增加霜霉病、菌核病等病虫害的为害程度，所以有必要及早准备病虫害防治技术和方案，帮助各地指导防治。会后布置岗位团队人员分赴各地调查指导春管工作。

标题：池州油菜苗情调查和指导

日期：2011-02-16

2 月 14 日，侯树敏、费维新赴池州市油菜万亩虫害综合防治示范区调查油菜苗情。示范区种植油菜主要为核优 202、中核杂 488、华协 102 等，当地虫害主要为蚜虫、菜青虫等。我们在示范区采用地蚜灵结合吡虫啉进行蚜虫的轻简化防治，采用阿维高氯、杀灭菊酯防治菜青虫等，目前示范区油菜基本无虫害，生长正常。由于去冬今春该地区持续干旱，苗期生长量小于去年，绿叶数多数为 7~8 片。1 月份的雨雪天气虽已缓解该地区的旱情，但当前已进入春发阶段，我们根据示范区油菜苗情指导农民及时尽早追施速效氮肥，同时进行叶面喷施磷酸二氢钾、速效硼等叶面肥，促进油菜健壮生长，并要求注意后期油菜菌核病等真菌性病害的防治。

标题：黄山、铜陵油菜病虫害及苗情调查和指导防治

日期：2011-02-18

2 月 15—17 日，侯树敏、费维新赴黄山市休宁县、黟县和铜陵县调查油菜虫害、根肿病及苗期长势。从调查结果来看，三地的油菜虫害都不重，仅少数蚜虫，不需要防治。但是在休宁、黟县两地均发现油菜根肿病，部分田块发生较重，当地农民急需防治技术。本年度我们已和黄山市农科所合作，针对油菜根肿病进行药剂防治试验，目前来看防治效果较好。我们将继续调查后期的防治效果，研究高效安全的防治技术。此次调查还发现疑似菌核病菌丝直接侵染油菜，造成根茎腐烂、植株死亡的现象。我们已取样带回实验室进行病原菌培养，鉴定是否为菌核病侵染。从整个油菜苗期长势来看，今年油菜苗期长势普遍较差，苗期绿叶数较少，三类苗居多。为此我们提出尽快追施苗肥，促进油菜春发，同时注意后期病虫害的防治，稳定油菜产量。

标题：庐江县油菜生产调查和指导

日期：2011-02-28

　　2月25日，侯树敏、陈凤祥、吴新杰赴庐江县调查油菜生产情况，与庐江县农委和农技推广中心的科技人员进行座谈。庐江县是我省传统的油菜生产大县，20世纪90年代，油菜种植面积达60余万亩，且生产水平较高。目前油菜面积20万亩左右，约占该县耕地面积的1/5。油菜主要分布在棉区和圩区，一般采用育苗移栽。今年由于秋冬较干旱，油菜移栽较迟，加之1月上、中、下旬3次大幅降温，对油菜造成较大的冻害。冻害率达100%，平均冻指为42.7，冻害指数达60以上的面积占15.8%，冻害严重的早熟油菜田块冻指达88，有3%~5%的田块基本绝收。一、二、三类苗分别占30%、45%和25%。

　　目前随着气温的逐渐回升，油菜开始春发生长，已指导农民追施返青肥。油菜病虫害主要为菌核病和蚜虫，育苗苗床主要有猿叶虫和菜青虫为害。当地农民很重视油菜菌核病的防治，根据预测预报，一般花期防治3次，主要采用"克菌灵"，防治效果较好。当地政府也很重视发展油菜生产，每年投入100万元的资金补贴油菜生产，建立万亩示范区，鼓励农民继续发展油菜生产。但是由于当地农村青壮年劳动力较少，且有耕作制度和茬口的限制（当地双季稻占很大面积），当地油菜主要为育苗移栽，因此要恢复发展当地油菜生产，急需油菜移栽机械和收获机械，以降低劳动强度。此外，油菜籽的市场价格较低，种植油菜的比较效益低，也严重影响了农民种植油菜的积极性。

标题：桂林油菜生产调查和交流

日期：2011-03-03

　　3月2—3日胡宝成和侯树敏赴桂林试验站考察当地油菜病虫害情况和发展油菜促进乡村旅游的做法。桂林市油菜常年种植面积80余万亩，属油菜种植新区。在桂林市农科所我们考察了位于该所的油菜区试和新品种比较试验。由于去冬今春长期低温，田间几乎看不见害虫，但鸟害是一个威胁，试验地田间均布上防鸟网，防止鸟害影响试验结果。该所油蔬两用的试验结果很好，所用品种为中双 9 号，一季油菜可打薹 3 次，每亩油菜薹 500 千克左右供应市场，仅该项每亩可增收 500 元以上。

我们还重点考察了阳朔县迁龙河景区和龙胜县和平乡龙脊梯田利用油菜花促进当地旅游发展的情况。该两地景区企业很重视，但由于缺乏技术，多次试验均失败。桂林试验站参与指导后，已初见成效，两地油菜与当地原有景观相配，促进旅游淡季变旺季。从考察情况看油菜害虫不重，病害主要是苗期立枯病和菌核病，但杂草发生很重，且杂草谱比较广。当地主要是人工拔除，成本高，不可行，急需化学除草技术。所考察的两个县冬闲田比较多，达 80% 以上，发展油菜的潜力很大。在技术上还需筛选适宜当地种植的品种，加强对杂草的防除，政策上还需要政府的大力支持和扶持，提高种植效益。桂林的考察也使我们对安徽省黄山市发展油菜促进旅游的前景更看好，但难度的预期也加大。关键是如何在政府的主导下协调好政府、企业、农民和科技人员各方面利益，调动大家的积极性。

标题：含山油菜基地生长调查

日期：2011-03-05

费维新、荣松柏到含山基地查看油菜生长情况。由于受干旱和低温的影响，油菜普遍受冻严重，总体长势一般，目前正处在抽薹期。制种户反映目前已有害虫为害油菜，具体是什么虫子，他们也说不出名字来。认真查看后，我们发现了以往在该地区出现的害虫——叶露尾甲，该虫于 2008 年 4 月在安徽省含山县耀华村油菜田首次发现。发现点距本次调查点 3~5 千米。该虫为安徽新记录种。其成虫以口器刺破叶片背面或嫩茎的表皮，形成伤口，头伸入其内啃食叶肉，造成为害。成虫具有假死性，中午高温时能飞翔。目前该地区以成虫出现。令我们疑惑的是往年该地区成虫出现大约在 3 月下旬，是什么原因导致提前发生呢？我们将做进一步了解，并取样进行研究分析。同时将开展周遍地区的调查分析。对达到防治标准的地区，指导农户进行防治。

标题：含山油菜叶露尾甲调查

日期：2011-03-10

3 月 9 日，侯树敏、荣松柏赴含山油菜基地调查油菜新害虫——叶露尾甲的发生情况。该地区的油菜叶露尾甲 2011 年 3 月上旬开始出现，全部为成虫，为害油菜的花蕾和茎叶，且开始交配产卵。据当地村民反映，2011 年该害虫数量明显多于 2010 年，在前几天温度较高的时候，晾晒的衣物上均有大量的虫子。当天我们调查时，由于气温较前几日低，在田间只发现少量的叶露尾甲还在油菜的花蕾和叶腋处。随着气温的回升，该害虫的为害将进一步加剧，我们将跟踪调查，并开展防治试验，筛选高效安全的杀虫剂。

标题：考察重庆油菜虫害和西南大学黄籽育种

日期：2011-03-15

2011 年 3 月 13—14 日胡宝成和费维新赴重庆考察油菜虫害以及西南大学农业与生物技术学院油菜黄籽育种情况。在试验基地参观了油菜区域试验、新品种比较试验、杂交油菜制种试验等。油菜重点实验室功能齐全，设备先进，培养了大量研究生，同时吸引国外留学生来此交流学习。西南大学油菜团队开展了油菜黄籽育种、远缘杂交、抗逆境、转基因及基因组学等方向的研究，形成了一支多方向、实力雄厚的油菜科研队伍。并且在油菜黄籽育种领域保持领先地位，育成的渝黄系列品种受到农民和企业的欢迎，成功地探索了油菜产业化的公司加农户的订单农业新模式，年推广面积达 200 多万亩。

重庆市主要农作物有水稻、玉米、油菜、小麦、甘薯等，油菜年种植面积 300 多万亩，近年油菜面积略有增加。目前油菜处于盛花期，长势较好，虫害仅有蚜虫零星发生，但是鸟类为害增加。另外还考察了潼南的陈传故里菜花节。该县菜花节由县旅游局牵头，农委负责油菜品种和技术，种子由政府免费提供给农户，并且征集了全国各地及国外油菜品种 200 多个在示范园内种植，并对菜花节的主会场实行门票制（50 元/人）。通过连续 4 年举办菜花节，当地白沙村等周边村庄的村容村貌发生了巨大的变化，房子漂亮整洁了，道路修好了，农家乐发展起来了。特别是周末自驾游来此地观花游玩，带动了当地住宿餐饮农家乐的发展，增加了农民的收入，也丰富了人们的生活，促进当地经济的发展。

标题：油菜病虫害防治试验

日期：2011-03-18

侯树敏赴池州油菜万亩示范区指导油菜菌核病和蚜虫防治，并在 10 亩试验

田进行蚜虫和菌核病防治药剂试验。试验均为 5 个处理，4 次重复，小区面积
83 平方米，随机排列。目前试验进展顺利，油菜长势良好。

标题：小孢子培养群体进入花期

日期：2011-03-19

　　范志雄去年冬移入大田的小孢子培养苗各单株陆续进入花期，与大田直播
苗花期相当，说明去年冬季移栽时期控制得比较合适。对各群体加倍成功率调
查将在完全开花后进行，从目前情况来看，无 100% 加倍成功的群体出现。另
外，加倍成功的单株开始套自交袋，准备收获自交种子供试验。对其中一个群
体"1965"取花蕾，准备提取 DNA，分析各基因型与亲本间遗传差异。

标题：油菜黑胫病试验田间调查

日期：2011-03-20

　　侯树敏赴黄山市调查油菜抗黑胫病试验油菜长势和田间虫害情况。共调查
了 300 个参试品种的生物学特征特性、生长势等。目前早熟品种（系）已进入
初花阶段，中、迟熟品种薹高 50 厘米以上，即将进入初花期。油菜整体长势良
好，无蚜虫等害虫为害。

标题：皖南考察油菜病害和推动旅游业发展情况

日期：2011-03-28

　　今年春天由于温度比往年低，油菜初花期推迟了 7～10 天。3 月 26—27 日，
胡宝成、荣松柏等人赴皖南考察油菜花期病虫害情况。歙县、休宁、黟县、祁
门等地油菜均处在初花—盛花期间，基本看不到病虫害，这与今春长期低温密
切相关。病害方面我们重点调查了休宁齐云山镇张村根肿病试验基地，也基本
上看不到根肿病。这可能与去年秋天水稻收获迟，导致油菜播种偏迟，错过了
根肿病发病高峰有关。但在田间我们发现疑似菌核病新的侵染方式，植株基部
生长大量的白色菌丝，有的植株菌丝已经形成菌核，整个植株叶片枯黄，叶缘
卷曲。在此之前，也收到贵州省农科院贵阳试验站的电子邮件和照片，与我们
在张村发现的非常相似。如果是菌核病的话，可能表明气候变化导致油菜菌核
病侵入方式的变化，这将为防治带来新的课题，甚至难题。（2 月中旬费维新等

人在黄山采集到的病株，已从菌丝上培养出菌核）。

在皖南 4 县考察期间，我们看到当地政府利用油菜花举办摄影节的隆重场面和兴旺的人气。3 年前我们提出的建议，大力发展油菜，利用油菜花来促进旅游的发展正在实现。但当地冬闲地还是比较多，政府还没有对农民种油菜采取激励措施（如种植补贴）。旅游的发展确实促进了农民和企业的增收，但地方政府税收并没有什么增加，政府接待支出反而增加。看来，只有政府、企业、农民三方利益均提高了，油菜发展就快了。

标题：比利时专家来访

日期：2011-03-30

比利时瓦隆农业技术研究中心的 Georyes Sinnaere 博士和 Adrien Dekeyser 博士于 3 月 28—29 日来访。在访问期间，胡宝成陪同二位专家考察黟县柯村、齐云山镇等地的油菜基地，探讨交流了利用近红外仪开展油菜品质育种和品质全程控制系统在生产上的应用方式，双方表达了在近红外仪使用于品种育种和土壤养分、植株养分快速检测等方面进一步开展合作的可能性。对我们扩大近红外仪的应用范围和加速育种和油菜缺素快速诊断均十分有益。

标题：油菜不育系油 AB 鉴定会

日期：2011-04-06

安徽省农作物品种审定办公室组织有关专家，对我们选育的甘蓝型油菜双低隐性核不育两用系"油 AB"进行了鉴定。该不育系不育株花瓣较正常植株花瓣略小、平展、黄色，雌蕊发育正常，雄蕊退化彻底。共调查了 1 531 株，其中不育株 728 株，不育株率为 47.55%。利用该不育系配制的杂交组合已参加国家长江下游区冬油菜生产试验。

标题：油菜制种基地除杂

日期：2011-04-07

自 3 月 20 日制种基地油菜开花以来，除杂工作一直进行。荣松柏在除杂第一线进行指导、督促，保障除杂工作顺利进行。今年与往年不同，前期气温偏低，花期来得迟，花期连续高温，开花速度快，给除杂带来不小压力。品种上也有所差别，不育株与可育杂株在花蕾直观辨别上较难，大小差不多，色泽也无大异，按以往的分辨方法容易造成差错。所以要求最佳除杂期在不育株出现一两朵花时进行，从而在除杂时间上要求较严。通过对除杂工作人员的培训指导和实际操作，目前，基地除杂工作基本结束。4 月 7 日对基地进行检查，整体除杂情况较好。随后还将进行一次检查，以确保制种质量。

标题：皖南油菜病害鉴定

日期：2011-04-10

针对发现的油菜早期疑似受菌核病侵染为害的现象，我们于 4 月 9—10 日再次赴发现该病株的休宁县张村和黟县柯村试验基地实地考察。两地油菜均处于盛花后期，但病株花序已经萎缩，植株开始死亡，基部感病部位的菌丝体已经形成大量菌核。实验室菌丝培养也在培养基上形成大量菌核，可以肯定是菌核病为害。传统上认为油菜菌核病主要是春季由菌核萌发产生子囊盘，释放子囊孢子，子囊孢子侵染花瓣，由花瓣在叶片上形成侵染到达茎部，造成油菜产量损失，所以从防治上主要是在初花期。而由菌核直接萌发菌丝侵染抽薹后的植株，在终花时就可造成全株死亡，产量损失是 100%。传统的防治方法已无效。需要研究这种新侵染方式的病害发生规律和防治方法。

标题：油菜病虫害防控试验

日期：2011-04-11

4 月 10 日，侯树敏赴池州市贵池区油菜主产区开展油菜菌核病和蚜虫药剂防控试验。试验面积各 5 亩，试验设科学防治（即防虫又防病）、只防虫不防病、只防病不防虫、农民习惯防治和完全不防 5 个处理，每个处理 1 分地，共 4 个重复。目前正等待油菜成熟前进行防治效果调查。

标题：以色列 Kaiima 生物农业技术有限公司 4 位专家来访

日期：2011-04-12

2011 年 4 月 11—12 日，以色列 Kaiima 生物农业技术有限公司营销副总裁 Zohar 先生、首席技术官 Amit 先生、生产部经理 Galy 先生以及上海办事处 Daniel 先生来访。双方就中以开展多倍体油菜育种合作研究目前取得的最新进展以及下一步计划安排进行交流，胡宝成、吴新杰等油菜课题组科技人员参加了会议。Kaiima公司今年在以色列北部制种1 500亩，已经完成田间去杂，目前进入盛花期；继续选育多倍体父本，配制多倍体杂交种，并且进行大规模的品种比较试验和栽培试验；多倍体杂交种Kaiima 4和Kaiima 9进入安徽省油菜预试。双方在合肥考察了这两个品种的田间表现，Kaiima 9比对照皖油14开花早、长势旺、植株高大，Kaiima 4的表现与皖油14相当。双方还到六安、肥东等地考察油菜生产情况，并就抗黑胫病育种、抗除草剂育种等方面交换了想法，拟在这些方面开展合作研究。

标题：油菜茎象甲考察

日期：2011-04-13

　　胡宝成、荣松柏等人考察咸阳综合试验站，对茎象甲的为害情况进行调查。据试验站贾战通站长等人介绍，该害虫在咸阳及陕西关中地区一般在2月中下旬油菜刚刚抽薹时，成虫在薹内产卵，卵在茎秆内发育成幼虫，幼虫蛀食茎秆髓部为害。受害植株茎秆不同程度扭曲，表皮产卵处有明显孔洞，内部一般有10多头幼虫取食。受害株明显的矮化，并显丛生状。经为害后整株可枯死，对产量影响较大。我们调查二类田块，一类是抽薹前灌过水的，该类田块有虫株率在10%左右。另一类是没有灌过水的旱地，有虫株率高达50%~60%。由于成虫主要是在土壤中越冬，灌水可以大量杀死成虫，所以灌水是很好的防治措施。去冬今春的干旱有利于该害虫的为害。药剂适时防治很重要，一般在2月中下旬成虫产卵时，有机磷农药确有很好的防效。在咸阳综合试验站我们还考察该站的育种试验地，大家座谈讨论了陕西的油菜品种在安徽省的表现，同时交流了油菜菌核病发生和流行的规律。

标题：西北农林科技大学考察

日期：2011-04-14

　　4月13—14日，胡宝成、荣松柏等人考察了西北农林科技大学油菜育种情况和杂草岗位。考察期间参观了油菜遗传育种和分子生物学实验室、田间试验地，观看了育种和区试品系。尽管陕西冬季寒冷，降水偏少，去冬今春又较长时间干旱和低温，但田间各类试验植株长势较好。在育种手段上，该校化杀技术很有特色。目前他们将各种不育系与化杀结合起来,使细胞质雄性不育系杂种的纯度可提高到92%左右。他们的抗寒性育种也很有成效,所选育的品种有的能抗-18℃左右的低温。油菜害虫主要是花期后的蚜虫发生很重。由于药剂防治效果明显,所以在终花前后防治蚜虫是一项主要措施,这类似云南省的情况。在试验地不但看见了茎象甲的为害,还捕捉了成虫。他们防治茎象甲的主要措施也是灌水,尤其是冬、春浇灌。考察期间还与胡胜武教授交流了病虫草害防治的经验和体会。

标题:岗位任务书填报

日期:2011-04-17

根据首席专家办公室的通知,我们按照要求和功能研究室的任务安排,结合我们所承担的岗位任务,讨论我们岗位"十二五"的任务和2011年的任务,认真填报岗位"十二五"任务书和2011年度任务书并上报给首席专家。

标题:先锋公司来访

日期:2011-04-18

先锋公司加拿大油菜育种站的 Dave Chame 所长和 Jennie Shen 博士来访。Dave Chame 介绍了加方和先锋公司在加拿大和全球的油菜育种目标和进展,尤其双低杂交种的研究进展。近十年来他们通过利用萝卜质细胞质雄性不育系在选育高产、优质、抗耐病虫、抗倒和抗裂角果、抗除草剂品种方面进展迅速。胡宝成简要介绍了我国油菜生产情况及油菜生产上面临的挑战,还介绍了我们团队自主研发的隐性上位核不育及利用该系统选育新品种的情况。双方还就油菜菌核病、根肿病、黑胫病、油菜跳甲在各自国家发生的特点及为害进行了交流探讨。加方对购买我方品种权比较有兴趣,详细探讨了有关情况。对在油菜抗黑胫病、根肿病和非转基因抗除草剂育种方面双方表达合作愿望,并约定2011年6月在捷克布拉格举办的第十三届国际油菜大会上双方进一步探讨合作细节。访问期间 Dave Chame 一行还参观了油菜试验基地小面积制种现场和油菜菌核病抗病性鉴定试验。

标题：油菜病原菌培养

日期：2011-04-20

　　为了鉴定油菜对菌核病和黑胫病的抗性，李强生对即将进行油菜接种试验的菌核病病原菌进行了实验室培养，菌核病病原菌采用麦粒培养接种；同时纯化了 30 个黑胫病病原菌（*Leptosphaeria biglobosa*），并选择了 3 个 *Leptosphaeria biglobosa* 菌株，在室内给 3 盘油菜幼苗的子叶接种，目前试验进展顺利。此外，还对田间新发现的病害情况进行 2 次样本采集，并进行室内病原菌培养鉴定，第一次鉴定确认为菌核病菌丝直接侵染初花期油菜，造成植株茎基部腐烂，植株枯死。第二次菌丝培养正在进行中，目前试验进展顺利。

标题：油菜虫害调查

日期：2011-04-21

　　侯树敏、荣松柏赴巢湖市含山县调查油菜虫害发生情况。由于前一段时间天气干旱，目前蚜虫已发生较重，平均有蚜枝率达到 30% 左右。据天气预报，近期仍没有降雨，油菜蚜虫有进一步大暴发的可能。因此，我们已指导当地农民尽快喷施吡虫啉等杀虫药剂以控制蚜虫大暴发，减轻蚜虫对油菜的为害。此外，调查还发现油菜叶露尾甲今年发生也较为严重，平均有虫株率达 90% 以上。主要表现为幼虫为害油菜叶片，造成大量叶片枯死，严重影响叶片的光合作用，因此，必须注意防控。

标题：油菜花期田间工作

日期：2011-04-22

　　合肥地区油菜大都进入终花期。今年油菜育种共利用 79 个父本和 9 个不育系配制组合 260 个；利用 8 个临保系繁殖全不育系 1 亩左右；利用株系繁殖纯合两用系 1 亩，对于不育株率小于 45% 的小区的可育株全部拔除。套帐 147 顶，放置蜂群 147 箱，今年天气好，蜜蜂传粉效果很好。单株优选和套袋约 5 000 个，测交 700 余份。越冬期及花期调查结果表明：PA101 越冬不抽薹、初花迟、花期短、终花早；EM196-198 越冬不抽薹，初花早、终花早，这两个材料的特点是花序封顶早，可以用于后续的早熟育种。在上年度高油酸品系和正常油酸品系正反交的基础上，配制回交、反回交，供遗传和分子标记利用研究。在乳白花材料中发现了受隐性基因控制的纯白花临时保持系，品质好，农艺性状较好，可以用于全不育系的繁殖。小孢子培养，已经出胚，目前工作为将子叶期胚转入固体培养基中培养至成苗。

标题：安徽省江淮之间油菜蚜虫可能暴发，急需防治

日期：2011-04-26

3 月下旬至 4 月下旬，安徽省遭受较严重的春旱，持续 30 天左右未有有效降水，气温骤然升高，油菜蚜虫发展很快，据合肥、六安两地调查结果来看，有暴发的可能。合肥点 4 月 25 日调查 15 个品种，平均有蚜枝率 94.4%，平均单株虫量 632.1 头。六安点调查 15 个品种，4 月 18 日平均有蚜枝率 90.6%，到 4 月 25 日，平均有蚜枝率 98.1%。从上述调查结果来看，蚜虫发生程度已达 5 级，为最高级别（有蚜枝率大于 60%，即为 5 级），需发出红色预警，立即防治。特别是开花较迟的品种，蚜虫为害尤其严重。如不防治，将造成严重损失。另就绵阳试验站调查，该地区蚜虫发生也较为严重，4 月 25 日平均有蚜枝率 22.1%，4 月 26 日平均有蚜枝率达 28.9%，发生程度也已达 2~3 级，如果近日持续高温干旱，蚜虫有暴发的趋势，急需引起重视，及时防治。蚜虫防治方法：(1) 10% 吡虫啉 2 500 倍液；(2) 5% 锐劲特 1 500 倍液；(3) 40% 乐果乳油 1 000 倍液；(4) 2.5% 敌杀死 2 000 倍液；(5) 4.5% 高效氯氰菊酯乳油 2 000 倍液。每隔 5 天防 1 次，连防 2~3 次。目前由于油菜正值青角期，田间操作有一定的困难，所以最好能采用机动喷雾器防治，效果会更好。

标题：油菜叶露尾甲已在安徽局部地区重发

日期：2011-04-28

叶露尾甲被认为是北方春油菜的害虫，2008 年春在我省巢湖市居巢区耀华村首次被发现以来，我们每年均调查监测该害虫的为害情况。4 月 27 日，侯树敏、费维新和荣松柏再赴巢湖综合试验站和以巢湖市居巢区耀华村为中心的方圆 30 千米以内的西峰村、苏湾村和柘皋镇等地调查和评估。所调查的田块，大多数幼虫已羽化为成虫，只留下为害后成焦枯状的叶片，成虫也已逐渐进入夏眠，但在油菜叶片仍保持嫩绿的田块还有少数成虫仍在交配产卵。在始发地耀华村所调查田块有虫株率 100%，百株虫量达 2 370 头，与去年同期相当；周边

地区，在巢湖综合试验站共调查 3 个品种，有虫株率 100%，平均百株虫量达 990 头；周边 30 千米内所调查的田块油菜有虫株率均达 100%，百株虫量也达 260~360 头。

从此次调查来看，油菜叶露尾甲对油菜的为害已经很严重，而且扩展也比较快。由于为害时油菜已达青角期，农民对油菜叶片的枯死不太重视，常以为是油菜正常生理落叶。加之叶露尾甲的幼虫又是在油菜叶片内部为害，隐蔽性很强。而成虫个体较小，且具有假死性，农民也很难发现该害虫，因此，常常忽略防治。安徽历史上没有该害虫发生的报道，最早报道该害虫是在甘肃省临夏市一带为害。我们正在调查追踪该害虫的来源。我们分析可能是该害虫随夏繁材料或在北方制种的种子被首先带入，在巢湖一带生态环境比较适合生存，因此而扩展。该害虫在全国冬油菜区其他地方也有可能发生，但至今尚未有发现的报告，需关注。因此，进一步监测该害虫在我省和长江流域冬油菜区的为害和扩展情况，研究该害虫的生物学特征和发生规律，筛选高效低毒的防治药剂，指导当地农技人员和农民认识和防控该害虫，已刻不容缓。

标题：江西九江市油菜病虫害调查

日期：2011-04-29

胡宝成、侯树敏、李强生、荣松柏赴九江综合试验站考察油菜青角期病虫害情况，得到了当地试验站和示范县的大力支持和协助。九江市油菜常年种植 180 多万亩，其中棉茬油菜可达 100 万亩左右。农民习惯育苗移栽，政府对种植油菜也非常重视，利用政府奖励油料生产大县的奖金补贴农民种植油菜（主要是以购买种子免费发放给农民的形式）。今年春季比常年干旱，降水量仅是正常年份的 50% 左右，油菜菌核病的发生大为减轻。

我们一行在九江综合试验站沈福生站长等人的带领下调查了九江市高新区永安乡的棉茬油菜万亩示范片和九江县港口镇的棉林套种油菜的现场。大田生产上主要用九江市农科所选育的浔油八号、九号，并展示了浙江、湖北、湖南、华农等各地的品种。从调查情况看，尽管比较干旱，蚜虫也仅零星发生，不需要防治。叶片有少量潜叶蝇。菌核病也很轻，发病率在 5% 左右。但黑胫病普遍发生，发病重的品种发病率可达 30% 左右，但发病等级普遍在 1~2 级，对产量影响不大，少数病株达 4 级以上，对产量已造成影响。我们已采疑似病株带回合肥培养后用分子鉴定手段确认是否为黑胫病。此外，大家对棉区油菜生产的发展进行交流，一致认为棉区棉林套种移栽是一种高产栽培措施，只要农民愿意就可以继续发展。棉林直播也可行，两种种植方式均可达 200 千克以上的亩产，但机械收割已势在必行，需加速发展。

标题：江西宜春油菜病虫害调查

日期：2011-04-30

　　宜春综合试验站是我们虫害防控岗位的蚜虫定点观测站。胡宝成、侯树敏、李强生、荣松柏赴宜春综合试验站考察蚜虫定点观测试验及普查当地油菜病虫害发生情况。宜春有耕地面积 500 多万亩，其中水田 400 多万亩，常年水稻种植 700 多万亩（加上复种），是水稻三熟制地区。油菜常年种植面积 110 万亩，由于三熟制的需要，尚有部分的白菜型油菜品种种植。近年冬闲田较多，其中适宜种植油菜的就有 300 多万亩。当地政府对发展油菜的积极性还是比较高，对农民进行补贴（免费提供种子，甚至免费耕地）。但由于油菜产量偏低（一般亩产 80 千克左右），收购价也低，农民种油的积极性还不高。

　　宜春综合试验站油菜育种也有自己的特色，他们的生态型雄性不育利用在当地繁殖不育系，到青海制种，种子纯度可达 95% 左右。他们选育的杂交种——赣油系列在生产上也有一定的份额。在试验站的油菜试验和袁州区下浦街—彬江镇的农业部油菜万亩高产创建示范区，抗蚜虫试验的 15 个品种长势较好，苗期有蚜虫，但春后至今几乎没有蚜虫，菌核病、黑胫病零星发生，我们已取样带回进一步鉴定。万亩示范区主要是 3 个品种：赣两优 2 号、赣油杂 3 号和荆油 2 号，部分田块已开始收割。示范片油菜总体长势不错，但也有个别田块管理不善，杂草丛生。所调查的几块田几乎无蚜虫等害虫，菌核病发病也很轻，病株率在 1% 以下，但有一块田由于种植较早，开花早，病株率达 30% 左右。同一品种在相邻的两块田，由于播期不同，菌核病发病率的差异再次表明生态避病性的意义。据了解，当地部分农民还是乐意育苗移栽，这样产量高。机械化种植和收割没有服务队，农民尚不能接受，急需扶持农机大户或专业服务队来实现油菜种植的轻简化、机械化。

标题：常德试验站油菜病虫害调查

日期：2011-05-01

胡宝成、李强生、侯树敏、荣松柏结束在江西宜春试验站的考察后，来到常德，考察了试验站的油菜品比试验，省区试和其他各种试验，并赴漓赋镇万亩示范片调查。该市 500 万亩油菜中棉茬约 180 万亩，单季稻茬约 270 万亩，双季稻茬抛荒田比较多。棉茬主要是育苗移栽，每亩 5 000 株左右，亩产可达 200 千克左右，属高产类型。我们调查的漓赋镇万亩示范片就属该类型。离收获还有 10 天左右，蚜虫零星发生，但对产量影响不大。有种开黄花的杂草比较多，据当地农民反映这种杂草不好防除，急需新型除草剂。田间菌核病零星发生，病株率在 5% 以下。黑胫病与品种关系比较大，中双 8 号田间菌核病发病率在 5% 左右，其他品种几乎看不见病株。试验站各种试验植株长势也很好，蚜虫发生情况与示范区类似。黑胫病也零星发生，但早熟品种试验中有 2 个品系（YZ-1 \ YZ-2）发病率高达 80% 左右，再次表明品种间发病率差异很大。同时该两品系发病部位明显偏高，这与九江和宜春所发现的不一样，这表明黑胫病在春天也可能侵染叶片。

标题：荆州试验站油菜病虫害调查

日期：2011-05-05

5 月 3—4 日，胡宝成、李强生、侯树敏、荣松柏赴湖北荆州试验站进行收获前油菜病虫害调查。在试验站站长陈水彬和其他科技人员的陪同下考察了试验站的油菜机械化试验展示和不同品种密度种植试验，并对周边农户种植田块进行调查。试验示范区油菜品种"中双 11 号"机械直播密度 2.2 万株左右/亩，长势较好。实行全程机械化作业（机种、机收），大幅降低生产成本，减少用工量，提高经济效益，将为油菜生产发展起到积极推动作用。从对试验示范和其他品种调查来看，蚜虫、小菜蛾等虫害发生较轻，对产量无影响。由于今年长江流域普遍干旱，降水量较往年偏少，菌核病零星发生，病株率在 1% 以下。但黑胫病发病较普遍，多点统计病株率为 20%~70%。我们已取样带回并将进行进一步鉴定。试验站的品种展示试验，虫害发生与大田基本一致，不严重。但黑胫病发生却明显不同，不同品种间差异较明显，10 个品种中 8 个发现有疑似病株，病株率在 5%~25%。2 个品种未发现病株，表明品种间存在差异，我们将作进一步调查分析。

标题：注意油菜菌核病的早期侵染

日期：2011-05-06

油菜菌核病的侵染方式一般被认为是由存在土壤中的病菌菌核在早春萌发产生子囊盘，由子囊盘释放子囊孢子侵染花瓣，感病的花瓣通过叶片"搭桥"侵入茎秆造成茎腐，引起产量损失。2009 年 3 月 28 日，胡宝成在六安市裕安区城南镇发现盛花期的油菜植株基部已形成大量的菌核。从侵染时间看，不太可能是由上述传统的子囊孢子→花瓣→叶片→茎秆的方式，而是在开花前就被侵染。今年以来，我们在安徽多地发现刚初花油菜植株茎秆基部就长满白色霉状物。盛花后期整个植株就枯死，基部布满菌核，感病植株产量损失率是 100%。霉状物室内培养也产生大量的菌核。从贵州省贵阳试验站今年 3 月 20 日在邮件上传来的遵义市"油菜怪病"的照片上所显示的症状上来看，应该是菌核病的早期侵染所致。据我们分析，这种侵染方式可能是土壤中的菌核在早春直接产生菌丝体，由菌丝直接侵染植株，但这还需要进一步观察和试验证实。

标题：黄山、池州油菜病虫害调查和品种展示

日期：2011-05-07

5 月 5—7 日陈凤祥、吴新杰、费维新一行 3 人赴黄山、池州等地调查油菜病虫害情况和油菜品种展示。今年黄山市油菜面积 38 万多亩，生产季节气温与降水量适宜油菜的生长，油菜长势良好。在黄山区和休宁县调查蚜虫为害较轻，油菜菌核病病害发病轻，病株率 5%左右，根肿病成熟期病株率较低，为 3%左右，但发病严重度较高，病株根部多表现为腐烂，休眠孢子随着腐烂根进入土壤，成为下一年的侵染来源。根据成熟期油菜根肿病的病株率低和严重度高的发病特点，影响因素一是因为苗期干旱不利于休眠孢子萌发侵染造成发病率低，二是发病早的病苗成株期根部腐烂，有的病苗提前死亡。

油菜品种中核杂 488 参加黄山市油菜新品种展示，表现出良好的抗病性与丰产性，熟期适中，得到当地农技干部和种植户的一致好评，有望在该区推广种植。还参加了黄山市农委组织的油菜生产形式报告会，并应黄山市农委的要求与黄山市的农业科技干部讨论了黄山油菜的生产情况，并为黄山市如何发展

油菜生产和提高农民收入提出建议。黄山市今年油菜的种植面积受油菜种植效益差的影响，面积有下滑的趋势，但是通过与旅游相结合，歙县等地发展油菜花节乡村游取得良好的效果，据该县旅游局统计仅乡村游为该县就带来 4 亿元的收入，为增加农民收入提供了新的途径，同时也提高了农民种植油菜的积极性。在池州市油菜新品种示范片，核优 202 长势良好，基本上无菌核病，蚜虫发生轻。并获得与会企业和推广部门的高度评价。

标题：自育品种核优 56、核优 202 池州万亩高产示范基地现场测评

日期：2011-05-09

安徽省农科院组织有关专家对我们自己选育的杂交油菜品种核优 56、核优 202 池州万亩高产示范基地进行现场测评。安徽省种子管理站夏英萍研究员任组长，安徽农业大学曹流俭教授任秘书，安徽省农科院张磊研究员、余庆来副研究员，池州市农业技术推广中心陈翻身高级农艺师为专家组成员。吴新杰、荣松柏、陈贺彩参加了测评会。示范基地位于池州市贵池区，前茬为水稻、棉花。移栽田块于 2010 年 9 月 8—15 日育苗，10 月 10—15 日移栽；直播田块于 2010 年 9 月 28—30 日播种。示范面积 10 750 亩，高、中、低产田面积比例约为 2：5：3。油菜长势好，整齐一致，基本无病虫草害，秆青角黄，熟相好。专家组在示范基地分别对高产、中产、低产有代表性的田块用五点取样测产，千粒重按 4.3 克（省区试结果），校正系数按 0.8 计，结果为：高产田块平均密度 4 050 株/亩，平均角果数 744 个/株，平均每角粒数 22.1 粒，田间实测平均亩产 229.1 千克；中产田块平均密度 4 010 株/亩，平均角果数 709 个/株，平均每角粒数 21.8 粒，田间实测平均亩产 213.2 千克；低产田块平均密度 4 100 株/亩，平均角果数 635 个/株，平均每角粒数 21.6 粒，田间实测平均亩产 193.5 千克。示范基地田间实测产加权平均亩产为 210.5 千克。

标题：信阳油菜病虫害调查

日期：2011-05-10

李强生、费维新赴河南信阳综合试验站位于固始县的试验点调查油菜病虫害的发生情况。固始县今年油菜种植面积 35 万亩左右，该县油菜前茬主要为水稻和旱茬（花生等），今年由于天气干旱，油菜长势较差。

1. 大田调查情况。菌核病发病轻，油菜上有蚤跳甲发生，每百株 5 000 头左右成虫，啃食油菜叶、荚表皮，对产量有一定影响。油菜黑胫病分别普查了前茬为水田和旱地两类田块，其中前茬为水稻的油菜黑胫病的发病率 50% 左右，前茬旱作的油菜黑胫病发病率 18%~60%，其中黑胫病重病区 22% 的植株死亡，产量损失严重。

2. 品种示范区的调查情况。在位于固始县沙河铺乡沙河铺村的品种展示区，参加展示一共 31 个品种，油菜菌核病，虫害和大田相似，发病轻；28 个油菜品种黑胫病均零星发病，另外 3 个油菜品种黑胫病发病率 18%~40%。

标题：上饶、衢州、湖州病虫害调查

日期：2011-05-14

5 月上旬对江西、湖南、湖北、河南等地综合试验站的病虫害考察发现，油菜黑胫病在各地普遍发生，有些地区病害已很严重，并有疑似强侵染性的茎基溃疡病。品种间病株率和病害严重度差异也比较大。为了进一步明确该病在全国的分布，5 月 12—14 日胡宝成、李强生、荣松柏又赴江西上饶市（主要是玉山县）、浙江衢州市（开化县、常山县）和湖州市（安吉县）进行调查。结果在上述 3 市均发现油菜黑胫病，其中旱地油菜病害重于水稻田，品种间的差异也比较大。尽管在所调查的地区黑胫病尚未引起大的产量损失，但随着耕作方式的变化，大多数地区不允许焚烧油菜秸秆和气候变干燥，病菌菌源存活越夏的概率变大，很容易扩展。我们认为有必要定点监测该病的流行，及对国内现有的品种进行抗病性鉴定同时开展抗病育种工作。对基层农技人员和农民培训，认识该病害的症状和侵染、流行规律并开展综合防治也势在必行。

标题：四川绵阳油菜病虫害调查

日期：2011-05-15

5 月 14—15 日，侯树敏、费维新赴四川绵阳综合试验站调查油菜病虫害。绵阳市油菜种植面积约 100 万亩，种植品种主要为绵油系列、德油系列、蓉油系列等杂交油菜品种。种植方式以育苗移栽为主，免耕直播正在推广中。此次我们调查绵阳综合试验站的油菜抗虫试验、安县黄土镇的万亩油菜高产示范区及三台县塔山镇白龙村的免耕直播机收百亩示范田。由于今年当地油菜花期、青角期雨水较多，田间湿度较大，因此菌核病发生较重，发病率在 30%～40%，同时也发现了疑似黑胫病的病株，现已取样准备实验室培养进行进一步的病原菌培养鉴定。不过从总体来看，该地黑胫病发病很轻，仅有零星发生，对油菜为害不大，蚜虫发生不重，对油菜为害也不大。

标题：四川南充油菜病虫害调查

日期：2011-05-17

5 月 16 日侯树敏、费维新赴南充市综合试验站调查油菜病虫害情况。据介绍南充市油菜面积 120 多万亩，虫害主要是蚜虫，病害主要是菌核病。本年度油菜生长季节春季低温、开花季节多雨，造成今年油菜较往年推迟 10 多天收获，虫害较轻，菌核病严重。其中大田调查和试验地调查情况如下：大田调查油菜田（前茬水稻）菌核病发病率 20% 以上，重病田块达 50%，并且发病株严重度 4 级（最重病级）的占 20% 以上，未发现黑胫病株。在南充市农科院试验地调查了油菜黑胫病的发病情况，油菜区域试验中品种间黑胫病的发病具有差异，其中一个小区发病率达 60%，并且在相邻地块的另一个试验发现黑胫病发病株中 5% 左右在成熟期已经严重发病并死亡，可能该地块的病菌侵染较早。据南充市农科院工作人员说该地块均为旱茬连作，因而为病菌的积累提供了有利条件，可能是油菜黑胫病重发的原因之一。

标题：合肥试验田油菜病虫害调查

日期：2011-05-18

今年由于春季长期低温，油菜开花普遍推迟 7～10 天，而进入花期后又由于干旱高温，收获期又要比常年提前 1 周左右，这对我们油菜病虫害调查非常不利。5 月份以来，团队全体人员已奔赴全国各地进行油菜病虫害调查，所调查的地区尽管油菜害虫不重，菌核病也是零星发生，但黑胫病发生普遍，品种间差异比较大。5 月 16—18 日我们又集中人力对合肥试验田的各种试验的病虫害进行了调查，结果正在整理中。从调查的情况来看，后期蚜虫发生比较快，呈暴发趋势，对产量有一些影响，这提示我们对蚜虫的监测任何情况下都不能放松。油菜菌核病的发生很轻，今年也是近几年第一次套袋材料没有大量发病的年份。但人工接种鉴定的试验中菌核病的发生还是比较重（数据尚待整理），在干旱年份显示出了人工接种的效果，保证了试验的成功率。蚜虫侵染与菌核病发病的关系的研究试验，尽管采取了一些措施，在苗期时无蚜虫，专门接种了蚜虫，但低温持续时间太长，效果不好。开花后模拟了人工降雨，每天都进行喷雾，但大气候太干燥，菌源太少，发病也不理想。但这 15 个品种的黑胫病发病差异很大，有几个品种病株率高达 50% 以上，也有的品种仅零星发病。准备近日针对黑胫病的病株率和严重度进行全面调查，配合在全国各地的调查结果，分析和预测黑胫病的发生和流行。

标题：黄山市油菜病害调查

日期：2011-05-21

5 月 18—21 日胡宝成、李强生、侯树敏和荣松柏赴黄山调查油菜菌核病和油菜黑胫病发病情况。今年油菜生长后期雨水偏多，造成油菜生育期延长收获期推后。但近期温度偏高，皖南油菜已经进入全面的收获期。在黟县的试验调查结果表明：油菜菌核病发病较重，病株率 30% 左右，严重的超过 50% 以上，而且发病油菜的病害具有病害级别高（多在 3~4 级），死亡株（病害级别 4 级）较多，品种间差异较大，早熟品种菌核病发病较重等特点。油菜黑胫病发病情况不同品种间差异大，有的品种发病率最高达 80% 以上，有的品种（系）几乎不发病；另外黑胫病发病株的严重度不高，病害级别较低，多数为 1~2 级。详细的调查数据分析结果正在整理中。

标题：无为县油菜"五化"技术现场会

日期：2011-05-22

胡宝成参加国家油菜体系在我省巢湖市无为县举办的"五化"技术现场会和学术交流与培训。巢湖市油菜常年种植 150 多万亩，无为县就达 50 多万亩，主要是稻油和棉油种植方式。我们现场观摩了汤沟镇农业部万亩高产示范片及新品种展示。示范片是棉油连作方式，长期免耕（5~8 年）。育苗移栽行距 60 厘米左右，株距 30 厘米左右，密度仅 3 000 株/亩左右。所种品种主要是秦优 10 号、中双 11 号和沣油 737。由于干旱，田间目测，菌核病病株率在 1% 以下，也无其他虫害，但中双 11 号可见疑似菌核病株，病株率在 1% 左右，但发病级别均为 1 级。同时还观摩了油菜机械收获现场，直接机收秸秆还田效果很好。

由于种植密度只有 3 000 株/亩左右，植株茎秆粗壮，分枝多，但收获机械损失率还是比较低的。从现场看，品种对机收无影响，但栽培是主要措施，如果密度能达 2 万株/亩左右，分枝会减少，成熟会较整齐一致，收获质量会更好，同时青粒率也会降低，从而提高油脂的质量。

下午是学术交流和培训，农业部科技发展中心段武德主任、科教司体系处张国良处长、全国农机中心张冬晓处长等就发展油菜、确定油菜作为我国油料的主攻方向及围绕这个主攻方向如何做好新品种选育、农机农艺结合，高产栽培措施和病虫害防治提出了很好意见和建议。无为县政府副县长介绍了发展油菜的经验和体会，王汉中首席科学家对我国油菜发展第四次跨越的技术路线"三高五化"进行了比较详细的叙述，岗位专家吴崇友和廖庆喜及张青富等就机械化操作、作物营养等做了专题报告。

标题：油菜蚜虫与病害关系试验调查

日期：2011-05-25

油菜苗期蚜虫为害后，对后期菌核病发生有何影响是我们岗位前瞻性工作任务之一。5 月 24—25 日，胡宝成和侯树敏对该试验进行调查。从全国引入的 17 个品种（包括我们自己选育的）分两组，一组设计蚜虫为害，一组全程用"地蚜灵"防治蚜虫。每组 17 个品种同样 3 个重复，随机区组。花期采用人工喷雾设备每天喷雾，保证田间湿度，提高病害的发病率。由于前期长期低温，蚜虫发生比较轻，曾人工接种蚜虫，后期天气干旱，人工喷雾大大增加了湿度。从调查情况看，菌核病发病不理想，但在大旱年份能有结果也是不错的。

调查中发现，油菜黑胫病发病比较重，尽管在试验设计时没有考虑黑胫病，但蚜虫为害后，对黑胫病菌的入侵也应该会有影响。临时决定增加调查黑胫病的发病株率和病情指数。下一步的工作可以考虑把油菜蚜虫为害后对黑胫病发病情况（病株率和病情指数）的影响列入前瞻性工作。目前油菜病虫害综合防治技术，基本上是病害的防治技术和虫害防治技术的简单综合，蚜虫为害后对真菌病害（主要是菌核病和黑胫病）的影响的研究结果可以丰富油菜病虫害综合防治内容，提高防治效率，也可为应用基础研究提供新的研究方向。

标题：油菜黑胫病研究一点设想

日期：2011-05-26

经过 10 天左右的工作，大田试验田间调查取样已基本结束，试验材料也基本收完。这时残留的油菜秸秆较容易观察病害情况。黑胫病的发生普遍程度和部分品种的严重程度超出预计。这可能与试验地种植的育种材料多，有些材料不抗病，甚至严重感病，但秸秆不许焚烧，加上旱作连作可能致使田间带菌秸秆易越夏，病菌存活几率高，菌源不断积累有关。我们在江西、湖南、湖北、浙江、河南等地的调查也发现这一现象，稻田油菜病害轻，旱地油菜病害重。为证实这一现象，可以设计带菌秸秆存活试验。分旱地、水田水中、水田泥下秸秆浸埋不同时间试验，看秸秆腐烂程度和带菌情况。近年随着对环境和安全的考虑，各地都出台了油菜秸秆禁烧令。该法规是否可能带来负作用——油菜黑胫病的大流行，值得关注和研究。

标题：池州油菜病害试验调查

日期：2011-05-27

费维新、陈贺彩 2 人赴池州调查油菜病害试验情况。今年由于降水量少，病害发病较轻，在试验田块的调查油菜菌核病发病率 10%～20%，由于田间油菜已经收获放倒，病害级别较难确定，但据田间观察，病株多是中度发病。另外在试验地和大田均未发现黑胫病。

标题：以色列专家再次来访

日期：2011-05-28

以色列 Kaiima 生物农业技术有限公司副总裁 Zohar 先生再次来访。双方介绍了我们油菜多倍体合作育种的最新进展。以色列方面对双方合作选育的 2 个品系 Kaiima 4 和 Kaiima 9 制种 1 500 亩，目前长势很好，马上可以收割，这样就可为在欧洲的试验和示范提供足够的种子。以色列方面布置的这 2 个品系在希腊、意大利、土耳其等地的示范表现很好，有望取代当地种植的品种而成为主栽品种。以方希望能够获得多一些的不育系种子，以便扩大选择和制种规模。

Kaiima 4 和 Kaiima 9 参加安徽省的预试和品比试验，预试结果还有待于统计，但品比的结果仅与对照相当，表现不是很理想，这可能与今年大旱有关，它们的增产潜力没有发挥出来。但在今年合肥试验点黑胫病普遍发生，而且比较严重的情况下，该 2 个品系表现出很好的抗病性。双方表示要在油菜抗黑胫病资源筛选和育种上深入合作。以方同意提供一些欧洲的抗病资源。双方还讨论了明年油菜收获前联合考察我们的品种在欧洲各地的表现等一些事宜。

标题：瑞士专家来访

日期：2011-05-30

瑞士联邦理工学院植物病理系主任 Bruce. Mcdonald 教授访问我院进行学术交流，我们岗位的全体成员参加了学术交流。在学术报告中他以小麦叶斑病为例介绍了病菌与作物共同进化的事实，人类驯化了作物的同时也驯化了为害该作物的病菌。同一病菌能产生不同的植物病害症状，而相同的植物病害症状能由不同的病菌引起。这对我们油菜黑胫病的研究启发很大，尤其是黑胫病 2 种不同的种 *L. biglobosa* 和 *L. maculans* 的症状肉眼就很难区分，必须通过病菌的培养或分子检测才能确定。而农民和基层农技员对黑胫病和菌核病均引起茎枯也不能区分，需要检查茎秆内有没有菌核来区别。

双方还交流了黑胫病在中国和欧洲的发生变化情况。欧洲 20 多年前黑胫病已很普遍，但均为弱侵染型的 *L. biglobosa*，而现在强侵染型的 *L. maculans* 已经很普遍，并造成重大损失。对该病的防治，该专家以澳大利亚为例，提出品种多元化，这样可以防止抗病基因快速地丧失抗病性。他也认为气候的变化如干旱、耕作的变化如秸秆不允许焚烧均可加重该病的流行。这一生产上潜在的重大问题必须引起我们的重视。近期我们将在抗原的引进、国内抗病资源的鉴定、病害的分布和变化、病害的分级标准和损失率等方面开展工作，并加强国际学术交流与合作，使我们的工作走在国内研究的前列。

标题：新加坡专家来访

日期：2011-06-01

新加坡国立大学淡马锡生命科学院洪焰博士于 5 月 31 日来访。油菜团队全体成员参加了座谈。胡宝成介绍了团队承担农业部现代农业产业体系油菜病虫害防治岗位的研究工作情况，尤其是随着气候的变化和耕作制度的变化，油菜生产上出现的问题及发展趋势，对下一步应用生物技术开展油菜应用基础研究和病虫害研究谈了一些设想。洪焰博士介绍了他们团队应用常规育种和分子育种技术从事能源植物研究的情况。双方在改良油料作物脂肪酸，尤其是提高油酸含量等方面，以及利用新方的实验室条件联合开展油菜病虫害相关的应用基础工作达成了合作意向。

标题：田间各种试验调查取样收获结束

日期：2011-06-03

经过团队全体成员 20 余天的努力，在合肥和分布在全省各地的近百亩各类试验的调查取样至今全部结束。今年由于前期长期低温，油菜开花比往年推迟 10 天左右。而开花后遇干旱高温，收获期比往年又提前 1 周左右。收获工作战高温抢时间非常艰巨。目前已转入室内考种阶段。数据输入和分析也在紧张进行中。初步结果来看，蚜虫从苗期直至花期均基本没有发生，而到青角期呈暴发趋势，对产量有一些影响。菌核病的发生是近 10 余年来最轻的，前期调查部分菌核病数据，后期确认是黑胫病，调查取样已重新进行。蚜虫与菌核病之间的关系研究结果尚需今年秋种重复做，设在巢湖的油菜叶露尾甲监测工作取得一些进展，方圆 50 千米范围内，该害虫的为害已加重。防治措施尤其是筛选高效低毒化学药剂刻不容缓。黑胫病发生普遍，这是试验设计时没有估计到的，这也证明该病的侵入是在冬前苗期适当雨水条件下发生的。由于油菜秸秆不允许焚烧，菌源量会很大，这对明年的油菜资源、不育系繁殖、加代育种材料很不利，但对开展黑胫病的研究非常有利。这方面的工作将作为我们团队前瞻性工作的一部分。

标题：参加第十三届国际油菜大会

日期：2011-06-10

胡宝成、李强生、侯树敏、陈凤祥、吴新杰和范志雄参加了于捷克布拉格举办的第十三届国际油菜大会。这是每 4 年一次国际从事油菜研究的最高水平的综合性学术大会，也是油菜产业领域各国专家的大聚会。共有几十个国家的 800 多位专家到会，其中中国 116 人，仅次于 4 年前在武汉召开的第十二届国际油菜大会人数。4 天的大会共在遗传和育种、作物管理、品质和营养、基因组学和生物技术、植保、生物燃油、饲料品质和利用、品质和加工等方面开展了

3 场大会报告、32 场分会报告、7 场专题讨论会和会场墙报讨论会，并考察了 1 个农场和 2 个点的品种和除草剂田间试验展示。全方位地展示了过去 4 年里围绕油菜这个产业，世界各国在各个研究领域所取得的最新进展。

会议期间我们还与美国 Cargill Food 公司、加拿大农业部农业研究中心、印度农业研究委员会、捷克生命科学大学、英国洛桑试验站、波兰科学院、德国吉森大学等单位的专家进行了个别交流。大会交流情况和收获将按类别分别总结。出席这次大会对我们了解国际上围绕油菜产业的各个领域的创新研究和动态及发展方向有了全方位的了解，尤其是对我们岗位承担的病虫害防控领域有了较深的了解（详细情况另有报告）。同时广交朋友，为"十二五"期间做好我体系岗位工作意义非常大。

标题：大会发表的油菜虫害研究进展

日期：2011-06-11

第十三界国际油菜大会接受的有关油菜害虫研究的论文有 20 篇。有鞘翅目、鳞翅目、双翅目和缨翅目害虫，研究最多的害虫是花粉甲虫、跳甲、茎象甲、小菜蛾、角果吸浆虫等。研究内容主要有：利用农艺措施控制害虫、利用害虫天敌、寄生蜂进行生物防控，利用油菜不同基因型的抗虫性的差异，选择抗虫性较好的品种提高油菜自身的抗虫能力；化学杀虫剂的应用；害虫对合成菊酯的抗药性；利用预测模型预测小菜蛾的发生等。我们也报道了在安徽省发现的油菜叶露尾甲的情况，并与加拿大的有关专家进行了交流，她表示还没有见到过此害虫。我们将继续对该害虫进行深入研究，在可能的情况下与国际同行开展合作研究。

标题：大会发表的油菜遗传育种研究进展

日期：2011-06-12

第十三界国际油菜大会上发表的论文表明，油菜育种发展呈现加速态势，主要得益于以下几个方面。

1. 育种材料不断丰富主要基于芸薹属禹氏三角基本种、复合种之间远缘杂交，创造出抗病、黄籽、抗裂角等特异性状新材料，用于新品种的选育。

2. 应用近红外品质分析等快速分析技术，加大筛选力度。

3. 生物技术的应用，缩短育种周期，加快育种进程应用分子标记辅助育种、双单倍体技术，对种子粗纤维含量、种皮含量、菌核病抗病性以及杂种优势等性状进行 QTL 定位研究。

4. 杂种优势利用研究华中农大建立以盐水喷施以及分子标记辅助为主要技术措施的两系自交不亲和系统，并已经育成了品种，通过审定。在隐性上位互作核不育系统中纯合两用系不育株通过短暂高温处理，可以促使其不育性发生改变，使得正常情况下不育性稳定的不育系自交繁殖成为可能，有利于隐性核不育杂优利用途径的推广应用。利用遗传距离来预测杂种优势。德国吉森大学利用 7×7 双列杂交研究不同遗传距离亲本间杂种优势强弱，结果表明，在本地品种之间杂交，距离越远，杂种优势越强，而与外来品系杂交，这个规律则不成立。西澳大学研究表明组间杂交比组内杂交的杂种优势强。

5. 大公司成为育种的中坚力量先锋公司等通过 10 年的轮回选择，育成了强抗菌核病的品种，并向我们展示了半矮秆品种 PR45D03、高含油量品种 PR46W26。其他公司 KWS、Limagrain、Monsanto、Rapool CZ、Syngenta 等，均展示出雄厚的育种实力。

标题：第十三届国际油菜大会基因组与生物技术分组会议总结

日期：2011-06-13

会议口头分组报告由在本领域工作开展得相对领先的研究人员所作，也是我们所关注的重点之一。报告主要集中在全基因组测序、精细定位图谱构建、"组学"、TILLING 技术在突变群体和自然群体中的应用等方面。

基因组测序工作由 2 个工作组各自展开。"芸薹属多国基因组测序工程"由包括中国、英国、加拿大、法国、澳大利亚等国公益部门展开，会议报告时提到白菜型油菜、甘蓝已经完成，甘蓝型油菜测序也刚刚结束。但会议茶歇期间我们与参与此项工程的研究人员交流时，他们得知用新的测序方法虽然很快完成了测序工作，但对甘蓝（C 基因组）而言，由于重复序列太多，拼接无法完成。这种遭遇恐怕对甘蓝型油菜（AC 基因组）同样存在。所以将来要拼成完整的染色体，恐怕还得采用传统的测序方法或者更新一代测序方法。"加拿大 canola（双低油菜）测序计划"由加拿大政府与 9 家私立合作伙伴展开，计划 3 年完成，技术上计划采用高能量的下一代测序技术，测序对象包括白菜型油菜

（A 基因组）、甘蓝和黑芥（B 基因组）3 个基本种。

由于测序工作基本完成，6 月 7 日下午还召开了一个工作组会议，讨论下一步有关 SNP 技术的研究。围绕含油量性状，赵坚义在分组会议上作了关于 7 号联锁群上含油量精细作图的报告。陈飞等报告了关于油菜脂类合成的会议论文，但是研究方法为通过拟南芥脂类相关基因来构建甘蓝型油菜连锁图谱。西南大学李加纳研究小组在本次分组会议上作的报告达 3 个，全部为油菜黄色种皮合成相关基因。Gunhild Leckband 从组学方面作了提高含油量研究策略的报告。王汉中也作了高密度连锁图说构建与产量相关性状（包括含油量）QTL 定位的报告。基因组与生物技术分组会议的口头报告有 16 个，但其中有关含油量（包括黄籽）的报告就达 10 个，可见含油量研究已经成为热门研究方向。

会议共收录墙报 386 份，涉及内容包括遗传育种、作物管理、贸易与政策、生物能源、营养、植保等多方面的领域，其中遗传育种、田间管理、营养、植保等方面都穿插有分子方面的内容，可以预料，随着基因组与生物技术的发展，今后油菜育种将真正进入分子育种时代。

标题：赴波兰科学院学术访问

日期：2011-06-15

第十三界国际油菜大会结束后，6 月 11—14 日，我们访问了位于波兹南的波兰科学院植物遗传研究所，参观了 Swiebodzin 育种试验站和波兹南农业博览馆，了解波兰农业从公元 8 世纪至 18 世纪的发展情况及现代农业生产情况。与波兰科学院植物遗传研究所的植物病理学家 Malgorzata Jedryczka 副教授和作物育种家 Henryk 博士进行了交流，了解他们在油菜黑胫病研究和油菜育种研究方面的进展。学习比较了由 2 种致病菌引起的黑胫病（强侵染型 *Leptosphaeria maculans* 和弱侵染型 *Leptosphaeria biglobosa*）在植株表现症状上的一些差别，并与 Henryk 博士在油菜抗病育种上达成初步合作意向，有关合作协议正在起草中。

标题：赴甘肃临夏市调查油菜叶露尾甲

日期：2011-06-27

6 月 25—27 日，侯树敏、荣松柏赴甘肃临夏市和政县调查油菜叶露尾甲发生为害情况。和政县油菜种植面积 10 万亩左右，主要为甘蓝型春油菜，油菜叶露尾甲是该地区严重为害油菜的害虫之一。据我们调查，在为害严重的田块，百株成虫量达 500~600 头，百株幼虫量 800~1 000 头，成虫主要为害油菜的花蕾和叶，幼虫为害叶片。现在正值成虫交配繁殖的季节，该地区对该害虫的防治主要是化学防控。我们已采样带回与安徽发现的叶露尾甲进行比较鉴定，研究两地的油菜叶露尾甲是否为同一种，以便明确冬油菜区该害虫的传播途径及防控措施。

标题：赴甘肃张掖试验站调查油菜虫害指导防控

日期：2011-07-01

据张掖试验站报告该地区油菜虫害今年发生十分严重，约 30 万亩油菜受害。6 月 28—30 日，侯树敏、荣松柏赶赴张掖，在张掖市民乐县和山丹军马场调查发现油菜出现大量落蕾、无主茎、侧枝丛生，分枝无花蕾或花蕾很少，且花蕾发育不正常。在民乐县发现一种类似蝽类害虫发生较重，该害虫为刺吸式口器，主要吸食花蕾汁液，腹部绿色。但是，查询油菜虫害文献资料却没有发现类似害虫为害的报道，该害虫是否为为害油菜的一种新害虫还有待进一步研究。

在山丹军马场调查发现该地区油菜害虫主要为黄曲条跳甲、类似蝽类害虫，该地区 4 月份适时播种的油菜幼苗全部被害虫吃光，现田间为补种油菜。但田间黄曲条跳甲等害虫为害仍十分严重，需及时防治。我们和张掖试验站技术人员及当地农技人员讨论，提出防控虫害的方法，并对发现的害虫采样，以进一步鉴定害虫种类及研究高效防控措施。

标题：油菜黑胫病鉴定结果

日期：2011-07-02

从今年 4 月下旬开始，我们结合油菜害虫的调查对江西九江、宜春上饶、湖南常德、湖北荆州、河南固始、浙江湖州等地的油菜疑似黑胫病也进行了田间发病率调查并取样鉴定。田间调查结束后，李强生、荣松柏等从上述地区所取样本中各抽取 3 个样进行分子鉴定。经过 2 个多月的工作，结果表明：上述地区今年抽样鉴定的均为弱侵染型的 *L. biglobosa*，尚未发现强侵染型的

L. maculans。尽管如此，油菜黑胫病的为害应引起各地高度重视，尤其是棉花或其他旱作作为轮作的油菜种植区，病害的扩展和为害重于水旱轮作区。品种间抗病性差异还是比较大，各地在选用品种时应注意对 *L. biglobosa* 的抗性。对基层农技人员的培训，认识该病害的症状及为害也应列入各地油菜病虫害防控的日程。

标题：参加中英农业与气候变化研讨会

日期：2011-07-05

胡宝成、李强生等于7月3—4日参加了在黄山市召开的中英农业与气候变化研讨会。该研讨会是中英两国农业部等有关部门倡导和支持下所成立的中英可持续农业创新协作网（SAIN）为中英两国在可持续农业领域合作交流的平台。会议由中国农科院环发所和英国雷丁大学主持。中国农科院、中国气象局、安徽省农科院、沈阳农大、安徽农大、安徽气象局、黄山市农委等单位40余人参加了研讨会。会议对气候变化研究的新进展、气候变化与生物多样性、气候变化对安徽农业的影响、对黄淮麦区小麦的影响及适应措施等进行了交流研讨。

胡宝成结合近几年现代农业产业技术体系中的工作，对气候变化对我国油菜产业的影响作了交流。主要介绍了极端气候如低温、干旱对油菜的影响及气候变化对油菜病虫害的影响。重点介绍了害虫（蚜虫、甲虫、螟虫）、油菜菌核病和黑胫病随着气候变化对油菜生产的影响，通过会议交流不但宣传了我们体系，更重要的是使与会者知道我们体系所做的工作和取得的成效。

标题：海拉尔油菜病虫害调查

日期：2011-07-09

7月6—9日，胡宝成、李强生等人在参加了中英农业与气候变化学术研讨会后，顺赴海拉尔综合试验站对当地春油菜花期病虫害发生情况实地考察。近年随着气候变化，春油菜病虫害也发生了一些变化。2010年9月，我们在该站发现油菜黑胫病发生比较普遍，有些品种还比较重。尽管我们对所发现的病株进行分子检测的结果表明是弱侵染型的 *L. biglobosa*，但该地区无论纬度还是气候条件均与该病重病区加拿大西部非常相似。加拿大的油菜品种可以直接在该地区种植，当地近年也引进了加方的一些品种。因此，我们有理由担心，油菜黑胫病在加拿大发生、扩展和变化的过程及严重为害的局面有可能在呼伦贝尔首先重演。

海拉尔试验站所依托的拉布大林农场今年种植油菜 23 万亩。由于今年从 6 月份以来一直没有下雨，旱情很重。田间病虫害调查看不见病虫害，但王树勇站长介绍苗期跳甲比较严重，已施药防治。该农场比较注意防治病虫害，从播种时就使用包衣种子，油菜 3 叶 1 心时就使用除草剂（胺苯磺隆等），并在生长季节施用 2 次杀菌剂防治霜霉病和菌核病，这对控制黑胫病也应该非常有效。调查中还发现大量的类似小菜蛾的成虫，但体型较大，有待进一步鉴定。座谈中双方商定在该农场建立油菜黑胫病定点观测点，监测黑胫病发生扩展的速度和由弱侵染型转为强侵染型的可能变化过程。

标题：张掖大面积油菜受害初步鉴定结果提出防控措施

日期：2011-07-13

张掖市 30 多万亩油菜 6 月底出现大面积花蕾脱落、无主茎等症状。得知该情况后，侯树敏、荣松柏等人第二天就赶到张掖市，与张掖综合试验站和当地农业部门赴民乐县考察为害情况，分析原因，初步认为是蝽类害虫为害，并采样回合肥鉴定。经查找资料，并与我院植保所、安徽农业大学植保系的专家们共同鉴定为苜蓿盲蝽（*Adelphocoris lineolatus* Goeze）。该害虫主要为害棉花，还为害苜蓿、豆类、马铃薯、小麦、田青和胡萝卜等，大面积为害油菜还属首次发现。盲蝽（Miridae）在棉花上为害特点为成、若虫刺吸寄主芽叶、花蕾、果实等的汁液，被害部位出现黑点。一旦被害，花蕾就容易脱落。真叶出现后，顶芽受害枯死，不定芽丛生，无主茎，被害顶芽展开后为破叶，称为"破头疯"。花蕾受害后，停止发育，枯死脱落，重者其花蕾几乎全部脱落。张掖市 30 多万亩油菜被害症状与此几乎完全相同。

防治方法：以药剂防治为主，发生初期喷洒 10%盲蝽净 2 000 倍液、50%马拉硫磷乳油、50%磷胺乳油 1 000~1 500 倍液、4.5%高效顺反氯氰菊酯乳油 1 500~2 000 倍液等有机磷剂；2.5%敌杀死乳油、2.5%功夫乳油、20%灭扫利乳油 2 000 倍液等菊酯类药剂，或 50%辛·敌乳油等有机磷和菊酯类复配剂均可收到较好防效。

标题：互助油菜虫害考察

日期：2011-07-14

　　春油菜害虫防控是我们团队新的工作内容，7 月 13—14 日胡宝成、侯树敏等人赴青海省互助县考察春油菜虫害。青海省农科院副院长、岗位科学家杜德志、互助综合试验站蔡有华站长等人热情地接待了我们，并带领我们赴各地油菜主产乡镇考察油菜虫害。互助是油菜大县，100 多万亩耕地中油菜种植 40 余万亩，时值油菜盛花期，到处呈现出金黄色地毯一样的美丽。由于 7 月上旬连续 10 余天阴雨，田间很少害虫，我们发现了茎象甲、花露尾甲、角叶螟在茎上所产的卵，暂时没有重大虫害。座谈中，蔡有华站长等人给我们展示了她们多年来虫害防控的成果和照片，介绍了虫害种类和防控方法，这对我们是一次很好的学习机会。

　　当地油菜害虫主要是苗期黄曲条跳甲、蕾薹期茎象甲和花角期角叶螟。对前 2 种虫害他们已研究出一些防控方法，尤其是"锐胜"拌种防控黄曲条跳甲和茎象甲成效显著，率先在青海省禁用高毒有机磷农药。但由于长期使用农药，害虫的抗药性已比较突出，急需研究高效低毒杀虫剂和防控方法。此外，次要害虫变为主要害虫的问题也不容忽视。例如，在田间考察中，我们也发现了盲蝽，该害虫今年在甘肃的张掖市暴发，造成了 30 多万亩油菜损失巨大。另外，春油菜区由于长期旱作连作，油菜菌核病也日益加重，急需综防措施，减少损失。

标题：张掖油菜虫害防控效果调查

日期：2011-07-17

　　7 月 15—16 日，胡宝成、侯树敏再赴张掖综合试验站调查油菜害虫防控情况，讨论对该害虫的进一步防控措施。张掖市常年油菜种植面积 70 万亩左右，主要为甘蓝型和白菜型春油菜，过去基本无病虫害，但是今年却有 30 多万亩油菜遭受虫害为害，造成严重损失。据我们采样调查，今年为害该地区油菜的害虫主要为苜蓿盲蝽和黄曲条跳甲。此次我们再次调查了民乐县和山丹军马场遭受虫害严重的田块，查看害虫防控及油菜恢复生长情况。据田间调查，当地农技部门已接受我们上次调查时提出的建议，及时指导农民采用了有机磷、菊酯类或有机磷+菊酯类杀虫剂进行害虫防治，目前苜蓿盲蝽和黄曲条跳甲已初步得到有效控制。

　　在这二次调查的基础上，我们和张掖综合试验站的王浩瀚站长及其团队成员进行了座谈，探讨该害虫在该地区发生的原因及下一步进行深入研究的计划。提出了对该害虫研究分两步走的方案：第一步是及时制定该害虫的有效防控技术方案，尤其是控制越冬虫口密度，指导农民明年能及时防控该害虫的发生；第二步是在当地定点观察研究该害虫的发生规律、为害特点，为综合防控提供依据。同时还建议张掖综合试验站将今年油菜害虫的为害情况及时上报张掖市人民政府及相关职能部门，引起政府部门的重视，与政府的相关职能部门积极合作，共同开展对该害虫的防控。此外，还建议他们学习借鉴互助综合试验站采用"锐胜"拌种防控黄曲条跳甲的经验，以便更好地在当地防控黄曲条跳甲。

标题：加拿大油菜专家来访

日期：2011-07-29

　　Cargill Food 公司加拿大油菜专家邓新民先生于 7 月 26—29 日来我院访问，我们油菜团队的全体人员参加了来访期间的学术交流和活动。在座谈中围绕着油菜产业进行了比较广泛的交流。邓新民介绍了加拿大双低杂交油菜研究和发展情况。目前加拿大种植面积已达 1 亿亩左右。基本上为杂交种全部双低化。在耕作上实行轮作与免耕或少耕结合，利用转基因抗草甘膦和草铵膦除草剂的油菜品种相互种植达到控制杂草的目的，效果也非常好。他们公司在分子标记辅助育种、小孢子培养以及抗菌核病、抗黑胫病育种等方面成效显著。

　　胡宝成和团队其他成员也介绍了我们的工作，尤其是当前油菜生产上面临的新问题和挑战，如机械播种和收获，适应机械化作业的品种，抗逆性强（低温、干旱等）的品种、油菜黑胫病、根肿病的防控和抗病育种，气候变化带来的虫害变化等问题。通过考察和交流，双方同意在油菜育种技术（分子标记、小孢子培养）、资源交换（品质性状和抗病性）和人才培养（科技人员赴加拿大进修学习、合作研究）等方面达成合作意向，并尽快形成协议开展新一轮合作。

标题：帮助张掖拟定油菜害虫防控方案

日期：2011-08-02

应张掖综合试验站的请求，我们结合两次赴张掖市油菜虫害为害现场和与当地农技人员、种植户交流情况及与张掖市综合试验站座谈商谈的结果，草拟今秋和明春油菜黄曲条跳甲和盲蝽蟓防治方案及定点观察害虫方案。方案如下。

一、2012 年度张掖市油菜苜蓿盲蝽防治措施

1. 控制越冬虫口基数。主要是清除田间杂草及油菜秸秆。由于苜蓿盲蝽是以卵在枯死的杂草、农作物秸秆内越冬，因此 2011 年油菜收获后，及时清理田间残留秸秆及周边杂草，消灭其越冬场所，可有效减少越冬虫卵数。

2. 春后化学防控。（1）药剂拌种，播种前用 5%锐劲特或锐胜种衣剂拌种，按比例（锐劲特∶种子＝1∶10；锐胜每亩用 5 克）搅拌均匀，晾干后播种，可有效防控苜蓿盲蝽一代成若虫和黄曲条跳甲为害。（2）在 5 月中下旬苜蓿盲蝽一代若虫和成虫出现时，及时采用药剂防控，防控药剂主要有：10%盲蝽净 2 000 倍液、50%马拉硫磷乳油、50%磷胺乳油 1 000～1 500 倍液、4.5%高效顺反氯氰菊酯乳油 1 500～2 000 倍液等有机磷剂；2.5%敌杀死乳油、2.5%功夫乳油或 20%灭扫利乳油 2 000 倍液等菊酯类药剂，以及 50%辛·敌乳油等有机磷和菊酯类复配剂均可收到较好防效。

二、2012 年度张掖市苜蓿盲蝽观察试验方案

为研究张掖市油菜苜蓿盲蝽（*Adelphocoris lineolatus* Goeze）发生规律、为害油菜的特点及造成油菜产量的损失情况，特设计本试验方案。

1. 定点调查苜蓿盲蝽。在 2011 年度苜蓿盲蝽发生严重的民乐县、山丹军马场设置 2～3 个定点观察试验田块，每试验田块采取五点取样法选取固定 5 点，每点 20 株，共 100 株，在油菜苗期至角果期，每 7 天调查一次，记录第一次出现苜蓿盲蝽若虫和成虫的时间，记载苜蓿盲蝽若虫和成虫量，计算有虫株率和百株虫量，研究苜蓿盲蝽的消长规律。

2. 研究苜蓿盲蝽为害油菜的特点及对产量的影响（如果条件许可或有兴趣可做）在土壤肥力均匀一致的田块设置网室小区，小区面积 20 平方米，在网室内种植同一油菜品种，密度一致，采用随机区组排列，3 次重复，每区组 5 个处理，即（1）防控苜蓿盲蝽及其他害虫；（2）在保证没有其他害虫的情况下，人工释放苜蓿盲蝽成虫，有虫株率为 25%；（3）在保证没有其他害虫的情况下，人工释放苜蓿盲蝽成虫，有虫株率为 50%；（4）在保证没有其他害虫的情况下，人工释放苜蓿盲蝽成虫，有虫株率为 75%；（5）在保证没有其他害虫的

情况下，人工释放苜蓿盲蝽成虫，有虫株率为 100%；每 7 天调查一次，记载油菜受害情况，油菜成熟后小区单独计产，研究苜蓿盲蝽不同虫口密度对产量的影响。

标题：2011 年中国植物病理学学术年会参会总结

日期：2011-08-21

　　8 月 18—21 日费维新参加了 2011 年中国病理学会学术年会，参会的国内外专家学者代表 1 000 余人。会议期间邀请国内外著名专家学者做了高水平的大会专场学术报告 12 个，并且分为真菌与真菌病害组（一组和二组），病毒与病毒病害，细菌和线虫、预测预报和综合防治组，植物抗病组，生物防治和杀菌剂组等 6 个分会场进行了专题报告。会议围绕植物病害的生理生化、发生规律、分子植物病理、抗病育种与病害防治以及新病害的研究等主题做了 200 多个学术报告，并出版论文集 1 本。会议报告对病理学研究热点系统生物学、非寄主抗性和感病基因等进行了讨论交流，提出把寄主变成非寄主，为抗病育种的策略提供了新的思路，对今后指导开展油菜抗菌核病和根肿病的育种工作有非常大的意义。

标题：以色列 Kaiima 生物农业技术有限公司 3 位专家来访

日期：2011-09-10

　　以色列 Kaiima 生物农业技术有限公司营销副总裁 Zohar 先生、生产部经理 Galy 先生以及 Moran 先生在省农委市场处王一鸣主任的陪同下，来省农科院作物所访问，油菜团队全体成员参加了会议。双方交流了中以开展多倍体油菜育种合作研究取得的最新进展以及下一步计划安排，同时讨论利用双方的技术优势在油菜黑胫病、油菜菌核病等油菜病害抗病育种方面开展合作研究。Kaiima 公司介绍了今年在以色列北部制种 1 500 亩情况，由于第一年制种面积过大、去杂任务重导致去杂不及时等原因，杂交种的纯度只有 70% 左右，无法用于大田的菜籽生产，只能用于饲料生产，损失很大，因此，该公司计划将多倍体杂交种生产安排在我国。Zohar 先生介绍说多倍体品系 127 表现好于用它配制的杂交种，并计划在欧洲进行 127 品系注册和商业化运作。

　　Kaiima 公司致力于染色体加倍技术在农作物上的应用，它们希望与农科院的合作向小麦、玉米等作物拓展。多倍体杂交种 Kaiima 9 在安徽省油菜预试中产量比对照增产 2.61%，产油量比对照增产 4.52%，抗菌核病、抗黑胫病能力强于对照，并顺利进入区试。该杂交品种苗期长势旺盛，生物学产量高，双方计划在甘肃南部、西藏、内蒙古等地开展该品种饲料用油菜的生产试验。

标题：内蒙古农科院油菜专家来访

日期：2011-09-25

内蒙古农科院植保所李子钦研究员于 9 月 23—25 日来访，我们岗位的全体成员参加了来访活动。双方主要就内蒙春油菜区病虫害问题，尤其是油菜苗期跳甲和油菜黑胫病研究进行了广泛探讨。内蒙春油菜发展很快，目前已达 425 万亩，尤其是海拉尔农垦集团由于机械化程度高达 99%，油菜生产效益好，还有进一步发展的趋势。但生产上面临的病虫草害问题也进一步显现。2010 年 9 月我们赴海拉尔试验站调查，油菜黑胫病已普遍发生，尽管通过分子鉴定均为弱侵染型的 *L. biglobosa*，但当地纬度、气候和生产条件与加拿大西部相同，油菜黑胫病在加拿大由弱侵染型转变为强侵染型 *L. maculans* 的过程如果在中国重演的话，最大可能是海拉尔地区。我们已与该试验站联合建立观察点，监测这种变化。

李子钦研究员也与今年 8 月份实地调查，由于今年大旱没有发现病株，但定点监测工作已正式开展。为了共同研究和监测黑胫病的流行，我们还将近几年在冬油菜区十几个省调查采集到的黑胫病感病茎秆样本送给李子钦研究员，以便联合开展研究工作。同时还考察了位于黟县柯村我们团队建立的油菜人工诱发病害鉴定基地。

标题：布置秋种病虫害试验工作

日期：2011-09-26

9 月中旬以来，胡宝成主持团队全体成员多次座谈，确定了各种试验和具体方案。征集了全国各地育种岗位近年所选育的品种 50 余份，并与功能实验室所确定的以病虫草害为主的 11 个综合试验站进行了联系，安排布置需在这些试验站做的试验。蚜虫试验主要在合肥、六安、宜春、绵阳、昆明等地，小菜蛾主要在合肥、九江、宜昌等地，叶露尾甲主要在巢湖、临夏等地，跳甲主要在互助、张掖等地设点。油菜黑胫病的普查还继续，尤其是春油菜区的青海、内蒙古、新疆、西藏为重点。蚜虫为害后与菌核病发病关系重复上一年的工作。针对上年试验中出现的问题做一些调整。在黟县柯村和合肥定点监测油菜黑胫病，在河南固始黑胫病重发地块做损失率的研究工作。对从各地引进的品种 50 余份和我们自己的育种材料 100 余份进行抗黑胫病鉴定工作。该工作利用室内苗期人工接种和大田人工增加接种体等措施诱发病害，以期取得预期结果。蚜虫为害后对产量的损失测定工作在合肥做，根肿病的工作主要在黄山市重病区做，所有的试验要求在 10 月中旬前完成播种任务。

标题：油菜高产轻简栽培技术培训

日期：2011-09-29

9 月 28 日，侯树敏赴当涂县开展油菜高产轻简栽培技术培训。会上主要介绍油菜品种的选择、秋发高产栽培、机械化栽培、病虫草害高效安全防控技术等，并简要介绍了国家油菜产业技术体系及当前国内油菜的生产形势。参加培训的人员有 50 人左右，主要是县农技推广中心的科技人员、乡镇农技人员。马鞍山市农委也派人参加了此次培训会。

标题：油菜虫害试验播种

日期：2011-10-02

10 月 1 日，侯树敏带领临工在安徽省农科院油菜菌核病病圃试验田播种 2011—2012 年度田间试验，进一步研究油菜蚜虫为害与菌核病发病的关系。本年度参试品种 16 个，3 次重复，小区面积 12 平方米，采用"地蚜灵"防控蚜虫，不防为对照，试验播种在同一天内完成。目前油菜已经出苗，进入田间管理阶段。

标题：试验安排

日期：2011-10-05

5 月份，岗位科技人员调查了河南固始县沙河铺乡沙河村的油菜病害，调查发现疑似黑胫病植株比例较大，随后取样进行室内鉴定。为进一步分析该地的发病情况，李强生、费维新、荣松柏等在当地农业科技推广中心陈震的配合下，在沙河乡建立了病害试验基地。10月4日试验播种。本期试验主要进行旱地100份品种（系）间的抗性差异分析和14份品种水旱不同耕作制度的发病差异分析，在安徽黟县也开展了类似的测验。

标题：油菜病害试验播种

日期：2011-10-07

2009—2011年，连续几年在安徽黟县的试验点及周边进行调查，发现黑胫病的发生情况较重，不同年份、不同品种间存在差异，为了进一步研究黑胫病的发病规律，2010年在该试验点进行了300份品种品系抗性差异鉴定。根据试验计划5—7日，李强生、荣松柏等5人赴试验点进行油菜黑胫病试验播种。本试验主要鉴定100份材料的抗病差异和14份主栽品种的黑胫病发病情况。试验设3次重复。试验地前茬为水稻，秸秆焚烧，机开沟，免耕种植。

标题：油菜虫害试验播种

日期：2011-10-08

10月7日，侯树敏及临工在安徽省农科院试验田播种蚜虫防治试验，研究冬油菜区蚜虫防治指标。试验采用同一个品种：核优56，设置7个处理，3次重复，每个处理小区面积15平方米，试验在同一天内完成播种。

标题：油菜害虫防控试验

日期：2011-10-14

10月13日，侯树敏再赴巢湖市耀华村安排查看油菜叶露尾甲防控试验播种情况。为了研究该害虫的消长规律、造成的产量损失及筛选高效安全防控药剂，本年度在耀华村安排了油菜叶露尾甲的防控试验，试验种植品种为核优56，采用直播方式，小区面积15平方米，3次重复，参试药剂10个，空白为对照。采用色诱成虫的方法研究其消长规律。目前试验已播种出苗，进入田间管理阶段。

标题：油菜病虫害试验播种

日期：2011-10-17

10 月 15—16 日，李强生、荣松柏、段晓丽等在农科院院内试验田播种进行油菜黑胫病和小菜蛾虫害试验：病害试验主要针对 100 个品种（系）的抗性鉴定和 50 个市场流通品种的抗性调查。虫害试验主要测试油菜硫代含量高低对小菜蛾产卵取食的影响，通过硫代分析选取了高、中、低不同含量的品种各 4 个，共 12 份材料，且均为低芥。试验 3 次重复。根据试验设计将在合适时期进行接种观察小菜蛾产卵和为害情况。单个试验同一天完成。

标题：加拿大植物病理学家来访和交流

日期：2011-10-27

加拿大阿尔伯塔省农业农村发展部 Sheau-Fang Hwang 博士和 Kan-Fa Chang 博士近日来院交流访问。Sheau-Fang Hwang 博士 1983 年获得美国华盛顿州立大学植物病理专业博士学位，长期从事植物病理学研究，现担任阿尔伯塔大学客座教授，主要从事根肿病和油菜茎基溃疡病研究。10 月 24 日，胡宝成、李强生等陪同 Sheau-Fang Hwang 博士一行考察了皖南油菜病害试验基地。期间，胡宝成与 Sheau-Fang Hwang 博士就国内外油菜黑胫病、根肿病、菌核病等病害进行了广泛交谈。在基地胡宝成又向 Sheau-Fang Hwang 博士介绍了基地的选择情况和试验具体情况，同时还介绍了目前我院在油菜病害研究上的进展和国际合作方面的情况。考察期间正值雨天，我们对试验进行了黑胫病人工接种处理。

基地考察结束后，Sheau-Fang Hwang 博士为科技人员做了根肿病研究专题报告。介绍了根肿病在加拿大以及阿尔伯塔省的发生情况以及研究小组所做的工作和取得的成绩。座谈期间双方就根肿病和黑胫病研究方面进行了深层次交流，Sheau-Fang Hwang 博士在根肿病上的研究经验给了我们很多启发。会上，双方达成合作意向。座谈报告前，Sheau-Fang Hwang 博士一行还参观了在建的国家油菜改良中心合肥分中心综合实验楼和院内试验地。

标题：金寨油菜生产考察和技术指导

日期：2011-11-01

10 月 28 日，侯树敏赴大别山区的金寨县考察指导油菜生产。金寨县天堂寨镇地处大别山深处，是革命老区，也是我省著名的旅游景点。当地政府为了进一步促进旅游产业的发展，计划在天堂寨景区及周边地区发展油菜生产，举办油菜花观赏节，促进旅游经济发展，带动老区农民致富。目前当地种植的油菜主要是地方白菜型油菜，病害重，产量低。农民也曾自发的选择些甘蓝型油菜种植，但是由于当地海拔相对较高，冬季温度较低，极端低温可达-15℃左右，加之防冻栽培措施不到位，所种甘蓝型油菜在苗期基本都被冻死，发展甘蓝型油菜受挫。据此我们建议，在当地不同的海拔高度选择不同的甘蓝型油菜品种，如在相对较低海拔的地区可选择中早熟品种，而在相对较高海拔的地区则选择中晚熟品种。另外，为了延长油菜的花期观赏时间，可在较高海拔的地方搭配种植些抗冻性较强、开花较早的白菜型油菜。

这次考察我们免费提供了 18 千克油菜种子，且有黄色和白色两种花色，白花油菜适宜布置图案，起点缀装饰作用。此外，还提供些品质较优的黄籽白菜型油菜，用于在较高海拔地区种植，并讲解抗冻栽培管理措施，提供相应的栽培技术资料。由于今年接到通知较迟，只先小范围的试种，计划明年早做规划，再进行较大面积的试验示范。

标题：中国工程院院士傅廷栋教授访问我院

日期：2011-11-08

11 月 7 日，中国工程院院士、华中农业大学傅廷栋教授，油菜体系岗位科学家周广生副教授等访问安徽省农科院。我院杨剑波院长、胡宝成副院长和油菜研究团队全体成员陪同傅院士一行参观了我院油菜病虫害研究试验圃、网室等。胡宝成详细介绍了我院油菜岗位在病虫害研究方面的进展，研究方向及下一步的工作打算。随后，院长杨剑波研究员、胡宝成及安徽省农科院油菜研究团队全体成员又参加了与傅院士一行的座谈。大家就我国油菜产业的发展方向、油菜体系的建设、中国种业的发展及油菜育种研究等方面的情况进行了讨论，聆听了傅院士的见解，大家也发表了自己的看法，大家深受启发，受益匪浅。

此外，7 日上午，胡宝成、侯树敏、荣松柏还陪同刚到滁州市挂职副市长的农业部科教司刘艳副司长和傅廷栋院士一行访问了巢湖综合试验站，参观了巢湖试验站的油菜示范基地、站内试验田等。刘艳副司长就产业技术体系建设及今后发展方向谈了一些很好的计划和设想，巢湖试验站站长吕孝林研究员介绍了巢湖试验站的建设及工作进展情况。

标题：听取傅廷栋院士学术报告

日期：2011-11-09

11 月 8 日，安徽省农科院油菜研究团队全体成员参加了中国工程院院士、华中农业大学傅廷栋教授和岗位科学家周广生副教授的学术报告会。会上，傅院士做了《油菜生产、品种改良与栽培》的专题报告，介绍了国内外油菜生产的发展、现状，品种改良现状、下一步改良目标，油菜栽培现状、存在的问题及下一步发展趋势等。报告信息量大、内容丰富、针对性强，我们听后深受启发，对我们今后的研究工作具有很大的指导意义。随后，岗位科学家周广生副教授做了《油菜谷林套播技术》的专题报告，介绍了在水稻收获前 8~10 天进行油菜播种的技术、播前种子处理技术、施肥管理技术等，该技术具有很强的实用性，对发展油菜轻简化栽培具有指导意义。

标题：油菜病害试验调查

日期：2011-11-10

黑胫病鉴定试验河南固始试验点于 10 月 4 日播种。11 月 10 日，李强生、荣松柏对该点苗期的发病情况进行了调查。试验田油菜整体长势较好，油菜处在 4~5 叶期，已进行间苗定苗，整体密度一致。在两块试验田（前茬为玉米和水稻）均发现了疑似病株，叶片上有大小不一近似圆形的病斑，病斑上有黑点（疑似孢子）。对疑似病株进行了取样，并将进行室内 PCR 鉴定。国家油菜产业技术体系信阳试验站站长王友华，农科所植保系鲁主任等和固始县农委陈震等参与了调查。调查的同时还就当地的草害、种植习惯以及发展前景进行了交流。

标题：加拿大植物病理学专家来访

日期：2011-11-15

2011 年 11 月 14—15 日，加拿大植物病理学家 Gary Peng 博士来我院进行学术访问与交流，并做了主题为"加拿大油菜根肿病和油菜黑胫病最新研究进展"的学术讲座。介绍了加拿大在油菜生产上的 2 种主要病害油菜根肿病和油菜黑胫病的发生与为害的历史与现状。并且分别从化学农药的利用、生物防治、抗病育种、栽培技术（轮作等）、种子包衣等方面全方位介绍了加拿大在这 2 种病害的研究与防控上所作出的努力与成就。

在化学农药与生物制剂方面，目前已经开发并筛选出一些产品，如防治油菜根肿病的氰霜唑和内生菌等，但是其在大田生产上应用成本高，大田防治效果不理想，目前最有效的防治方法是种植抗病品种。加拿大在油菜根肿病和油菜黑胫病的抗病育种上取得了很好的成绩，目前生产上推广的品种大多是抗病品种。现有抗油菜根肿病的种植品种中的抗性基因来源单一，均来自芜菁的 A 基因组，存在抗性丧失的风险。现在通过鉴定筛选已经获得到来源于黑芥的 B 基因组的抗根肿病抗性基因，而且抗性稳定，不久将应用于抗油菜根肿病的选育，增加了油菜根肿病抗源的多样性。抗油菜黑胫病的抗性基因比较多，但主要都是抗油菜黑胫病的强侵染型（*L. maculans*）。目前生产上主要的防病策略是通过品种中不同抗性基因的更换和组合来改良油菜品种的抗病性与多样性，加强抗病品种在生产上的管理并指导农民种植，来减少油菜黑胫病的为害损失。

双方就油菜根肿病和油菜黑胫病的研究和在我国目前病害发生为害的现状进行了讨论与交流。油菜黑胫病在我国发生的主要是弱侵染型，强侵染型目前为止还没有发现。在我国油菜黑胫病是一个新病害，但通过近年来的调查情况表明油菜黑胫病呈逐年加重趋势，对油菜生产有一定为害。就中国油菜黑胫病发生情况的特点，双方讨论认为可能是耕作制度有一定影响，中国南方油菜产区实行水旱轮作，秸秆收获后集中焚烧，有利于减少田间的病原菌数量。但是现在中国政府禁止农作物秸秆的焚烧，提倡秸秆还田，该举措有利于环保但也有利于病原菌的积累加重病害。油菜根肿病在我国历史上也有发生，但近年来该病发生的区域在扩大，给油菜生产带来重大影响。Gary Peng 博士介绍根肿病的休眠孢子在土壤中的存活期长，而且对药物的敏感期仅仅是休眠孢子萌发为游动孢子的时期，给根肿病的防治带来很大的难度。双方就如何治理根肿病，特别是水旱轮作情况下对根肿病休眠孢子的流动传播的影响进行了探讨，认为水旱轮作有利于休眠孢子的流动。双方经讨论协商将在油菜根肿病和黑胫病的病害研究和抗病育种方面进一步合作，双方研究人员的互访及技术培训工作。

标题：加拿大专家黄山市油菜病害考察和技术指导

日期：2011-11-23

11 月 20—23 日加拿大植物病理学家 Gary Peng 博士在胡宝成和团队其他成员陪同下，考察了位于黄山市的油菜病害试验基地。黄山市油菜面积 40 万亩左右，但近年来根肿病发病比较重，并且扩展较快，严重影响当地油菜生产和旅游观光业。在黄山市考察期间，加拿大专家一行分别考察了休宁县张村与黟县柯村的油菜根肿病和黑胫病的试验点，试验田均为直播，苗情长势均较好。加拿大专家对病害试验的设计和试验数据的调查获取以及黑胫病苗期症状的识别方法等在田间现场给予了指导，对张村等地的油菜田间根肿病的发病情况进行了调查。结果表明根肿病的发病率达 50%以上，发病严重的地块发病率高达100%，而且根肿病的病株的级别多数为 3~4 级（最高病害级别为 4 级）。调查时当地种油菜农户反映该病近几年逐年加重，但是不知道如何去防治该病。

加拿大专家对黄山油菜根肿病的严重为害也非常震惊。提出当前应先通过非十字花科作物的轮作来减少重病田块的田间菌源量，并建议开展抗病资源材料的筛选加强抗病育种工作。同时双方将在油菜根肿病和黑胫病研究方面开展合作与交流。

标题：2011 年病虫害防治监控技术研讨会

日期：2011-11-30

国家油菜产业体系 2011 年病虫害防治监控技术研讨会于 11 月 28—29 日在陕西杨凌举办，安徽省农科院虫害岗位全体工作人员参加了研讨会。会议由病虫草害功能试验室主办，西北农林科技大学农学院油菜研究中心承办，体系各综合试验站到会人员 80 多人。这次研讨会以杂草为主题，展示了近年来油菜病虫草害研究进展和油菜生产上植保工作实践和出现的新问题。同时还特别邀请了油菜体系外的专家学者介绍了相关的研究进展，为油菜病虫草害的研究与实践提供了非常重要的经验，促进了同行之间的交流。

在研讨会上，小麦病害专家康振生教授介绍了小麦病害的研究进展及小麦体系病害的防控工作，特别是小麦体系内病害工作的开展与协调育种栽培的经验；杂草研究专家幕小倩教授、张朝贤研究员和油菜杂草岗位专家胡胜武教授分别介绍了杂草的种类与识别，以及农田特别是油菜田杂草的种群变化以及防控技术；胡宝成研究员介绍了气候变化和耕作变化对油菜病虫害的影响，提出随着耕作制度的变化和全球气候变暖病虫害有为害加重和油菜黑胫病在我国流行的变化趋势；姜道宏教授介绍油菜菌核病的研究进展，特别是利用核盘菌病毒开展油菜菌核病的生物防治取得了重大的研究进展；方小平研究员介绍了油菜根肿病的进展及防治技术；侯树敏介绍了油菜虫害防治及新虫害的为害；有关试验站还介绍了油菜病虫草害的普查概况和农田杂草的防除技术，提出油菜田杂草"芽前封闭，适当密植，早期控制"的新型杂草防治策略。

此次会议获得了圆满成功，为做好油菜植保特别是开展油菜田杂草防治工作，为油菜产业的可持续发展提供了有力的保障。会议期间，讨论了下一步工作的具体任务，明确了各个重点任务的分工协作，协调各个试验站与岗位专家一起完成油菜病虫草害的试验示范与推广工作。

标题：皖南油菜根肿病鉴定试验调查

日期：2011-12-12

12月10—12日李强生、费维新等一行赴皖南油菜根肿病试验点调查油菜根肿病试验情况。在休宁油菜根肿病试验点，今年一共种植了油菜、白菜、甘蓝等十字花科根肿病鉴定材料100余份。试验设3次重复，每小区面积4平方米，试验地上年度油菜根肿病发病严重，田间土壤菌源丰富。随机抽样调查结果表明，不同材料的发病率变化幅度为0~100%，从而证明这些鉴定材料对油菜根肿病的感病程度差异较大。而且今年该试验点的油菜根肿病具有发病早、发病严重度高的特点，部分发病株的根肿块已经开始腐烂，引起植株死亡。今年油菜根肿病的侵染期较长，早期侵染以主根为主形成较大根肿，后期侵染以须根为主形成较小根肿。该发病特点可能与今年的气候条件有关，入秋以来，油菜的播种期间，降雨较往年偏多，油菜生长后期也没有明显的干旱，田间土壤比较湿润，适宜根肿病休眠孢子的萌发和侵染。

标题：油菜根肿病取样

日期：2011-12-28

12月27—28日侯树敏和费维新陪同中国农科院油料所任莉博士一行2人赴黄山采集油菜根肿病样本。共去了3个点，分别是休宁县的齐云山镇、商山镇和歙县的郑村镇。样本采集区根肿病发病率最高的可达100%，其中在歙县郑村镇病样采集点发病田块油菜苗已经根部腐烂，上部叶片发黄枯死，造成整个发病田块油菜绝收。根据当地农技人员介绍该病也是近两年才在当地开始为害，而且发展很快。在此期间大家在油菜根肿病生理小种的鉴定、人工接种和病害评价标准等方面进行了讨论与交流。

2012 年度

标题：黄山油菜根肿病防治试验调查

日期：2012-01-05

费维新对黄山油菜根肿病防治试验开始调查。试验设 8 个处理，分别为空白对照、石灰处理、6 种药剂苗期灌根，设 4 次重复。试验田块上茬为水稻，全田发病比较均匀。根据试验调查数据统计空白对照发病率达 58%，药剂处理的发病率为 6%~23%，石灰处理的发病率为 33%。由此可见药剂处理的效果较好，石灰处理也有一定的防效。

标题：参加体系年度工作会议

日期：2012-01-09

1 月 3—6 日，胡宝成和侯树敏参加了在武汉召开的国家油菜产业技术体系2011 年度工作会议，会上听取了体系首席科学家王汉中研究员、各功能研究室主任、岗位科学家及试验站站长 2011 年度的工作汇报、存在的问题及下一年度工作打算。胡宝成也代表我院油菜虫害团队做了工作汇报。汇报结束后，王汉中研究员又做了会议总结性发言并对体系 2012 年度的工作进行了安排部署。通过一年一度工作汇报和交流，加深了与会人员的彼此了解，增进了友谊，加强了合作。参会代表对 2011 年度体系工作取得的成绩感到鼓舞，但同时清醒地认识到目前我国油菜产业的发展正面临的困难和挑战，一致认为在全体系人员的共同努力下，一定能够将我国的油菜产业不断推向前进，促进我国油菜产业的发展，为保障我国食用油的供给安全提供技术支撑。

标题：油菜生产调查

日期：2012-01-12

李强生、费维新、荣松柏和陈凤祥到含山县调查油脂加工企业——大平集团，并调查了沿途和当地的油菜生产和长势情况。油菜苗情较好，没有出现缺苗断垄现象。部分旱地可能由于播种较早，也有可能是选用了早熟品种，已出现现蕾抽薹现象。调查田块中没有发现害虫为害症状，有少量蚜虫发生，霜霉病零星发生。自去年 11 月底以来，有近 50 天该地区和周边地区无明显降雨，旱情严重。在与大平集团合作的高油酸油菜生产基地，旱情严重影响了油菜的生长，加之前茬种植药材，土壤肥力不足，土地经过平整后保肥保墒能力差，油菜出现萎蔫现象。建议及时追肥灌溉，提高防寒抗冻能力，促进后期生长。含山县是安徽省的油菜生产大县，也是油菜的主要生产基地，种植水平较高，单产 150 千克以上。但随着油菜生产同比效益的下降，生产面积逐年下降，这次调查我们发现沿途有 80% 以上昔日绿油油的油菜田变成了抛荒田。如何恢复油菜种植面积，提高种植效益仍值得关注和思考。

标题：试验小结

日期：2012-01-13

根据体系害虫试验计划，荣松柏对不同硫代芥酸含量的品种进行产卵取食影响试验。试验前期小菜蛾饲养工作进展顺利。为了获得较为敏感的种群，根据福建农林大学杨广博士的建议，收集野外资源进行多代饲养改变其敏感性，以达到试验要求。自 2011 年 9 月取样以来，已进行了 3 代。小菜蛾的最佳活动温度在 25℃ 左右，由于冬季室外温度低，大棚内饲养温度达不到要求，不适合小菜蛾生长，后期采用了培养箱内饲养。在饲养过程中，一方面借鉴他人的方法，一方面也适当改变了一些具体操作细节，获得了一些简单方便的饲养方法。饲养过程中小菜蛾的生命周期约 25 天。小菜蛾是十字花科作物的主要害虫之一，其繁殖速度快，世代多，为害大，防治难一直是害虫防治的重要对象，根据其取食的差异，分析气味对小菜蛾为害的影响，利用育种的手段，改变品种的某些化学指标从而达到防控目的将成为新的防治手段之一。

标题：三熟制地区油菜病虫害综合防控的几点想法

日期：2012-01-16

三熟制地区油菜病虫害综合防控的几点想法：蚜虫是三熟制地区油菜最主要害虫，菌核病是最主要的病害，我们的研究结果表明蚜虫为害后的油菜，其菌核病发病早和病指均显著高于没有为害的植株。故在油菜苗期和返青期通过控制蚜虫的为害可以有效地减轻菌核病的为害。在防治蚜虫方面可选用吡虫啉加我院自行研制的缓释剂一次施用，较长期发挥作用。对菌核病的防治还可采用新的农药剂型和施药机械，采用我院创制的沉降剂与杀菌剂混合，利用热烟雾机和喷施（喷施距离可达 20 米左右），提高施药效率和防治效果。今春返青后可选择九江、宜春、衡阳、常德等试验站中 2 个进行试验，成功后于明年扩大示范范围。在此基础上我们岗位为三熟制地区油菜病虫害综合防控方案拟有：（1）苗期：返青期防治蚜虫。药剂：吡虫啉+缓释剂；（2）花期：防治菌核病，杀菌剂+沉降剂+热烟雾机喷施。

标题：云南油菜蚜虫防治的设想

日期：2012-01-17

云南是我国油菜蚜虫发生很重的地区之一。过去三年的定点监测表明，该地区蚜虫发生与长江流域不同。长江流域是苗期和青角期二个高峰，控制苗期蚜虫可有效减轻青角期的蚜虫为害；而云南省蚜虫发生主要在青角期后，由于此时田间不易施药，且费工费时防治效果不理想。2012 年 3—4 月份可利用我院创制的农药沉降剂加杀虫剂，用热烟雾机喷施，这样可大大减轻劳动强度和施药时田间油菜植株受损率，提高防治效率和效果。2012 年 2 月下旬可以与云南综合试验站商讨具体事宜，青角期开始试验示范。

标题：全国油菜黑胫病监测方案

日期：2012-01-18

全国油菜黑胫病的监测是我们岗位一项工作，在过去三年里已普查 11 省的油菜黑胫病的基础上，今年继续调查重庆、新疆、西藏等地。与各地综合试验站联合进行定点监测，调查病害扩展情况。对各地调查取样继续通过 PCR 和培养基培养鉴定，注意强侵染型在我国出现。选择国内生产上应用的品种 40~50 个和种质资源 50 余份，同时在加拿大和中国人工接种鉴定抗强侵染型（*L. maculans*）和弱侵染型（*L. biglobosa*）的能力。引进加拿大的抗病性鉴定的一套鉴别寄主，田间鉴定生理小种。

标题：池州油菜示范区病虫害调查和技术指导

日期：2012-01-20

1 月 18—19 日，侯树敏赴池州查看油菜示范区，该示范区位于池州市贵池区梅村镇，面积 100 亩，为土地扭转大户种植，采用稻—油种植模式，由于传统的油菜育苗移栽费工费时，大户大面积种植不太可能，急需轻简化、机械化种植，因此我们指导采用稻田免耕直播，机械开沟覆土的种植模式。苗期采用吡虫啉防治蚜虫、高效顺反氯氰菊酯防治菜青虫和小菜蛾等，目前采苗长势正常，无病虫害发生。计划在油菜花期采用机械喷雾法或烟雾剂来防控菌核病，以期减少用工量，提高劳动效率，促进油菜生产。

标题：试验小结

日期：2012-01-21

为了能够获得较多的虫源数量，保证试验能够较顺利的进行，荣松柏近期开展的小菜蛾饲养工作仍在继续。小菜蛾，俗名吊丝虫，主要为害十字花科作物，寄主广泛，多达 40 余种。有报道记载，十字花科作物中含有某种引诱物质可以吸引小菜蛾幼虫取食和雌虫产卵。且已证明硫代葡萄糖苷能刺激害虫取食产卵。硫代葡萄糖苷在植物体内经黑芥子酶作用水解生成具有挥发性的物质异硫氰酸酯化合物，是引诱小菜蛾产卵的信息化合物。本试验将利用检测油菜籽粒和油菜叶片的硫代芥酸含量，观察小菜蛾的产卵为害情况，建立其相关性，指导防治小菜蛾为害。同时将在前人研究的基础上进一步分析对小菜蛾产卵作用最强的硫代葡萄糖苷结构和浓度，寻找其中的关系和作用机理。

标题：2012 年度油菜病虫害防控计划

日期：2012-01-29

团队成员座谈，讨论 2012 年度油菜蚜虫及菌核病的防控措施，计划采用安徽省农科院研发的农药烟雾剂及热喷技术进行轻简、高效防控油菜蚜虫和菌核病。据我们研究油菜蚜虫为害程度与后期菌核病的发生程度呈显著正相关，也就是说防控好蚜虫，不但可以减轻蚜虫对油菜的直接为害，也可以减轻后期油菜菌核病的发生，但是在油菜花角期进行常规的人工喷雾防治蚜虫和菌核病比较困难，一来不利于田间农事操作，二来对油菜植株也容易造成损伤，而采用烟雾剂和热喷技术油菜花期防治蚜虫和菌核病简单有高效，我们计划今年油菜花期进行示范推广。

标题：油菜春季田间管理指导

日期：2012-02-03

2月1—2日，侯树敏、费维新、陈凤祥、吴新杰、范志雄赴池州、六安等地查看油菜苗情，调查油菜病虫害，指导农民进行春季田间管理，发放技术资料200余份。从调查来看，由于去年秋季气温较高，且雨水充沛，所以油菜苗期大都长势较好，特别是池州的棉茬移栽油菜长势更是喜人，基本无病虫害，冻害发生也很轻。我们根据苗情指导农民进行相应的施肥、控肥，特别是蕾薹期防治蚜虫及花期防治菌核病，回答农民的提问，解答他们在油菜生产中遇到的问题。

标题：安排油菜病虫害防治热烟雾施药技术试验示范

日期：2012-02-09

胡宝成、侯树敏等人于2月7日赴滁州市农科所安排落实油菜病虫害防治热烟雾施药技术试验示范。确定在3月初油菜初花期在滁州市进行百亩防治油菜菌核病的施药方式和防治效果试验示范。并向在滁州市挂职的刘艳副司长进行了汇报。在滁州市农科所期间还考察了该所的基地和油菜各种试验。去冬气候条件比较适合越冬作物生长，各种试验长势良好，冻害一般1~2级，在正常水平。由于油菜比较效益低，滁州市油菜播种面积下滑比较大，已由最高时的200多万亩降为当前的50多万亩。我们将要进行的施药方式试验也是轻简化栽培的一个方面。防治一亩地仅需1分钟，而防治成本大大低于常规防治方法，希望结合播种和收获的轻简化、机械化为油菜生产的恢复提供一些技术支撑。

标题：虫害试验

日期：2012-02-14

自春节后连续的低温影响，最低气温降至-6℃，原计划近期开展的油菜小菜蛾害虫接种试验因温度太低被耽搁。为保证试验能正常进行，荣松柏继续对小菜蛾加代饲养，对油菜植株过旺生长进行适当控制，确保证试验能获得最佳效果。试验小菜蛾虫源来源于周边地区，并通过室外室内培养，获得了大量群体，满足试验需要。本次试验主要研究分析油菜种子硫代芥酸含量与小菜蛾为害影响之间的关系，主要了解其产卵、取食差异，同时筛选高效防治药剂和防治方法。在条件允许的情况下，将研究影响小菜蛾产卵、取食等活动的主要物质和化学成分。

标题：油菜生产调查

日期：2012-02-22

　　胡宝成、李强生、侯树敏等到油菜生产基地查看油菜长势和病虫害情况，并调查了解油菜生产状况。今年开春以来，天气以低温多雨为主，因此油菜相对年前生长缓慢，但整体长势较好。在调查的田块中并未发现蚜虫、小菜蛾等其他害虫为害，也无明显病害症状。安徽油菜生产面积逐年下滑，据调查推测，今年安徽生产面积仅保持在1 000万亩左右。在本次调查的巢湖、含山两地，曾经是安徽的生产主要地区，但随着农村人口结构的不断变化，外出务工的人口比例越来越大，从事农业种植人数不断减少，加上政策扶持力度小、同比经济效益低、种植劳动强度大、费工费时等原因，两地近几年的种植面积下滑幅度较大。其实这种现象已成为目前阻碍油菜生产的主要原因。如何减轻劳动强度，提高经济效益，恢复油菜生产，已不是单纯的依靠提高单产所能解决的。提高种植经济效益，乃至推动整个农业产业的发展将是我们农业科技工作者下一步思考的重点之一。

标题：科技支农服务和技术指导

日期：2012-02-27

　　为了贯彻中央1号文件和安徽省1号文件精神，积极开展科技支农服务，2月24—25日，侯树敏随同安徽省农科院科技服务团赴皖南泾县开展春季油菜田间管理科技服务活动。泾县是安徽省传统的油菜种植区，今年油菜播种面积6万余亩，主要采用稻田免耕直播和旱地直播方式种植，品种主要为甘蓝型常规油菜品种，目前田间菜苗长势正常，基本无病虫害，但由于近期当地雨水较多，因此，我们提醒当地农民、农技人员要及时进行田间排水，同时抓紧时间追施油菜返青肥，注意防治油菜蚜虫及花期防治菌核病。在与当地农技部门科技人员座谈中了解到，当地油菜种植面积与高峰期相比已下降50%左右，虽然当地是较早开展油菜稻田免耕直播、机械开沟覆土等轻简化种植的地区，但是由于当地油菜菌核病发病较重，产量较低，且油菜籽市场价格低迷，直接影响了农民种植的积极性。目前当地急需引进高产优质抗病的油菜品种以代替当地的常规品种及农家自留品种，同时开展机械化收割试验示范。根据当地提出的科技需要，我们积极与对方对接，计划在秋播前免费提供一些高产优质抗病的油菜品种，同时积极帮助联系油菜收获机械和菌核病高效喷雾防治机械，开展机械化收获和菌核病高效防控试验示范。

标题：春季科技服务

日期：2012-03-06

3月2—3日，侯树敏随同安徽省农科院科技支农服务团赴池州市石台县和贵池区查看油菜苗情，指导春季生产。由于近期我省南方多阴雨，田间湿度大，部分低洼田块已出现积水，根据调查情况，我们提出要及时清沟排除田间积水，降低田间湿度，此外，抓紧时间对苗势较弱的田块追施蕾薹肥，促进油菜春发，同时注意天晴后及时防治霜霉病。

标题：衡阳油菜调查

日期：2012-03-09

3月7—8日，在接到衡阳试验站要求鉴定油菜生长不正常的原因后，侯树敏赴衡阳实地调查。在衡阳试验站黄益国站长及其团队成员李小芳的陪同下调查了衡山县永和乡永田村的油菜，该村部分田块油菜叶色墨绿，抽薹迟缓，部分植株叶片丛生，根茎稍膨大。根据田间症状及我们仔细查看，排除了是由于虫害造成的原因，初步认为可能是由于土壤缺硼造成的。此外，也可能是由于该品种冬性较强，表现抽薹较迟，且对硼表现较敏感，是品种种性的原因。目前，黄益国站长他们已指导农民追施了速效硼肥及农家肥等，我们也已取回土壤样品，帮助检测土壤中硼的含量及其他营养元素的含量，以进一步确定当地油菜出现不正常症状的原因，以便更科学地指导农民生产。

标题：病害试验调查

日期：2012-03-10

近一个月的阴雨天后，今天终于放晴。胡宝成、李强生、荣松柏赴黄山市黟县检查田间试验生长情况。由于长期低温阴雨，尽管已到3月中旬，但油菜仅刚返青，尚未抽薹，比去年同期要迟 2 周左右。在黑胫病人工接种试验地还是比较容易地发现了一些疑似感病子叶。我们已取样准备回试验室进一步鉴定。在柯村试验地我们又发现了"核优 56"菌核病早期侵染植株，菌核病萌发菌丝在去冬较温暖时侵染茎部基叶，致使整个基部布满白色菌丝，部分已形成菌核。发病率高达 25%左右。该侵染方式我们最早是 2009 年在六安市发现，当时仅零星发生，去年在休宁县张村也发现，同时贵阳试验站去年发给我们的"怪病"照片也是菌核病的早期侵染。现在要做的是进一步明确是否菌核病侵染，可以在实验室培养菌丝，待形成菌核后再促使菌核萌发产生子囊盘，获取子囊孢子再接种油菜花瓣看看能否造成同样的侵染。明确病原后，在从侵染循环上做工作，研究防控措施。

标题：休宁县病虫害调查和防治指导

日期：2012-03-11

胡宝成、李强生、荣松柏赴休宁县考察油菜病虫害发生情况并指导当地油菜田间管理。黄山市农委陈长春副主任接待了我们，黄山市农科所副所长王淑芬等人陪同考察。休宁县去秋播种条件比较好，由于温度偏高，雨水充沛，越冬前苗情一直很好。从春节过后一个多月时间基本是阴雨天，气温偏低，现刚刚抽薹，比去年推迟 10~15 天。所考察的休宁县齐云山镇和商山镇苗情尚好，田间排水也比较好，但有脱肥现象，菌核病早期侵染也比较普遍。据调查，齐云山镇菌核病发病率在 16%左右，商山镇在 6%左右。由于通过叶片还可接触传病，已指导当地农民适当防治病害。在齐云山镇的张村根肿病重发田块，发病植株根部已腐烂，估计天气晴朗气温升高后，症状可明显表现出来。已与王所长商定，在菌核病发病重的田块，油菜收获后取土样调查菌核的密度。同时，我们也将通过实验室和人工接种诱导发病方法准确确定病原。

标题：病虫草害防控功能实验室刘胜毅主任考察指导

日期：2012-03-18

油菜病虫草害防控功能实验室刘胜毅主任一行 3 人于 3 月 18 日来考察指导工作，胡宝成及团队成员参与。主要考察田间蚜虫为害与油菜菌核病发病关系试验、油菜黑胫病人工接种鉴定抗病性试验。双方还交流了油菜菌核病开花前侵染和发病情况，对该侵染方式和为害感到担忧。胡宝成还介绍了通过发展油菜促进旅游从而提高农民收入，反过来促进油菜产业的发展的想法和做法。

标题：巢湖油菜虫害防控科技培训

日期：2012-03-20

3 月 19 日，侯树敏、荣松柏赴巢湖综合试验站开展油菜虫害防控科技培训，参会人员主要是巢湖综合试验、合肥市长丰县、肥东县、肥西县、庐江县、巢湖市、马鞍山市含山县、和县及芜湖市无为县的植保站、农机站、推广站的农业科技人员及种植大户 60 余人。会上，侯树敏重点介绍了植物-虫害-杀虫剂三者之间的关系、不同类型杀虫剂防控害虫原则、油菜主要害虫种类、可选的防治药剂及防治方法等。

标题：云南油菜青角期蚜虫高效防治试验

日期：2012-03-27

3 月 25—26 日，侯树敏、费维新赴云南昆明试验站进行油菜蚜虫热雾高效防治试验。试验地点选择在泸西县，昆明试验站团队成员符明联及泸西县农技中心的农技人员参加了此次试验，试验采用热喷雾技术，将防虫药剂吡虫啉雾化，进行快速施药。

试验采用吡虫啉防治蚜虫常规推荐剂量、增加 20%剂量、减少 20%剂量及不防 4 个处理，防治田块：（1）百株有虫率 100%，百株有蚜枝率 100%，百株蚜量达 17.6 万头；（2）百株有虫率 100%，百株有蚜枝率 55.8%，百株蚜量达 17.2 万头；（3）百株有虫率 100%，百株有蚜枝率 50%，百株蚜量达 8.6 万头。防治效果正在调查中。如果本次试验效果较好，将大大提高油菜青角期蚜虫防治效率，减轻农民防虫劳动强度，促进油菜生产。

标题：害虫防治调查

日期：2012-03-29

荣松柏等到巢湖油菜制种点进行检查。目前油菜已进入薹期，部分向阳岗地已开花，但与往年相比，今年花期要迟 10 天左右。油菜去杂工作正在进行。在该基地发现了大量的叶露尾甲害虫，为害症状主要表现在叶片上和花蕾上，害虫啃食叶肉和花蕾。据估计单株成虫数 10～15 头。目前，害虫通过何种途径传入该区还不清楚，将做进一步调查。为了减少害虫为害，建议立即利用 40% 氧化乐果乳油 400 毫克/千克或 40% 甲基异柳磷乳油 400 毫克/千克喷雾防治害虫，防治次数 1～3 次为佳。对此害虫在该地区及周边的发生发展传播情况，我们将继续开展调查研究。

标题：油菜子叶期黑胫病人工接种试验

日期：2012-04-01

在温室或田间条件下对油菜植株进行黑胫病病原菌的接种鉴定，是研究病原物与寄主互作关系及品种抗病表现的最基本的手段。子叶接种鉴定被广泛采用，用来衡量不同病原小种致病能力的大小。2012 年 3 月，在温室条件下，李强生、荣松柏采用 *L. biglobosa* 菌丝块接种子叶的方法，接种已知抗茎基溃疡病水平的 3 个欧洲油菜品种和中油 821。23 个 *L. biglobosa* 小种从全国 11 个省市受黑胫病侵染的油菜病株上分离、纯化获得，且小种经过培养鉴定和 PCR 鉴定为 *L. biglobosa*。调查在接种后的第 10 和第 14 天进行，子叶病斑等级鉴定采用 0～9 级标准（改进的 Koch et al. 1991）。初步试验结果显示：试验的 23 个病原小种均表现出致病性，造成子叶病斑，出现少量到大量的分生孢子器，直至子叶组织崩溃。小种致病能力有差异；品种的抗性水平也有差异。进一步的试验结果尚在分析中。

标题：加拿大植物病理学家 Gary Peng 教授来访

日期：2012-04-02

加拿大植物病理学家 Gary Peng 教授来安徽省农科院进行学术交流访问。来访期间参观了油菜黑胫病和油菜根肿病病害人工接种试验和大田试验，听取了我方研究人员的试验情况介绍。并与我方研究人员就病害试验人工接种的条件方法、病害调查的分级标准进行了详细的讨论，对中国油菜产区如何控制油菜黑胫病强侵染种的入侵和流行及病害试验方法提出了指导意见。另外在座谈会上双方就下一步如何开展油菜黑胫病和油菜根肿病的合作研究进行了探讨，双方达成共识，将在油菜病害方面进一步加强双方的合作与交流。

标题：油菜苗期黑胫病人工接种试验

日期：2012-04-09

为了比较黑胫病（*L. biglobosa*）小种在油菜子叶期和苗期的致病性及油菜品种的抗病性，在完成温室条件下油菜子叶接种鉴定后，李强生于4月9日又对五叶期油菜植株进行了接种鉴定。依然采用 *L. biglobosa* 菌丝块方法，接种已知抗茎基溃疡病水平的3个欧洲油菜品种和中油821（与子叶期鉴定相同的品种），接种部位第3、第4片真叶。23个 *L. biglobosa* 小种从全国11个省市受黑胫病侵染的油菜病株上分离、纯化获得，且小种经过培养鉴定和PCR鉴定为 *L. biglobosa*（与子叶期鉴定相同的小种）。病原小种致病性和油菜品种的抗病性调查将在2周后进行。

标题：油菜病害调查及发展油菜途径探索

日期：2012-04-10

鉴于今年花期菌核病在黄山市发生较重，4月9日胡宝成一行赴芜湖市考察长江沿岸圩区油菜花前菌核病发生情况。在芜湖市植保站许百年站长、三山区农机推广中心肖主任等人的陪同下，考察了三山区峨桥乡的水乡油菜。当地油菜2.6万亩，基本为育苗移栽。目前正值盛花期，长势良好，田间调查没有发现花前菌核病病株，仅有部分老黄叶霜霉病。当地也是多年油菜主产区，油菜菌核病常发生也比较重，同时由于处于水网区，田间湿度比黄山市地区更大，但花前菌核病则没有黄山市重，其中的原因值得进一步调查探讨。在考察期间，发现当地水网油菜较适合发展旅游，并与三山区农委探讨了发展途径。建议在周边地区建立农家乐式的住宿、餐饮服务。水网中推出游船，轮作可以用红花草。由于当地离南京只有1个小时的路程，下高速后只有10千米，只要做好宣传，很容易吸引周边的游客。这样反过来可以促进油菜面积稳定发展。

标题：油菜花期工作小结

日期：2012-04-12

由于今年春季前期低温，安徽油菜开花普遍推迟10~15天，4月1日才开始大量初花，随后气温迅速回升，开花速度很快，花期集中，很多的花期工作无法在短时间内完成，目前根据工作的重点主要完成以下工作：（1）完成花期蚜虫、菌核病防控工作，试验安排在池州油菜主产区，按科学防治、农民习惯防治、防虫不防病、防病不防虫和完全不防等处理开展在不同防治措施下研究油菜病虫害对产量的影响，探索最佳经济有效的防控油菜病虫害的方法；（2）完成花期油菜蚜虫发生量调查，试验安排在安徽省农科院病圃鉴定试验田进行，采用不同的油菜品种，设防控蚜虫和不防控蚜虫两个处理，在上年度 11 月份进行田间人工填埋菌核，花期田间保持较大湿度，创造有利于菌核病发生的环境条件，探索研究油菜蚜虫发生量对油菜菌核病的影响，明确二者之间的相互关系；（3）油菜亲本单株选择，由于今年油菜花期过于集中，花期短。只能选择一些主要材料进行套袋自交保纯，同时选择一些蚜虫发生量较少，表现较好抗蚜性的材料进行杂交，希望能选择一些抗蚜能力较强的品系，为开展抗蚜品种选育提供材料。目前，田间花期工作已接近尾声，下一步将重点进行油菜菌核病及蚜虫发生情况调查。

标题：以色列 Kaiima 生物农业技术有限公司 Zohar 先生来访

日期：2012-04-14

以色列 Kaiima 生物农业技术有限公司营销副总裁 Zohar 先生来安徽省农科院进行访问，双方交流了中以开展多倍体油菜育种合作研究取得的最新进展以及下一步计划安排。胡宝成、吴新杰、陈凤祥、李强生等团队成员参加了会议。Zohar 先生首先介绍了 Kaiima 公司在油菜育种研究方面取得的最新进展，其油菜育种规模不断扩大，染色体加倍技术不仅用于隐性核不育系统，还应用于获得授权的 Ogura 系统，并积极进行抗黑胫病育种。考虑到知识产权保护，以方将前期选育出的表现好的多倍体品系进行品种权保护，并在国外进行示范推广。胡宝成介绍了目前我国和我省油菜生产形势和当前油菜的生长状况。会议上双方达成我方科技人员赴以考察的意向。双方合作选育的多倍体杂交种 Kaiima 9 于 2011—2012 年度参加安徽省油菜区试，目前正处于盛花期。会后双方考察了该组合在合肥的田间表现。在前期试验结果和考察的基础上，双方计划在 7—8 月份就进一步推动双方油菜合作研究进行探讨。

标题：油菜考察

日期：2012-04-16

胡宝成陪同傅廷栋院士等人赴江苏南通市通州区参加 2012 年长江下游油菜产业技术研讨会，并在通州区农委有关同志陪同带领下赴通州区二甲镇农业部油菜万亩示范区考察。该镇油菜种植面积 5.6 万亩，均为育苗移栽，品种多为秦油 10 号、宁杂 19 号等品种。正值油菜盛花期，油菜长势非常喜人，亩产可达 200 千克以上，好的田块可达 250 千克以上。田间观察有少量菌核病株，无其他病虫害。

标题：2012 长下油菜研讨会会议

日期：2012-04-17

团队全体成员参加在江苏省南通市通州区举办的 2012 长江下游油菜产业技术研讨会。来自长下地区 4 省市的农科院、农业大学、部分市级农科院所和市县级农技推广站约 90 人与会。研讨会出版了论文集，收录 24 篇论文。会议特邀了傅廷栋院士、王汉中首席科学家等 4 人作了专题报告。15 人做了会议报告。涉及油菜产业宏观政策，产前、产中、产后，从遗传育种，资源创新，植物保护，土肥，栽培等方面，对长江下游油菜产业可持续发展进行了研讨。内容很丰富，信息量也很大。胡宝成作了"气候与耕作制度变化与油菜病虫害的变化"的报告。介绍了近年我们岗位承担的病虫害防控工作，重点介绍了随着气候变暖油菜菌核病苗期发病不断加重。黑胫病在全国 10 余个省均有发现，部分地区已造成比较显著的产量损失。根肿病已造成病区重大产量损失，而且随着秸秆还田、机械跨区作业这两种病害为害区域将扩展很快。在害虫方面，次要害虫上升为主要害虫，非寄住害虫成为寄主害虫均引起高度重视。

标题：油菜病害调查

日期：2012-04-18

长江下游油菜产业技术研讨会结束后，团队成员在胡宝成的带领下，对江苏兴化地区油菜生产和病害、虫害进行了调查。兴化地处江苏省中部，属泰州地区。常年油菜面积 20 万亩。位于该市缸顾乡的垛田油菜近年发展较快，其独特的地理风貌与菜花相结合，已打造成为全国闻名的菜花旅游胜地。据当地农户介绍，种植的油菜品种多为秦油和宁油系列，其种植方式以直播穴播为主，育苗移栽少见。目前油菜正值盛花期。针对油菜黑胫病调查，我们在千岛油菜风景区发现了疑似病株，并取样将做室内分析鉴定。调查未发现虫害为害。油菜黑胫病病害国外常见，但国内报道较少。科技人员的认识程度也不高，易与其他病害混淆。团队通过近几年的调查研究，发现黑胫病能造成油菜较大的产量损失，若植株感病早，在油菜收获前可导致整株死亡，造成绝收。因此，如何提高农业科技人员的认识，加强宣传防治尤为重要。

标题：油菜叶露尾甲调查采样

日期：2012-04-24

4月22日，侯树敏再赴巢湖市耀华村调查油菜叶露尾甲发生情况，并采样带回实验室研究。该村为油菜叶露尾甲首次被发现的地方，根据连续4年的持续观察，发现这里的油菜叶露尾甲发生越来越严重，本次调查平均百株幼虫量达13 200头，百株成虫量500~600头，有虫株率达100%，整株叶片均被幼虫为害，一片焦枯似火烧。目前在以耀华村为中心的方圆50千米的范围内均发现有该害虫的为害，近日我们计划再在以该村为中心的方圆100千米的范围内调查该害虫，研究该害虫的分布、扩展情况。

标题：油菜病虫害调查

日期：2012-04-25

胡宝成、李强生、荣松柏于4月24—25日赴湖南衡阳试验站调查三熟制地区油菜病虫害。在衡阳试验站黄益国站长、李晓芳等人的参与下，我们考察了衡阳试验站油菜试验基地和衡山县萱洲镇油菜示范基地。试验基地安排了品种比较试验、国家和省区试。正值青角期，田间调查基本没有发现虫害，但老鼠为害痕迹比较明显（苗期或抽薹期为害的）。菌核病已开始显现，但田间仅零星发病，试验站的调查结果表明不同品种病株率在1%~7%之间。黑胫病也仅发现几株疑似病株，准备带回合肥鉴定。萱洲镇油菜播种面积近2万亩，主要是与西甜瓜、花生等经济作物轮作。我们也冒雨进行了实地调查，同样没有发现害虫。菌核病也零星发病。萱洲镇桃、李种植面积也比较大，主要种在山坡上，油菜开花时，山坡上的桃花、李花也同时开放，当地政府和农技部门借力大力推进旅游观光。吸引大量的游客前往赏花，带动了当地农家餐饮业的发展，很多农户一个月收入可达万元以上，又促进了油菜的发展。据介绍当地农民种油菜的积极性比较高，而且习惯育苗移栽，除了旅游的带动，还有一个主要原因是种植效益高，农民收获菜籽自己榨油，出售菜油，每千克 24 元（2011 年价格），菜籽饼可以作西瓜的肥料，种植的瓜比较甜，价格又高，良性发展。在座谈中，我们讨论了衡阳市油菜病虫害常年发生情况。基本上是一虫一病（蚜虫和菌核病）。蚜虫主要发生在苗期。农民有防治习惯，一般防治 2 次。病害主要是菌核病，但常年最重年份也就是 10% 左右（近几年），当地也主要在花期防治，但相对困难一些。据此，我们介绍了我院发明的农药新剂型——沉降剂和热烟雾机的情况，准备明年花期在衡阳试验使用，解决花期防治较为困难的难题。对衡阳市油菜病虫害发生的原因我们也进行了分析，但还需进一步调查证实。

标题：湖南油菜试验调查

日期：2012-04-27

　　胡宝成、李强生、荣松柏今天赴湖南常德市考察油菜病虫害。在常德试验站杨鸿站长和他们团队的参与下，考察桃源市车湖垸万亩油菜示范区。该镇常年种植面积 1.6 万亩，主要是棉油轮作，以育苗移栽为主，种植密度可达7 000~8 000株/亩。田间管理比较好，亩产可达 150~200 千克。时值青角期，基本没有虫害，油菜菌核病已经表现，据试验站调查，今年由于雨水多，菌核病发病率比较重，可达 10%~20%。我们田间实地观察发病主要在分枝上，主茎发病很少，对产量影响不会很大。调查中发现黑胫病在部分田块中油 832 品种发病比较重，病株率在 92% 以上，部分病株可能基本没有产量。据常德试验站和当地粮油站的同志共同分析，可能是棉花茬口、油菜秸秆没能及时处理，黑胫病菌源量逐年积累，加上种植的品种感病，造成了病害严重发生。已建议当地今年午收后及时处理感病品种的油菜秸秆，减少菌源量，同时更换品种，减少感病品种面积。还建议常德试验站做品种抗病性鉴定试验，进一步筛选相对抗病品种，防止该病害的进一步扩展和为害。我们还考察了常德试验站内的试验基地，去年同期我们在此发现了一些黑胫病疑似病株，经分子检测全部证实为黑胫病。今年也同样发现了一些病株。杨鸿站长已表示要重视黑胫病在常德部分地区为害的问题。座谈中我们还向试验站的同志介绍了该病的侵染循环和防治方法。

标题：油菜叶露尾甲调查

日期：2012-04-28

4月25—26日，侯树敏赴滁州、全椒调查油菜叶露尾甲。本次调查在滁州市的担子镇和全椒县的斩龙岗镇均发现了油菜叶露尾甲，滁州市担子镇距巢湖市耀华村（油菜叶露尾甲最初被发现地）约100千米，全椒县斩龙岗镇距巢湖市耀华村约70千米。此次调查在两地均发现了油菜叶露尾甲的幼虫，发生量很少，为害不重，该地区的油菜叶露尾甲是否来源于巢湖市耀华村值得进一步研究，更重要的是要进弄清目前该害虫在安徽的分布情况，研究出其安全高效防控措施，防治该害虫的进一步扩展和为害的加剧，这也是我们下一步工作的重点之一。

标题：湖北油菜病虫害调查

日期：2012-04-29

胡宝成、李强生、荣松柏继湖南衡阳、常德油菜试验站调查之后，于4月28日在湖北黄冈试验站站长殷少华和其他成员的陪同下对该市油菜病虫害及生产情况进行了调查。所考察的试验地油菜长势较好，密度适中，未发现主要虫害影响，仅在田块四周的油菜叶片上发现有蜗牛为害痕迹，但对油菜产量影响不大。该地区油菜菌核病有发生，据介绍该病发生情况与往年相近，没有较大变化。在示范片种植的"阳光2009""阳光189"等品种中发现了疑似黑胫病病株，尤其是在一农户田块中（品种未知），发现了大量病株，发病率初步统计在27%左右。在征得农户同意后我们取回了大量病株样本带回实验室做进一步鉴定，为下一步病害防控提供基础性研究。

标题：池州油菜病虫害调查

日期：2012-05-04

5月4日，侯树敏、费维新赴池州市贵池区的油菜千亩示范片查看油菜长势和调查油菜病虫害发生情况。示范区位于池州市贵池区驻驾村，种植油菜品种为核优56和核优202。由于去冬今春，池州市平均气温较适宜油菜生长，未出现极端低温，且雨水充沛，油菜长势较好，示范片油菜采用棉田套栽种植，植株长势健壮，枝多果多，丰收在望。但是，由于油菜花期雨水较多，田间湿度较大，油菜菌核病发生重于上年，病株率为15%～20%。在非示范区，有些田块菌核病病株率在 30% 左右。在田间未发现蚜虫为害，只有很少量的黄曲条跳甲和潜叶蝇。

标题：安徽省黟县油菜病虫害调查

日期：2012-05-05

胡宝成、李强生、荣松柏赴安徽省黟县调查油菜病虫害发生情况。调查发现，关麓、南屏盆地油菜菌核病发生严重，其中 2 块前茬是水稻，菌核病的病株率在 60% 以上，且多数病株的发病级别在 3 级以上，造成的较大减产已成定局。分析原因是：去冬今春，由于连续的低温阴雨天气，造成油菜根系生长不良，抗逆性降低，有利于病菌的侵入。3 月中旬以后，温度回升较快，有利菌核的萌发和子囊孢子入侵。调查了百姓 6 个田块油菜黑胫病的发生情况，黑胫病的发病率：从零星发病到发病率为 40%。但病株的发病级别较低，不会造成显著的产量损失。虫害发生较轻，田间发现少量的潜叶蝇。由于最近一段时间的持续高温，使得今年黟县油菜的成熟期非但没有因为去冬今春的低温阴雨而推迟，相反较去年有所提前。估计产量和含油量均有所降低。

标题：黟县柯村试验基地病害调查

日期：2012-05-06

胡宝成、李强生、荣松柏赴黟县柯村试验基地调查油菜黑胫病人工接种试验情况。尽管今年开花迟，但终花很早，整个花期仅 10 余天，5 月 10—15 日可以收割。从调查的情况来看，人工接种效果很好，普遍发病比较重。最迟 5 月12 日就要开始全面调查各品种发病率、病情指数。调查中还发现尽管今年油菜花期很短，但菌核病发病还是比较重。这是否与我们进行了黑胫病的人工接种，由于黑胫病在苗期侵染发病，后期患病植株易感菌核病有关，值得进行研究探讨。我们还调查了 2011 年秋天调查的根肿病重病田。发病植株已全部死亡，未发病的长势正常。考虑到调查和试验的方便，我们商定今秋在柯村的试验中将根肿病也列入其中。

标题：黄山市油菜病虫害调查

日期：2012-05-07

5月5—6日,侯树敏、费维新赴黄山市调查油菜病虫害发生情况。今年由于油菜蕾薹期雨水较多,虫害发生较轻,油菜菌核病较严重,在农科所试验基地调查病株率达30%,部分苗期发病株已经死亡,在油菜成熟前油菜菌核病的严重度会继续发展加重,病株提前成熟角果裂开,造成减产。在油菜根肿病的重发地区休宁、歙县等地进行根肿病调查取样,严重发病田块油菜植株没有角果或仅有几个角果,有的病株已经枯萎死亡,基本上没有产量。根肿病发病较轻的田块,植株的生长势较差,病株根部基本上腐烂,休眠孢子进入土壤中,为下一年的发病提供菌源。黄山农科所的王淑芬副所长介绍说,黄山近年来积极开拓油菜花旅游,油菜面积稳步发展,但是目前适合品种较少。目前需要抗(耐)油菜菌核病和抗根肿病的高产稳产油菜新品种。

标题:肥东杨店乡油菜考察

日期:2012-05-08

胡宝成、李强生、侯树敏、荣松柏赴肥东县杨店乡考察农业部油菜万亩高产创建示范片机械化直播田块的生产情况及病虫害情况。示范片所用品种为秦优7号和核优56,播种采用旋耕机播机开沟,除草剂除草,苗期防治蚜虫、菜青虫,使用热烟雾机防治菌核病。我们调查机械直播和育苗移栽两种类型的病害情况。直播田密度可达3万株左右/亩,菌核病发病率7%,但黑胫病发病率比较高,病株率达11%,移栽田块未防菌核病的病株率高达20%。防治与不防治菌核病效果明显不同。热烟雾机防治菌核病效率高、效果好值得推广。考察中我们观察到高密度(3万株/亩)直播不倒伏,很适合机械化收割,而育苗移栽的大多倾倒,不太有利于机械操作。

标题:陕西杨凌油菜害虫调查和交流

日期:2012-05-14

5月7日,接到油菜产业技术体系草害岗位科学家、西北农林科技大学胡胜武教授发来的油菜新害虫图片要求帮助鉴定后,我们鉴定出的害虫为绿芫菁,与西北农林科技大学鉴定的结果相同。5月9日,侯树敏赴西北农林科技大学实地调查绿芫菁及其他油菜害虫的发生情况。5月10日,在西北农林科技大学油菜试验田中发现了正在啃食油菜嫩荚的绿芫菁,据胡胜武教授的团队成员庞

红喜老师的介绍，该害虫主要为害较迟开花的油菜，他们已经人工捕捉了 100
头左右，除了为害幼嫩的角果外，也取食叶片，以上午 9—10 点间出现较多，
中午气温升高后消失，以前从未见该害虫为害油菜，今年在是首次发现，现已
采集标本带回合肥进行观察研究。此外，在调查中还发现了大量遭受油菜叶露
尾甲幼虫为害的油菜叶片，植株有虫率100%，约70%的叶片均遭受为害，叶片
枯黄，当地认为是病害造成，所以未能进行正确防治。通过此次介绍，他们对
油菜叶露尾甲幼虫有了直观的认识，遗憾的是由于当地气温已经较高，成虫可
能已经夏眠，因此未能发现成虫，我们约定明年进行地定点调查，了解该害虫
的发生规律，制定相应防控措施。近年来，为害油菜的新害虫不断出现，对防
治油菜害虫提出了新的挑战。随着环境气候和农作物耕作制度的不断变化，也
悄然改变着某些害虫以适应生存环境。此外，由于害虫的出现具有突发性和不
可预见性，因此，我们也深感油菜害虫防控的重要性，任重道远。

标题：油菜病虫害试验调查

日期：2012-05-15

5 月 12—13 日，油菜蚜虫为害与菌核病相关试验已达到最佳病害调查时
期，由于今年合肥地区油菜花期、青角期雨水较多，有利于菌核病的发生，更
有利于鉴定油菜前期蚜虫为害与后期菌核病发生严重度的关系，胡宝成、侯树
敏在 5 月 12—13 日及时进行了油菜菌核病田间调查，初步统计结果显示，油菜
遭受蚜虫为害后，后期菌核病发生明显重于前期防治蚜虫的油菜，蚜虫发生与
菌核病发生存在显著相关。这也表明，注重前期防治蚜虫不但可以减少蚜虫对
油菜的直接损害，也可以减轻后期菌核病的发生。

标题：菌核病试验调查

日期：2012-05-16

近日安徽省南部黄山市等地油菜开始收割。14 日李强生、荣松柏和课题其
他同志一行 5 人赴黟县进行菌核病等病害发生情况调查。本试验共设 3 次重复，
主要对 100 个品种（系）间的菌核病发生情况进行比较。调查结果表明，品种
（系）间存在较大差异，一些品种（系）较为感病，植株发病率在 80% 以上，
病级可达 4 级以上，直观感觉几乎全部死亡；部分抗性品种（系）则菌核病极

少发生，且级别较低，植株健壮。2012 年由于气候较为特殊，油菜生长前期雨水多，后期温度高，为菌核病的发生提供了有利条件，致使当地油菜菌核病发生较往年重，很多大田发病率在 50% 以上。通过品种（系）的抗性比较，可筛选出一些抗性较好的品种为生产提供服务。本次调查还对生产上广泛应用的一些品种如中双 11、核优 56、皖油 25、宁杂 11 等 14 个品种进行了调查。

标题：黑胫病试验调查

日期：2012-05-17

继菌核病调查统计后，李强生、荣松柏对试验材料的黑胫病发生情况进行了详细调查。初步观察，品种（系）间存在较大差异，试验仍在进行，待全部调查结束将进行系统分析。

标题：池州油菜菌核病防控试验调查

日期：2012-05-19

5 月 16—17 日，侯树敏赴池州油菜主产区调查油菜菌核病防控试验病害发生情况，由于今年油菜花期当地雨水较多，菌核病发生很重，平均发病率在 80% 以上，病指达 30 以上。采用科学防治的小区平均发病率较完全不防小区的发病率减少 7.9%，比农民习惯防治的小区减少 6.0%；平均病指比完全不防的减少 5.8%，比农民习惯防治的减少 2.0%。通过本次试验示范，让农民直观地认识到采用科学方法防治油菜菌核病的重要性，达到了示范的目的。

标题：河南信阳油菜病虫害调查

日期：2012-05-20

我们团队全体成员赴河南信阳市考察当地油菜病虫害情况，并全面调查我们安排在固始县沙滩镇的油菜黑胫病抗性鉴定试验（试验调查情况另写）。在信阳综合试验站王友华站长的带领下，我们还考察了固始县沙滩镇和罗山县龙山镇油菜机械化收割拟定现场。固始县的现场基地以移栽为主，每亩 1 万株以下，长势好，但菌核病发病较重，我们随机调查的发病率在 30% 左右。黑胫病也较普遍，但病害级别均比较低，对产量没有什么影响。罗山县的现场是撒播，每亩用种量近 500 克，密度达 4 万株/亩。长势很好，接近成熟，菌核病发病率在 10% 以下，但黑胫病同样比较普遍，大多 1~2 级，极少数可达 4 级，对产量有些影响。两地现场均没有发现油菜害虫。

标题：油菜试验调查

日期：2012-05-21

　　结束了黟县油菜病害试验调查之后，李强生、费维新、荣松柏等 5 人赶到河南固始。当地油菜收获在即，该试验设计了不同前茬田块品种（系）间的黑胫病发病和抗性比较，试验品种 50 个。由于该地农户在没有询问是否能收割的情况下擅自将试验地油菜收割，致使本次试验无法进行系统调查，但从割倒的植株和根茎上依然能看出该地油菜黑胫病发病很重，与上年观察基本一致，且品种间存在差别。在调查过程中我们还发现了一种普遍现象，该地区油菜在生长过程中根茎部易膨大，形成肿块。据分析为缺硼所致，类似情况今年在湖南衡阳有发生。计划今年将在该地做一对比试验。

标题：湖北襄阳油菜病虫害调查和病害鉴定指导

日期：2012-05-22

　　5 月 21 日，胡宝成、侯树敏 2 人赴湖北襄阳综合试验站考察油菜病虫害发生情况。在余华强站长和他们团队成员的带领下，主要考察了襄阳农科院试验基地的国家区试和新品种示范情况，还赴宜城市雷河镇"五化"现场调查病虫害发生情况。该院国家区试和新品种示范油菜长势很好，但油菜黑胫病发生普遍，不同品种间病株率和病害严重度差异比较大。发病较重的病株率可达 40% 左右，部分植株已完全枯死。油菜黑胫病和菌核病混合发生的情况也比较普遍，所以当地均认为是油菜菌核病。在宜城市雷河镇"五化"现场，昨天机械收获才结束，留下的秸秆比较长（一般 50~60 厘米），所以非常容易观察黑胫病发病情况，整块田病株率几乎是 100%，有 20%~30% 左右是黑胫病与菌核病混合发生的情况（大多全株死亡），病害等级也比较高，普遍可达 3~4 级，对产量已有明显影响。看到如此严重病害的现场，胡宝成当场给体系病虫害功能研究室刘胜毅主任打电话，建议他尽快赴襄阳考察现场。考察中胡宝成还详细介绍了该病害的侵染循环、防治适期和方法。大家还分析探讨了油菜黑胫病发病后是否会引起菌核病加重等问题。

标题：试验田病害调查

日期：2012-05-25

　　5月21—25日，胡宝成、李强生、荣松柏开始对单位大院内试验田的油菜病害菌核病和黑胫病进行调查。50份材料间的2种病害均存在差异。由于今年的气候特点，加上试验田周围被高层建筑包围，形成了小气候，菌核病的发病十分严重，有些抗性较弱材料的发病率可达100%，且级别较高，产量损失严重。黑胫病的发病情况与往年相比较轻，其主要原因可能是接种的种源量不足所致。调查中，我们发现了很多植株菌核病和黑胫病共生现象，考虑2种病害的发生是否存在相互影响作用，我们对共生植株进行了调查，并从安徽农业大学植保系聘了几位研究生来进行取样分析等相关工作，初步了解其两者的关系，为下一步试验提供基础。

标题：青海春油菜害虫调查

日期：2012-05-30

　　5月25日，青海互助综合试验站发来油菜害虫照片要求帮助鉴定，我们根据图片确定一种是油菜叶露尾甲，另一种可能为猿叶甲，但由于图片不是很清晰，未能区分是大猿叶甲还是小猿叶甲。侯树敏、费维新2人于5月28日赴到青海进行实地调查，采样鉴定。5月29日，在互助试验站团队成员任利平老师等带领下赴贵德调查，发现当地油菜正遭受大量的油菜叶露尾甲成虫为害，叶片被啃食成密密麻麻的黄色斑点。在不同的田块调查，平均百株虫量达200~500头，严重的一株油菜苗上有9头成虫，为害很重。当地农民虽进行了施药防治，但是由于未能统防统治，仍有大量的成虫存活下来，并开始交配产卵，如不及时防治，成、幼虫将会对油菜造成更严重的为害。除油菜叶露尾甲严重为害外，我们还发现大、小猿叶甲成虫，目前，大、小猿叶甲的发生量虽然不大，但需引起重视，及时加以防控、以防暴发。另外，还发现蚤跳甲、茎象甲也开始为害，特别是蚤跳甲发生量还较多，也需加强防控。5月30日，我们又赴平安县调查，油菜叶露尾甲平均百株虫量50头左右，较贵德的发生量轻，但是花露尾甲和茎象甲发生较重，花露尾甲平均百株虫量200头左右，茎象甲平均百株虫量20头左右，而且茎象甲成虫也开始交配产卵，如不及时防治，茎象甲幼虫很快就会进入油菜茎秆，造成更大的为害。另外，蚤跳甲、芜菁、叩头甲、小菜蛾也有少量发生。根据以上调查结果，我们和任老师一起确定了发生在贵德和平安两地的油菜害虫种类主要为油菜叶露尾甲、花露尾甲、蚤跳甲、茎象甲和大、小猿叶甲。为此，我们也带给互助试验站 2 种农药进行油菜叶露尾甲等甲虫的防控试验。我们也将继续加强与互助试验站的合作，对油菜叶露尾甲等害虫发生、扩展进行监测，筛选高效、安全农药，研究制定春油菜害虫综合防控措施。

标题：病害试验

日期：2012-06-01

合肥点油菜菌核病、黑胫病病害试验调查统计于 31 日在安徽农业大学 7 名研究生的帮助下顺利结束。2011—2012 年度本岗位在油菜病害方面尤其是菌核病和黑胫病两种病害上做了大量的试验和普查工作。在普查工作基础上，为了更加精确地了解病害的发生和为害特点，我们在安徽黟县和合肥以及河南固始三点安排了相关试验。通过试验调查和数据分析，已初步了解不同品种对黑胫病的感病、抗病差异，以及其不同级别对产量造成的损失程度。试验数据还在统计中。黑胫病近几年在我国有发生蔓延趋势，并且在有些发病较重的地方已对产量造成较大损失，若不进行预防控制，与菌核病一样，这种病害很有可能在未来几年将成为影响油菜产业发展的重要病害之 。为此，我们将进 步做好病害普查和基础研究工作，并开展抗病育种和品种筛选工作。

标题：访问加拿大阿尔伯塔大学和阿尔伯塔省农业部生物多样性研究中心

日期：2012-06-09

胡宝成于 6 月 7—9 日访问了加拿大阿尔伯塔大学和阿尔伯塔省农业部生物多样性研究中心，与阿尔伯塔大学的植物病理学和昆虫学教授进行了交流。参观考察了生物多样性研究中心油菜根肿病和黑胫病研究团队的试验基地，温室人工接种试验和实验室的研究工作。探讨双方开展合作的可能性和途径。阿尔伯塔大学对我们合作开展虫害与病害的关系研究非常有兴趣，表达了双方在该领域合作的愿望。生物多样性研究中心在油菜根肿病方面做了大量的有成效的工作。在应用研究方面，他们开展了根肿病发病条件、流行及生理小种鉴定等方面的工作及人工防治该病害，取得一些有意义的成果，为指导科学防治提供了依据。与此同时他们还开展了基础研究工作，应用分子生物学手段开展感病基因定位，并从分子调控入手，调节感病基因的表达，从而为抗病育种提供理论依据。在黑胫病的研究上，他们做了大量的流行病理学的工作，并从蛋白质调控上开展应用基础理论研究。油菜根肿病和黑胫病近年在我国逐年加重。他们的应用方面的研究可直接指导我们当前的防治工作。应用基础方面的研究也为我们根据我国国情及病害的发展趋势而深入开展研究提供了借鉴。双方就下一步更深入地开展学术交流尤其人员交往互访进行了交谈，加方也乐意在这两种病害研究方面为我方提供培训和学习的机会，并达成合作意向。

标题：帮助张掖试验站鉴定油菜害虫

日期：2012-06-11

6月8日，我们在接到张掖试验站发来的油菜害虫图片，要求帮助鉴定种类后，根据图片及咨询情况，侯树敏鉴定该害虫为菜叶蜂幼虫，得知该害虫只是零星发生，为害不重。还询问了去年在当地造成严重为害的苜蓿盲蝽今年的发生情况，得知由于当地前期低温，苜蓿盲蝽还未出现时，我们也请他们密切关注该害虫的发生，一旦出现为害，及时通知我们，我们将再次实地调查，进一步研究该害虫的为害特点、造成的损失及防控措施等。

标题：访问加拿大农业部萨斯卡通农业研究中心

日期：2012-06-12

6月11—12日胡宝成访问加拿大农业部萨斯卡通农业研究中心，参观了该中心的实验室及田间试验，并做了题为"中国油菜生产现状和油菜育种发展趋势"的报告，与该中心油菜病理研究团队的研究人员进行了广泛的座谈。并考察了位于Mafin的田间试验。该团队主要针对加拿大双低油菜上的两种主要病害油菜根肿病和黑胫病开展全方位的研究工作。在根肿病方面他们除了开展常规的病原菌生理小种鉴定、病害流行条件、抗病性鉴定和抗原筛选、防治方法等应用方面的研究，主要应用分子生物学方法标记相关性状，在油菜A、B、C三个染色体上已发现了3 000个标记性状，并进行相关的基因定位、抗病基因的克隆和转化，并将4个基因转移到油菜中。同时还发现一种细菌（来自土壤）能够诱导油菜植株产生抗性。在黑胫病研究方面，他们主要开展生理小种变化监测工作，每年在病区收集病株，并分离、接种于一套鉴别寄主，及时了解生产上生理小种变化情况为育种和品种应用提供依据。今年他们还在自然诱发条件下鉴定来自中国的 100 多个品种的抗黑胫病情况。他们的工作为我国正在开展油菜根肿病和黑胫病的研究及生产防控有很大的指导作用，有的技术和方法可以直接在国内应用，这样就不必重复他们过去多年走过的路，在他们高水平的起点开展我们的工作。双方还商谈了下一步的合作，我们可以选派科技人员来该研究中心一边培训一边开展研究工作，这样有利于用同样的方法和评价标准开展研究，为鉴定国内黑胫病的流行情况，双方还在国内合肥和萨斯卡通同时鉴定中国品种对黑胫病强侵染型（*L. maculans*）和弱侵染型（*L. biglobosa*）的抗性情况。

标题：访问 Cargill 公司加拿大育种站

日期：2012-06-13

　　6月13日胡宝成访问了 Cargill 公司在加拿大阿尔伯丁的育种试验站，参观考察了温室、室内生产箱、人工接种黑胫病设施、田间育种试验和病害鉴定工作。与育种和病害研究人员交流了双方的育种和抗病育种工作。Cargill 的特点是从油菜育种开始到生产安排、产品收购、油脂加工等全过程实行全程研究，主要生产高品质的高油酸菜籽油。尽管他们的品种市场占有率不是很大，但育种规模很大，仅在加拿大就有 18 个试验示范点，每年品种比较试验小区多达 18 000 个，病害鉴定试验小区也多达上千个。公司研究人员不多，但大家围绕多出品种分工协作，实行流水式的作业，效率很高。这与我们国内由于体制和机制等方面的原因，科研人员各个为阵，单兵作战，育种效率非常低形成鲜明的对比。他们抗黑胫病育种成效非常显著，选育出的品种抗黑胫病比较强。为了提高抗病育种效率，他们有自己的病害鉴定系统，及时掌握病害生理小种情况，为育种服务。在抗菌核病育种上，他们也做了大量的工作。通过交流，双方同意在原先开展抗菌核病穿梭育种的基础上，更进一步开展抗黑胫病的穿梭育种工作。

标题：访问加拿大油菜种植委员会

日期：2012-06-14

6月14日，胡宝成在加拿大萨斯卡通与加拿大双低油菜种植委员会的3位技术负责人进行了座谈。该委员会是代表油菜种植户的民间组织，专门从事油菜品种和技术的推广，并指导种植农场主生产和贸易。该组织还每年拿出经费资助科研单位针对生产上的问题而进行研究。2009年中国针对加拿大油菜籽黑胫病实行检疫后，该组织非常活跃，奔走于两国政府和两国有关科研机构，并拿出一大笔经费用于黑胫病的研究，试图从政治上和技术上解决由于中国实行检疫对加拿大油菜籽出口的影响。在座谈上，胡宝成根据过去三年来，我们团队对全国油菜产区进行黑胫病调查的第一手资料，证实到目前为止仅有黑胫病的弱侵染种（*L. biglobosa*），没有发现强侵染种（*L. maculans*），用数据和事实再次证实了中国对加拿大实行进口检疫的必要性，客观上配合了中国政府的贸易政策。加方对我们的工作表示了赞赏，并表达了在黑胫病研究领域支持我们研究的意愿。双方还相互交流了油菜生产过程中病虫害的为害问题。当介绍到我们团队去年在甘肃省张掖市发现的苜蓿盲蝽为害油菜的事件时，加方也证实在加拿大也有该害虫的为害，这也证实了我们团队在去年6月处理张掖30万亩油菜受到害虫为害时，我们鉴定的结果和提出的防治方法是正确的。

标题：访问美国 Cargill 公司油菜研究中心

日期：2012-06-17

6月15—17日，胡宝成访问了美国 Cargill 公司在丹佛郊区的油菜研究中心，并在该中心做了"中国油菜生产现状和育种研究发展趋势"的学术报告。该中心的科研和管理人员参加了报告会。该学术报告还通过电视电话会议的形式向位于加拿大阿尔伯丁的油菜育种试验站现场播放，该站的科研人员也积极参与现场远程讨论。此外，我还参观了该中心的病害分子生物学实验室和室内病害人工接种鉴定试验。围绕着油菜育种研究发展的趋势，我主要从10个方向介绍了中国油菜的发展趋势。主要是品质改良、适应机械化种植和收获、适应轻简化栽培、早熟、油蔬两用、彩色花瓣发展旅游；抗寒、抗冻、抗病虫草害等。重点结合我们的工作介绍了抗耐菌核病、黑胫病和根肿病育种的必要性和趋势。双方对菌核病抗病育种的成效、黑胫病和根肿病抗源的筛选、生理小种鉴定、基因定位和转基因开展了讨论。该中心病害鉴定和抗病基因分子标记设备条件很好，温室全年运转可种植3季油菜，分子生物学工作基本自动化，大规模的工作只需 3 人操作。他们非常乐意接收我们的科研人员去工作。对我们过去三年里所鉴定的油菜黑胫病均为 *L. biglobosa* 他们也给予了旁证，2007 年美方一组科研人员在我们试验地采集到的病株鉴定结果也是 *L. biglobosa*。该公司对进入中国市场已经做了大量的工作，由于他们主要是从育种到销售高品质的菜籽油，尤其是高油酸的菜籽油用于快餐业和食品加工业效果很好，加之近年研究结果：反式脂肪酸对人体健康有不利的影响，因而该公司的高品质无反式脂肪酸的油脂市场前景很好。为了满足在中国市场的美国快餐企业：麦当劳、肯德基等对高品质油脂的需求，他们打算在中国建立生产、加工和销售基地。内蒙古、新疆、青海等春油菜区可直接种植加拿大的品种，他们公司也正积极地与当地接洽。我们团队对全国黑胫病的监测工作客观上也有利于加拿大品种在中国春油菜区的推广。我们的育种基础和水平，尤其是抗病育种方面是双方合作的主要基础。

标题：黄山、池州油菜病虫害试验调查取样

日期：2012-06-18

6 月 15—17 日，侯树敏、费维新赴黄山、池州采集油菜根肿病试验田土样进行病原菌分析、油菜病虫害防控试验小区称产、取样等，从初步获得的数据显示，进行油菜病虫害科学防控效果明显好于农民习惯防治，试验方法也得到当地农民认可，试验结果正在整理中。计划今年秋种时在当地进行更大面积的示范推广。

标题：青海西宁油菜害虫调查和防治建议

日期：2012-06-29

6 月 26 日上午，收到西北油菜育种岗位团队成员李秀萍老师发来的油菜新害虫图片，要求帮助鉴定，6 月 27 日，侯树敏赶赴青海进行实地调查。6 月 28 日，在西北育种岗位团队成员付忠老师的带领下冒雨进行了田间调查，由于 26 日下午进行了喷药防治，但是由于喷药后晚上即下雨，因此，防效受到影响，目前田间调查百株虫量仍有 20~30 头，据付忠老师介绍，在防治前，严重的单株虫量达 10 余头。侯树敏及时将本次田间调查结果及白星花金龟的形态特征、生活习性、为害特点等向西北育种岗位科学家杜德志研究员进行了汇报，建议

他们在天晴后可进行人工捕捉，或再次施药。此外，我们调查还发现，该害虫主要为害甘蓝型双低油菜的嫩茎、花蕾，而在芥酸、硫甙含量较高的白芥、芥菜型油菜、白菜型油菜及萝卜上均未发现该害虫，由此，我们推测芥酸和硫甙可能对该害虫有趋避作用。另据介绍，在油菜田附近有一奶牛养殖场，天晴时，在田间能闻到由奶牛场中未腐熟的牛粪等发出酸性气味，由于白星花金龟对醋酸等酸味有强烈的趋向性，因此，我们推测可能由于附近奶牛场的酸性气味吸引了该害虫迁移为害油菜，调查也发现在70多亩的油菜试验田中，距离奶牛场较近的田块该害虫发生量明显多于距离远的田块。我们将继续跟踪调查该害虫今后的发生情况，进行相应的、高效防控技术研究。

标题：新疆油菜病虫害调查

日期：2012-07-09

7月5日，胡宝成、李强生、荣松柏赴新疆春油菜区进行油菜病虫害调研。抵达新疆乌鲁木齐后，在新疆农科院经济作物研究所油菜体系试验站陈跃华站长和所赵书记及团队成员的陪同下，于7—9日考察并调研了新疆油菜生产大县昭苏县的油菜生产情况和病虫害发生情况。据当地农业局和种子管理站的负责同志介绍，昭苏县油菜面积达60万~80万亩，占新疆油菜生产面积的50%左右，是当地主要农作物之一。由于当地的独特气候和农业生产特点，近几年菜花旅游发展势头迅猛，尤其是6—8月期间，为旅游旺季。旅游给当地带来了一定的经济收入，也给农业带来了发展契机。为了多点调查油菜病虫害，此次调查了昭苏种子管理站试验地，昭苏县昭苏镇油菜制种基地、种子管理站制种基地，新疆建设兵团76团、77团等地。调查总体情况主要是常见油菜虫害茎象甲、新疆蔡蜻、黄曲跳甲、菜蛾类有发生，但虫口量较小，对油菜产量不构成严重影响。调查时还发现了内地少见的被当地农技工作者称为"根蛆"的害虫，主要为害油菜根部，据介绍，此虫对油菜产量并不构成较大损失，具体情况我们也将进一步了解研究。病害方面：油菜叶片有菌核病病斑，正值花期，菌核病症、黑胫病症状表现不明显，大田内还很难辨认和确认，对疑似植株我们也已取样带回合肥进行分子鉴定。本次调查考察了当地油菜制种情况，在考察中无意发现了一组合花期不遇情况，花期相差10天左右，我们认为若不及时进行技术处理，可能会有较大的产量损失。在听取相关技术人员的介绍，又结合自身的实际经验，提出了一些技术方案供参考，得到当地技术人员的认可并赋予实施。此次调查不仅得到油菜体系新疆试验站陈跃华站长和经济作物所领导及团队的热情接待，同时也得到了昭苏县农业局、昭苏县种子管理站相关领导的帮助和支持，使得此次调查得已顺利进行。

标题：新疆油菜害虫调查和鉴定

日期：2012-07-12

今天我们对在新疆昭苏县发现的油菜虫害在合肥联合植保所昆虫专家，在查阅资料和体视镜的帮助下，鉴定确定此虫为油菜露尾甲（*Meligethes aeneus Fab.*），又名油菜出尾甲，属鞘翅目露尾甲科。以成虫与幼虫为害油菜的花蕾和嫩荚，使蕾提早凋谢，不能结实。这些为害症状与观察到的一致。该虫成虫体长 2.2~2.9 毫米，身体椭圆扁平，黑色略带金属光泽，全体密布不规则的细密刻点，每刻点生一细毛，触角 11 节，端部 4 节膨大呈锤状。足短，扁平，前足胫节红褐色，外缘呈锯齿状，齿黑褐色，17~19 枚，胫节末端有长而尖的刺 2 枚；跗节被淡黄色细毛。利用我们的体视镜观察样品虫与上述一致。在确切鉴定虫种后，经查资料该虫主要药物防治方法有：油菜播前选用 50%辛硫磷乳油（3 750~4 500毫升/公顷拌土 600~750 千克/公顷）拌毒土，或用 70%锐胜种衣剂按种子重量的 0.5%拌种包衣，结合深耕耱耙施入，既能有效地毒杀露尾甲成虫，也能兼治其他地下害虫。也可以喷药杀灭成虫。用 4.5%高效氯氰菊酯乳油 450 毫升/公顷对水 225 千克/公顷喷雾，或 11%蚜粉克星乳油 450~750 毫升/公顷对水 225 千克/公顷喷雾。喷药时应从田边往田内围喷，以防成虫逃逸，且 2 种药交替使用，防治 1~2 次，间隔 7~10 天。

标题：油菜科技培训

日期：2012-07-23

7 月 20 日—21 日，侯树敏赴安徽省旌德县兴隆镇油菜生产科技培训。参加培训的主要为当地的种粮大户、农技站科技人员，50 余人。当地种植模式主要为稻—油模式，人均土地 3 亩以上，农民对种植油菜的积极性较高。会上，侯树敏主要介绍了国内外油菜生产情况、油菜品种的选择、育苗移栽技术、直播技术、免耕直播技术、机械化种植技术、壮苗培育技术、科学施肥技术、病虫草害综合防控技术等。此外，还提醒农民要注重维权意识，对买到的假种子、假农药、假肥料等要保留票据、包装袋等证据，以便进行维权，减少损失。此次培训取得了良好的效果。

标题：油菜害虫苜蓿盲蝽防控情况

日期：2012-07-24

　　胡宝成通过电话与甘肃张掖试验站王浩瀚站长交流苜蓿盲蝽防控情况。去年6月份张掖山丹县30万亩油菜遭受该虫为害，我们及时派人赴受害地区与张掖试验站和当地农技人员联合调查，制订出近期、中期防治方案。据王浩瀚站长介绍今年防控效果比较好，说明去年的方案是符合实际的。我们将继续关注苜蓿盲蝽在张掖的发生和防控情况。

标题：全国油菜黑胫病发生情况汇报

日期：2012-07-25

　　鉴于油菜黑胫病在我国已普遍发生，局部地区已造成比较重的产量损失，而且各地科研人员和农技推广干部对该病害均缺乏认识。甚至与油菜菌核病混淆。我们岗位拟根据近几年调查结果系统地向农业部科教司汇报并讨论汇报提纲如下。

　　一、全国油菜黑胫病分布概况、为害程度；

　　二、潜在的风险（病害可能逐年加重，尤其是在旱连作地区，有可能转为强侵染的 *L. maculance*）；

　　三、病害加重的原因分析（气候变化和耕作制度的变化，尤其是禁烧油菜秸秆造成菌源积累）；

　　四、我们已开展的工作（各地普查、监测、人工接种和分子鉴定，发现抗病性差异等）；

　　五、提出几点建议：（1）建立全国定点监测单位，开展病害流行学和病理学研究；（2）培训农技干部识别病害的症状和防控措施；（3）列入品种审定必须考察病害，从区域试验时就关注抗病性；（4）加强国际合作引进国外抗原和加大国内抗原筛选；（5）准备抗病育种研究。

标题：油菜示范基地安排

日期：2012-07-27

7月24—25日，侯树敏赴池州考察2012年秋播示范基地。池州市目前是安徽省油菜种植大市，种植面积50万亩左右，有棉—油套栽、稻—油直播、免耕直播等多种种植模式，今秋我们计划在池州市贵池区建立千亩高产高效示范区1个，百亩机械化种植示范区1个、在选择推广优良品种的同时，重点推广病虫草害综合高效防控技术，促进油菜生产。

标题：内蒙油菜病虫害调查

日期：2012-08-05

胡宝成、李强生、荣松柏等人于8月1—5日赴内蒙呼伦贝尔考察春油菜病虫害发生情况。内蒙古农牧科学院李子钦博士，呼伦贝尔农技推广中心卢主任、李主任等参与考察。我们主要考察位于额尔古纳的油菜品种比较试验和牙克石的大田生产。由于无霜期比较短，该市对油菜品种的熟期要求比较严，目前推广的主要是青海农科院选育的春油系列品种，但近年由于制种因素限制，种子供不应求，而当地种植油菜效益比种小麦好，加速新品种试验示范尤为重要。我们考察时正值油菜青角期，基本上没有害虫为害。这可能与今年雨水偏多，加上当地属高寒地区，冬季严寒，时间长达6~7个月以上有关，越冬虫口基数也比较低。病害主要是菌核病，发病率在10%~20%，同时还发现了油菜黑胫病疑似病株，有待于通过分离培养和PCR分子鉴定最终确定。在呼伦贝尔期间还参与了加拿大农业部萨斯卡通农业研究中心Gary Peng博士的油菜根肿病，黑胫病方面的学术报告会。与Gary Peng博士就该2种病害的发生流行规律、研究方法、防治措施及在中国该2种病害的潜在风险进行了广泛的交流。这对我们借鉴加拿大方面的研究方法、技术和经验在国内对油菜上这2种新病害进行研究无疑是很大的帮助，可以少走弯路，提高效率，提高研究水平。

标题：新疆昭苏县油菜黑胫病鉴定结果

日期：2012-08-06

7月上旬在新疆春油菜区昭苏县田间发现，在上年残存的油菜秸秆中，有疑似受黑胫病侵染的病残体，上被子囊壳。病原菌在实验室经过1个月的分离、纯化、培养，从培养特征看，病原菌为引起油菜黑胫病的 *Leptospharia biglobosa*。病原菌还将做 PCR 鉴定。

标题：油菜促进旅游调研和建议

日期：2012-08-16

　　胡宝成、荣松柏等人于 8 月 14—15 日赴黄山市歙县考察调研发展油菜促进农业旅游有关事宜。黄山市人大副主任钱新庭、胡新芳，市农委主任汪宜生，歙县农委主任吴华，歙县霞坑镇党委书记黄中及当地农委共 10 余人参加了调研。歙县近年来通过发展油菜，尤其是在河边、山上、景区周围普种油菜带动上海、江苏、浙江等地自驾游，摄影游和全国各地的观花游，促进了当地农民增收，一些农户通过开办农家乐、餐饮、住宿，每年可收入几万元至十几万元。在考察中我们主要针对发展油菜产业过程中对农业科技的需求进行了调研。随着该产业的发展，当地对油菜品种的多样化提出了更高的要求，耐渍，耐旱，花期长，花瓣多色，同时高产是当地兼顾旅游和生产对油菜品种的新需求。我们也提出发展油蔬两用油菜品种的建议，这样可解决大量游客涌入对新鲜蔬菜的需求，也可延长花期 5~7 天，对产量又无影响。在考察中我们还针对黄山市油菜病虫害的防治提出了建议。尤其是油菜根肿病、黑胫病在该市发生比较重，发展也比较快，希望当地农委引起重视。这 2 种新病害对我们体系能尽快选育出抗病品种也提出了要求。

标题：发展油菜生产促进旅游产业发展建议

日期：2012-08-23

　　8 月 21—22 日，胡宝成、侯树敏赴革命老区金寨县天堂寨镇进行发展油菜促进旅游的调研。金寨县政协刘副主席、镇党委委员李生军、镇农技中心主任郑学宜等人陪同实地考察了该镇黄河村、马石村等计划发展油菜生产的村民组的自然环境、土壤情况、在地作物等。胡宝成提出了发展油菜生产促进当地旅游的建议：（1）由于当地海拔在 500 米以上，冬季气温较低，且霜冻来得较早去得较迟，因此当地适宜选择抗冻能力强品种进行适时早播种植，油菜直播应在 9 月 20 日—10 月 1 日播种，育苗移栽应在 9 月 10—15 日播种较为适宜；（2）根据不同的海拔高度选择不同熟期的品种进行搭配种植，这样既可以延长油菜花的观赏期，又有利于茬口安排，但是首先要进行油菜品种筛选，筛选出适宜当地种植的油菜品种；（3）油菜种植可作为油蔬两用，油菜苗和油菜薹可作为蔬菜销售，增加种植农民收入；（4）在种植油菜的周边点缀性种植些枫树、乌桕等彩叶树种与山中自然风光相互映衬；在种植油菜的田块间隔种植些红花草，增加油菜的观赏性；（5）今年秋播要进行品种筛选试验，筛选出适宜当地种植的油菜品种及种植技术，要循序渐进扩大种植，以免造成损失。为此，我们已同意提供 5 个油菜品种在当地 3 个示范点进行试种，并负责技术指导。

标题：病原菌培养、鉴定

日期：2012-08-29

近一段时间以来，李强生对近几年采自安徽、湖北、内蒙古、新疆等 11 个省（市、自治区）的 300 份疑似黑胫病植株样品进行了病原菌的分离、纯化。采用培养特性和分子生物学的方法对病原菌进行种类鉴定。鉴定结果表明：油菜黑胫病均由 *L. biglobosa* 引起。尚未发现强侵染型的病原菌 *L. maculans*。

标题：云南丽江夏播油菜病虫害调查

日期：2012-09-03

8 月 30 日—9 月 2 日，侯树敏、李强生赴云南丽江玉龙县调查当地夏播油菜病虫害发生情况。云南省丽江市油菜面积 13 万余亩，其中夏播 8 万余亩，秋播 5 万余亩。夏播油菜是 1985 年以后才开始引进种植，在海拔 2 500~3 400 米的高寒山区采用垄作、点播技术种植，可节约种植成本 137 元/亩，有力地促进了当地夏播油菜的发展，夏播油菜发展势头良好，目前夏播油菜平均亩产 150 千克左右，高产田块均在 200 千克/亩以上，而且丽江在历史上曾创造过油菜亩产 283.5 千克的高产记录。据调查，当地夏播油菜病虫害发生很轻，只有少量的菌核病及潜叶蝇为害，对产量影响很小，当地农户一般都不施药防治。我们还考察了玉龙县安泰食用油有限公司及其成立的油菜专业合作社，据介绍，该公司及其合作社主要负责当地夏播油菜籽的加工、生产。由于玉龙县安太乡人少地多，平均每户拥有耕地面积 100 亩左右，且夏播油菜生产不使用农药，生产出的菜籽具有绿色无公害的特点，因此，该公司采用纯物理压榨的方法生产的绿色纯菜籽油每升售价在 20 元以上，公司按 6.4 元/千克的价格收购合作社农户生产的不施用农药的菜籽。公司负责提供油菜种子、肥料等，并在每一个村配备1名农技人员按照公司的要求负责本村的油菜生产，实行公司+农户的种植模式，实现了公司、农户的双赢。此外，我们还与昆明试验站、丽江市农科所、玉龙县农技中心、古城区农技中心的科技人员进行了座谈，听取他们对当地油菜病虫害发生情况的介绍及技术需求等。据介绍，当地油菜病虫害目前主要发生在秋播油菜区，为害最严重的害虫是蚜虫，其次是跳甲和菜青虫，病害主要是菌核病，但发生不重。目前急需的技术主要是机械种植技术、小型机械、高效病虫害防控技术等，为此，我们介绍了目前我国油菜病虫害研究情况，并计划明年春天提供一台高效热雾机进行油菜蚜虫高效防控试验示范，提供蚜虫高效防治药剂，特别是对已产生抗药性的蚜虫，提供混配药剂进行高效安全防控。

标题：加拿大专家来访

日期：2012-09-07

　　加拿大曼尼托巴省农业厅农业发展处处长 Gerald Huebner 于9月7日来访，我们团队全体成员参与了会谈。胡宝成向客人介绍了我们团队在油菜遗传育种、油菜病虫害防控，尤其是油菜黑胫病、根肿病、菌核病等方面的国内现状和我们所做的工作。Gerald Huebner 先生也介绍了加拿大曼尼托巴省农业生产和研究情况，对在油菜黑胫病、根肿病等方面的合作非常感兴趣，并表达了2012年11月份他将随同曼尼托巴省省长和有关专家再次来访与我们进一步商谈具体合作事宜。

标题：金寨县天堂镇油菜试验示范

日期：2012-09-17

　　9月14日，为了落实我们8月21—22日与金寨县天堂寨镇就发展油菜生产促进当地旅游产业升级的发展计划，侯树敏再赴天堂寨镇，并送去熟期、抗寒性不同的5个油菜品种及1个白花油菜品系共10多千克，其中白花品系仅作为花色搭配点缀之用。且与金寨县农委主任、天堂寨政府负责人、天堂寨镇农技中心主任、农业合作社社长、村党委书记等就油菜栽培、布局等进行了座谈，后续我们还将继续进行高山抗寒油菜栽培技术指导，促进当地油菜产业发展。

标题：油菜黑胫病研究工作及综防措施汇报

日期：2012-09-18

9 月 16—17 日，胡宝成、李强生和荣松柏赴北京向农业部科教司领导和科教司产业处等部门汇报了近几年来我们团队对我国油菜黑胫病普查结果和发病概况及我们已做的工作，并分析了潜在的巨大风险。汇报主要有 4 个方面的内容。

一、我国油菜黑胫病普查和鉴定结果

自 2008 年我们团队在全国各地调查、指导油菜虫害防控的同时，注意到油菜黑胫病发生比较普遍。由于该病害在苗期侵入子叶或真叶，在成熟前表现出的症状易与油菜菌核病混淆，一直不被大家认识和注意。我们调查过的 16 个省、市、自治区的 60 个市县中，14 个省的 42 个市县均发现该病害。最重的田块发病率已高达 92%，整株死亡率已达 5%。我们对采集的病株样品进行了病原菌的分离、纯化；采用培养特性和分子生物学的方法对病原菌进行种类鉴定。鉴定结果表明：目前我国的油菜黑胫病均由 *L. biglobosa* 引起，且病原小种均有较强的致病性。尚未发现强侵染型的病原菌 *L. maculans*。

二、油菜黑胫病对我国油菜产业现实的为害和潜在风险

1. 各地均将黑胫病误认为是菌核病，在一些地区发病率和损失率已超过菌核病的为害。尽管目前所调查和鉴定的结果表明，我国已普遍发生的是弱侵染型的油菜黑胫病（*L. biglobosa*），但是黑胫病已在局部地区造成了严重的为害。由于该病害是苗期侵入、系统侵染，在油菜成熟时表现植株枯死的症状与油菜菌核病相似，各地科技人员和农民均认为是菌核病，没有任何防治措施（该病害的防治应是在冬前苗期，菌核病的防治是在春天的初花期）。随着气候的变化和耕作制度的变化，为害会进一步加重，对油菜产业造成大的影响。

2. 国际上该病病原的演化规律也预示着强侵染型的油菜茎基溃疡病可能在我国出现并快速流行。澳大利亚、北美和欧洲黑胫病发生发展历史表明：早期病原菌均为弱侵染型，逐步演变为弱侵染型和强侵染型并存，最后发展为强侵染型，以致造成巨大损失。例如，在加拿大，1975 年以前只有弱侵染型，对油菜产业所造成的影响也较小，而后强侵染型 *L. maculans* 演化成该国最主要的黑胫病致病类型，对油菜生产造成的影响也日益增大。在 20 世纪 90 年代中期以前，波兰境内只有弱侵染型存在，强侵染型直到 90 年代后期才逐

渐被分离获得。而到了 2000—2004 年间，强侵染型扩展到波兰全境的油菜产区。

3. 国际贸易和种质资源交换与引进为强侵染型病菌的引入创造了便利的条件我国每年从加拿大、澳大利亚等国进口油菜籽达数百万吨。2009 年出入境检验检疫机构多次从进口油菜籽中截获油菜强侵染型病菌，随着我国与国际社会的科技交流与合作日趋频繁，种植资源材料的交换和引进为新病原的引入创造了便利的条件。加上以往国际合作中的田间试验表明，目前中国的大多数油菜品种对强侵染型的病原菌 *L. maculans* 有高度的感病性。因此油菜茎基溃疡病一旦在中国暴发，将会给中国的油菜产业以致命的打击。

4. 耕作制度和气候变化使病害进一步加重由于引起该病害的原初侵染物主要源自于感染寄主植株秸秆，病菌可随植物组织的存在而长期产生于植株残体上。国外的研究表明最长在超过 5 年的植株残体上发现存活的病原物。我国近年禁烧秸秆及油菜秸秆还田（秸秆不能完全腐烂）对环保和交通安全是十分必要的，但为菌源的积累提供了有利的条件。我们的调查发现，前茬作物为旱作（棉花、玉米、大豆等作物），油菜秸秆大量存在，菌源大量存在，油菜病害重于前茬作物水稻。秸秆还田一年内尚有 50% 左右（重量）的秸秆存在，也是菌源的主要来源之一。加上气候变化，尤其是雨水减少对病菌的存活和积累均是有利的。

三、我们已做的工作

1. 病害的普查和抗病性鉴定结合我们在体系内承担的油菜病虫害的调查，我们已普查了全国 16 个省（市、自治区）60 个市县，通过病原菌培养和分子检测，已确认其中 14 个省（市、自治区）中的 42 个市县所采集的油菜病株样品为黑胫病所致。其病害症状表现与欧洲、北美油菜黑胫病（*L. biglobosa*）病斑相似。茎秆干枯时病斑呈灰白色，在病斑部位横切面可以观察到茎髓组织溃疡呈黑色。观察到少数染病植株茎基部受侵染形成腐烂，植株折断造成全株死亡。

2. 黑胫病监测已在安徽合肥和黟县设立了冬油菜黑胫病监测点，在内蒙古海拉尔设立了春油菜黑胫病监测点，拟长期监测油菜黑胫病的发生情况、为害程度和发展变化。

3. 油菜品种、资源抗病性鉴定2011—2012 年度，在合肥、黟县和河南固始

3 地对 200 多个我国油菜主栽品种和资源进行了黑胫病抗性鉴定，结果正在整理中。

4. 开展国际合作，加强油菜茎基溃疡病和黑胫病的研究工作已与英国洛桑研究所、英国哈特福德大学、加拿大农业部萨斯卡通研究中心和波兰科学院植物遗传研究所合作开展了病理学、流行学和抗病资源的筛选和鉴定，引进了一些抗病资源。

5. 普及油菜茎基溃疡病、黑胫病知识多次在油菜产业技术体系年终总结会上和体系病虫害防控研究室举办的研讨会上，介绍了我们团队在油菜茎基溃疡病、黑胫病上开展的工作，以及油菜茎基溃疡病、黑胫病的症状特征，防控措施。在 10 余个综合试验站向科技人员介绍了油菜茎基溃疡病、黑胫病的症状特征，防控措施。

6. 为出入境检验检疫部门提供技术服务 2009 年 8 月和 9 月，分别向上海出入境检验检疫局和江苏省出入境检验检疫局提供了 6 个油菜黑胫病病原真菌的纯化菌株，提供了油菜茎基溃疡病和黑胫病原真菌的分离与鉴定方法等资料和照片，以及受茎基溃疡病和黑胫病感染种子的病原真菌的分离、鉴定技术。江苏省出入境检验检疫局在加拿大进口的油菜籽中鉴定出强侵染病原真菌 *L. maculans*，上海出入境检验检疫局在澳大利亚进口的多批油菜籽中鉴定出黑胫病强侵染病原真菌 *L. maculans*。上海出入境检验检疫局和江苏省出入境检验检疫局分别将此情况上报国家质量监督检验检疫总局。参加了国家质量监督检验检疫总局与加拿大代表团就油菜籽进口问题的谈判，为谈判提供技术支持。国家质量监督检验检疫总局于 2009 年 11 月 9 日发布了《关于进口油菜籽实施紧急检疫措施的公告》（总局 2009 年第 101 号公告）。

四、几点建议

1. 将黑胫病研究列入农业部行业专项，联合全国油菜产区的科研单位，开展病害流行学、病理学和防控措施等方面的研究。

2. 培训农技干部识别病害的症状和防控措施。

3. 将油菜黑胫病列入品种审定必须考察的病害，从区域试验时就关注抗病性。

4. 加强国际合作，引进国外抗原和加大国内抗原筛选。

5. 积极开展抗病育种研究。

标题：油菜示范安排

日期：2012-09-24

9 月 19—22 日，侯树敏赴池州市贵池区敦上镇、梅村镇、驻驾村及青阳县九华农业示范园区考察油菜示范基地，进行今秋油菜示范安排，与当地农技人员合作确定示范面积、油菜机械化播种方案、病虫草害高效防控措施等。2012年在上述地方共安排机械化播种示范 1 000 亩，棉田高产套栽示范 50 亩。由于示范区田块多数缺硼，因此秋播时重施硼肥，拟推广热雾剂高效防控菌核病及花角期蚜虫。目前，示范基地已落实，国庆节期间将再赴示范区进行播种、封闭除草示范。

标题：油菜试验播种

日期：2012-10-01

为了进一步开展油菜黑胫病的相关研究。9 月底，李强生、荣松柏等赴黄山黟县病害试验地进行试验播种。本年度在该地主要进行 3 组试验：（1）调查15 份市场流通品种的黑胫病抗性差异。目的是通过大量的筛选工作，分析我国油菜品种的抗黑胫病情况，旨在寻找抗性资源，为抗病育种提供帮助；（2）研究黑胫病防治方法。根据黑胫病的防病特点，设计不同的防治次数、时期等，寻找最佳防治方法，为大田生产提供防治技术依据；（3）分析黑胫病对产量损失的影响，利用常规防治手段，分析在防治与不防 2 种情况下黑胫病对产量的影响。借此可分析黑胫病的为害程度。

标题：油菜蚜虫为害与菌核病之间的关系试验

日期：2012-10-02

10 月 1 日，研究油菜蚜虫发生量与菌核病发生严重度相关关系的试验在安徽省农科院病虫害鉴定圃开始播种，试验参试品种 10 个，均为国内已通过国家或省品种审定的品种，采用防控蚜虫及不防蚜虫进行对比试验，蚜虫防控采用地蚜灵进行长效防控，再结合喷雾防控，达到完全防治蚜虫的目的。该试验已连续进行了 2 年，前两年的试验结果也较好，本年度再进行续试，以期获得更多蚜虫为害与菌核病发生严重度之间的相关数据，明确二者之间的关系，为更好地开展油菜病虫害防控提供科学依据。

标题：油菜黑胫病试验

日期：2012-10-03

　　通过近几年的调查，油菜黑胫病在全国已普遍发生，部分调查田块的发病率高达 80% 以上，且级别较高，明显对产量造成损失。为了进一步了解相关信息，10 月 2 日，李强生等在合肥郊区选择了一块理想的试验地进行关于黑胫病不同侵染期对油菜发病程度以及产量损失影响的研究试验。希望通过本试验能为评估当前我国黑胫病对油菜产业造成的损失提供更科学的依据。

标题：加拿大专家来访

日期：2012-10-12

　　加拿大阿尔伯塔农业研究中心和阿尔伯塔大学的 Hwang Sheau-Fang 博士和 Strelkov Stephen 博士一行 4 人访问了安徽省农业科学院，双方就油菜病虫害的研究情况进行了广泛的交流。胡宝成就中国及安徽省的作物栽培制度、种植方式、病虫害发生情况向客人进行了介绍。重点介绍了油菜蚜虫为害对菌核病发生的影响、油菜新的害虫、油菜根肿病及黑胫病在中国的发生情况；分析了油菜根肿病和黑胫病在中国发展较快的原因：由于中国长江流域油菜主产区一般都是水旱轮作，根肿病的休眠孢子可随水流在不同的田块进行传播，另外，水稻、油菜机械收获作业也加快了病原菌在不同田块及跨区域传播；中国油菜种植方式的改变也加速了黑胫病的发展，过去油菜秸秆均被焚烧，现在由于秸秆禁烧、秸秆还田等加剧了该病原菌的累积，促进了黑胫病的发展。Hwang Sheau-Fang 博士和 Strelkov Stephen 博士介绍了加拿大在油菜根肿病和黑胫病的研究进展，对油菜根肿病和黑胫病最经济、有效的防控措施就是选育推广抗病品种，目前，加拿大在油菜抗根肿病和黑胫病方面已经取得了重要进展，已有抗根肿病、黑胫病的品种在生产上大面积推广应用，建议我们应加快抗病资源的鉴定筛选，加快抗病品种的选育。双方同意今后在该领域加强合作研究。

标题：来访外国专家学术报告与交流

日期：2012-10-15

　　加拿大阿尔伯塔农业研究中心 Hwang Sheau-Fang 博士、Chang Kan-Fa 博士、Turnbull George 先生和阿尔伯塔大学 Strelkov Stephen 博士一行 4 人访问安徽省农科院，并以加拿大油菜根肿病研究为主题在安徽省农科院学术交流中心做了两个学术报告。

Hwang Sheau-Fang 博士主要介绍了加拿大油菜根肿病的田间病害管理情况。加拿大油菜根肿病主要发生在阿尔伯塔省及周边地区，开始发病呈零星地块发病，近些年由于耕作机械携带的病区土样传播，面积逐年扩大，农场主都十分紧张土地被根肿病菌污染，针对病区的耕作机械采取清洗消毒杀菌，来阻止根肿病的蔓延。他们开展了抗病资源筛选鉴定与育种，化学防治，生物防治药剂筛选，非寄主谷类作物与油菜轮作，诱饵作物种植，播期对根肿病的影响，不同作物种子带菌等相关研究。抗病品种的应用是最有效最经济的方法，目前在加拿大先锋与孟山都等种子公司利用从十字花科芜菁中获得的抗原育成了抗根肿病的油菜品种并在生产上应用，化学与生物防治对田间病害控制有较好的效果，但是使用起来药剂成本很高而且田间的污染残留较重，轮作与诱饵等农业措施没有什么效果，同时证明种子带菌是根肿病菌长距离传播的途径之一。

Strelkov Stephen 博士介绍了阿尔伯塔大学在油菜根肿病病原菌生物学方面的研究成果，他们利用病原菌单孢接种的方法鉴定了加拿大油菜根肿病生理小种的分布，并且研制了一套全部是油菜品种的根肿病病原菌生理小种鉴别寄主系统，Buczack 建立的由 15 个十字花科属植物 ECD（European Clubroot Differential Host）鉴别系统和 Williams 鉴别系统。另外开展了油菜根肿病菌对不同寄主和非寄主的侵染机制和根肿的形成机制研究，同时对油菜抗根肿病品种的抗病机制和抗病品种的管理进行了研究，提出应加强对抗病品种的管理以防止抗病品种在生产上丧失抗性。

胡宝成与来访专家交流了我国油菜根肿病的发生特点，油菜根肿病是我国油菜生产上的新病害，我国油菜根肿病的相关研究较少，但生产上油菜根肿病发病面积呈上升趋势，发病逐年加重，中国油菜移栽的传统耕作方式和水旱轮作也加快了根肿病菌的传播。会议期间双方科技人员就如何引进利用加方的根肿病研究成果解决我国油菜生产上的油菜根肿病问题，以及中国油菜的耕作制度下如何控制油菜根肿病进行了探讨，来访专家建议我方应加快抗根肿病的育种工作，并达成合作意向，中方拟派出科技人员赴加拿大学习油菜根肿病的研究技术。

标题：帮助常德综合试验站鉴定油菜害虫

日期：2012-10-16

　　10 月 15 日，侯树敏帮助鉴定常德综合试验站传来的油菜害虫照片，认为该害虫为猿叶虫的幼虫，当时就将鉴定结果反馈了常德试验站，并告知相应的防治措施。据介绍，今秋该害虫在常德地区发生较重，对油菜苗为害较重，部分油菜叶片已被吃光，大部分油菜叶片被吃成孔洞。目前他们已经施药防治。我们双方约定保持联系，有什么问题及时沟通解决。

标题：油菜病害试验

日期：2012-11-01

　　10 月 31 日，李强生、荣松柏赴安徽黟县油菜试验基地进行病害试验。自播种一个月来，在充沛的雨水和温暖气候条件下，试验地油菜和大田油菜均长势较好，叶片浓绿，目前大部分都已进入 5 叶期。根据试验设计，本次我们对部分试验小区油菜进行了百菌清防治，以此达到控制该时期病原孢子侵染叶片。此次为防治的第一阶段，还将在油菜不同的生长期进行相应的防治。由于天气暖和，当地油菜普遍有害虫为害，主要为小菜蛾、蚜虫等。我们与当地老百姓交流时，也提供了一些药剂防治的关键技术，当地正结合天气积极进行防治工作。

标题：油菜病害防治试验

日期：2012-11-02

　　11 月 1 日，李强生、荣松柏对合肥油菜病害试验进行药剂防治和接种工作。对不同时期防治效果试验进行药剂防治，药剂选用杀菌剂"百菌清"。对黑胫病与油菜产量损失评估试验进行人工接种工作，通过在不同油菜生长期接种侵染油菜，使油菜发病，判断不同侵染期与发病程度的关系以及对产量的影响。试验设计为 4 期接种。

标题：访问德国吉森大学

日期：2012-11-09

11月8—9日，胡宝成、侯树敏、李强生赴德国吉森大学访问，该校植物育种系主任 Wolfgang Friedt 教授及其团队成员热情接待了我们。双方就抗病虫育种、油菜优质抗逆资源筛选与创制、病虫害综合防控等进行了广泛的交谈。双方介绍了各自的研究进展及研究方向，并就共同感兴趣的油菜抗病虫育种进行了深入的交流，特别是对油菜跳甲、花露尾甲、黑胫病和菌核病的抗性资源的筛选及创制进行合作研究进行了探讨，我们也特别介绍了虫害与病害关系的初步研究结果，双方均表示今后加强合作的意愿。

标题：调查咨询

日期：2012-11-21

　　2012年秋种以来，安徽油菜产区基本风调雨顺，有利于秋种和油菜幼苗生长，加上气温偏低，各种油菜害虫发生也偏轻。为了了解全国各地油菜产区害虫发生情况，胡宝成于11月20—21日，以电话调查的方式与15个综合试验站（宜昌、常德、绵阳、扬州、苏州、九江、宜春、咸阳、南充、衡阳、信阳、昆明、上海、贵阳、黄冈）的站长调查了解当地油菜害虫发生情况。各地普遍反映今秋油菜害虫发生较轻。有些蚜虫和菜青虫比较好防治，防治后效果也较好。也有部分地区次要害虫发生偏重，如宜昌地区油菜上猿叶虫和蝗虫发生较常年重，信阳地区一种潜叶甲虫（可能是叶露尾甲）发生偏重，贵阳地区跳甲和蟋蟀偏重，常德的蜗牛和猿叶虫发生偏重。这些现象也表明随着气候和耕作制度的变化，油菜害虫也逐步发生变化，以往以苗期蚜虫和菜青虫为主的局面转向多种害虫的变化格局。

标题：长丰县农技人员技术培训

日期：2012-11-22

　　合肥市农委在长丰县举办2012年农业部全国基层农技推广补助项目农技人员能力提升培训班。吴新杰受邀给培训班授课，重点介绍了油菜主要病虫草害的发生情况、防治技术以及主要高产高效栽培技术，内容包括油菜生产的概况、油菜的用途、油菜品种的选择、育苗移栽技术、高效施肥技术、轻简化机械化生产技术等。该培训项目来源于农业部，旨在全国范围内对基层农技人员进行培训。参加这次培训班的农技人员有70人左右，主要来自长丰县各乡镇。

标题：巢湖市农技人员技术培训

日期：2012-11-28

　　合肥市农委在巢湖市举办 2012 年农业部全国基层农技推广补助项目农技人员能力提升培训班。吴新杰受邀给培训班授课，重点介绍了油菜主要病虫草害的发生情况、防治技术以及主要高产高效栽培技术，内容包括油菜生产的概况、油菜的用途、油菜品种的选择、育苗移栽技术、高效施肥技术、轻简化机械化生产技术等。该培训项目来源于农业部，旨在全国范围内对基层农技人员进行培训。参加这次培训班的农技人员有 90 人左右，主要来自巢湖市各乡镇。

标题：肥西县基层农技人员培训

日期：2012-12-04

　　合肥市农委在肥西县举办 2012 年农业部全国基层农技推广补助项目农技人员能力提升培训班。吴新杰受邀给培训班授课，重点介绍了油菜主要病虫草害的发生情况、防治技术以及主要高产高效栽培技术，内容包括油菜生产的概况、油菜的用途、油菜品种的选择、育苗移栽技术、高效施肥技术、轻简化机械化生产技术等。该培训项目来源于农业部，旨在全国范围内对基层农技人员进行培训。参加这次培训班的农技人员有 50 人左右，主要来自肥西县农业技术推广中心、农机局以及各乡镇。学员课后普遍反映增加了见识，开拓了眼界，对油菜生产技术有了全面的、系统的认识，起到了预期的培训效果。

标题：油菜黑胫病试验调查

日期：2012-12-07

　　李强生、荣松柏去查看油菜黑胫病试验黑胫病接种情况。通过菌丝块接种效果明显，接种成功率高。接种部位病斑明显。为下一步试验顺利进行提供了保障。今年秋季雨水充沛，气温较高，试验地油菜长势较好，目前有 7~8 片叶子。调查未发现明显害虫为害。

标题：油菜病害试验调查

日期：2012-12-08

胡宝成、李强生、费维新、荣松柏赴黟县柯村调查油菜黑胫病试验情况，并就近调查油菜根肿病发生情况。黑胫病药剂防治试验，越冬前苗势很好，一般7~8片真叶，苗齐，田间调查没有发现明显的黑胫病症状，但有根肿病，考虑到已定苗，不便拔苗，没能进行根肿病病株率调查。另一药剂防治时期试验的田块，从苗期拔出的植株来看，根肿病发病率已达100%。对我们试验田附近的同一田块2个品种进行了根肿病发病情况调查。调查结果：浙平4号病株率8.8%，病害级别多为1级，天禾油6号病株率58.5%，且多为2~3级，似乎浙平4号抗根肿病较明显。但在另一田块，浙平4号发病率已达100%。同一区域不同田块的同一品种发病率如此之大，可能与田间菌源量有关，播种时间也可能有影响。需做田间菌源量测定。由于根肿病发病率已达100%，药剂防治黑胫病的试验显然已受到根肿病的影响。是否可以改为根肿病和黑胫病相互作用试验，看看根肿病发病后，黑胫病发病情况有什么变化，同时以在合肥的同一试验没有根肿病的影响作为对照，也许会有新的发现和收获。

标题：油菜病害试验调查

日期：2012-12-09

胡宝成、李强生、费维新、荣松柏赴黄山市农科所试验地调查油菜病害试验情况，油菜试验地今年根肿病呈发病普遍且发病率高的特点，药剂防治试验未施药的空白对照小区根肿病发病率达90%以上。另外在调查中还发现一块苗床地油菜根肿病发病率高达90%以上，主要品种为中双11、秦研211、浙双72，而相邻的一块苗床却没有根肿病。该两块苗床为同期播种，在近5年内只种单季水稻，没有种过油菜。因此有两点疑问：其一，是否其中一块未发病的苗床田无根肿菌源？其二，发病苗床的大量菌源从何而来？这两个问题有待进一步调查研究。从调查的结果来看油菜根肿病已成为黄山地区油菜的主要病害，严重制约当地发展油菜生产，也给当地油菜菜花节旅游带来影响，所以目前当务之急是在生产上的品种当中筛选根肿病的抗耐病品种，对有抗耐病潜力的品种可以推荐给农民种植，并进一步开展抗病育种工作。同时在黄山市农科所的试验地调查发现有油菜黑胫病的苗期侵染症状。

标题：油菜产业需求调研及发展建议

日期：2012-12-11

　　黄山市徽州区呈坎镇灵山村是安徽省美好乡村建设示范村，也是黄山市发展油菜促进旅游的百佳摄影点之一。12 月 10 日胡宝成、侯树敏、李强生、荣松柏一行 4 人赴该村调研在利用油菜发展旅游对油菜生产技术的需求。村第一书记朱波、村委会主任方有良、村原支部书记（现村委）方圣贤及其他支委参加了座谈调研。该行政村共有 17 个自然村，分布在海拔 400~600 米的山岗上，全村 1 692 人，耕地 3 300 多亩，其中水田 1 800 多亩，竹林面积比较大，大多自然村和耕地均散布在竹海之中。近年来利用竹海中的梯田种植油菜，形成油菜花海被竹海包裹的独特景观，旅游资源非常丰富。但由于缺乏技术和劳力，油菜种植效益不高，尽管今年政府每亩补贴 200 元，鼓励大家种油菜，可许多农民还是不愿意种，村干部只好承担起这项任务，每户种植几十亩，租地雇工种油菜，压力很大。通过调研和座谈，当地至今还是种植十几年前的老品种，以中油 821 为主，产量每亩只有几十千克，种西瓜效益比种油菜好。为了解决发展旅游与农民种植效益之间的矛盾，胡宝成提出了以种油菜的成本获种菜的效益：首先更换品种，由我们提供高产优质能油、蔬、花三用的品种。由于高山冷凉，面积也比较小，种植上可以提前育苗移栽，开花前打薹作为蔬菜，按照目前市价每千克 6~8 元计，　亩地菜薹就可收入 1 000 元左右。打薹后可延长花期，由原来 20 天左右延长到 30 天左右，又为旅游延长了观赏期；终花后可根据农民需求，如种西瓜可在终花后翻地，油菜可做饲料或绿肥；如种水稻可收获菜籽，按每亩 100 千克菜籽计，又有 500~600 元的收入。从明年秋种开始，我们免费提供高产、优质可油、蔬、花三用的品种，首先在村委会干部家试种，成功后向全村，甚至呈坎镇、黄山市以油菜观花发展旅游的地方推广。

2013 年度

标题：参加体系 2012 年度工作总结会

日期：2013-01-11

1 月 7—10 日，侯树敏、费维新参加在长沙举行的 2012 年度体系工作总结会。对照我们岗位的任务，汇报了重点任务、基础任务、前瞻性研究和应急性任务完成情况及研究进展。针对油菜害虫变化的新趋势，新害虫的不断出现给害虫高效安全防控带来的新挑战等问题提出了相应的应对措施，及进一步研究的重点目标和方向。此外，还对我国油菜黑胫病及我省油菜根肿病的发生情况及研究进展进行了汇报，提出了进一步的研究计划。

通过参加一年一度的体系工作总结会，聆听与会领导、专家的报告，使我们对中国油菜各方面研究进展、产业发展方向以及油菜生产情况有了全新的了解，也为我们找准下一步的研究目标指明了方向。我们将根据研究目标努力开展工作，加强与体系岗位科学家、试验站密切合作，为中国油菜产业可持续健康发展贡献自己的力量。

标题：油菜越冬期调查

日期：2013-01-12

1 月以来，安徽多地出现了入冬以来的最低气温，雨雪天气较多。合肥地区近几日的最低气温达到-6℃，院内试验地油菜生长缓慢。调查发现，近期低温对油菜影响不重，没有对油菜产生重大影响。油菜通过一段时间的抗寒锻炼，耐寒能力有所增强，能够抵御此次低温天气。在病害试验地检查，黑胫病病斑不明显，尚未发现其他严重病害，虫害较轻。

标题：与加拿大方科技公司洽谈合作

日期：2013-01-17

应加拿大波夫曼斯种植高科技公司（Performance Plants Inc，PPI）总裁和首席科学家黄雅凡博士的约请，胡宝成、李强生等人于 1 月 15—16 日赴南京与黄雅凡博士交流探讨双方在油菜领域里的合作事宜。黄雅凡博士是随加拿大安大略省政府代表团来访中国寻求合作的。该公司位于加拿大安大略省金斯顿女王大学。2005 年该公司被加拿大生物工业协会认定为加拿大早期阶段最有发展前景的生物技术公司。多年来该公司已成功地从一家科研实力雄厚、致力于研究理想的植株性状为主的研发公司发展成为一家基于基因技术进行产品研发和商业化生产为重点的公司。该公司在应用转基因技术提高农作物的产量（提高15%以上）、抗旱、抗热等方面已有成熟的技术。我们与该公司交流了国内油菜生产现状和面临的问题，探讨了利用该公司的技术在提高油菜产量的同时提高油菜的抗病（油菜根肿病和黑胫病）、抗虫（蚜虫、小菜蛾）和抗除草剂等方面合作的可能性。商定了互访进行更深入的交流，寻找最佳合作切入点，争取尽早开展实质性合作。

标题：蚜虫药剂防控试验

日期：2013-01-23

1 月 12—22 日，侯树敏等在合肥油菜试验田进行蚜虫药剂防控筛选试验。试验采用新型烟碱类新药——噻虫啉的不同剂型进行田间防效试验及室内毒力测定试验。田间防效结果较好，室内毒力测定数据正在统计分析中。噻虫啉有望成为一种防控蚜虫的安全高效新农药。我们还将对其进行一系列试验，确定其安全性和有效性。

标题：油菜黑胫病与油菜根肿病研究进展

日期：2013-01-29

近两年我们团队调查了中国冬、春油菜产区的 16 个省、自治区、直辖市 60 个市县油菜茎基溃疡病、黑胫病的发生情况。除西藏和陕西没有发现油菜黑胫病外，其余 14 个省、自治区、直辖市中 42 市县均有油菜黑胫病发生，没有发现油菜茎基溃疡病。完成油菜黑胫病的为害风险程度评估报告，并将此情况上报农业部科技司。并为国家进出口检验检疫总局对加拿大油菜实行油菜茎基溃疡病限制入境检疫提供技术支撑。调查黄山市所辖的 3 区 4 县根肿病发病面积约 11 万亩，占油菜总播种面积的 30%；抽样调查全市 12 个根肿病发病乡镇根肿病发生情况，共涉及 13 个行政村 42 块油菜田，根肿病平均发病率达 49.6%。

下一步打算：（1）筛选抗耐油菜根肿病、黑胫病的品种，加强油菜抗病育种：在现有生产上推广油菜品种中开展油菜根肿病、黑胫病的抗耐性鉴定；同时加大油菜根肿病、黑胫病抗病资源的引进与鉴定，筛选出抗我国油菜根肿病、黑胫病优势生理小种和病原菌类型的油菜抗病资源，尽快应用于油菜抗病育种；（2）引进先进的单孢分离技术，鉴定油菜根肿病菌类群：油菜根肿病病原菌在土壤中是一个动态变化的群体，一个群体中可能由1种或几种不同的根肿菌生理小种组成，土壤中的根肿菌的优势小种会随着外界环境的变化而变化，因此需要开展鉴定根肿病菌的小种分类组成，以制定相对应的油菜抗根肿病育种策略；（3）加强油菜抗油菜根肿病的机理研究：油菜根肿病是病原菌活体专性内寄生的典型，通过开展发病机理的研究，了解病原物与寄主之间的互作机制，为油菜根肿病抗病育种和综合防治研究提供理论依据；（4）加强黑胫病病原菌群体分布及演变动态的监控；（5）开展更广泛的国际合作，引进和创制油菜根肿病、黑胫病抗病资源，开展抗病育种。

标题：油菜生产情况调查

日期：2013-01-30

28日，胡宝成、李强生、荣松柏一行对安徽省南部油菜生产情况进行调查。驱车从合肥出发，途径庐江县、枞阳县、铜陵、池州、黄山区、泾县等。不论是在经济较为发达江淮地区还是在皖南革命老区，大部分良田地被空闲抛荒，远远望去，一片凄凉，仅有少量田块油菜点缀其中。通过查看和走访，认为油菜种植面积仍在不断减少，究其原因仍然是种植机械化程度不高，费工费时，加上菜籽价格上不去，生产效益低，农民种植没有积极性。另外也是由于劳动力向城市的转移，务农人员减少所致。但在池州地区，仍然有较大油菜生产面积，分析认为这与当地的种植方式有关。该地区地处沿江地带，以棉花种植为主，棉花为农民主要收入来源，棉油轮作是当地理想的种植模式。

标题：黑胫病实验室工作

日期：2013-02-04

近日，李强生等对近几年采集的全国油菜黑胫病病株样本进行了病菌分离、纯化和保存。通过对全国油菜病害调查发现，目前油菜黑胫病的发生很普遍，已经在不同的省份 42 个油菜种植地市发现该病。各地发生程度均有不同,病株率最重田块已达 80%~100%,且有些田块病害级别较高,对油菜产量影响较大。由于种植模式的改变和其他原因,该病害可能同菌核病一样将成为威胁油菜产业发展的重要因素之一。

标题:油菜苗期虫害情况

日期:2013-02-05

自 2012 年 10 月合肥油菜播种以来,土壤墒情较好,温、光、水协调,油菜苗长势强,植株健壮,目前绿叶数已达 9~13 片。1 月,虽然出现-6℃的低温,但是由于降温是循序渐进式的,菜苗经过了低温锻炼,抗寒能力显著增强,同时田间土壤湿度好,未出现干冻,因而,油菜苗冻害很轻(0~1 级)。另外,由于秋冬季雨水充沛,田间湿度好,因而蚜虫发生较轻。经对 10 个油菜品种的田间调查,未进行任何药剂防控的油菜蚜虫发生量为 190~3 400 头/百株,不同品种间蚜虫发生量存在较大差异。经过一次吡虫啉或噻虫啉防治的蚜虫发生量 20~300 头/百株,施药不同浓度间存在一定的差异。总之,2012 年秋冬季,气候条件适宜油菜苗期生长,油菜虫害发生较轻,除前期蚜虫、菜青虫发生较重的部分田块需防治外,其他基本不需要防治。但是,要注意加强春季气温回升后油菜蚜虫、小菜蛾等害虫的调查,特别是在干旱少雨的情况下,蚜虫极易暴发,我们将及时调查油菜害虫发生情况,适时提出防控建议。

标题:云南油菜害虫调查及防控建议

日期:2013-02-22

2 月 21 日,胡宝成、侯树敏、吴新杰一行 3 人赴云南省罗平县油菜产区调查油菜病虫害。罗平县是云南省油菜生产大县,年平均气温 15.1℃,年降水量 1 743.9 毫米,气候适宜油菜生长,油菜是罗平县的传统优势产业。2012—2013 年度该县油菜种植面积 80 万亩左右,主要采用烟草—油菜轮作模式种植,其中,烟草种植亩收益达 2 000 多元,因而农村劳动力还较充足,而烟草—油菜轮作也是当地最佳种植模式。目前,油菜病虫害最主要的是蚜虫为害,据当地农技人员介绍,当前他们已经防治 3 次了,但是我们在田间调查发现蚜虫仍然发生较重,平均有蚜枝率达 30%~40%,每枝花序上蚜虫达 5~100 多头,严重的油菜单株有蚜枝率达90%，蚜棒长度达20厘米左右，少部分植株已经被蚜虫为害死亡。由于当前该地油菜正处于盛花末期，传统的田间喷药防治已较为困难，而且易造成植株损伤，因此，我们计划在近日进行热雾剂快速高效防控蚜虫示范。该方法的优点在于：（1）防治快速，每分钟可防5~10亩；（2）操作简单，人只需走在田埂向田内喷药即可，不损伤油菜；（3）用药量少，由于药液完全雾化，雾滴很小，加之沉降剂的使用，用药量较常规喷药少，节约成本，减少污染。

标题：雨雪冰冻受灾与油菜生长情况调查

日期：2013-02-25

2月25日调查了合肥基地油菜试验的雨雪冰冻受灾与油菜生长情况。2月18日，合肥迎来了蛇年的首场暴雪，但是来去匆匆，雪后天晴，虽然19—20日最低气温为-5℃，但连续几天的晴天致使气温快速回升。油菜试验的受灾影响轻微，其中除了有小部分的育种材料有轻微冻害，大部分试验油菜未受冻害。未发现有病虫发生与为害。另外由于在雨雪之前已经根据苗情需要全部追施了蕾薹肥，目前油菜苗生长旺盛，大部分进入蕾薹期，下一步将加强中耕除草等田间管理。

标题：油菜病害接种试验

日期：2013-02-27

2月26—27日，油菜黑胫病试验进行人工接种。年后随着气温的回暖，油菜开始返青抽薹，根据试验的设计，结合天气情况，李强生、荣松柏在26日下午和次日上午进行了病害人工接种，此次分别将病原物接种在植株的两个不同部位叶片和茎秆上，以此观察接种效果和病害为害情况。试验进展顺利！

标题：六安油菜病虫害调查多功能应用建议

日期：2013-02-28

2月27日，胡宝成、侯树敏、费维新等赴六安调查油菜病虫害、苗期长势等。六安试验站试验田由于今年冬季雨水相对较多，油菜蚜虫等害虫发生很轻，在试验田内未发现蚜虫及其他害虫。目前油菜已经开始抽薹，也未发现病害。

田间调查后，我们与六安试验站荣维国站长进行了座谈。据介绍，当地今年油菜长势较好，还算是风调雨顺，油菜病虫害发生很轻，基本都不需要防治。土壤墒情好，油菜长势强，冻害也很轻。看到市郊区空闲了大量的土地，胡宝成向荣维国站长建议可以撒直播种植些油菜，发展油蔬两用，也可以作为饲料或绿肥。选择双低油菜品种种植，苗期可以间苗、薹期可以打薹作为蔬菜供应市场。油菜薹期每亩可产菜薹 200 多千克，目前市场售价达 5.0 元/千克，而且打薹后少量追施些尿素，对油菜产量基本没有影响。此外，每亩间苗也可获得菜苗 50 千克左右，市场售价 6 元/千克左右，种植油菜每亩可额外增收 1 000 元左右。荣站长对此表示赞同，计划今年秋种时，示范推广该项种植模式，以扩大油菜种植面积，提高农民收入。

标题：皖南油菜病害调查

日期：2013-03-04

随着气温的逐渐回升，油菜开始抽薹，在我省南部地区有些熟期较早的品种已开始开花。为了进一步了解今年的油菜病害发生情况，胡宝成、李强生和荣松柏一行前往油菜生产面积较大的皖南山区进行调研，同时对安排在黟县的油菜病害试验进行管理。由于从播种到现在皖南山区雨水充沛，有利于油菜生长，但这种条件也有利于病害的发生。田间调查发现了大量褐色蘑菇状的菌核病子囊盘，因此在油菜初花期进行菌核病防治尤为重要，当然也是目前有效的防治菌核病的途径之一。除发现菌核病子囊盘外，与去年一样我们还发现了苗期菌核病为害的植株，为害部位有白色乳丝状物质，并有大量菌核着生。这种为害植株在后期随温度升高将脱水枯死，对产量影响较大。另外在田间还发现了大量的霜霉病。

标题：油菜病害试验

日期：2013-03-05

按照试验计划要求，3 月 4 日李强生、荣松柏对合肥油菜病害试验进行管理。油菜黑胫病病害防治试验进行了不同时期药剂防治，此次防控的目的在于防治薹期黑胫病病原菌孢子侵染植株叶片和茎秆。一般认为在我国油菜主产区黑胫病病原菌侵染植株主要在油菜苗期，孢子着生叶片后，随着孢子的萌发和生长在油菜成熟前会为害到植株茎秆，为害茎秆表皮、皮层及维管束，使茎秆变黑，阻碍养分运输，对产量造成影响。但据观察和报道，在油菜整个生育期内都有黑胫病病原菌子囊萌发并释放孢子，因此为了科学分析病原孢子对油菜抽薹期的影响，特进行相应试验。3 月 5 日还进行了病害接种试验。由于高温高湿的气候有利于菌核病的发生，我们在合肥试验地也发现大量的菌核病子囊盘。可以预见今年的菌核病将严重发生，做好预防刻不容缓。

标题：油菜病虫害调查和技术服务

日期：2013-03-07

　　胡宝成、李强生、荣松柏等人赴黄山市调查油菜病虫害和农民技术需求。去冬今春当地雨水偏多，且气温偏高，尤其是最近一周持续高温有利于观察初花前后田间油菜菌核病的发病情况。今次的调查重点主要是在歙县雄村乡。浙平 4 号、浙优 201 为主栽品种。浙平 4 号发病偏低，但部分田块浙优 201 发病率几乎 100%，下部老黄叶病叶率已达 50%左右，部分植株茎秆已发病。可能是子囊孢子直接侵染老黄叶而致发病。如果证实的话，对菌核病的防治就要提前。传统的防治适期初花期和盛花期各防治 1 次就太迟了。

　　在该乡拓林村，我们还在田间现场指导当地村民张衍泽、程云田、张松春等人观察病菌子囊盘、辨认病害症状，讲解防治方法，并调研农民技术需求。他们往年的防治时期也是初花期和盛花期，但效果并不理想。这可能与病害初侵染在开花前就发生了有关，也有可能药剂质量或喷药质量不高。对技术需求上，主要是品种信息、最适合的药剂和防治适期。多年来，他们几乎没有见过农技人员对他们进行指导，农技推广工作进村入户还有很长的路。在与农民的交流中，他们感觉到通过电视节目指导可能比较好。

标题：云南油菜蚜虫高效防控试验示范

日期：2013-03-11

　　3 月 8—10 日，侯树敏赴云南罗平油菜试验基地进行蚜虫高效防控试验示范。蚜虫是云南油菜生产上为害最严重的害虫，如不及时防治产量损失可达50%以上，甚至绝收。而云南油菜蚜虫发生最重的时期是在花期和青角期，此时传统的田间喷雾已很困难，而且易造成植株损伤。热雾机+农药+沉降稳定剂是一种新型高效防治作物病虫害的新方法，沉降稳定剂是我院新研制科研成果，能够大大提高防治效果。因此，我们选择在罗平这个云南省油菜种植面积最大的县进行蚜虫防治示范，目前试验防效还在调查统计中。

标题：油菜花期病虫害调查

日期：2013-03-15

　　胡宝成、李强生、荣松柏等人赴婺源和黟县考察油菜花期病虫害。婺源江岭村农业部万亩高产示范片油菜刚达盛花期，但部分田块菌核病发病率比较高。我们逐块田调查发病比较重和比较轻的两种田块，发病率7%～37.8%。有些发病植株茎部已基本被菌核病病斑包围，并有菌核出现，已不可能有产量。在发病的植株中约有60%的植株花序凋萎，与油料所张学昆处长通过电子邮件发来的江西油菜受害症状非常相似。是何原因还需进一步鉴定证实。在黟县柯村农业部万亩示范片天禾油6号和核杂9号田块也发现菌核病。发病率低于去年，在3%左右，但根肿病同时发生的植株比较多。还有部分植株感染根肿病后茎部感染黑胫病。根肿病发病后对菌核病和黑胫病有何影响、它们之间的相互关系是一个值得深入研究的课题。

标题：油菜试验管理和病害防治

日期：2013-03-16

　　安徽大部分地区的油菜已进入初花期，该时期也是油菜菌核病和其他病害的高发期，防治试验进行了最后一次药剂防治。今年以来，天气多雨水，前期温度较高，后期温度有所降低，高温高湿十分利于病害发生流行，因此看来今年的油菜病害将较为严重，应加强监控和防治。

标题：油菜病虫害调查和指导

日期：2013-03-27

　　胡宝成、侯树敏应六安试验站邀请赴六安市霍邱县扈胡镇桃花村查看油菜生长不正常的原因。该村一户种植大户种植油菜100余亩，现正值油菜盛花期，但是田间出现一部分花蕾畸形、不能正常开花的植株。经我们田间仔细调查，排除了病虫为害的可能，认为是除草剂药害。经过询问，证实了是由于农户使用烯草酮浓度过大且喷施时间较迟造成了药害，引起油菜花蕾畸形、不能正常开花。为此，我们向该种植户及当地农技站人员详细介绍了油菜除草剂正确使用方法及注意事项，避免以后再次出现类似情况。

另外，我们还发现当地冬闲地较多，向荣维国站长和当地农技人员、农民介绍了油菜—菜多用的种植模式，既可以增加农民收入，又可以培肥土壤，提高水稻产量。即在冬闲地撒播种植油菜，冬季可以间苗作为蔬菜食用，蕾薹期也可以打薹食用，还可以作为青饲料喂养牲畜，如果不收菜籽，还可以在花期将油菜翻耕入土，培肥土地，可增加水稻的产量，可谓一举多得。当地农技人员和农民都普遍接受这个观点，计划今年秋播时进行示范种植。

标题：帮助发展油菜生产，促进美好乡村建设

日期：2013-03-28

应金寨县天堂寨镇镇政府的邀请，胡宝成、侯树敏等人再次赴该镇考察通过油菜花发展旅游的试验。时值油菜盛花期，但由于种种原因，去年秋种播种过迟，管理也不好，关键是农户种植积极性不高，油菜长势不好，效果没有显现出来。金寨县是全国重点扶贫县，省委、省政府提出了全省扶贫抓金寨带全省。当地政府通过发展旅游经济带动农民增收，思路是正确的，但是如何调动广大农民，尤其是种植大户的积极性还有很多工作要做。

针对天堂寨镇海拔在600米以上，年积温低于附近低海拔地区，在农作物种植上一年稻、油两熟，换季种植时间还是比较紧。我们提出了以水稻为主，油菜当配角，油、蔬、花、饲、肥多种用途利用的技术方案。水稻收获后，早直播油菜，苗、薹可用于蔬菜，开花期用于观花，发展旅游，终花后可作动物饲料，也可直接翻耕作绿肥，这样可以提早1个月种植水稻。如果对油菜全生育期种植水稻没有影响可以等待成熟后收获菜籽。种植户和镇政府均感到此技术方案比较灵活，种植效益比较高，今年秋种再试验，有信心把此项工作做好。我们也希望通过努力能使当地高达90%以上的冬季抛荒田能种上油菜，实现冬季一片翠绿，春天一片金黄。

标题：云南油菜蚜虫防治试验示范结果调查

日期：2013-03-30

胡宝成、侯树敏、李强生、荣松柏赴云南省罗平县对设在板桥镇品德村"油菜蚜虫综合防治技术百亩示范片"进行防治效果考察，并田间现场测产。昆明综合试验站李根泽及其团队和云南省农业厅、种子管理站和罗平县农业局等单位的专家也一同参与了该活动。昆明综合试验站建立的示范片采用云油杂2 号和云油杂 10 号两个品种，集成农业防治、物理防治、化学防治于一体的蚜虫综合防控技术和旱地油菜高效生产集成技术。经防效调查，示范基地蚜虫防治效果达到了 95%，示范片平均投入成本 620 元，较非示范区每亩节约蚜虫防治农药和防治用工投入 42.5 元，节本 6.85%。田间测产平均种植密度16 782.14株/亩，单株有效角果数 212.26 个，每角粒数 20.53 粒，千粒重 3.40克，平均亩产 204.54 千克。

该技术防治效果明显，增产增效效果显著，将为罗平县 75 万亩旱地油菜乃至云南全省 450 万亩油菜生产中蚜虫防治提供有效的示范带动作用。对热雾机加沉降剂进行防治的效果也进行了调查，但效果不理想。分析原因，主要是喷药方法不对，不应对着油菜喷施，而应在油菜上方进行施药，这样药雾可达十几米，然后沉降下来，达到快速施药的目的。一项好的技术，如果不能正确掌握方法还是事与愿违。这也是农业技术推广过程中，科技人员必须深入生产一线对农民手把手地教，才能达到贯通农技推广"最后一千米"的目的。

标题：云南油菜病害调查

日期：2013-03-31

近几年，我们对全国大多数油菜生产省份的油菜病害进行了调查取样，尤其针对油菜黑胫病这一新病害的调查，大体掌握了中国油菜黑胫病的分布状况。为了继续了解该病在其他地区的发生及为害情况，胡宝成、李强生、荣松柏、侯树敏前往云南，在云南省农科院经作所李根泽研究员、符明联研究员等的帮助下，我们调查了罗平县油菜病害情况。时值 3 月末，油菜进入成熟期，是黑胫病和菌核病调查的最佳时期，可以从病斑症状和植株长势来判断病害发生情况。但通过仔细的调查并未发现有明显特征的黑胫病植株，菌核病发生也较轻，但白粉病十分严重。在与当地农业科技人员交流，了解当地气候以及耕作习惯后，我们认为秸秆焚烧和天气干旱能有效减少黑胫病等病原的积累和侵染，也是当地油菜黑胫病、菌核病发生较轻的主要原因。但干燥天气有利于白粉病发生。在随后调查的泸西市和安宁市，情况较为相近。

标题：油菜病害鉴定

日期：2013-04-03

　　李强生、荣松柏近期在进行油菜病害调查时，首次发现油菜叶片上有较典型的受黑胫病侵染的病斑（地点：安徽的黟县和合肥），即叶片感染后出现褪绿，形成淡褐色至灰白色病斑，其上散生黑色小粒点——分生孢子器。也首次发现诸葛菜叶片上和茎秆上有疑似受黑胫病侵染的病斑（地点：合肥）。对采集的疑似黑胫病感染的油菜和诸葛菜的患病组织做了病原菌分离培养和致病菌鉴定。实验结果表明，致病菌为引起黑胫病的 *Leptosphaeria biglobosa*。

标题：油菜试验观摩交流会

日期：2013-04-09

　　胡宝成赴巢湖综合试验站参加该站组织的油菜试验示范观摩交流座谈会。参加座谈会的有巢湖、六安 2 个试验站的科技人员和 6 个示范点的技术负责人和骨干。合肥市农委副主任王轶峰、种植业局局长李俊等 20 余人也参加了座谈会。在座谈会前与会人员赴上述 6 个示范点进行现场观摩考察。会上 6 个示范点又分别介绍了试验示范情况、主要技术措施和存在问题。起到了很好的互相学习、互相促进的作用。

　　胡宝成应邀在会上介绍了中国油料生产概况，针对试验示范点存在的问题，着重讲解了油菜菌核病发病规律和引种措施、菌核病苗期侵染症状和防治方法；油菜黑胫病和根肿病在全国和安徽省发生概况、症状及综合防治措施。油菜叶露尾甲发生概况及为害症状等。针对油菜种植面积逐年下降的局势，还提出了油菜促乡村游、油蔬、油肥、油饲等多种用途发展油菜。

标题：德国 NPZ 公司专家来访

日期：2013-04-10

　　德国北德育种研究所（NPZ-Lembke）的 Amine Abbadi 博士和 Felix Dreger 博士今日来访。他们应邀做了一场学术报告，参观了实验室并考察了田间试验。团队全体成员参加学术活动，并进行了热烈地讨论。Amine Abbadi 博士在报告中介绍了他们研究所的历史、近期的研究项目、取得的科研成果。着重介绍了他们应用分子手段进行抗旱机理、抗病机理的研究，并应用于抗旱抗病育种。胡宝成也介绍我们团队在病虫害研究方面所做的工作，尤其是抗菌核病、根肿病和黑胫病，蚜虫为害与菌核病发病的关系及国内油菜研究的一些现状。通过交流双方对抗根肿病育种、抗蚜虫育种均感兴趣，表示在这些方面加强交流，交换材料，进行合作。

标题：油菜花期工作小结

日期：2013-04-11

今年油菜花期田间工作至今已基本结束。由于早春气温偏高，油菜开花比常年提前了 10 天左右。在整个花期，我们岗位所承担的前瞻性研究工作所设计的各种试验均按方案实施。田间工作用工较贵，也比较多，如何节本是今后工作中应考虑的。今年油菜花期的天气比较特别，前期雨水多，湿度大，有利于油菜菌核病和黑胫病的发生，但不利于蚜虫的繁殖和为害。后期连续晴天，气温忽高忽低，波动比较大，不利于菌核病的扩展。据预报，近期高温干旱，油菜青角期蚜虫有可能大发生，应引起注意，要及时了解虫情向有关部门通报，预防蚜虫的暴发。

标题：油菜叶露尾甲跟踪调查

日期：2013-04-12

4 月 11 日，侯树敏、郝仲萍等再赴巢湖市耀华村跟踪调查油菜叶露尾甲的发生情况。经过这几年的调查和宣传，当地百姓已很重视该害虫的防治工作，普遍使用杀虫剂进行防治。大田成虫发生量少于去年，但是幼虫发生量仍然很大，90%以上油菜叶片都遭受幼虫为害，一片枯黄。可能因为幼虫在叶片内为害，不被注意，农民防治方法还存在问题等。在山坡上被忽略的较小的油菜田块，油菜叶露尾甲成虫发生量很大，百株成虫量达到 600~700 头，幼虫发生量也很大，这可能是因为没有进行统防统治及防治方法不当，造成每年该地油菜叶露尾甲均发生较重的原因。我们又采集一些成、幼虫样本带回饲养研究。此次调查还发现了大量的油菜茎象甲为害，平均百株成虫量达 200~300 头，这在以前的调查中是没有发现的，这也是一个新问题，值得密切关注和研究。另外，调查中，还发现了一种不常见甲虫为害，目前已采集样本，正在鉴定中。

标题：美国油菜专家来访

日期：2013-04-17

美国 Cargill 公司总裁助理 Lorin Debonte 博士和公司全球油菜育种总负责人 Xinmin Deng 博士于 4 月 15—17 日来访。客人们实地考察了位于黟县柯村的油菜病虫害试验基地和位于合肥的油菜育种基地。Lorin Debonte 博士还应邀作了一场学术报告，全面介绍了 Cargill 公司的概况，在油菜育种上的策略和育种目标及方法。我们也介绍了我们团队近几年在产业技术体系中所做的病虫害普查、鉴定、防治方法和抗源筛选等方面的工作。双方进行非常愉快的交流。

Cargill 公司目前主要从事高油酸品种的选育，以满足市场上油炸食品对高质量油脂的需求，同时也在开展特殊脂肪酸的品种选育，用于心脑血管病人的需求。他们在育种上还非常重视菌核病、黑胫病、根肿病等主要病害的抗病育种，并详细介绍了这方面的工作，这对中国目前黑胫病和根肿病抗病育种非常有帮助。他们还介绍了这两种病害的抗原，提供了获取这些抗原的有用信息。我们团队的全体成员参加了交流活动，对我们下一步开展抗病虫资源筛选和综合防治策略的研究非常有帮助。

标题：访问瓦隆农业研究中心和让布鲁大学

日期：2013-04-23

胡宝成在参加于瑞士召开的国际油菜咨询委员会技术会议前于 4 月 22—23 日访问了比利时瓦隆农业研究中心和让布鲁大学。在广泛的学术交流中与该中心的 Luc Couvreur 先生就油菜在比利时瓦隆地区的生产情况进行了交流，尤其是油菜生产中的病虫害问题。在害虫方面，当地主要是幼苗期的跳甲、生长过程中的茎象甲和蕾期的花露尾甲，并赴试验地现场查看花露尾甲。由于今年低温干旱，当地物候推迟 4 周左右，油菜也同样刚处于抽薹期，是观察花露尾甲的好时机。田间调查虫量不大，仅零星发现。该虫对当地油菜为害比较大，所以他们通常进行预测预报，并根据虫量进行防治。预报主要是在抽薹至开花前，每天在田间调查虫口数量。调查方法是田间选择 8 个点，每点调查 5 株，如果虫口量达到 1~3 头/株，就建议农民进行化学防治。

中国春油菜区花露尾甲的为害也逐年加重，但没有建立防治标准和调查方法，比利时的经验可为我们提供借鉴。在病害方面，当地主要是黑胫病和菌核病。由于应用了抗病品种，黑胫病基本不需要化学防治。菌核病每隔一些年份发病较重，由于无抗病品种，化学防治比较重要，同时他们还用一种生防药剂—Contans®，类似于华中农大姜道宏教授所用的盾壳霉在播种前或收获后施于田中，作用于菌核，据说防治效果比较好。当日还访问了 Liege-Gembloux 大学，与该校副校长 Eric Haubrage 教授、昆虫学家进行了交流，他们正在利用昆虫做高蛋白食品的研究工作。胡宝成也正式邀请了 Eric Haubrage 教授访问我院，进行学术交流，以期开展油菜害虫研究方面的合作。

标题：访问比利时让布鲁 ALVENAT 公司

日期：2013-04-24

4 月 23 日，由 Georges Sinnaeve 博士开车带胡宝成去考察小型油脂加工厂，ALVENAT 公司。参观从原料破碎到成品油全套设备（不许拍照），由公司老板 Manu Lange 先生介绍情况。

该工厂实际上是一家小型农场的农产品加工厂，6 年前开始建厂，投资 50 万欧元，现雇工 7 人，主要生产 100% 油菜籽油，主要产品是油菜籽生产出 Omega3 纯菜籽油（含 Omega3 达 10%），及加入各种香料生产菜籽油，形成味道、风味独特的油产品。年产量 25 万~30 万升。产品主要出口到德国，产量不多，效益很好（他没有回答效益问题）他自己种了几百公顷油菜，附近农民也向他出售当地生产的菜籽，所以全部原料就地解决。当问及油菜品种是否高含 Omega3 的品种时，他笑而不答，似乎保密，只强调菜籽质量一定要好，收购后冷库储存。由于 Omega3 菜籽油是仅次于深海鱼油的产品，这家小而神秘的加工厂给我留下了深刻的印象。我国正在大力发展家庭农场。该模式值得国内在建立家庭农场时的借鉴，由种植业向加工业延伸，不仅是加长了链条也提高了效益，解决了农产品出路问题和就业问题。

标题：油菜病害调查采样

日期：2013-04-25

4 月 24 日起，李强生、荣松柏等 3 人一行前往我国油菜产区河南省、湖北省、湖南省以及江西省进行油菜病害调查和黑胫病采样工作。第一站到达河南信阳，信阳油菜面积不大，目前油菜已经终花，正值青角期。调查发现疑似黑胫病病株普遍存在。由于油菜还处在青角期，发病级别不高，但离成熟还有些时日，该病害还有可能会继续发展，级别逐渐不断提高，影响产量。当日，还到桐柏市进行了调查，黑胫病害发生情况也基本与信阳相似。随后我们驱车到达湖北随州市，进行湖北省的病害调查和采样。25 日完成了在随州、枣阳、襄阳、宜城、荆门的采样工作。此次采样的目的是进一步了解我国油菜产区的黑胫病发生发展情况，拟建立我国第一个黑胫病病原菌库，充分搞清病原的生理小种和分布状况，为下一步的工作做好坚实基础。

标题：油菜害虫普查指导防控

日期：2013-04-27

4 月 25—27 日，侯树敏、郝仲萍赴安徽和县、当涂、芜湖、宣城、池州等地调查油菜青角期害虫发生情况。由于最近一段时间，安徽天气干旱、气温较高，油菜蚜虫发生量有所增加，油菜角果上已出现较多的蚜虫，部分角果上已有 70 头左右的无翅蚜，同时也有有翅蚜存在。我们已提醒当地农技人员密切注意蚜虫的发生，如果近几日没有有效降水，要及时通知农民进行喷药防治。另外，我们在和县沈巷镇、当涂县马桥镇和宣城市郊区的油菜田中均发现了油菜叶露尾甲，其中当涂县马桥镇发生较重，这表明油菜叶露尾甲已在安徽呈广泛分布态势，必须引起高度重视，进一步加强研究该害虫的传播方式、发生规律，种群间的关系、为害严重度及高效防治措施等。我们将对该害虫的已有的发生地进行持续跟踪调查，同时对其他还没有发现该害虫地区继续调查，加强研究。在当涂黄池镇和芜湖市三山区我们发现了大量猿叶甲，该害虫可能已成为当地的主要害虫，也需引起注意，加强防控。在芜湖市三山区还发现的大量的茎象甲，平均百株成虫量 200 头左右，这与之前日志中报道的在巢湖市耀华村发现茎象甲类似。茎象甲是我国西北地区油菜的主要害虫，安徽油菜区之前很少发现。今年调查有这么大的发生量是出乎预料的，这将给安徽油菜害虫防控又增加了新问题，需引起高度重视，加强防控技术研究。通过这次普查，我们发现安徽油菜主、次要害虫之间正在悄然发生改变，甲虫有发展成为主要害虫的趋势，需对害虫变化的原因、规律及防控技术加强研究。

标题：油菜病虫害试验调查

日期：2013-04-27

4 月 26—27 日费维新等一行 3 人赴池州、黄山调查试验情况。目前两地油菜全部处于青角期，长势良好。油菜蚜虫轻微发生，油菜菌核病零星发生，有利于后期油菜的增产增收。在黄山市开展的油菜根肿病防治试验中，药剂灌根处理的防治效果较好，油菜药剂拌种的防治效果不理想；在黄山市农科所试验地中由于根肿病的发生，一些试验的试验结果受到严重影响。另外在调查中发现在田块的进水口的地方油菜根肿病的发病率与病害严重度要明显高于田块的远离进水口的区域，并且移栽的田块油菜根肿病也大量发生，不同品种间的根肿病发病差异大。因此下一步将开展油菜主栽品种的抗耐病的筛选，同时对油菜根肿病的田间发病特点开展相关研究。

标题：参加国际油菜咨询委员会（GCIRC）技术会议

日期：2013-04-29

胡宝成在参加国际油菜咨询委员会（GCIRC）技术会议期间与澳大利亚西澳大学的 Martin Barbetti 博士、印度 Punjab 农业大学的 Surinder Banga 教授交流油菜生产中的病虫害问题。澳大利亚是油菜黑胫病重发区，曾因该病害使油菜生产停滞 10 年之久，直至抗病品种的问世，油菜生产才得以恢复。近年来大力推广抗病品种，已使该病害大为减轻，但田间种植主效基因控制病害的品种也逐渐适应了育种选择压力。他们多年来一直在进行分子手段监测田间病菌毒性变化。他们还与法国合作对黑胫病的基因组进行测序，发现了病菌生理小种快速变化的分子基础，用以指导预测品种的抗病性变化。澳大利亚的经验可为我国油菜黑胫病的监测提供很好的帮助。印度油菜种植面积比较大，由于处于半干旱地区，降水较少，蚜虫为害比较重，他们近年来在野生资源中发现了抗蚜虫资源，我们可以引进印度的抗原进行抗虫品种的育种。交流中三方均表达了互访、交流、交换资源的愿望。

标题：参加国际油菜咨询委员会（GCIRC）技术会议

日期：2013-05-01

胡宝成在参加国际油菜咨询委员会（GCIRC）技术会议期间与英国洛桑研

究所的 Samantha Cook 博士就油菜花露尾甲防控策略进行交流。他们在工作中发现对花露尾甲的种群监控比较费时费力。在过去的 4 年里，他们主要采取黄色粘板诱捕成虫的方法来获得数据进行监控，在全英国选定了 178 个点，每年 3 月 1 日起到油菜开花前每天计数捕获到的成虫数。这样可根据该害虫迁移和当地气候数据建立模型，提出防治适期，并将之列入综合防治措施中，尽量减少农药的使用。这样可以减少害虫的抗药性，延长杀虫剂的使用年限，减轻对环境的影响。他们还认为品种受该害虫的为害和产量损失有区别，所以选育抗虫品种也应是综合防治的一个重要方面。双方表达了进一步交流和合作的愿望。我国春油菜区花露尾甲的为害逐年加重，但国内相关研究的报道较少，加强与英国等其他先行开展这类研究国家的交流和合作是少走弯路，尽快取得实效的途径。

标题：与省植保部门合作

日期：2013-05-05

　　向安徽省植保站刘家成副站长报告了安徽省近年发现的油菜黑胫病、根肿病和叶露尾甲的发生情况，建议植保部门引起重视。并邀请省植保站在油菜黑胫病最适观察期实地考察，他们表示非常乐意。

标题：油菜黑胫病病原菌分离

日期：2013-05-06

　　李强生、荣松柏近几天对 4 月在河南、湖北、湖南和江西省采集的油菜黑胫病病株进行处理，以便下一步进行病菌分离。对前两年已分离培养的菌株进行再次转培养，以保持菌株的活性。对合肥的田间试验逐行进行观察，适当时期开展调查和取样。

标题：害虫室内饲养工作试验

日期：2013-05-08

　　侯树敏、郝仲萍近日对从巢湖、当涂、繁昌、池州等地采回的害虫进行了拍照鉴定。鉴于叶露尾甲在安徽省的为害加重，我们也积极探索叶露尾甲室内饲养技术。将捕捉回的叶露尾甲成虫饲养在田间网罩中，但由于叶露尾甲成虫较小，使用孔径密度较小的网纱，使得内部空间的温度明显升高，过高的温度显然不利于叶露尾甲的生存和繁殖，田间饲养规模难以维持。将采集回的带幼虫叶片放入铺满砂土的玻璃培养皿中，定期更换新鲜叶片，但由于叶片在玻璃培养皿中较易干枯，且透气性较差，局部湿度过高，导致幼虫大量死亡，目前仍未发现该虫蛹态。所以探索新的饲养方法就成为进一步研究叶露尾甲发生发展规律和有效防治手段的关键。根据以往经验，叶露尾甲种群的建立需要在控光、控温、控湿的养虫室内进行，以底部为透明塑料板做成的盛放土的四方体，上部罩以网纱的养虫笼内饲养为宜。

标题：岗位科学家来访

日期：2013-05-15

油菜产业技术体系岗位科学家中国农科院油料所李云昌研究员和张春雷研究员及团队成员胡琼博士来合肥考察。双方交流了油菜杂种优势利用途径，一致认为萝卜细胞质系统将是我国杂种优势利用的新途径。他们还实地考察了我们团队的油菜试验基地、蚜虫为害与油菜菌核病发病关系的试验、油菜黑胫病的症状表现及试验。

标题：油菜试验考察

日期：2013-05-17

5月14—16日，侯树敏参加安徽省种子管理站组织的省油菜试验考察活动。分别对舒城、巢湖、全椒、滁州、六安、合肥等地的油菜试验进行了考察，并重点查看了油菜病虫害发生情况。由于今春油菜花期天气较好，晴朗无雨，多数试点菌核病发生较轻。但在合肥丰乐试点，由于试验地多年种植油菜，且前茬为旱地，没有进行水旱轮作，因而菌核病发生较重，这也有利于对参试品种抗病性进行评价。由于油菜花期、青角期雨水偏少，蚜虫发生相对较重。由于已是青角期，田间喷药也很困难，各试点均未防治，仍能看到蚜虫为害角果后留下的症状。由此可见，推广应用蚜虫高效轻简防治技术显得十分重要，也十分必要。其中使用热雾剂防治蚜虫是一项很好的技术，但是怎样使机械、药剂、助剂、使用方法等有机的结合起来，仍然需要进一步探索完善。今年3月我们已经在云南昆明试验站进行了试验，但也发现了一些存在的问题。目前我们已和机械生产厂家、热雾助剂生产者联系，提出我们在使用过程中发现的问题，三方准备近期进一步研究、试验，以期达到理想的效果。

标题：病害试验试验调查

日期：2013-05-20

5月13—19日，李强生、荣松柏带几名技工对安徽黟县油菜病害试验进行调查收割。较往年相比，油菜收获期有所提前。通过对试验田的数据调查和周边农户田块的查看，今年油菜菌核病较往年偏重，有很多田块的发病率几近100%，发病程度也较高，对油菜产量影响严重。安排的试验在对不同品种发病差异进行试验的同时，还有意安排了药剂防与不防做对比，很明显防治的田块不论是菌核病还是黑胫病均较对照田块轻。我们对发病植株进行了详细的调查包括发病率、发病级别，同时还对各试验小区进行测产，以计算对黑胫病等病害对产量的影响程度。调查中我们还发现了一种现象，带有根肿病的植株防治田块较未防治的少很多。难道早期及苗期对植株地上部分真菌病害的防治会对根肿病有一定的控制作用，还是用于试验的相邻两田块土壤本身带菌量有差别？我们还将进一步去证实。

标题：油菜病害接种试验调查

日期：2013-05-23

李强生、荣松柏等于20—22日对黑胫病分期接种试验进行调查、收割，分析不同时期接种病害对油菜产量的影响。从田间调查看，不同时期接种病原菌侵染植株为害程度存在一定差别，由于室外人工接种对气候条件有一定的要求，条件不符合时，如湿度小干燥、温度高等都影响接种。4次接种以在茎秆中下部破皮接种并缠绕塑料皮保持湿度效果最好。各为害级别以及各时期接种对产量的影响具体数据还在统计分析中。

标题：油菜机收培训及机收现场会

日期：2013-05-24

胡宝成于5月22—23日赴巢湖市参加巢湖综合试验站组织的油菜生产技术培训班及油菜机收现场会。在5月22日的技术培训会上应邀做了油菜病虫害及综合防控的报告。重点介绍了油菜菌核病的避病性、耐病性和抗耐病品种应用原则，油菜菌核病苗期侵染症状及发展趋势和为害。结合在体系的普查工作讲解了油菜黑胫病在国际上油菜种植大国发生、扩展和严重为害的过程，我国当前普查结果及潜在风险。同时还介绍了油菜根肿病的侵染循环、症状和发生传播条件、途径。在害虫方面重点介绍了叶露尾甲在巢湖市的发现、为害程度和防控方法。巢湖综合试验站科技人员和 5 个示范县（区）的农技人员 30 余人参加了培训。

5 月 23 日上午赴巢湖市中垾镇参加了油菜机收现场观摩会。现场设有联合收割、分段收割 2 种方式，附近正好也有农户在人工收割，形成显著的对比。从现场看 2 种机收方式效果均比较好，每小时可收 5 亩左右，机械损失率不超过 8%。由于收获时期比较适宜，联合收割的青粒率也很低，分段收割的几乎无青粒。而附近农民人工收获，每亩地需 3~4 个工而且劳动强度很大。

标题：参加六安油菜机收现场会和培训

日期：2013-05-25

胡宝成于 5 月 24 日赴六安综合试验站参加该站在霍邱县曹庙镇组织召开的油菜机收现场会和培训。现场观摩了油菜两段收获现场和联合收获现场。2 个现场均为直播，密度比较大，可达 2 万株左右/亩。田间目测油菜菌核病病株率在 20%左右，没有发现黑胫病病株，有少量蚜虫。联合收割时机比较好，目测基本无青绿籽粒。分段收割可能晾晒时间不够，秸秆不易粉碎有卡机现象。现场观摩结束后，进行了室内培训总结。吴崇友研究员介绍了 2 种机收方式的优缺点及要掌握的要点。胡宝成介绍了适应机械化收割农艺栽培技术和病虫害防控技术。该试验站 5 个示范县（区）示范基地负责人与技术骨干、种油大户及六安市部分农技人员 50 余人到会观摩。

标题：参加全椒油菜机收现场测评会

日期：2013-05-26

胡宝成、荣松柏、吴新杰等人于 5 月 25 日赴全椒县参加了位于该县襄河镇召开的油菜机械化种植万亩示范片机收现场测评会。该示范片 2 万亩，核心示范区 1 250亩，示范品种为浙油 50，前茬为水稻。实行全程机械化作业——机械浅旋耕、机械开沟、机械条播、机械植保、联合收割。从现场测评结果看，当地全程机械化播种量在 250~300 克时，密度为 2.4 万~2.8 万株，测产可达254~268 千克。机收损失率为 7.27%~7.84%，平均工效可达 8 亩/小时。在各类比较中为最好。由于油菜青角期受蚜虫为害，角果有假成熟现象，远看已达收获适期，但离最佳收获期早了 3~5 天。收获的种子含水量和青籽率均比较高。联合收割掌握收获期很关键。

标题：美国先锋公司专家来访

日期：2013-05-27

美国杜邦先锋公司中国油菜研发总监王冰冰博士于 5 月 26—27 日来访，商谈合作事宜。胡宝成向客人介绍了我们团队近几年在农业部现代农业产业技术体系中参与全国油菜病虫害普查和综合防控情况。重点介绍了随着气候和耕作制度的变化，油菜生产上新的病虫害威胁。建议双方合作围绕解决当前生产上面临和潜在的问题，在抗根肿病、抗黑胫病、抗蚜虫等资源筛选和鉴定上开展合作，进而开展抗病虫育种。先锋公司目前已有抗根肿病抗原，油菜黑胫病抗原在北美和欧洲也已发现并用于抗病育种。这项合作成功将会为这 2 种病害的综合防控打下坚实的基础。团队的其他成员参加了商谈。王博士还考察了我们油菜育种和病害试验，讨论了建立联合实验的可能性等事宜。

标题：油菜根肿病试验小结

日期：2013-06-02

油菜根肿病试验主要开展了根肿病的药剂防治试验和品种资源的抗根肿病鉴定。费维新在油菜根肿病防治试验中选用了多菌灵和生物防治药剂两种药剂，分别采用药剂拌种和药剂灌根两种施药方式。试验的结果表明，对照处理的油菜根肿病病株率达 99.0%，病情指数为 97.2，发病均匀。拌种和灌根两种施药方式对油菜根肿病均有一定的防治效果，其中以多菌灵 3 次灌根的防效最好，可达 40.0%。油菜根肿病抗性资源鉴定试验对 29 个品种资源进行了鉴定，根肿病病株率变幅为 80.7%~100%，病情指数变幅为 35.8~94.1。根据试验的结果来看，药剂防治能够对根肿病的控制取得一定的防效，但是用工用药多，成本较高，在生产上应用起来有很大的困难。因此利用油菜根肿病的抗耐病资源开展抗病育种是最为经济有效的途径。资源鉴定的结果表明不同品种对根肿病的抗耐病性差异很大，所以下一步应加大对现有品种进行抗根肿病的筛选鉴定，以获得较好的抗原材料。

标题：病害调查及初步分析

日期：2013-06-03

自 5 月 21 日以来，李强生、荣松柏等对合肥的油菜病害试验进行了调查，主要调查黑胫病和菌核病的发生/为害及产量情况。从初步调查结果看，今年油菜黑胫病的发病级别较往年轻，但发病率仍较高，且在试验 15 个品种间的差异较为明显。病害药效防治试验初步结果显示，两品种不同时期，不同次数的 16 组防治效果差异不明显。其原因可能与我们选取的感病品种有关，各处理普遍菌核病发病较重，黑胫病难以判别可能与调查的时间较晚有关，菌核病致使植株较早死亡，枯萎变黑，从而无法区分病害级别。因此黑胫病应根据不同的品种适时调查，才能获得更为准确数据。油菜生产中，多种病害往往共同发生，如菌核病、黑胫病、根肿病、白粉病等，均对产量造成损失。若在自然条件下，病原菌种类较多，要准确分析单一病害对产量的影响十分困难。对黑胫病的研究也是如此，如何能克服其他病害的影响，是准确获取数据的关键。

标题：油菜虫害试验小结

日期：2013-06-04

5 月 17 日—6 月 3 日，合肥油菜试验收获结束。进入 5 月中下旬，正是合肥油菜收获的季节，但是今年阴雨天气较多，严重影响了收获进度。油菜蚜虫与菌核病关系试验，自 5 月 17 日，侯树敏、李强生等对田间菌核病调查、取样后，持续了 1 周的阴雨。5 月 24 日，60 个试验小区收割后又持续 3~4 天的阴雨，直到 6 月 3 日才完成脱粒。蚜虫防控试验 21 个小区，也已完成脱粒。试验结果在统计中。从总的天气来看，今年安徽油菜生长季节雨水偏多，因此，油菜害虫发生不重，特别是蚜虫得到有效的控制，只是在青角期有持续一段时间的干旱，部分地区蚜虫发生较重。由于防治困难，农民基本都没有防治，所以轻简的蚜虫防治技术是目前油菜生产上急需的技术，也是我们正在研究的重点任务之一。

标题：油菜黑胫病试验收获

日期：2013-06-17

6月13—15日，李强生和荣松柏带技术工人一行3人对黟县病害试验工作进行最后脱粒记产。整个试验为15个品种2种处理方式（药剂防治对为防治）3次重复共计90个小区，小区面积20平方米。对照分别在3~5叶期、8~10叶期、抽薹期和初花期4个不同生长阶段进行药剂防治，并在收割前对两处理的菌核病、黑胫病的发病情况进行调查。通过对小区产量的统计，结合病害调查情况从而分析不同品种的抗病差异以及农业综合经济效益。试验数据正在统计中。

标题：兰州油菜病虫害调查

日期：2013-06-25

胡宝成、侯树敏、郝仲萍6月24—25日赴兰州，在兰州农业大学孙万仓教授的带领下赴兰州上川镇考察北方旱寒区冬油菜病虫害。孙万仓教授团队从20世纪末开始研究选育抗寒冬油菜品种和栽培技术，取得了显著成效。育成了陇油6号、7号等系列能抗-28℃低温的白菜型油菜品种，使油菜种植区域北移3~7个纬度，对增加复种指数、提高土地利用率和单位面积经济、生态效益具有重要意义。我们所考察的上川镇油菜于去年8月中下旬播种，时近成熟，密度4万株左右/亩。据介绍该镇常年油菜病虫害种类较少，发生程度也很轻，蚜虫有的年份需防治。我们在田间调查也仅发现少量蚜虫、3龄左右的小菜蛾幼虫、轻微白粉病及少量根腐病（2株），均没有达防治标准，对产量也无影响。

标题：甘肃临夏市和政县油菜叶露尾甲调查

日期：2013-06-26

在甘肃农科院副院长贺春贵研究员的带领下，胡宝成、侯树敏、郝仲萍赴甘肃省临夏市和政县调查油菜叶露尾甲发生情况。贺春贵研究员于1993年首次在临夏回族自治州春油菜上发现油菜叶露尾甲，并对其进行了研究，于1998年在《西北农业学报》发表了研究论文。由于我们在安徽冬油菜区也发现了油菜叶露尾甲，所以这次来主要是向贺院长学习油菜叶露尾甲的一些研究方法，交流冬春油菜区油菜叶露尾甲的为害特点及防控措施等。贺院长带领我们到田间现场调查了油菜叶露尾甲成虫、幼虫的为害症状等。在田间自生苗油菜上，有虫株率 100%，平均单株成虫量 20 头左右，最多的单株成虫量达 40 头，发生量很大。在大田调查时，由于农民普遍进行了 2 次化学防治，所以成虫发生较少，但是叶片仍被大量幼虫为害，此外，在调查中我们还发现了较多花露尾甲和茎象甲为害。据介绍，当地油菜害虫主要是油菜叶露尾甲、花露尾甲、茎象甲、角叶蟓和蚜虫，如不及时防控，将对油菜造成严重损失。此次调查，我们还采集了一些成虫带回合肥，准备在室内饲养，与安徽的油菜叶露尾甲进行形态比较和分子鉴定，以明确两地油菜叶露尾甲是否为同一物种。

标题：甘肃、青海油菜害虫调查

日期：2013-06-28

6 月 27—28 日，胡宝成、侯树敏、郝仲萍赴甘肃省临夏市夏河县、青海省同仁县调查油菜害虫发生情况，并在互助综合试验站团队成员王发忠主任的带领下，对平安县、互助县不同海拔高度的油菜害虫发生情况进行了调查。夏河县（海拔高度 2 800 米左右）油菜种植面积 7 000 余亩，主要为白菜型油菜。据田间调查，油菜害虫主要为花露尾甲和蚜虫，但发生量均不大。花露尾甲百株成虫量 10 头左右，蚜虫有蚜株率 3% 左右。同仁县（海拔 2 500 米左右）油菜种植面积 2 万多亩，主要为甘蓝型油菜。田间调查发现油菜叶露尾甲、花露尾甲和小菜蛾，发生量均不大。油菜叶露尾甲百株成虫量 10 头左右，花露尾甲百株成虫量 20 头左右，小菜蛾发生很轻。平安县（海拔 2 100 米左右）油菜种植面积 16 万亩左右，主要为甘蓝型油菜。田间调查发现油菜害虫主要有花露尾甲、小菜蛾、角叶蟓成虫，此外还发现一种在油菜上未见的甲虫，现已取样带回鉴定种类。去年在此地调查时大量发生的油菜叶露尾甲今年发生量很少，其原因可能是去年农民进行了多次防治，造成越冬虫口量低。今年又进行了 2 次化学防治，加之 6 月 10 日当地又出现一次雨雪天气，这些可能都是造成今年油菜叶露尾甲发生很少的原因。互助县油菜种植面积 40 万余亩，分布在海拔2 500~3 000 米的地区。我们分别在不同的海拔高度进行了调查，在海拔 2 900 米左右的油菜田块没有发现油菜害虫，在 2 800 米左右的油菜田中发现少量的油菜花露尾甲和小菜蛾，在 2 600~2 700 米的油菜田中发现少量油菜花露尾甲、小菜蛾和角叶蟓的成虫，海拔 2 500 米左右的油菜田，由于农民打药次数较多，害虫防治效果较好，田间基本没有害虫发生。通过此次调查，我们发现在海拔2 600~2 800米以上的地区，油菜害虫发生很轻，只有少量的花露尾甲、小菜蛾和蚜虫可以生存，虫口数很小，而油菜叶露尾甲没有被发现。因此我们推测油菜叶露尾甲可能不能在该海拔地区生存，我们也将进一步进行调查，以明确油菜叶露尾甲在春油菜区的分布，为科学防控提供依据。

标题：油菜叶露尾甲样品处理

日期：2013-07-01

6月29日，胡宝成、侯树敏、郝仲萍从甘肃、青海等地所采的油菜叶露尾甲样品带回合肥后准备在实验室内进行饲养观察。但由于旅途较长，加之途中气温较高，到达合肥后，所采样品全部死亡，室内饲养无法进行。因此我们已将样品放入冰箱冷冻，准备提取 DNA 与安徽的油菜叶露尾甲进行比较，以鉴定其异同。另外，由于甘肃、青海的气候条件与安徽的气候条件差异很大，我们已计划明年5—6月在甘肃、青海进行驻点观察，研究其发生规律，寻找生物天敌等，开展生物防控研究。

标题：春油菜区病虫害调查研究

日期：2013-07-10

胡宝成、李强生、荣松柏近日到春油菜产区青海、甘肃两省进行油菜病虫害调查。主要了解春油菜产区在花期的油菜虫害发生及为害情况，以及菌核病、黑胫病等病害发生情况。9日，我们在青海大学杜德志副校长及课题组徐亮老师、付忠老师等的安排和陪同下，调查了位于学校附近2个试验基地油菜的基本情况。由于地理及气候特点，目前，各生育时期的油菜均有。我们调查了一片尚未抽薹的油菜田块，发现油菜小菜蛾，百株头数约500头，虫龄3~4龄，食量较大，啃食油菜较为严重。据付忠老师介绍，试验地周围蔬菜种植较多，这种害虫发生较为严重，且具有一定抗药性，防治较困难。针对这种情况，我们建议药剂交换使用，会提高防治效果。另在一块上茬为油菜的休闲田块中我们发现了一些疑似有黑胫病症状的残留秸秆，并取样做进一步分析。

标题：张掖苜蓿盲蝽为害回访调查

日期：2013-07-14

胡宝成、李强生、荣松柏等人于 7 月 11—12 日赴张掖试验站回访调查今年苜蓿盲蝽为害情况。2011 年 6 月张掖民乐 30 万亩油菜遭受苜蓿盲蝽为害后，我们与张掖试验站联合调查并提出近期、中期、长期防控措施。从去年到今年，当地严格按照我们提出的措施实施，该害虫得到了很好地控制。我们在民乐县境内多点调查仅发现少量害虫，张掖试验站的科技人员在这之前的调查也仅田间偶现害虫，达不到防治标准。王浩瀚站长和其他科技人员与我们一起座谈交流了情况，大家表示该措施切合实际、有效可行，可继续实施。

标题：油菜虫害调查

日期：2013-07-15

2011 年 6—7 月，甘肃张掖大面积油菜发生虫害为害，尤其是山丹军马场近 30 万亩油菜面临减产甚至绝收威胁。侯树敏、荣松柏 2 位及时赶到张掖市，在王站长和民乐县农委等同志的带领下，实地调查了虫害的为害情况，分析认为油菜苜蓿盲蝽为主要害虫，并研究制定防治方法后，及时有效地遏制了害虫的进一步发展。过去两年时间里，我们不时地电话回访该地虫害的发生情况。尤其是苜蓿盲蝽的发生情况。此次，胡宝成、荣松柏、李强生调查了青海油菜病虫害后，实地回访了张掖市。时值油菜花期，与当年苜蓿盲蝽发生时期相当，但在途径田块调查没有发现该虫踪迹，山丹军马场据试验站同志调查也是如此。虫害的发生与气候以及其他因素密切相关，减少为害应以预防为主，其他措施为辅，只有这样才能真正做到有效防治。我们认为张掖市近两年油菜没有重大虫害发生与油菜种子包衣预防病虫害息息相关。我们对该害虫在该地的发生情况还将继续关注。

标题：油菜根肿病研究技术学习调研

日期：2013-07-19

7 月 18—19 日费维新赴武汉中国油料研究所方小平研究员实验室考察学习油菜根肿病的研究。参观了他们建立的室内根肿病培养与接种鉴定温室，该温室为油菜根肿病的研究提供了很好的研究平台，能够对温度、湿度、光照精确控制。学习根肿病人工接种的技术和根肿病相关技术标准，为下一步开展根肿病研究提供技术支撑。参观期间同方小平研究员进行了交流。我国油菜根肿病的发病面积在逐年扩大、为害加重，方小平研究员通过研究分析湖北的根肿病可能是由于引进四川的品种带进来的根肿病菌源。目前国内油菜根肿病的研究主要集中在生理小种的鉴定、生物防治、化学防治、病原菌检测和发病规律，根肿病的抗病育种主要在蔬菜上。油菜抗根肿病育种由于抗原稀少进展较慢，另外由于根肿菌很难得到纯培养，限制了根肿菌的研究，很难取得突破进展。

标题：油菜黑胫病研究

日期：2013-07-24

李强生、荣松柏等对 2013 年 4—5 月在冬油菜区安徽、河南、湖南、湖北等省 29 市（县）采集的 45 份黑胫病病株样，进行黑胫病原菌的分离、纯化。对在春油菜区青海省西宁市采集的 2012 年遗留在田间的疑似受黑胫病感染的油菜病株，进行黑胫病原菌的分离、纯化。下一步的工作打算：对近期和以前得到的不同地理来源的黑胫病纯化菌株进行遗传多样性分析；鉴定不同遗传背景菌株的致病性。

标题：油菜害虫实验室搬迁

日期：2013-08-09

8 月 5—8 日，我们岗位油菜害虫实验室搬迁至新建成实验大楼六楼。实验室面积约 100 平方米，拥有昆虫饲养室、昆虫观察研究室、昆虫标本室、生化实验室、分子实验室等。新实验室的建成使用，大大改善了研究条件，为进一步深入开展油菜害虫研究提供了良好的设施保障。

标题：油菜旅游发展基地考察和指导

日期：2013-08-12

黄山市徽州区呈坎镇在灵山村大力发展高山梯田油菜带动旅游发展。去年由于品种、播期等原因，油菜生产不是很理想。8 月 9—10 日胡宝成等赴灵山村与该村书记朱波、村长方有良等交流探讨发展油菜促进旅游事宜。准备今年提供我们团队的油菜品种，并开展油蔬两用的试验，这样可以延长油菜花期，也可提高种植油菜的效益。

标题：油菜叶露尾甲研究方案设计

日期：2013-08-13

　　油菜叶露尾甲是我们在冬油菜区发现的新害虫，经过近 5 年的跟踪调查研究，发现该害虫的为害程度逐年加重，为害范围也逐年扩大，传播扩散速度较快。由于该害虫具有隐蔽性，基层农技人员和农民基本对其不了解，往往防治不当，造成严重损失。为此，我们计划今秋在冬油菜区采集油菜叶露尾甲进行室内饲养，研究其成虫、幼虫、卵及蛹的发育起点温度和有效积温；成、幼虫空间分布；试验种群生命表；温度对油菜叶露尾甲生长发育及繁殖的影响等；采用分子标记技术研究冬、春油菜区油菜叶露尾甲的异同及亲缘关系；同时计划在冬、春油菜区油菜叶露尾甲发生严重的地区寻找寄生蜂，为开展生物防控探索可能的途径。

标题：第 10 届国际植物病理学大会根肿病 Workshop 小结

日期：2013-08-25

　　8 月 25 日费维新参加了第十届国际植物病理学大会的关于根肿病专题的 Workshop。参会人员有来自加拿大、瑞典、韩国、新西兰、中国等国家的植物病理学家，在会上各国科学家介绍了根肿病发病流行、病原菌鉴定、病害防治、抗病育种以及分子生物学的研究进展。

　　加拿大研究人员介绍了根肿病在加拿大近年来的快速蔓延和在病害的流行规律和化学防控、生物防治及抗病育种上的成就。目前生产上已经育成并注册抗油菜根肿病的品种，但是该品种主要抗 3 号生理小种，并且也不是完全免疫的，在病害压力下容易产生抗性丧失。

　　中国的研究人员介绍了根肿病在我国的发生情况，介绍了 qPCR 和近红外技术在病原菌检测和病害诊断上的应用和根肿病生物防治技术的开发与应用。云南农业大学何月秋教授研制的生物防治药剂目前已经在生产上应用，取得良好的防治效果。

　　韩国研究人员介绍了他们在白菜与甘蓝上的抗病育种经验和取得的研究进展。目前在 *Brassica rapa* 上共发现了 8 个抗性位点，并通过抗性位点分子标记的开发开展分子抗病育种，并育成了大量抗病品种。

瑞典研究人员介绍了他们在根肿病菌的 DNA 测序上所做出的开创性的研究工作，他们已经完成对根肿病菌的测序工作，这项成果将极大地推进根肿菌的研究，是根肿病的研究更上一个台阶。

根据会议上各国报道的情况，目前根肿病在世界上发病面积不断扩大，严重影响了十字花科作物的生产。但是由于根肿病的是一种细胞内专性寄生的土传病害，化学药剂和生物制剂难以防治病害并且经济成本高，抗病品种使用是一种最经济有效的措施。随着根肿病菌测序的完成将加快分子抗病育种，为油菜安全生产提供保障。该次会议上展示的根肿病的新的研究成果将为我省油菜根肿病的防治提供了理论与实践的指导。

标题：黑胫病专题讨论

日期：2013-08-26

胡宝成、李强生、荣松柏、费维新等参加了第十届国际植物病理学大会油菜黑胫病专题讨论会。澳大利亚、加拿大、英国、波兰等国从事油菜黑胫病研究的专家们从黑胫病的起源、进化、发生为害特点、调查鉴别技术、流行趋势、防治技术及抗病基因筛选、鉴定和抗病育种等方面做了专题报告和讨论，对我们当前承担的全国油菜黑胫病的普查和监测及综合防治技术研究有重大指导作用。到目前为止，尽管我们所调查和鉴定的均为弱侵染型的 *L. biglobosa*，但该病害在澳大利亚、北美和欧洲的变化和流行趋势对我国还是有重大警示作用，提醒我们绝不能轻视和放松警惕。

1. 强侵染型 *L. maculans* 进化晚于弱侵染型 *L. biglobosa*，就可能表明没有强侵染型的入侵，弱侵染型也可能进化为强侵染型，对我国油菜产业造成巨大损失。

2. 苗期较长的侵染期到成熟才表现可识别的症状，表明该病害不易预测预报和防治，也易被农民和农技人员忽视。

3. 预防效果不理想和经济效益不高迫使必须通过抗病育种去控制。

4. 品种轮作效果不理想和毒性小种的易变性也使得育种工作是一项长期的针对毒性小种变异的艰巨任务。

5. 该病害与菌核病没有相关性，但我们的调查结果似乎表明该病害有一定的相关性，尤其是在中国的耕作栽培和气候条件下，如果与油菜菌核病相关递加，对我国油菜产业的影响将是致命的，有必要进一步研究明确。

标题：油菜籽茎基溃疡病检验检疫建议

日期：2013-08-30

在参加第十届国际植物病理学大会期间，应英国哈特福德大学 Bruce Fitt 教授的要求，胡宝成、李强生及内蒙农牧科学院李子钦博士陪同 Bruce Fitt 教授于8月29日赴国家质量监督检验检疫总局动植物检疫监管司汇报油菜茎基溃疡病/黑胫病有关情况。Bruce Fitt 教授对澳大利亚、加拿大、欧洲等地该病害发生、发展、流行及对油菜产业造成的损失情况做了简要的分析，对中国该病害有可能发生和流行提出了看法和建议，进一步支持我国对加拿大、澳大利亚油菜籽进口检疫政策。植物检疫处黄亚军处长等人与我们共同探讨了进口油菜籽检疫方法，及表达了对国内该领域研究提供科学数据支撑的需求。我们也简要汇报了近年对中国油菜产区油菜黑胫病普查和研究的结果，对茎基溃疡病的防控提出了我们的看法和建议。这是继我们团队去年9月赴农业部专题汇报茎基溃疡病/黑胫病在中国的潜在危险之后，又一次向政府执法部门汇报我们的工作和提出建议。

标题：秋种及工作计划

日期：2013-09-04

团队全体成员讨论秋种计划和下一步进行年度油菜病虫害试验和调查工作。油菜叶露尾甲在春油菜和冬油菜各定点观察该虫生活史和寄生蜂情况，为生物防治做准备；蚜虫与菌核病的关系在前三年工作基础上，如果试验用品种仍有发芽力可继续进行。室内饲养叶露尾甲和小菜蛾工作也正在启动。三熟制地区油菜病虫害综合防治中的害虫防控工作秋种后就赴湖南衡阳和常德试验站配合当地做工作。小菜蛾防控拟赴宜昌试验站做调查研究。烟雾机加沉降剂快速防治蚜虫工作在昆明试验站继续试验。对其他害虫的发生继续关注，若有大面积发生迹象，随时赴发生地调查。油菜黑胫病普查和定点监测工作继续开展。陕西和西藏尚未有数据，拟进一步调查确定。海拉尔试验站今秋油菜收获后立即进行再普查，明确变化趋势。黟县柯村和合肥两地品种抗性和病害损失及测定试验重复做。室内人工接种鉴定工作继续开展。油菜根肿病试验继续上一年度工作，尤其注重鉴定抗病品种和病原菌生理小种，为抗病育种做准备。

标题：黑胫病试验报告

日期：2013-09-05

2012—2013 年黟县试点的油菜黑胫病试验调查数据统计结果显示：两组处理 D（未防治）与 X（防治）菌核病和黑胫病的发病率、发病指数均有差异。菌核病发病率处理间差异最大值达 30.40%，发病指数差异最大值为 34.53。黑胫病发病率差异最大值为 24.46%，而发病指数差异也高达 10。表明药剂在整个油菜生育期对黑胫病有一定的防控作用。试验中由于黑胫病和菌核病处于混发状态，两者对产量造成的损失很难明确区分，两种病害间是否存在相关性，还需更科学试验证明。为此，我们将根据我国的气候特点和耕作习惯，在未来的试验中进行观察分析，详细了解掌握两者的关系，为黑胫病的研究打下基础。

标题：黑胫病调查监测

日期：2013-09-16

继 2010 年在内蒙海拉尔调查油菜病害并确定有黑胫病病害发生之后，李强生、荣松柏于 2013 年 9 月 11—15 日再次前往进行调查，希望进一步了解该病害的发生发展情况，明确该病害在该地区是否加重。此次调查地点是呼伦贝尔的拉布大林农场。在农场和体系试验站张老师的陪同和帮助下，我们调查了该场 6 个生产队，同时还调查了沿途 2 个大农场的病害发生情况。因今年当地季节较往年稍有提早，我们到达时油菜收割已基本完成。从残留的秸秆看，今年该地的菌核病发病较为严重，有相当一部分感病部位已延伸到主茎的中下部。黑胫病的调查并未发现有扩展和加重趋势，只发现少量的疑似病株，这一结果可能与调查时间稍晚，田间秸秆残留较少难以辨认有关。内蒙古油菜的生长环境和气候与加拿大极为相似，加拿大的品种可直接利用，而当地也引种过加拿大的品种。从该病害的流行演变等情况分析，强侵染型病害在该地区出现的可能性大。因此，对该地区的跟踪调查监测尤为必要，我们将对该地区的油菜黑胫病病害进行长期观察和监测。

标题：试验方案完善

日期：2013-09-23

近日团队成员抓紧完善试验方案，查看试验基地和地块，整理秋种种子，为秋种做好准备。由于前茬大豆、水稻等试验收获期延迟，院内试验地大部分试验要移到院外实施。结合察看试验基地，李强生，荣松柏还注意收集田间油菜秸秆残体，检查残体上油菜黑胫病假囊壳越夏成活率，为冬前赴油菜黑胫病重病区调查取样是否可行做出评估。养虫设施已建好，为叶露尾甲、小菜蛾等害虫的室内饲养和习性观察做好了准备。

标题：油菜害虫生物防治试验方案规划

日期：2013-09-26

油菜害虫防治目前主要还是依赖化学药剂，生产上大剂量的化学药剂及不规范的使用不但会造成油菜药害，更严重的是造成环境污染，而且杀伤害虫天敌，破坏生态。针对这些问题，我们计划今秋采用白僵菌、Bt、印楝素、苦参碱等生物制剂或植物源药剂进行生物防治试验。由于生物制剂相对安全，且不易杀伤害虫天敌，有利于维护生态平衡，具有很好的应用前景。但是，由于生物试剂一般防治见效较慢，防治成本相对化学药剂偏高。因而筛选出防效好，成本低的生物制剂是推广生物防治的关键。目前我们正在落实试验田块。

标题：油菜黑胫病、根肿病秋种试验

日期：2013-09-28

9 月 24—27 日，李强生、荣松柏、费维新等到黟县柯村油菜病害试验基地，对今年的黑胫病和根肿病试验进行播种。与上一年度一样，油菜黑胫病试验主要是对 15 份材料（主要为市场主导品种，少量资源材料）在大田自然条件下发病情况进行调查和差异分析，同时设药剂防治为对照，比较发病差异，为该病的综合防治技术提供基础数据。同一试验还将在合肥试验基地进行。另外，在往年根肿病筛选试验的基础上，针对当地根肿病发病严重这一情况，选取了根肿病抗性相对较好的 10 份材料进行比较试验，希望能筛选出对当地根肿病有抗性的材料，为抗性育种提供帮助。

标题：油菜黑胫病病害研究试验

日期：2013-10-07

　　10月6日，李强生、荣松柏等进行黑胫病试验合肥试验点播种。本试验是上一年度试验的继续，设15份材料，3次重复，鉴定品种间的抗性差异以及对产量的影响。为了保证试验中的菌源量，在上一茬油菜收获后没有种植其他作物，减少外在影响，同时收获的油菜秸秆还田。留在田中秸秆上的病原菌在自然条件下继续生长发育，最终形成大量的假囊壳（通过显微镜可清晰观察）。在油菜播种后，条件适宜的情况下假囊壳将释放大量的子囊孢子来侵染油菜。本试验期望选出抗性较好的材料，为油菜生产和抗性育种提供帮助。

标题：油菜蚜虫等害虫防控试验播种

日期：2013-10-08

　　10月7日，侯树敏根据试验田土壤墒情较好，及时进行了整地播种。试验采用直播和育苗移栽两种方式进行，育苗已与10月1日在育苗床播种，目前出苗较好。10月7日进行直播种植，准备开展蚜虫、菜青虫、小菜蛾等油菜害虫的生物防治试验，以期筛选出优良的生物杀虫剂进行示范推广。

标题：2种病害间关系研究试验

日期：2013-10-10

　　荣松柏、李强生等在研究油菜黑胫病大田发病情况时，菌核病的影响往往严重干扰研究结果。2种病害交叉发生，给病害的分级、计产等带来困难。菌核病在我国，尤其是长江流域油菜产区的发生较为普遍，成为影响油菜生产的主要病害。而黑胫病通过近几年的调查在我国各地的油菜产区也均有发生，且发病程度不一。若借鉴国外流行趋势分析，该病害势必成为影响油菜生产的主要病害。通过对近两年黑胫病的相关试验研究分析，这2种病害的发生发展，相互之间或许存在某种关系，为此，我们设计了一组试验来进行相关研究。试验于10日播种。

标题：油菜害虫防控试验

日期：2013-10-14

10月11—12日，侯树敏、郝仲萍等在肥东试验基地进行了油菜蚜虫防控试验播种。试验采用地蚜灵、吡虫啉、噻虫啉3种药剂，每种药剂设3种用量，拌土底施，3次重复，随机区组排列。本试验的目的是筛选出防控蚜虫的高效施药方式、防治药剂，再结合传统的喷雾防治及青角期热雾剂防治等，以期形成一套安全高效的油菜蚜虫防控技术规程，进行示范推广。

标题：黑胫病病害试验

日期：2013-10-15

李强生、荣松柏等在合肥点安排病害试验田间播种。主要对100份油菜种质资源的黑胫病抗性进行调查筛选，以期望筛选出抗性较好的材料用于抗性育种。试验设3次重复。

标题：黄山市油菜考察

日期：2013-10-21

胡宝成、李强生、荣松柏于10月19—20日赴黄山市黟县柯村试验基地调查油菜黑胫病和根肿病试验出苗情况及苗期病虫害发生情况。并赴徽州区蜀源村和灵山村指导发展油菜促进当地旅游发展。柯村共有2组试验，于9月25—26日播种。黑胫病试验出苗比较好，已达2~3片真叶。根肿病试验出苗不太好，可能与部分品系种子发芽率有关。实地检查苗期黑胫病和根肿病发病率，尚未发现黑胫病病叶，可能与播种后当地比较干旱有关。根肿病试验已发现部分植株发病。大田调查了4块田块，根肿病发病率分别为小于1%、18%、26%、55%。立枯病比较普遍，可能是造成试验田块缺苗的原因之一。

尚未发现蚜虫，有少量菜青虫。蜀源村今年国庆节前后向日葵正好盛开。每天前来观花的游客达数千人。地方政府要求围绕这一目标调整种植结构。胡宝成建议在10月底或11月初时收获向日葵后直播白菜型油菜，并提供白菜型油菜品种70千克作为示范用。灵山村于国庆节前后播种，实地考察出苗不齐，部分田块缺苗比较严重，已建议当地将缺苗田块菜苗移栽到基地田块后补种白菜型品种，保障花期无空地。

标题：油菜害虫调查和指导防治

日期：2013-10-23

　　侯树敏、郝仲萍赴巢湖市耀华村、肥东县油菜试验基地调查油菜叶露尾甲及其他害虫的发生情况，寻找寄生蜂等害虫天敌。巢湖市和肥东县油菜种植面积较大，且播种较早，大都采用育苗移栽。目前苗床油菜已有 7~8 片叶片，农民也已经开始移栽，直播油菜也已有 5 片叶左右。我们仔细调查了前茬分别为棉花、水稻的油菜苗床及直播田块，发现已有少量的蚜虫、菜青虫、白粉虱、中华负蝗等害虫出现，但是还未发现油菜叶露尾甲。菜粉蝶正在大量的产卵，1周后将会有大量的菜青虫出现，我们已告诉当地农民要注意防控菜青虫，也会在 1 周后继续赴当地调查。

　　调查中，我们还采集到了菜粉蝶、中华负蝗、斑须蝽等样本，准备制成标本，以便今后研究、培训之用。另外，我们还采集到了一种寄生蜂，但在进行显微拍照时，由于采集玻璃管突然断裂，造成寄生蜂逃脱，很遗憾未能鉴定其种类及其寄主，也不知其是否能寄生油菜叶露尾甲。通过此次调查，知道了当地确实有寄生蜂的存在，我们还将继续赴油菜叶露尾甲的原始发生地进行调查，以期能找到油菜叶露尾甲的寄生蜂或其他天敌。

标题：油菜病虫害调查

日期：2013-10-27

　　10 月 26—27 日，费维新等 2 人赴黄山黟县调查油菜试验情况。今年南方油菜播种较早，有部分田地中秋节 9 月 19 日就开始播种，目前已经达到 5~6 片叶。在黟县试验点周围早播的油菜根肿病发病严重，有的田块发病率达 90% 以上，而且根部肿块较大，对苗子后期水分养分的供给的影响很大。相对迟播田块发病率较低。油菜根肿病的发病与田间的温湿度有关，今年秋种季节雨水相对较少，迟播有利于减轻发病。目前尚无明显虫害。

标题：植物保护和外来入侵物种大会

日期：2013-10-28

　　10 月 22—26 日，胡宝成、李强生、荣松柏参加了在青岛举办的第十届全国植保大会和第二届国际外来物种入侵大会。来自 20 多国家 1 700 名代表参加了会议。在会议和专题学术报告中，我们听取了关于农业作物、园艺、林业等多领域的病虫害及防治信息，为我们研究油菜根肿病、黑胫病和菌核病等提供了一定思路和启发。

标题：参加油料作物学大会

日期：2013-11-02

团队全体成员参加了在海南文昌市举办的 4 年一度的油料作物学大会，参会人员有全国从事油料作物研究工作的 800 余人。大会由国家产业体系油菜首席科学家、中国农科院油料所所长、第七届油料专业委员会理事长王汉中主持。大会学术部分包含了特邀报告和专业专题分组报告，累计有 60 多场。关于油菜病害方面，主要涉及油菜菌核病、根肿病、黑胫病等。在菌核病研究报告中，华中农业大学的李国庆教授和姜道宏教授均对菌核病的发生流行及其防治做了分析，尤其是对其研究的防治菌核病的生物药剂盾壳霉的机理和防治效果进行了讲解，为菌核病的防治提供了新的防治技术。西南农大的李小加教授分离获得了一种生物可以有效分解菌核病的子囊壳，从而达到防治菌核病的目的。江苏农科院的彭琪也做了相关品种抗菌核病基因机理研究方面的报道。但到目前为止还没有完全抗油菜菌核病材料的报道。如何能经济有效地解决黑胫病为害问题仍然是研究的关键。黑胫病方面的大会报道较少，主要是目前从事黑胫病研究尚处在起步阶段。我们团队已对全国的黑胫病发生情况进行了调查和分析，对所取得样本进行了分离、纯化和分子生物学鉴定，进行了病原菌的致病性致病力鉴定，正在开展全国样本的多样性分析和黑胫病为害风险评估。将根据相关数据编写黑胫病的鉴定技术规程和综合防治技术规程。同时进行黑胫病的生理小种鉴定和抗性资源筛选。

标题：油菜根肿病研究进展

日期：2013-11-03

11 月 2—3 日岗位全体成员参加了中国油料作物学会第七届学术年会。在此次会上，与会专家分别报道了中国油菜根肿病的发生为害、病原菌的生物学、病害流行、生理小种的鉴定及综合防治研究进展。其中中国油料所方小平研究员介绍了开展抗性资源筛选、生理小种鉴定的情况；华中农业大学姜道宏教授介绍了根肿病菌的侵染机理及与寄主互作方面的研究进展；四川农科院刘勇研究员介绍了根肿病种子包衣等综合防治技术研究进展；费维新介绍了皖南地区油菜根肿病的发生、防控与生理小种及抗性资源鉴定情况。从以上报道的根肿病的研究情况来看，目前中国甘蓝型油菜中很难筛选到抗根肿病的抗性资源。目前文献报道的抗源主要来自于欧洲的芜菁。因此中国需加强根肿病抗性资源的引进与资源创新，加快研究适宜我国生理小种特点的鉴别寄主及根肿菌侵染机理。同时加强种子包衣等根肿病综合防治技术的研究与合作，尽快应用到生产实际中，控制油菜根肿病对油菜生产的为害，保障油菜产业的健康发展。

标题：油菜害虫研究情况

日期：2013-11-04

中国油料作物学会第七届学术年会关于油菜害虫的研究报道较少，只有中国农科院油料所的程晓辉在介绍我国油菜有害生物普查情况时，介绍了油菜害虫情况。目前发现的油菜害虫有69种，其中为害油菜的新害虫：绿芜菁、苜蓿盲蝽、双斑长跗萤叶甲和白星花金龟等资料是由我们岗位提供。近年来油菜害虫时有严重发生，特别是为害油菜的新害虫也不断出现，有些还造成了严重损失。如2011年在甘肃张掖发生的苜蓿盲蝽，对当地30万亩油菜造成严重损失。本次会议关于油菜害虫的研究报道较少，究其原因我们认为油菜害虫的发生具有不确定性、隐蔽性和暴发性等特点。当某种害虫在一地突然大暴发时，当地农民一般都会大量使用化学农药甚至剧毒农药来进行防控。虽然当季害虫对油菜造成了严重损失，由于大量使用化学药剂防控，也降低了越冬或越夏虫口基数，下一季发生一般就较轻了，农民也不注意防控了。这也给持续深入研究造成了困难。但是随着时间的推移，虫源量也不断增加，可能还会出现暴发。也正因为如此，我们需对一些为害严重的害虫加强研究，特别是对一些新出现的害虫更要掌握其发生及为害规律，以便更安全有效地防控，减少损失。

标题：油菜黑胫病根肿病试验调查

日期：2013-11-09

11月7日胡宝成与荣松柏前往皖南油菜产区对油菜黑胫病和根肿病试验以及大田生产的病害情况进行调查。由于自播种以来，皖南山区总体降水量偏少，这种条件对试验的黑胫病发病有一定的影响，目前试验油菜长势较好。从叶片上未发现黑胫病病斑。根肿病方面呈现两种情况，10 月 1 日前播种的油菜的根肿病发病较重，一般田块发病率在 50% 左右，重的田块在 80% 以上，10 月 8 日左右播种的田块却较少发病。这说明，晚播可在一定程度上减轻根肿病的发生，是根肿病防控的措施之一。所以，在气候条件允许的情况下，根肿病发病较重的地区应适当推迟播期播种，增加播种量，提高密度，来减少病害的发生。同时产量保持稳定。

标题：油菜害虫防控试验菜苗移栽

日期：2013-11-11

11 月 7—8 日，侯树敏、郝仲萍对油菜害虫防控试验移栽，采用 3 种内吸性药剂进行底施试验，以筛选安全高效的防控药剂及防治方法。虫害与病害关系的研究试验选用 10 个长江流域主栽油菜品种，进行防虫与不防虫对比试验，以研究蚜虫为害与菌核病的关系。移栽浇水后，9—10 日合肥地区又降中雨，对移栽油菜成活十分有利。

标题：富硒油菜与油菜病虫害的研究及启示

日期：2013-11-14

美国农业部 ARS 中心首席科学家，国际硒学会主席 Gary Banuelos 教授及国际硒学会财务总监、国际环境指示剂学会副主席 Zhiqing Lin 教授应邀于 11 月 4 日来院访问，并做了硒与植物富硒及对人体健康的影响专题报告。胡宝成等人参加了报告会并进行了交流探讨。Gary Banuelos 教授主要介绍了他们团队利用油菜和其他十字花科植物在美国进行富硒油菜和富硒十字花科植物对植物病虫害的影响的试验结果。（1）油菜和其他十字花科植物是很好的富硒植物；（2）在硒过多或重金属污染的土地，油菜可作为土壤修复植物吸取过多的硒和重金属，多年种植后可有效降低土壤中过多的硒和重金属；（3）富硒油菜开花后做绿肥或菜籽饼粕做有机肥可减轻油菜潜叶蝇和菜青虫的为害，可防治胡萝卜孢囊线虫；（4）富硒油菜植物作青饲料可提高牛、羊等动物的健康水平和富硒牛羊肉；（5）中国湖北恩施州土壤中硒的含量很高。

上述结果对我们开展油菜病虫害研究很有启示：（1）我们拟于近期赴湖北

恩施实地考察当地油菜病虫害发生情况，并采样分析验证这些结果，帮助我们从另一个角度去考虑油菜病虫害的防控措施。（2）在中国重金属污染的土地可多种油菜，收获的菜籽油可食用也可以作生物燃油，秸秆收集进行工业化处理，多年后可有效减轻土壤中重金属含量；（3）还可在育种中培育高效富集重金属的油菜品种或培育在籽粒中重金属积累少，而在秸秆中积累多的品种，用土壤修复植物，又不影响菜籽油的食用用途。

标题：油菜叶露尾甲调查采样

日期：2013-11-20

11月13日和19日，侯树敏、郝仲萍2次赴巢湖市耀华村调查油菜叶露尾甲发生情况。由于这几年的宣传和指导，当地农民对该害虫已有所了解，普遍重视苗期防控，因而目前油菜田中的油菜叶露尾甲发生量较少，百株成虫量为10头左右。但是在附近菜地中，由于农民很少打药或不打药，所以白菜上仍有很多油菜叶露尾甲成虫，平均每株白菜上有成虫3~5头，多的达10头左右。这也是年后油菜开花时仍有大量油菜叶露尾甲为害的原因。我们又采集了成虫，带回实验室进行饲养试验，进一步研究该害虫安全高效防控技术。

标题：黑胫病菌株的保存

日期：2013-11-21

由于黑胫病菌株的保存受时间和条件的限制，保存时间不长，一段时间后需进行重新培养保存。近日李强生、荣松柏等对已分离纯化的菌株约200份进行了重新保存。菌株的保存我们采用矿物油封存和培养皿中菌丝保存两种，前者保存时间较后者长，一般条件适宜情况下可保存2年左右。若在PDA上培养皿中保存一般3~6个月。菌株的连续培养和保存理论上对其致病力没有影响。

标题：油菜病虫害调查及指导防控

日期：2013-11-22

11月21日，胡宝成、侯树敏前往安庆市太湖县调查油菜生产、新农村建设及现代农业示范园建设情况。我们先后赴太湖县新仓镇万亩油菜示范基地、晋熙镇芭蕉村新农村建设工地、城西乡现代农业示范园建设基地，查看油菜田间长势，调查病虫草害发生情况。根据目前不同田块油菜苗期长势，提出促、控措施，指导病虫害防控。与芭蕉村书记就发展新农村规划、利用油菜、茶园、彩色树木等自然资源发展乡村旅游进行了专题座谈，并提出了指导意见。在查看建设中的城西农业示范园时，参观了种植茄子、辣椒的温室大棚，提出我院将在技术服务上给予大力支持，全力办好科技服务工作。同时还就示范园区的整体规划和布局与太湖县农委主任交换了意见，提出建议等。

标题：油菜病害试验调查

日期：2013-11-25

11月24—25日，胡宝成、费维新、荣松柏考察了黄山市徽州区蜀源村和灵山村油菜播种情况和黄山市农科所试验点油菜根肿病试验情况。蜀源村的油菜生产用种由我院提供，由于农户播种较晚，目前油菜苗刚出，菜苗较小尚未出真叶，另外部分移栽田在这场雨之前已经开始移栽。灵山村油菜目前基本上已经移栽完毕，苗情长势较好。在蜀源村未发现油菜根肿病。黄山市农科所试验点今年油菜根肿病发病偏轻，油菜长势较好；分期播种试验部分早播油菜已经开始起薹而且根肿病发病较重，分期播种的迟播处理的油菜根肿病发病较少；根肿病品种鉴定试验发病较轻。

标题：池州油菜苗期长势及病虫害调查和指导

日期：2013-12-03

胡宝成、侯树敏赴池州市农业部油菜新品种示范展示区及我们建立的百亩油菜病虫害防控示范区调查油菜苗情及病虫害发生情况。该示范区位于池州市贵池区驻驾村，全村油菜种植面积1万余亩，主要是棉—油套栽种植模式。目前示范区油菜苗期大都长势良好，有少量的蚜虫发生。由于当地较旱，近期也没有降雨，蚜虫繁殖会很快，因此，我们建议当地进行蚜虫防治，同时叶面喷施硼肥、磷酸二氢钾，注意增施腊肥。

标题：黄山和宣城油菜根肿病调查和防控指导

日期：2013-12-04

12月1—4日，费维新等4人赴黄山调查油菜根肿病试验和宣城地区油菜根肿病发病情况。黄山市黟县油菜根肿病试验发病较轻，发病率在 10%～30%。宣城市绩溪、宁国、广德、旌德均有油菜根肿病发生，其中在绩溪的扬溪镇一块油菜地油菜根肿病发病率达 43%。广德的邱村镇赵村油菜地根肿病发病严重，发病率达 80% 以上，根肿病病株根部肿块大且没有须根，有的苗子已经开始萎蔫。调查期间当地的植保站农技人员介绍当地油菜根肿病自 20 世纪 80 年代就开始发病，当地主要采取石灰和白云石粉改良土壤控制油菜根肿病，同时我们也建议当地采取调整播种期适当晚播来避开油菜根肿病发病高峰期。

标题：巢湖油菜病虫害调查和防控指导

日期：2013-12-12

胡宝成、侯树敏、荣松柏赴巢湖试验站调查油菜病虫害发生情况。由于今年 4 月初我们在巢湖、芜湖等地发现了大量的茎象甲为害，此次苗期调查主要是跟踪该害虫秋冬季发生情况。为此，我们调查了巢湖试验站内的试验田及站外的百亩示范片。试验田和示范片油菜长势良好，仅有少量的蚜虫，未发现茎象甲，可能由于目前气温已经偏低，害虫已进入冬眠。就此，胡宝成向吕孝林站长及其他科技人员提出由于目前天气干旱，需对蚜虫进行一次冬前防治，防止蚜虫暴发。还重点介绍了茎象甲的为害情况。茎象甲和油菜叶露尾甲一样也是我国西北地区的主要害虫，幼虫能造成植株茎秆折断。之前安徽很少发现，目前在巢湖、芜湖已大量出现，需引起重视，注意防控。大家还讨论了油菜叶露尾甲和茎象甲这两种害虫是否由于当地大量种植西北地区的油菜品种而由种子带入的可能性，同时向植保部门提建议，加强对外来种子的检疫。我们也计划明春继续跟踪调查。

标题：油菜害虫饲养试验

日期：2013-12-19

11 月下旬侯树敏、郝仲萍对从巢湖市耀华村采回油菜叶露尾甲的成虫，在室内进行人工饲养试验，探索饲养条件。当温度条件适宜时，该害虫可以持续活动，不进行休眠，这也为快速繁殖该害虫进行防控试验提供了有利条件。12 月初，又从浙江大学昆虫科学研究所施祖华教授实验室引进小菜蛾实验室种群，并按照所提供的方法进行室内饲养继代。即实验室内温度维持在 25±1℃，RH

60%~70%，光暗周期为 12：12 小时的环境下，将小菜蛾的蛹放入产卵笼中待成虫羽化后交配产卵，期间喂食 20%的蜂蜜和水。2 天后，在卵袋上产满黄色的卵粒后，更换卵袋，将产满卵的卵袋平铺到寄主作物上，根据需要补充寄主作物。待小菜蛾幼虫孵化，取食，老熟后，收集寄主上的小菜蛾蛹，置于产卵笼中继代饲养。目前试验进展顺利。

标题：加拿大植物病理学家 Gary Peng 教授来访

日期：2013-12-30

　　12 月 26—30 日加拿大农业部萨斯卡通研究中心 Gary Peng 教授到我院访问交流。访问期间 Gary Peng 教授与团队科技人员交流讨论了油菜病害的研究与防控技术，并做了题为"加拿大油菜黑胫病与根肿病研究进展"的学术报告，介绍了加拿大在这两种病害的最新研究进展，尤其是油菜黑胫病和油菜根肿病抗病机理方面开展的前沿性的研究。这对我们下一步研究工作具有很大的启发。我方科技人员也介绍了我国油菜根肿病、黑胫病的发病特点和我们开展的研究情况。同时双方就如何在油菜病害研究方面进一步加强合作、资源的交换、科技人员的培训与交流方面进行了深入的探讨，并签署了中加双方合作备忘录。Gary Peng 教授还被我方聘为油菜国际合作研究中心客座教授。

8002575540

2014 年度

标题：参加体系年度工作会议

日期：2014-01-05

  胡宝成、侯树敏等 4 人于 1 月 2—4 日在武汉参加国家油菜产业技术体系 2013 年度工作会议。2 天的会议中，27 位岗位专家和 30 位试验站站长汇报了一年来工作取得成绩、存在的问题和今后的工作打算。达到了互相交流、促进共同提高的目的，为下一年度的工作打下了基础。

标题：四川省油料作物学术研讨会

日期：2014-01-08

  胡宝成、费维新赴四川成都参加四川省作物学会油料专业委员会与四川省农科院作物所联合举办的"四川省十二五油料作物育种学术研讨会"。会上华中农业大学周永明教授介绍了油菜分子育种的研究进展，及分子育种技术在油菜千粒重 QTL 性状研究、高油酸油菜育种和菌核病抗性研究方面的应用情况。同时介绍了 SSR、SNP 等分子标记技术在油菜育种研究上的应用前景。胡宝成介绍了油菜黑胫病在我国的发生情况、油菜菌核病的抗病育种和油菜虫害的发生与防控等。从调查的统计数据来看，油菜黑胫病在我国油菜主要产区的 14 个省的近 60 个县都有发生，严重的如河南固始、安徽黟县等地，油菜黑胫病为害严重的田块油菜产量损失可达 50% 以上，严重度接近强侵染型造成的为害损失。在交流会上，还与四川、华中农大、西藏等地同行交流了油菜科研与育种的情况，会后参观了四川农科院新的试验基地。

标题：学习油菜根肿病研究技术

日期：2014-01-10

  1 月 8—9 日费维新到四川省农科院植保所刘勇研究员实验室学习油菜根肿病研究技术。油菜根肿病是四川油菜主要病害之一，刘勇研究员的课题组一直专注于油菜根肿病研究，开发了油菜种子包衣剂、陷阱作物轮作、土壤调理剂等防控油菜根肿病技术，结合油菜播种时期的调整等栽培技术，在综合控制油菜根肿病发病率与严重度上取得良好的防治效果。促进了油菜增产增收，受到农户的欢迎。这些技术在我省油菜根肿病的防控上是很好的借鉴与指导。刘勇课题组还开展探索油菜根肿病抗病与侵染机理方面的基础性研究。在刘勇研究员的指导下重点学习了油菜根肿病休眠孢子的提取与纯化技术、根肿病土壤与水培方法人工接种鉴定技术。双方科技人员还就油菜根肿病生理小种的鉴定标准、鉴别寄主的选择与应用等技术进行了深入的交流与探讨。

访问期间还与四川农业大学油菜研究中心牛应泽教授讨论了油菜根肿病的抗病育种技术和抗性资源的鉴定方法。四川成都平原的根肿病生理小种以四号生理小种为主。从目前的鉴定结果来看国内甘蓝型油菜中没有发现很好的抗原，欧洲的抗性品种在该区域表现有较好的抗性，但是生育期太长需要进一步转育。其间还参观了位于广汉市西高镇的油菜根肿病防治试验基地与植保所的病害研究实验室。

标题：黑胫病室内工作

日期：2014-01-13

李强生、荣松柏等近期对 2013 年采集的黑胫病样本进行分检，获取了大量疑似样本，这些主要来源于湖南省、湖北省、江西省、青海省、内蒙古、河南省、安徽省等，约 500 份。我们计划尽快将这些疑似病株样本进行分离纯化，并进行分子生物学鉴定，进一步明确其病原类型。同时将开展对所有样本菌株的多样性分析，了解我国黑胫病病原菌的遗传差异和生理小种类型，为开展抗性资源创新和抗病育种做好前期工作。

标题：小菜蛾试验种群室内饲养试验

日期：2014-01-15

近一段时间侯树敏、郝仲萍继续在实验室内继代、维持小菜蛾种群，以备接虫试验。由于在 25±1℃ 下，小菜蛾的发育速率较快，为了减少种群的繁殖代数，将温度降为 20±1℃，RH 60%~70%，光暗周期为 12：12 小时的环境下饲养。我们用多种十字花科蔬菜（甘蓝、油菜、上海青、黄心乌、雪里蕻等）饲养小菜蛾种群。虽然各种植株上均可维持种群，但小菜蛾显现出明显的偏好性，无论从叶片对小菜蛾成虫的产卵吸引力，幼虫生长发育状况，还是成虫的羽化数量上，甘蓝都有着明显的优势。其他蔬菜种群可用于实验室内甘蓝短缺时期的补充。在小菜蛾的生长发育期间，需要注意的是，维持养虫笼的清洁，防止将小菜蛾的捕食性天敌蜘蛛带入室内，造成小菜蛾数量的大量减少。并且尽可能减少蚜虫的带入，因为室内蚜虫繁殖迅速，对寄主植物的影响显著，直接导致小菜蛾的寄主植物生长势弱，从而影响小菜蛾的生长发育。大量的蜜露还会滋生霉菌，使小菜蛾幼虫和蛹大量死亡。

标题：六安油菜害虫鉴定

日期：2014-01-17

1月15日，侯树敏、郝仲萍赴六安综合试验站帮助鉴定油菜害虫。六安试验站团队成员在田间调查油菜蚜虫时发现油菜叶片枯死，且在叶片中间发现黑色类似害虫的物质，怀疑叶片为其所害，但不能确定其是否为害虫、种类等。在接到报告后，我们赴六安帮助鉴定，在田间仔细调查后，发现其为潜叶蝇的蛹，目前由于气温较低，该害虫发生量不大，为害也不严重，不需要防治。但开春后，随着气温升高，需注意潜叶蝇的发生量，如发生量大则需及时防控。我们也将继续与六安试验站保持经常联系，及时了解害虫的发生情况，提出防控措施等。

标题：小菜蛾种群室内饲养

日期：2014-02-07

2月1—6日，春节放假期间，侯树敏等仍对实验室的小菜蛾继续饲养繁殖，维持小菜蛾种群，观察小菜蛾在油菜上的为害、产卵和繁殖情况。小菜蛾幼虫能在2天时间内将油菜6~7片绿叶的叶肉全部吃光，造成植株死亡。在室温18~20℃时，繁殖速度很快。我们计划利用这些种群进行药剂防治和生物防治试验，研究安全高效防控措施。

标题：油菜试验田间调查

日期：2014-02-08

2月8日雪后胡宝成、侯树敏到油菜田间试验查看油菜生长情况。由于春节前后合肥地区气温偏高，温暖如春，油菜生长很快，目前大部分油菜已抽薹10~15 厘米，少部分已抽薹 20 厘米以上，个别植株已经开花。2 月 6—7 日，合肥地区下了中雨及中雪，有效缓解了旱情，对油菜生长十分有利。由于地温较高，积雪也很快融化，对油菜冻害影响不大。蚜虫也只是零星可见，无需防治，同时田间湿度较大、温度较低，对蚜虫的繁殖也起到很好的抑制作用。目前，需加强田间管理，根据油菜田间长势，适时追施薹肥，清理田间沟渠，预防春雨连绵，以保障油菜健壮生长。

标题：帮助鉴定池州油菜病害

日期：2014-02-10

2 月 8 日胡宝成接到中国农科院油料所张学昆研究员转发的安徽省池州市贵池区植保站姚卫平发的油菜病害图片，要求帮助鉴定是何种病害。从图片上看，初步认为是油菜高脚苗受冻后根茎部开裂受腐生菌侵染，但确诊必须到现场采样鉴定。随后立即与池州市农技推广中心陈翻身主任联系，请他实地考察，如果面积比较大，我们立即去现场（200 千米左右），如果仅是少量几株，就请他处理。2 月 10 日上午，再次与陈翻身主任联系，他已去过现场，发病植株很少，他认为除了受冻开裂外，也可能与缺硼有一些关系。

标题：院产业技术体系会议

日期：2014-02-11

胡宝成于 2 月 10 日参加并主持安徽省农业科学院召开的本院农业部现代农业产业技术体系所有岗位专家和综合试验站站长座谈会议。安徽省产业技术体系 7 位首席也参加了会议。会上各岗位专家和站长交流了各自岗位近几年来工作所取得的成绩、经验和做法，也分析了存在的问题和困难。对"十二五"后两年如何加强科技创新，服务产业，服务"三农"及加强团队建设，经费管理提出了很好的思路。会议达到了互相学习交流经验共同提高的目的，也为我们如何更好地开展工作开拓了思路。

标题：油菜黑胫病检病研讨会

日期：2014-02-20

2月17—19日，李强生、荣松柏参加了由国家种植业植物检疫处主办，华中农业大学植科院承办的十字花科蔬菜种子油菜黑胫病（茎基溃疡病）检疫研讨会。会议邀请了上海检疫总局、广东检疫站、湖北检疫站、中国农科院油料研究所、华中农业大学、安徽省农科院作物所、广东农科院植保所、内蒙农牧业科学研究院等10多名业内专家。会议由植物检疫处冯处长主持。就检疫对象油菜黑胫病（茎基溃疡病）对放开进口新西兰蔬菜种子相关事宜进行了讨论。与会专家就黑胫病的发展、流行、为害以及各自所做的研究作了充分说明，阐述了黑胫病对中国油菜产业发展具有较大风险的可能性，提出加强控制病害的国际传播，尤其是提高检疫检测标准的重要性和必要性。会议初步达成通过加强检疫放开进口蔬菜种子的意见。会上，多位专家对油菜黑胫病的系统介绍，尤其是该病害对油菜产业发展的潜在风险也引起了检疫处领导的注意，并建议我们多呼吁积极申报行业专项获取更多支持加大研究力度。

标题：小菜蛾种群的保种技术研究

日期：2014-02-27

实验室内，为了避免用于维持种群的小菜蛾连续多代的繁衍造成种群退化，需要定期补充新的种群。郝仲萍从田间采集回的小菜蛾幼虫和蛹，在显微镜下鉴定后，需要排除被寄生蜂寄生的虫体，隔离饲养一代后才能用于实验室的种群维持。同时，也可以将小菜蛾种群饲养在较低的温度（如15~20℃）下，并将收集的卵袋和蛹保存在4℃。这样可以大幅度地延长小菜蛾的发育期，又不显著降低小菜蛾的各项生物学指标，保证种群的健康发展。

标题：病害试验调查

日期：2014-02-28

李强生、荣松柏对油菜黑胫病害试验进行了前期调查。自油菜播种以来，安徽省天气年前雨水少，气温较高，油菜生长较为缓慢。年后尤其是近一段时间雨水较为充沛，气温也较为适宜，十分有利于油菜生长。目前大田油菜已进入抽薹期现蕾期，一些生育期早的已是初花期了。我们认真调查了黑胫病害试验田，叶片病害症状不明显，不能确定油菜是否已染黑胫病。若对叶片或茎秆进行荧光定量PCR分析可准确判定。显微镜下观察秸秆上黑胫病的假囊壳，可以看到部分假囊壳孔口已张开，应该已经释放出大量子囊孢子了。黑胫病侵染油菜通常是在油菜苗期，释放出的分生孢子会从叶片开始侵染，菌丝从叶片到茎秆向根茎部发展，侵染茎秆内部组织，影响植株健康生长。因此，我们认为苗期是油菜黑胫病防治工作的关键。

标题：蚜虫与油菜菌核病相互关系研究

日期：2014-03-01

　　胡宝成、侯树敏于 2 月 23—24 日访问了新加坡淡马锡生命科学研究院（其前身为新加坡国立大学附属的农业分子生物研究院）。与分子植物病理学研究室主任尹中朝博士和叶健博士就昆虫、病害与寄主之间的关系进行了交流。他们介绍了从事昆虫、病毒与植物之间关系的分子机理研究，有一些有意义的发现。我们经过 4 年的田间试验发现蚜虫为害后油菜菌核病发病率和病指平均提高 25% 左右，但是机理尚不清楚。双方对此合作均非常有兴趣，初步达成合作意向。昆虫与寄主关系，病毒、病害与寄主之间的关系国外研究比较多，但昆虫、病毒、真菌病害与寄主之间的相互关系的研究报告还比较少。我们的合作如果揭示他们之间作用机理也可为抗病育种和综合防治提供指导。

标题：新油料作物的改良和开发利用

日期：2014-03-02

　　新加坡淡马锡生命科学研究院洪剑博士的团队在油料作物油的品质和产量分子调控方面做了很多研究，对生物能源作物——麻疯树的高产、高含油量分子育种做了多年的研究，使麻疯树的产量和含油量均有大幅度地提高，并进行了产业化试验，甚至可用于航空燃油。麻疯树在安徽省山区也有很多多年生种群，由于不占用耕地，并可保护生态环境，也有开发利用的前景，通过改良可提高其品质和产量。

　　油棕是热带地区木本油料作物，中国每年进口 300 多万吨用于食品工业和食用油。他们所开展了油棕基因组测序，同时对油的品质和产量进行改良也取得很好的成果。产量由原来的 5~6 吨/公顷，已提高到 9 吨/公顷。现在正在进行抗病育种，以期通过降低病害而大幅度提高产量。

我们团队在油菜育种上取得过显著成绩，油菜隐性核不育三系的发明及系列品种的审定和推广，曾获得"安徽省科学技术一等奖"和"国家技术发明二等奖"。现在正在进行高油酸和非转基因抗除草剂新品种的选育。双方商定利用新加坡生命科学研究院的分子生物技术加快我们在油菜这两个方面的研究进程。

随着我国人口增加，城镇化扩展，土地资源在不断减少。国家把粮食安全提高到战略高度，而国内食用油的自给率已降到30%左右。仅大豆每年就进口6 000万吨左右，占到我国粮食产量的10%。这些大豆如果用国内耕地生产，就要减少约7亿亩的粮食和其他作物的播种面积，所以开发利用不占用耕地的油料作物也是保障我国粮食安全的一项重要措施。

安徽省大别山区有一种野生植物——瓜蒌，又称野葫芦。近年来由安徽省农科院与大别山地区地方政府和农民联合将其开发为食用瓜子，效益很高。瓜蒌的含油量很高，经检测完全可以用于食用油，且可以在山区荒地、坡地等非耕地种植，也可以被开发利用为特种油（类似于山东、安徽近年来开发的牡丹籽油）。

通过分子生物学手段进一步改良油的品种和产量，不但可以提高种植区农民的收入，也可以增加食用植物油的新品种，适应新需求。双方也可以在这方面进行合作。

标题：访问新加坡淡马锡生命科学研究院的启示和体会

日期：2014-03-03

1. 现代研究院所的管理方式值得我们学习。新加坡没有什么农业，又缺乏资源，除了空气和阳光不需要进口外，其他任何物品均需进口。但是新加坡政府对生命科学和农业科研非常重视，投巨资成立生命科学研究院，按现代科研院所的运行规律制定了有效的管理体系，公共实验平台共享，管理层科学家、技术人员、科研辅助工各自分工明确，相互支持与合作，实现"流水线"式的科技创新，成效显著。每年在国际顶级刊物上发表论文400多篇，其中影响因子大于10的论文多达百篇（我们院到目前为止仅有几篇影响因子在5左右的论文）。我院在建设现代院所和转型时期，新加坡的经验值得我们学习借鉴。

2. 对人才的重视程度和引进方式值得我们学习。该院全院240余位科研人员均是通过全球招聘，来自21个国家和地区，不仅具有高学位（博士和博士后），而且必须在世界著名的研究机构有过工作经历和发表过高水平的研究论文及取得创新性的学术成果。通过他们的创新性工作，为该研究院确立了世界级生命科学研究基地的地位。

3. 学术成果及时转化为专利并与企业联合开发。科研人员在发表高水平研究论文的同时，注重获得专利，并以此与企业合作迅速转化。目前已有 10 余家国际企业投资共同开发其科研成果。我院在转型的过程中也应该注重专利的申请，加强研究成果的保护力度，通过政府设立的交易平台，与企业开展合作，共同转化科研成果。

标题：访问斯里兰卡农业部的启示和体会

日期：2014-03-04

斯里兰卡经济相对落后，但生物多样性非常丰富，有众多的蔬菜、花卉和热带作物种质资源。他们对种质资源的保护意识很强，在座谈和学术交流中，凡提到种质资源的交换和合作，他们总是立即表达要首先经过政府批准，并作为合作的首要条件。农作物种质资源是一个国家种业安全的基础。我国正在进行的"种业新政"改革中也应学习借鉴斯里兰卡的做法，尤其是在育种投入方向由公益性科研单位转向企业时，应加大对种质资源的保护力度，维护国家种业的安全。

对生态环境保护的力度值得我们学习。以红茶生产为例，由于斯里兰卡地处热带，常年高温高湿，病虫害种类和发生的频次很高，在如此不利的条件下，他们能生产出世界上"最洁净的红茶"实属不易，而且占据世界上20%的红茶市场份额。他们的观念和技术措施都值得我们认真学习。安徽省生产的不论是红茶和绿茶，从口感上均比斯里兰卡的茶好喝，但在国际市场上所占份额比较小。借鉴斯方的观念和技术，有利于我们扩大茶叶出口，增加农民收入。

标题：病害试验

日期：2014-03-11

李强生、荣松柏对黑胫病病害试验进行了人工接种工作。通过该试验主要了解病害不同时期侵染对植株造成的为害程度，以及与病害发病程度间的关系，也可初步明确该病害的最佳防治时期和防治效果。

标题：云南油菜蚜虫高效防控试验示范

日期：2014-03-17

　　3 月 12—14 日，侯树敏、郝仲萍赴云南省牟定县进行油菜蚜虫高效防控试验示范。3 月 13 日，在昆明综合试验站符明联研究员的陪同下，在牟定县凤屯镇天山村采用沉降剂+农药，利用热雾机喷雾进行蚜虫高效防控试验，示范面积50 余亩。牟定县农技中心、天山村油菜种植大户等 10 余人观看了试验示范。利用热雾机防控蚜虫比传统的防治方法可提高效率 10 倍以上，是一种很好防治方法，当地农技人员和农民对此方法很感兴趣。但是目前采用的热雾机还存在发动较难的问题，我们已向生产商反映，希望他们进行改进。另外，我们也在选用其他厂家的产品，希望筛选出更适合的热雾机应用于生产。

标题：油菜病害调查

日期：2014-03-20

　　李强生、荣松柏等赴黟县柯村油菜黑胫病人工接种试验基地调查试验情况。除了 3 个欧洲品种刚抽薹，其余品种已达初花期。田间调查没有发现油菜黑胫病病斑，可能与去冬以来一直低温干旱有关。但田间菌核病子囊盘已大量出现，防治菌核病已达最适宜阶段。已建议当地种植户进行油菜菌核病防治。

标题：发展油菜促进旅游措施

日期：2014-03-22

　　李强生、荣松柏等人今天赴徽州区灵山村和蜀源村考察发展油菜促进旅游的效果。这 2 个村的油菜品种均是我们提供的甘蓝型皖油 25 和白菜型皖油 7 号和皖油 13 号。去年秋播时，由于干旱，部分田块甘蓝型品种出苗不好。为了保证花期一致，我们推荐并提供了白菜型品种补种，播期前后相差约 1 个月。今天看到的效果很好，2 种类型的油菜基本同时开花。引来全国各地的摄影爱好者和观光游客前来采风、赏花。当地农民农家乐住宿餐饮爆满，带动了农民增收，也促进了油菜产业的发展。

标题：黑胫病室内工作

日期：2014-03-24

经过长期的室内工作，李强生、荣松柏对采集来的受黑胫病菌侵染的油菜样本进行了病原菌分离、纯化，得到了大量的纯化菌株。油菜黑胫病病原菌（*L. biglobosa*）在 PDA 平板上，菌丝黄色绒毛状，菌丝分枝较少，菌落规则，产生黄色或黄棕色色素。培养一段时间后，可在气生菌丝上观察到黄色或黄褐色液珠。有些可见分生孢子器，分生孢子器球形至扁球形，深黑褐色，散生、埋生或半埋生于菌丝中。病原菌被纯化后，为了很好地保存和今后的研究，我们对样本采取矿物油密封低温长期保存，这种方法可以使病原菌保存 2 年左右。样本的保存对黑胫病的研究具有十分重要意义。

标题：帮助农民发展梯田油菜促进旅游

日期：2014-04-02

胡宝成、李强生、荣松柏赴歙县长陔乡谷丰村和璜田乡蜈蚣岭村考察高山梯田油菜及在发展乡村旅游中的作用。长陔乡党委书记吴炳学接待了我们，黄山市农科所王金顺和王淑芬两位所长一同参加了考察。当地高山梯田种植的油菜品种多为浙平 4 号等浙江省品种，播期在 9 月底和 10 月初，收获在 5 月中旬左右，油菜收获后种水稻。由于山高（海拔 800 米左右），地势起伏不平，耕种管理比较困难。正值花期，油菜长势一般。但漫山遍野金黄一片很壮观，也非常适合乡村旅游和摄影。由于山高路险，信息比较闭塞，前去旅游的人还不多。在考察中，我们介绍了国内其他地区发展油菜、促进旅游的做法，及带动农家乐、餐饮和住宿，促进农民增收的成果。也从技术角度提出了一些建议，帮助当地发展油菜，促进旅游，带动农民增收。

标题：池州油菜示范区蚜虫调查防控示范

日期：2014-04-08

4月7—8日，侯树敏赴池州油菜示范区调查蚜虫发生情况。由于前期蚜虫防控效果较好，目前油菜花角期蚜虫发生很轻，还未达到防治标准。近期天气晴好，温度较高，加之附近非示范区油菜蚜虫发生较重。因此，我们及时关注示范区蚜虫发生情况，并进行了油菜花角期采用热雾机高效防控蚜虫示范。目前示范区内油菜长势良好，丰收在望。此外，还对当地农技人员建议指导非示范区农民进行蚜虫防治。

标题：小菜蛾的室内饲养观察研究

日期：2014-04-09

　　3月以来，郝仲萍在实验室内继续饲养小菜蛾种群，观察到小菜蛾成虫羽化后一般当天交尾产卵。卵孵化后，初孵幼虫钻入叶片上下表皮之间取食。1龄末或2龄初的幼虫从叶肉组织中钻出停留于叶背面取食下表皮和叶肉组织，仅留下上表皮。高龄幼虫则将叶片和茎秆取食成孔洞或缺刻状，仅留下叶脉。4龄幼虫老熟后会选择干枯的叶片结茧进入预蛹阶段，1天左右预蛹化蛹。此时可收集小菜蛾蛹低温保存。由于小菜蛾雌成虫产卵时间不一，且可以进行多次交配、多次产卵造成卵孵化不齐，导致小菜蛾世代重叠现象严重。

标题：油菜黑胫病定点监测

日期：2014-04-15

　　经过我们团队近6年的工作，已基本调查清楚我国油菜黑胫病的分布范围和为害程度。从目前调查结果来看，合肥、信阳、襄阳一线水旱作交错地区病害比较重。初步确定向东延伸至扬州或南京，向西延伸至汉中或安康。在这一线确定5~6个点作为冬油菜黑胫病流行监测点和强侵染性病害发生观测点。4月13—14日团队成员胡宝成、李强生、荣松柏等人赴扬州试验站考察油菜黑胫病病害发生情况。尽管是终花末期，植株症状还不是很明显，我们已发现大量疑似病株，并采样带回分析鉴定。并准备收获前5天左右再次赴扬州采样。扬州试验站张永泰站长和团队成员惠飞虎等人参与调查。在座谈中大家对油菜新病虫害的发生和潜在风险也进行了探讨。

标题：学术交流

日期：2014-04-19

　　北方春油菜育种岗位专家、青海农科院副院长杜德志研究员在参加于池州市举办的长江下游油菜产业技术研讨会后于4月18日考察我们油菜病虫害试验基地。胡宝成、李强生、荣松柏、费维新等人参加了考察。团队成员介绍了我们岗位油菜黑胫病人工接种试验情况及田间患病植株症状；蚜虫与菌核病相互关系研究的人工接种试验及设施。双方还交流冬油菜、春油菜害虫种类及为害。苗期跳甲、蚜虫在冬、春油菜区均发生比较重。春油菜区的叶露尾甲、茎象甲近几年也开始在安徽油菜产区发现并逐年加重。双方还交流了油菜菌核病和黑胫病的发生情况及防控措施。

标题：长江下游油菜产业技术研讨会

日期：2014-04-21

4月16—18日，我们在池州市主办了2014年长江下游油菜产业技术研讨会，参会代表100余人。会议邀请到体系首席科学家王汉中研究员、岗位专家官春云院士、周永明教授、刘胜毅研究员、杜德志研究员和戚存扣研究员及其他20多位专家学者等并做大会报告。大家从我国油菜产业发展的形势、面临的问题、可能解决的方法及目前油菜育种、栽培、病虫草害的研究进展等进行了广泛的交流，同时还参观了我们设在池州市贵池区驻驾村的千亩油菜病虫草害安全、高效综合防治示范区。本次会议达到了广泛进行学术交流的预期目的，取得了圆满成功。

标题：油菜害虫田间调查

日期：2014-04-25

4月23—25日，侯树敏、郝仲萍赴巢湖、当涂和芜湖对去年出现较多油菜叶露尾甲、疑似茎象甲的田块进行再次跟踪调查。在巢湖市耀华村油菜叶露尾甲幼虫有虫株率100%，95%的叶片遭受幼虫为害，但成虫较少，可能由于近期雨水较多，田间湿度大，对成虫活动造成影响，我们仍将定点跟踪调查。此外还发现大量的潜叶蝇为害，且潜叶蝇和叶露尾甲在同一叶片为害时，有明显的界限。在花蕾处仍发现大量的疑似茎象甲的成虫，平均百株虫量达150头左右，但是目前还没有发现其为害症状，我们将继续跟踪调查。

在当涂县许桥镇去年大量出现油菜叶露尾甲幼虫的田块今年却极少出现，只有大量的潜叶蝇为害。据了解，今年油菜初花时，当地进行了一次大规模的病虫害群防群治，而此时也正值油菜叶露尾甲成虫大量出现，交配繁殖期，是否由于及时、适时的防治而造成该害虫急剧减少，我们仍需跟踪调查。

在芜湖调查时，在一小块白菜型油菜田中也发现了大量疑似茎象甲的成虫，百株虫量达 100 头左右，同时还发现了大量的大猿叶甲为害，单株成、幼虫量达 20~30 头，为害十分严重。此外，还发现了一些不知名的的甲虫，我们已取样带回实验室鉴定。

通过此次调查，我们发现，潜叶蝇为害十分严重，特别是对叶片脱落较迟的品种为害较大，大量的功能叶遭到为害，对油菜的产量造成影响，猿叶甲在芜湖地区发生量大，需注意及时调查防治，以防造成严重损失。

标题：湖南衡阳市病虫害调查

日期：2014-04-26

胡宝成、荣松柏、李强生于 4 月 25—26 日赴湖南衡阳市考察油稻稻三熟制地区油菜病虫害发生情况。衡阳综合试验站的黄益国、李小芳参加一起调查。衡阳油菜播种面积达 300 多万亩，三熟制油菜在 10 月中下旬播种，生长期 200 天左右。出苗后，蚜虫发生较重。我们在前期工作的基础上，结合衡阳试验站多年的工作，起草了油稻稻三熟制地区蚜虫综合防治规范。经修改后，今秋播种后可试行。

我们主要调查了衡阳试验站试验基地和衡阳西渡镇清木村的油稻稻三熟制油菜"早熟三高"品种选育和集成技术推广示范区。该示范区面积 6 000 亩，实行集中育苗，全程机械化，"一促四防"。田间调查发现少量菌核病，也发现有零星黑胫病疑似病株。这也是目前为止，中国油菜黑胫病发病最南的地区。

标题：湖南常德市油菜病虫害调查

日期：2014-04-27

胡宝成、荣松柏、李强生赴湖南常德市考察油菜病虫害。常德油菜播种面积达 400 多万亩，是油菜生产大市。常德综合试验站正在举办油菜试验示范现场观摩会。我们与参加观摩会的领导和专家一道，考察了基地内国家、湖南省品种区试、各种除草剂试验、缓释肥试验。并赴澧县澧南镇油菜新品种示范基地考察。由于近期雨水较多，虫害不重，仅有少量蚜虫发生。菌核病发病率普遍在 10% 以下。但黑胫病发病率普遍较高。试验站内个别品种发病率在 50% 以上，但病指较低，除少数病株外，大多在 1~2 级。澧南镇新品种示范基地各试验示范品种病株率均在 70% 以上。常德市油菜黑胫病发病情况也再次证实旱地油菜病害重于水旱轮作的油菜。常德试验站杨鸿站长和黄琳带领我们参观考察。

标题：热雾机优化试验示范

日期：2014-04-28

4 月 22 日，为了进一步优化热雾机的使用，侯树敏、郝仲萍赴在肥东县的油菜试验基地进行热雾机防治蚜虫试验。研究热雾机喷口距离油菜的最佳距离、喷口角度、药液浓度等。防止热雾机因喷口高温损伤油菜以及因药液浓度大小对防治效果和植株的影响。27 日，我们赴试验地调查防治效果，认为热雾机距离油菜植株 50 厘米，以油菜冠层中间为水平面，向上 15°~30° 角喷雾效果较好。农药按照推荐浓度使用安全有效。我们将按照试验结果继续推广热雾机安全高效使用技术，提高油菜花角期害虫防治效率。

标题：襄阳市病虫害调查

日期：2014-04-29

襄阳市是水旱作交错区，前两年的普查结果表明，该市油菜黑胫病比较重。4 月 28 日胡宝成、李强生、荣松柏再次赴襄阳市考察病虫害，尤其是油菜黑胫病发生情况。襄阳综合试验站的品种试验示范基地各种试验品种黑胫病均有发生，但病株率和严重度均比前两年轻。这可能与整个苗期少雨干旱有关。但该市宜城市郑集镇的万亩油菜示范片黑胫病发病率比较高。有 2 个品种病株率均在 90% 以上。菌核病的发病率比较低，均在 10% 左右。2 种病害同在一个植株上出现的情况也有一些发生。看来，黑胫病和菌核病的相互关系值得进行研究。余华强站长和他的团队成员参与了交流和病害调查。我们还商订了在襄阳建立黑胫病定点监测点事宜。

标题：河南省信阳市病虫害调查

日期：2014-04-30

河南省信阳市是这次调查的最后一站。4 月 29 日，胡宝成、李强生、荣松柏赴信阳市农科院、罗山县、潢川县和固始县调查病虫害。在信阳市农科院试验基地没有发现虫害为害，菌核病发病率也在 10% 左右。黑胫病零星发生，对产量无影响。在该市的罗山县子路镇调查了水稻茬油菜的 3 个田块，菌核病零星发生，黑胫病发病率分别为 80%、50% 和 10% 左右，有少量病死植株。潢川县黄冈镇示范区油菜黑胫病发病率 30% 左右，其中，少量病株混发菌核病，这种现象在固始县沙河镇比较普遍。黑胫病株被菌核病侵染，两病之间有明显分界处，菌核也停留在分界处。黑胫病和菌核病之间的关系研究应引起重视。

固始县沙河镇是我们这次调查的重点，在这以前的调查中，该地黑胫病最重。这次调查 2 个示范田块，病株率不是很高，但严重度比较高。国家和河南省区试 10 余个品种病株率差异比较大，在没有征得主持单位同意前我们没有到小区内调查，田埂上目测从 20%～90% 的病株率，表明品种间抗病性差异还是比较明显。信阳综合试验站王友华站长等专家全程参与调查。

标题：油菜根肿病试验调查

日期：2014-05-01

4 月 28—30 日费维新等 4 人赴黄山市休宁和黟县试验基地调查油菜根肿病的试验情况。黄山市农科所王淑芬副所长与我们一起调查了防治油菜根肿病分期播种试验和甘蓝型油菜资源材料抗根肿病鉴定试验。目前油菜根肿病肿根已经腐烂，但症状明显，病株明显出现早衰症状。我们将进一步通过产量测定评价油菜根肿病的控制效果。在黟县试验基地我们分别调查了根肿病抗性鉴定试验和药剂拌种防治的试验。从调查的情况来看，引进的根肿病抗性资源材料对本地的根肿病生理小种具有良好的抗性。同时在我国的甘蓝型油菜资源中也发现了一些具有抗病潜力的材料，我们将进一步通过人工接种鉴定进行验证。相关数据将进一步整理分析。

标题：咸阳、杨凌油菜害虫调查

日期：2014-05-02

4 月 28—29 日，侯树敏、郝仲萍赴咸阳综合试验站和西北农林大学调查油菜害虫发生情况，特别是调查油菜叶露尾甲、茎象甲。油菜叶露尾甲和茎象甲是西北地区的主要害虫，近年来在安徽也发现了此类害虫。油菜叶露尾甲 20 世纪 90 年代在甘肃临夏春油菜区初次被发现，2008 年我们在安徽冬油菜区首次被发现，2012 年又在陕西杨凌冬油菜区发现该害虫。

此次调查的目的就是了解该害虫在陕西的发生情况、采样分析。贾战通站长及其团队成员、胡胜武教授及其团队成员参与调查。在咸阳、乾县和杨凌我们均发现了油菜叶露尾甲的幼虫，由于当地油菜已进入角果期，成虫较少，但是在乾县晚熟油菜品种上仍发现了很多成虫，平均有虫株率 50% 以上，百株成虫量达 100 头左右。我们已采样带回合肥实验室进行研究。茎象甲今年在该地区为害很轻，主要是当地春季雨水较多，对该害虫的发生有很大的控制作用。此次没有采到成虫样本，计划随后赴青海春油菜区采样，以比较研究鉴定在安徽、青海的茎象甲间的异同。

在甘肃、青海、陕西、安徽均发现了油菜叶露尾甲，我们推测是否由于国内大量的油菜穿梭育种，将该害虫传入冬油菜区。我们将对冬、春油菜区油菜叶露尾甲不同种群进行比较鉴定，研究其传播途径，进行综合防控技术研究。

标题：陕西汉中油菜害虫调查指导防治

日期：2014-05-04

4 月 30 日—5 月 2 日，侯树敏、郝仲萍赴陕西省汉中市调查油菜害虫发生情况。汉中市是陕西省油菜主产区，油菜种植面积在 150 万亩以上，主要为水旱轮作。我们在汉中市农科所李英主任的陪同下赴汉中的水田和旱地油菜调查，发现该地区有大量的油菜叶露尾甲幼虫为害。此外，我们还在旱地白菜型油菜中发现了大量黑胫病病株，发病率均在 50% 以上，最重的田块发病率达 78.8%，对油菜产量有很大的影响。当地农技人员和农民均认为该病害为菌核病。我们也介绍了黑胫病和菌核病的区分方法等。此外，在当地还发现了少量的蚜虫、黄曲条跳甲、蚤跳甲等害虫，均发生较轻，不需要防治。我们也将继续跟踪调查当地的病虫害发生情况。

标题：贵州油菜病害调查监测

日期：2014-05-06

5 月 5—6 日，李强生、荣松柏在贵阳试验站站长、油料研究所所长饶勇研究员和副所长李大雄的陪同下对贵州绥阳、遵义和金沙县的油菜病害进行了调查。本次调查是继 2008 年调查后的跟踪监测调查，主要监测油菜黑胫病的发生及发展情况。此次调查田块主要为试验示范片，调查结果显示：目前该地区油菜白粉病发生较重。菌核病虽有发生，但整体病情较轻为害不大。黑胫病在各地发生情况不一，在绥阳示范片发生较重，发病率较高，达 30%~80%，部分田块达 90% 以上，病情级别一般在 1~2 级，少数病株达 4 级。遵义和金沙两县也发现了黑胫病病株，大田发病率较绥阳的发病率轻。从整体来看，目前黑胫病不会对油菜产量造成较大损失，但从该病害的发生发展分析，存在很大的风险，值得我们关注和研究。另外，我们还对根肿病的发生情况进行了了解和调查。当地农业部门的负责人和科技人员也参加了本次调查交流，为我们获得更多的信息提供了便利和帮助。

标题：油菜黑胫病监测

日期：2014-05-07

在贵州农科院油料研究所所长饶勇研究员的安排下，荣松柏、李强生与该所课题组同志进行了交流。主要讨论了黑胫病的发生发展规律和我国目前黑胫病的发生情况，以及我们在黑胫病研究上所做的一些工作，同时对此次调查情况进行了分析。饶勇所长对我们研究方向表示出极大的兴趣，希望能与我们进行合作研究，尤其是在油菜黑胫病方面。会后我们参观了所油菜试验基地，在资源圃、区试田以及育种田我们都发现了黑胫病病株，并且发病率较高。资源圃和育种田块初步统计发病率在 90% 以上，且部分病株发病级别较高（4~5级），对产量已造成损失。加强油菜病害研究尤其是新病害的发现和监测、筛选抗性资源、选育抗性品种是保障我国油料产业健康发展的重要任务和手段。

标题：皖南油菜病虫害调查

日期：2014-05-08

5 月初，皖南油菜接近成熟，是调查病虫的好时节。胡宝成、荣松柏于 5 月 7—8 日赴黄山市徽州区、黄山区和歙县考察油菜病虫害发生情况。总体上今年油菜菌核病重于去年，各地病株率在 20%~50%，对产量有较大影响。黑胫病在所调查的田块均有发生，病株率在 10%~70%，但普遍病指不高，对产量影响不大。徽州区呈坎镇灵山村所调查的田块黑胫病病株率高达 70% 左右，约有 10% 的植株病指比较高，对产量有一些影响。同时另有 5% 左右的黑胫病和菌核病混合发生的植株。

黄山市把发展油菜与旅游结合地比较好。但相当一部分种植户没有条件搞农家乐，所以油菜的产量还是他们首先考虑的因素。如果不能有效地控制病害，农民种植油菜的积极性将会下降，反过来对旅游业也会有所影响。在调查过程中，也向当地农民介绍了如何防治油菜病害的方法和时机。

标题：田间考察测产

日期：2014-05-09

5 月 7 日，我们邀请专家对设在池州市贵池区驻驾村的百亩油菜病虫害综合防治示范片及千亩抗病品种示范区进行了验收测产。示范区面积 2 100 亩，其中病虫害综合防治片 100 亩。病虫害综合防治片基本无虫害，菌核病发病很轻，发病率明显低于非示范区。千亩示范片也基本无虫害，菌核病发病也较轻，明显低于非示范区。田间实测平均亩产 219.2 千克，达到了很好示范效果。

标题：油菜黑胫病试验

日期：2014-05-10

李强生、荣松柏于 9 日将研究黑胫病发病与菌核病发病情况关系的试验进行收获。本试验为盆栽试验，共 100 盆，利用人工接种的方式分 4 期对试验进行黑胫病和菌核病接种，以期望了解黑胫病与菌核病在油菜植株上的发生发展特征。通过考种和认真的病害判定，以及数据的统计分析，两种病害的关系将得到初步认知和掌握。

标题：黑胫病田间调查分析

日期：2014-05-12

5 月 10—12 日，李强生、荣松柏等 4 人到湖北襄阳市调查生产上油菜黑胫病发病情况。在襄阳市农科院油料所刘克钊副所长和白桂萍老师以及其他同志的陪同和帮助下，我们调查了位于襄阳宜城的油菜示范点，并对其中一田块的黑胫病发病情况做了详细调查，对不同级别黑胫病病株进行了考种，从而获得黑胫病对产量影响数据，为该病害对油菜产量损失的评估提供依据。

标题：访问浙江大学昆虫研究所

日期：2014-05-13

　　5月11—12日，胡宝成、侯树敏、郝仲萍访问了浙江大学昆虫研究所，参观了实验室，与施祖华教授进行了座谈。施祖华教授主要从事鳞翅目害虫的生物防治研究。我们介绍了目前油菜害虫的为害情况、发生趋势及近年来在油菜上发现的一些新的害虫（油菜叶露尾甲、苜蓿盲蝽）情况。施教授介绍了他们在应用寄生蜂进行害虫生防的研究进展。大家就目前油菜上出现的一些害虫可进行生防的途径进行了探讨。双方表示今后可以加强合作研究，实现优势互补，做好害虫安全、高效防控工作。

标题：参加油菜全程机械化高效生产模式示范现场会

日期：2014-05-15

　　5月14—15日，胡宝成、侯树敏赴湖北省荆州市参加由中国农业科学院主办的油菜全程机械化高效生产模式示范现场会。在荆州市公安县夹竹园镇的示范现场，我们听取了油菜高效生产模式示范现场的总体介绍、九项核心技术（产品）的展示与介绍、油菜农机农艺融合技术与装备的演示。来自中国农科院、中国农科院油料作物研究所、油菜产业技术体系的三个功能研究室的岗位专家和全体综合试验站站长以及湖北省油菜主产县（市）的有关领导和科技人员近300人参加了现场会。油菜现场展示和农机演示效果非常好，下午听取了几位专家的专题报告。这次会议是一次很好的学习机会，也看到我国油菜发展的前景。

　　在观摩期间，我们也调查了现场邻近田块的油菜病害发生情况。由于大雨过后，田间积水不能直接调查。经目测调查，没有防治病害的田块，菌核病发病率在50%以上，对产量影响比较大。黑胫病普遍发生，病株率在70%左右，但大多为1~2级，对产量没有大的影响。约15%的植株黑胫病与菌核病混合发生，植株已死亡，对产量有较大影响。与我们在其他地方调查所发现不同的是，这里黑胫病发生的部位偏高，表明病菌侵染的时间比较迟。

标题：油菜黑胫病试验调查

日期：2014-05-16

李强生、荣松柏等于 15—16 日对安徽黟县的油菜黑胫病试验进行了调查。按照试验设计，对 15 份材料菌核病和黑胫病的发病率及发病级别进行了调查统计。由于该地区油菜苗期雨水较少，而在开花期以后雨水较往年偏多，导致黑胫病发病较轻，而菌核病的发病十分严重，但在不同品种间也存在着差异。调查数据有待于进行统计分析。

标题：张国良处长来我院调研

日期：2014-05-17

农业部科教司产业处张国良处长于 5 月 17 日到安徽农科院调研。安徽农科院各体系的岗位专家、试验站站长和省体系的首席专家 30 余人参加了座谈会。会上张处长简要回顾了体系运转 8 年来所取得的成绩，以及对推动各产业发展起到的重要作用。针对我国农业面临的问题（耕地、水资源短缺、生物与非生物灾害、重金属和农业面源污染、耕作制度和生产方式的变化等），如何使体系的工作和行业专项结合起来联合攻关提出了一些想法和研究思路。对体系的标志性成果提出了要求：（1）产业界认可，要对产业有贡献；（2）学术界认可，同行专家认为理论有创新，对学科发展有推动、促进作用；（3）获得政府奖励。各位专家也踊跃发言。对体系内的考核评价、"十三五"调整、岗位专家和试验站的协作分工、国家体系和省体系的对接协作、商业化育种等问题张处长也答疑解惑，对体系管理和协作等方面存在的不足也提出改进思路和措施。这次调研对我院各岗位专家和站长进一步明确目标任务，认真做好各自的工作具有很强的指导性和可操作性。会后，张处长还考察了我院设在肥西的蔬菜和瓜果试验示范基地。

标题：参加六安舒城油菜机收现场会

日期：2014-05-19

侯树敏、荣松柏参加了由六安综合试验站组织的在舒城县柏林乡举办的油菜机收现场会。来自六安市 5 个示范县的农业单位的领导、技术人员，巢湖试验站、安徽省农科院、浙江农科院的科技人员及现场当地的农民 60 余人参加了此次现场会。我们在现场介绍了油菜病虫害的防治技术及新害虫的防控等。油菜已经达到 9 成熟，现场机收效果很好，而且菌核病防治效果好，发病较轻，植株未出现倒伏，很适合机收。机收现场会起到了很好的示范带动作用，促进了油菜产业的发展。

标题：油菜试验调查

日期：2014-05-21

  5月17—18日，5月20日，胡宝成、侯树敏对合肥市和肥东县的油菜蚜虫与菌核病关系的试验进行了菌核病调查。由于今春合肥地区雨水较多，很适合菌核病的发生，因此，菌核病发生较重。这也有利于检测我们的试验结果和品种的抗病性。调查数据正在统计中。从初步调查结果看，防治蚜虫的试验小区比不防治蚜虫的小区菌核病发病程度轻。我们将进一步对试验数据进行整理分析。

标题：黑胫病抗性资源筛选

日期：2014-05-22

  黑胫病病害发生情况的监测和抗性品种资源的筛选是研究黑胫病的流行和病害防治工作的关键。连日来，荣松柏、李强生等在合肥试验点对100份品种材料的黑胫病发病率及抗性进行了调查鉴定。发病率在品间表现出较大差异，变幅在10%~70%。虽未进行病害级别分析，但从病害症状、病斑大小、病斑位置以及植株枯萎程度上判断，品种间的病指也存在较大差异。结果表明部分材料对黑胫病具有较强的抗性，这为选择抗性资源提供了帮助，为寻找抗性基因，选育抗性品种打下了基础。同时我们还对这100份材料的菌核病发生情况进行了调查统计。

标题："油菜秸秆还田循环利用技术研究"学术研讨会

日期：2014-05-23

  胡宝成主持安徽农科院在合肥召开的"油菜秸秆还田循环利用技术研究"学术研讨会。会议邀请了华南农大骆世明教授、中国农大李国学教授及油菜体系病虫害岗位专家刘胜毅研究员、机械收获岗位专家吴崇友研究员和栽培岗位专家张春雷研究员等做了专题报告。巢湖试验站吕孝林、六安试验站荣维国、苏州试验站孙华、扬州试验站惠飞虎等近百人参加了研讨会。这次研讨会各位专家从理论到技术、从国际到国内，围绕油菜机收秸秆还田循环利用及相关的农机农艺融合、病虫害防控、扶持政策等报告了很好的做法和经验。针对存在的问题也提出了很好的建议和研究思路。对开拓思路、多学科协作推动油菜产业的发展，推动安徽省油菜生产再现辉煌具有重要意义。

标题：全椒的油菜机收秸秆粉碎还田和在巢湖的油菜二段式机收观摩会

日期：2014-05-24

　　胡宝成观摩安徽农科院和巢湖综合试验站安排在全椒的油菜机收秸秆粉碎还田和在巢湖的油菜二段式机收现场。六安、苏州和扬州试验站荣维国、孙华和惠飞虎等参加了观摩。栽培岗位专家中国农科院油料所张春雷研究员到会指导。联合收割秸秆粉碎效果比较好。还田后深翻秸秆率可达70%左右，对后茬机插秧影响不大。二段式机收机械损失率低、青籽率低，但秸秆比较粗大，对后茬水稻插秧有些影响。由于两地现场田块菌核病防治比较及时，菌核病发病率均在10%以下。全椒现场黑胫病比较普遍，病株率可达50%左右，但多为1~2级，田边病株率高达70%，其他地段30%~40%。这可能与秸秆还田后，田埂残留秸秆较多，菌源量比较大有关。现场也向当地技术人员讲解了黑胫病症状识别和防治方法。

标题：2015 年度农业部科研任务（专项）申报讨论

日期：2014-05-25

　　团队成员今天集体讨论修改各人所写的"2015年度农业部科研任务（专项）"申报材料。一共有9份申报材料提交讨论。申报内容主要是结合我们岗位近8年来所做的工作，积累的数据，下一步要研究的主要内容。涉及油菜主要害虫、种群、个体变化与抗药性监测；油菜菌核病综合治理技术；重大检疫性农业有害生物种群、个体变化与抗药性监测；油菜种质资源鉴定与种质创新、中轻度重金属污染农田作物安全生产技术方案等多个方面。讨论的过程是一个总结我们已取得的研究成果、分析存在的问题和解决思路的过程。也达到了相互学习、促进协作、共同提高的目的。

标题：试验收获结束

日期：2014-05-26

通过认真的数据调查、取样，侯树敏等将合肥试验点、肥东试验点、黟县试验点、岗集试验点的试验全部收获结束。大量的虫害试验数据、菌核病品种鉴定数据、黑胫病接种试验数据、黑胫病抗性鉴定试验数据、抗性资源筛选数据以及病害综合防治试验数据正在整理统计中。

标题：参加省政府"农机农艺融合发展座谈会"

日期：2014-05-27

安徽省政府在全椒县召开农机农艺融合发展座谈会。会议考察观摩了位于全椒县八坡村油菜机收秸秆还田现场和秸秆还田后机插秧现场等，演示了小飞机施药。省委书记张宝顺、省委常委、秘书长唐承沛及副省长梁卫国考察观摩了各种现场，并发表了重要讲话。梁卫国副省长在会议总结中专门讲了安徽江淮分水岭以南地区适合油菜生产，不宜发展小麦。由于油菜机械化程度低，近年油菜面积下降很快，这次油菜全程机械化的展示为安徽油菜生产再现辉煌打下了基础。省直各部门领导、各市农机局负责同志参加了座谈会。这次座谈会无疑对推动我省油菜全程机械化，促进油菜产业的发展具有重要意义。

胡宝成在座谈会期间向省政府部门负责人汇报了油菜机收秸秆还田带来的病虫害变化、加重等问题。并建议油菜秸秆还田与禁烧的同时，可以利用油菜秸秆富集重金属的特性，与中、轻度重金属污染土地的治理结合起来，达到在不影响农产品安全生产的同时，逐步降低土壤中重金属的目的。该建议得到了有关领导的认可，要求尽快形成研究实施方案报省政府。

标题：田间试验收获结束

日期：2014-06-03

经过团队成员20多天的努力，去年安排的省内外各种病虫害田间试验已全部收获完毕。收获前进行了详细的田间数据采集和样品采集，系统地调查了油菜菌核病、黑胫病、根肿病等病害的发病率和发病级别，需要考种的也已挂藏，准备考种记产。有些采集的黑胫病疑似病株需要通过培养基培养法和分子检测法鉴定，并注意监测由弱侵染型向强侵染型的变异。

标题：《油菜黑胫病菌鉴定方法》标准评审

日期：2014-06-05

  鉴于油菜黑胫病在我国发生和为害情况以及农业科技人员对该病害的认知情况，结合我们团队近些年的工作，在查阅大量文献的基础上，李强生、荣松柏、胡宝成编制了安徽省地方标准《油菜黑胫病菌鉴定方法》。该标准以黑胫病为害症状、病原菌特征特性、分子生物学 PCR 反应和致病力检测几个方面为鉴定依据，详细阐述了鉴定方法，给出了黑胫病的子叶病斑症状、茎秆早期后期病斑症状、茎秆横截面病斑症状、病原菌菌落形态及产物特征、PCR 反应分子量大小等参考指标，为黑胫病的鉴定提供了方法和依据。6 月 5 日，安徽省农业标准化技术委员会组织相关专家对该标准的编制进行评审，在听取汇报后，专家一致认为该标准的制定具有重要意义，对标准内容给出了一些修改意见，并同意通过评审。该标准的出台将成为我国关于油菜黑胫病方面的首个标准，具有十分重要意义。

标题：菜蛾绒茧蜂种群的建立

日期：2014-06-11

  郝仲萍于 5 月中旬从浙江大学施祖华教授实验室引进小菜蛾的一种重要天敌寄生蜂——菜蛾绒茧蜂。该蜂起始虫源采自吉林省长春市（43°52′N）郊区十字花科蔬菜田。由于引进的数量不多，为了确保种群的顺利繁衍，近期室内主要采用单头寄生的方法获得被寄生的小菜蛾幼虫。将刚羽化出的菜蛾绒茧蜂配对交配 48 小时，取出雌蜂，放入指形管中，光照下进行寄生。从发育期一致的小菜蛾 3 龄初幼虫中挑取 1 头，放入指形管，当看到菜蛾绒茧蜂产卵器刺入小菜蛾幼虫体内，停留几秒钟，拔出产卵器爬走后，挑出被寄生的小菜蛾幼虫。同时放入另外一头未被寄生的小菜蛾幼虫，将所有被寄生的小菜蛾幼虫移至莲座期的甘蓝叶片上在（25±1）℃、RH60%~80% 和 L：D=12：12 小时的条件下饲养、续代。

标题：西藏油菜病虫害调查

日期：2014-06-12

  经成都转机，胡宝成、侯树敏于 6 月 12 日到达西藏的林芝。西藏是我们团队承担体系虫害岗位 8 年来最后考察的省区。下飞机后，我们顺路考察了米林县桃花村的油菜病虫害，下午考察了林芝县鲁朗村的油菜病虫害。两地均为白菜型油菜品种，正处于盛花末期，密度在 4 万~5 万株，管理比较粗放，长势一般。田间调查发现有少量的蚜虫（防治过）和基部老黄叶有少量的霜霉病。也有可能是雨后看不见其他害虫。原计划采集一些当地品种资源种子，看来早了一点。西藏低纬度高海拔的环境条件在油菜抗病虫和抗低温等方面应该有一些好的资源，明天访问西藏大学农牧学院时与当地的专家们探讨这个议题。

标题：访问西藏农牧学院

日期：2014-06-13

6 月 13 日，胡宝成、侯树敏访问了西藏农牧学院植物科技学院，在旦巴教授的陪同下对他们试验农场的油菜病虫害进行了调查，在区试试验地中发现了大量的蚜虫为害，有蚜株率达到 45%，蚜棒长度 5 ~ 30 厘米，主要为甘蓝蚜。同时还发现了少量铜绿金龟为害，据旦巴教授介绍，铜绿金龟也是当地为害油菜的一种主要害虫，幼虫主要为害油菜苗，成虫主要为害油菜花蕾和角果，严重时可将油菜植株整个花序吃光。在旦巴教授的试验地里还发现了一种为害油菜较重的甲虫，田间鉴定该害虫属鞘翅目，但具体种还不能确定，在内地我们还没有发现该害虫，现已采样带回合肥进行实验室鉴定。我们在章麦村油菜大田也发现大量与在旦巴教授试验地里相同的甲虫。据旦巴教授介绍，该害虫主要在油菜子叶期至 3 片真叶期为害油菜叶片，油菜花角期也有少量为害。我们田间调查发现目前正是该害虫交配产卵期，成虫可栖息在油菜根部的土壤中，但产卵习性、年发生世代、寄主范围等目前还不清楚。我们已与旦巴教授讨论了合作开展对该害虫深入研究的事宜，随后我们将制订详细的合作研究方案。此外，也发现了铜绿金龟和另外一种金龟子，都是当地为害油菜的主要害虫，我们已采样带准备实验室进行分类鉴定。

另外，我们还在他们试验地白菜型油菜品种上发现了一种叶斑病，表面上有些黑点，与长江流域油菜叶斑病不完全一样，有点像黑胫病叶斑，我们已采样准备分离病原鉴定病害种类。旦巴教授的试验地里品种类型比较多，有甘蓝型、白菜型还有芥菜型，但所有的品种均发生叶枯，我们与旦巴教授讨论认为有可能是病害，但也不排除前茬用过除草剂或灌溉水污染引起。也已采样准备带回合肥分离鉴定。在与植物科技学院旦巴、朗杰、昌西等专家的座谈中，还就大麦、青稞和玉米等作物的病虫害防控进行了广泛的交流。

标题：林芝地区油菜病虫害调查

日期：2014-06-14

　　胡宝成、侯树敏今天继续在林芝地区考察。主要调查林芝县和工布江达县海拔 3 000~3 500 米的油菜病虫害发生情况，尤其是重点调查油菜花露尾甲和叶露尾甲的分布和为害情况，同时收集地方品种资源。所调查的田块油菜品种均为白菜型，正值盛花期，也是这 2 种害虫成虫盛发期。结果表明除了蚜虫和少量的金龟子，疑似象鼻虫（需鉴定）外，没有发现这 2 种害虫。我们去年在甘肃的和政县、夏河县和青海的平安县、互助县调查时，发现油菜花露尾甲可在海拔 2 800~3 000 米的油菜上为害，而油菜叶露尾甲在海拔 2 800 米以下地方的油菜上才能发现。这次调查也印证了我们去年的调查结果。当然，要确认这个结果，还有大量的调查工作需要去做。

　　油菜叶露尾甲最早于 20 世纪 90 年代初在我国甘肃省和政县被发现。近几年，我们在青海、陕西、安徽等地发现该害虫为害很重，是气候和耕作制度变化后次要害虫上升为主要害虫的一个典型例子。

标题：油菜害虫处理和鉴定

日期：2014-06-17

　　近几天侯树敏对从西藏林芝白菜型油菜上发现的新害虫进行处理和鉴定，一部分虫子放入养虫室的养虫笼中进行饲养观察，一部分虫子对照图谱、网络检索并邀请植保所和其他单位的专家进行鉴定，但尚未能确定种名。看来西藏地区的害虫与内地的害虫还是有较大的差别。近日拟送到专门的鉴定机构去鉴定、确认该害虫。

标题：甘肃省和政油菜害虫调查、采样

日期：2014-06-27

　　6 月 23—26 日，侯树敏、郝仲萍赴甘肃省临夏州和政县调查油菜害虫发生情况并采样。由于油菜叶露尾甲最早就是在临夏地区春油菜上被发现的，

为了深入研究冬、春油菜区油菜叶露尾甲之间的关系，我们再次到和政县调查并采样进行研究。在三合镇蒿子沟村调查了 10 个不同田块，油菜叶露尾甲百株成虫量达 500~2 000 头，油菜叶片被啃咬成千疮百孔。目前正是成虫交配产量期，很快幼虫就会更严重地为害叶片，将对油菜产量会造成较大影响。调查还发现田间害虫种类较多，除油菜叶露尾甲外，还有花露尾甲、小菜蛾、苜蓿盲蝽、斑须蝽、新疆菜蝽、叩头甲等，但以油菜叶露尾甲和花露尾甲发生量最大。花露尾甲百株成虫量达 1 000 头左右。油菜叶露尾甲和花露尾甲的生态位不同，但有少量重叠，这 2 种害虫已成为和政县油菜害虫的优势种群，需注意及时防控。

标题：访问芬兰赫尔辛基大学

日期：2014-07-01

　　胡宝成、吴新杰于 6 月 27—30 日访问了芬兰赫尔辛基大学。赫尔辛基大学是芬兰的最高学府，它以其悠久的历史、丰富的藏书、一流的设备、齐备的专业以及杰出的成就，闻名欧洲，世界排名为第 60 位左右。该大学共有 11 个院系和 20 个相对独立的研究所，约 500 名教授和 4 万名学生，其中注册学习的外国留学生总共有 1 700 多人。生命科学及医学等多个学科研究水平居世界领先地位。我们访问的生物药学系涉及多学科，主要从自然科学、健康科学，以及社会科学的角度，从事药物治疗和药物药品开发、使用和效果研究。

　　油菜是芬兰少数可以大田种植的作物之一，白菜型杂交油菜研究起点高。芬兰位于北纬 60° 以北，气候冷凉，农耕地仅占国土面积的 8%，油菜常年种植面积 150 余万亩，以白菜型常规油菜为主。近年开始发展杂交油菜，起点比较高，以转育萝卜细胞质 Ogura CMS 为主。该不育系在国际上经过几十年的研究，在甘蓝型油菜上终于克服了恢复系少，苗期低温缺绿生长缓慢，蜜腺不发达昆虫授粉难、硫甙含量高等难题。目前在欧洲和北美已取代其他不育系统，成为甘蓝型油菜最主要的杂交油菜控制授粉系统。表现出杂种纯度高、优势强、适应大规模机械化收获等优点。该大学将此 Ogura CMS "三系" 转育到白菜型油菜中，对该不育系统的利用又跨上一个新台阶。我们团队在 20 世纪 80 年代、90 年代也引进和研究过该系统，由于当时上述众多缺点没有能有效克服，我们转向了其他不育系统的研究。

菜籽油不是芬兰人的主要食用油，种植面积有限，但特殊脂肪酸研究独具特色。该大学从事油菜研究的目的是利用其"双低"（油低芥酸，饼粕低硫苷）菜籽油的营养价值高和容易进一步遗传改良脂肪酸的特点，从而开发保健油和用于药用。赫尔辛基大学 Into Laakso 教授研究团队长期从事 ω-3 脂肪酸研究。ω-3 脂肪酸的研究始于爱斯基摩人很少患心血管疾病。进一步研究表明 ω-3 脂肪酸具有降低胆固醇、降血压、抗炎症、抗血栓形成等作用。ω-3 脂肪酸是人体必需脂肪酸，人体不能合成，因而其研究备受重视。ω-3 脂肪酸主要有 α-亚麻酸（ALA）、二十碳五烯酸（EPA）、二十二碳六烯酸（DHA）等。EPA 和 DHA 主要来源于鱼类，ALA 主要来源于植物油。我们这次联合申报的欧盟项目"植物细胞培养中早期脂肪酸生物合成"重点研究利用油菜在细胞培养条件下脂肪酸代谢途径，进而研究提高 ALA 或者其他有益脂肪酸含量的技术方法。其研究成果非常适合工业化生产，这也是该项目的优势之一。尽管没有申报成功，但该研究创新性强，应用前景很广，双方同意加强前期研究，继续这方面的合作。

芬兰尽管地处冷凉地区，但油菜病虫害仍然比较严重。油菜菌核病是主要病害之一。他们防治上主要靠选用抗病性强的品种，辅之化学防治。中国油菜菌核病防控是两者并举。油菜虫害以苗期跳甲、花蕾期花露尾甲为重，这与中国北方春油菜区的青海、甘肃、内蒙古等地相同。所不同的是，为了保护环境，芬兰政府限制使用杀虫剂，导致虫口逐年增加，虫害逐年加重。与之相应的对策是虫害重时不种油菜，导致油菜种植面积下降。今年芬兰油菜种植面积仅 70 万亩左右，是常年种植面积的 50%。油菜是中国主要作物之一，菜籽油是中国 50% 左右人口的主要食用油。尽管也存在环境保护的巨大压力，但在油菜害虫防控上，化学防治是不可缺少的重要措施之一。研究逐步减少化学防治次数和农药用量，加强抗虫品种研究和生物防治研究为主要内容的综防措施研究是中国发展方向，也正是我们团队目前正在努力攻关的方向之一。

标题：华中农业大学昆虫实验室学习、研究

日期：2014-07-03

6 月 30 日—7 月 2 日，团队成员侯树敏在华中农业大学昆虫化学生态实验室学习，并对在甘肃采样带回的油菜叶露尾甲的触角进行显微分离取样，浸泡在固定液中准备进行电镜扫描观察，以研究油菜叶露尾甲的感受器，为开展油菜叶露尾甲生态防控奠定基础。此外，还将上次在西藏采回的昆虫样，请实验室的专家帮助鉴定，由于西藏的昆虫与内地的差别很大，可查询研究资料较少，因此，鉴定可能需要较多的时间。

标题：访问波兰科学院植物遗传研究所

日期：2014-07-04

　　胡宝成、吴新杰于 7 月 1—2 日访问了位于波兰波兹南市的波兰科学院植物遗传研究所。波兰科学院植物遗传研究所的前身是 1961 年创立的植物遗传学系，后又联合波兹南植物遗传学校和华沙植物遗传学校 2 所学校，改名为植物遗传研究所。主要从事禾谷类作物、油料作物、豆类、草及其他非食用作物的基础遗传学的研究，包括克服异种不可交配性障碍、遗传变异分析、基因的表达和遗传、基因图谱、抗病遗传、利用生物技术和基因工程的方法提高作物的产出，以及统计学和计算机在遗传学上的应用。该所在模式作物和农作物的分子生物学研究方面居世界先进水平。该研究所拥有 10 个研究室、1 个图书馆、1 个出版社和 1 个试验农场。职工 100 余名，其中有教授和副教授 20 余人。具有农学博士学位授予权。出版的学术刊物有《应用遗传学》《生物统计通讯》和《植物抗病育种通讯》。

　　波兰是欧洲油菜种植大国，常年种植面积达 1 500 万亩，主要是甘蓝型油菜，生育期长达 300 天左右。油菜菌核病是两国共有的主要病害。我们团队与该研究所有长期的学术交流和合作关系，从 2004 年以来，先后承担过二期中波政府间合作项目（第一期 2004—2006 年，第二期 2007—2008 年）、英国政府国际发展项目（英国、波兰、加拿大、中国 2006—2009 年）和中国科技部中波国际合作项目（2009—2011 年）。该所植物抗病研究室主任 Małgorzata Jędryczka 教授多次来安徽农科院学术交流，执行国际合作和引智项目，并于 2009 年获国家友谊奖，这是中国政府对外国专家在引智和科技合作领域授予的最高奖励。在探讨欧盟国际合作项目细节方面，我们就所有合作单位达成的 8 项主要研究内容中我们双方需合作的细节进行深入交换意见，包括建立油菜菌核病相关数据库，建立菌核病预测预警模型；与菌核病流行相关的油菜冠层结构研究；菌核病生物防治；田间试验方法；菌核病综合防治策略研究；菌核病综合防治策略的评估；菌核病综合防治技术的示范与推广，并在规定时间内联合提交了第二轮申报详细建议书。

在油菜黑胫病/茎基溃疡病研究和监控方面，该所 Małgorzata Jędryczka 教授从事这方面研究 20 余年。据她介绍，在波兰刚开始也是黑胫病，并在一些地区造成产量损失，而后演变为 2 种病害并存，以茎基溃疡病为主，对油菜产业造成产量损失。这一发生和变化过程澳大利亚 40 多年前开始，法国、德国 30 多年前开始，加拿大 20 多年前开始。

我们团队在 10 年前就发现油菜黑胫病在中国局部地区发生。2008 年以来，我们承担农业部现代农业产业技术体系中全国油菜黑胫病/茎基溃疡病的普查任务，已对全国 18 个省（自治区、直辖市）中的 90 余个县（区）实地考察，其中 90%以上的县（区）均发现油菜黑胫病，一些县（区）该病害造成的产量损失已超过菌核病，但尚未发现茎基溃疡病。随着气候和耕作制度的变化，油菜黑胫病有进一步加重的趋势。而澳大利亚、法国、德国、波兰、加拿大等国油菜黑胫病/茎基溃疡病的变化规律也警示着我们，同样的事件迟早会在中国发生。这次交流进一步明确我们的研究方向，Małgorzata Jędryczka 教授也答应提供抗病资源和再次来华指导我们的工作，这样就更好地加快我们应用国际上最先进的研究方法和技术，增强我们团队承担对全国这 2 种病害长期监测和防控工作的信心。

在油菜根肿病研究和综合防控方面，近年来波兰油菜根肿病发病很快，已有 25 万公顷油菜种植田块（约占油菜总面积的 25%）被病菌污染，主要原因是机械作业远距离传播。目前波兰已发现根肿病菌 9 个生理小种。根据它们经验，除了抗病育种外，其他防治方法或比较昂贵或效果不显著。我们交流在中国适当推迟油菜播种期而避病的方法在波兰不可行，主要原因是波兰冬季气温很低，常达-20℃左右，且 9 月份以后气温下降很快，迟播对幼苗生长和越冬均有较大影响。我们一直想了解根肿病与菌核病互作关系，在这里也找不到答案，因为患根肿病植株在越冬期全部会冻死。油菜根肿病的防控还需要从抗原筛选和抗病育种方面去努力。

标题：考种及数据整理

日期：2014-07-05

近一段时间来，李强生、荣松柏等人对前期黑胫病的药剂防治，抗性品比以及接种试验和黑胫病对产量损失试验进行考种和数据电脑录入工作，并初步统计。具体试验结果还需要进一步分析计算。

标题：访问芬兰和波兰的启示和体会

日期：2014-07-06

1. 对知识产权的保护力度和做法值得我们借鉴学习。

无论是在芬兰这样高度发达、创新能力很强的国家，还是在波兰很多方面创新能力不如中国的中等发达国家，它们对知识产权的保护非常重视。如我们与芬兰赫尔辛基大学商谈欧盟国际合作项目时，它们首先要我们签署保密协议，并以传真的形式发给它们做附件。VTT 技术研究中心是非营利机构，首先是由政府资助获得最新的知识和技术，然后它们也是通过签署保密合同的方式在全球选择有优势互补的合作伙伴，获得的成果很快产业化试验示范，并生产出产品投放市场。

在波兰科学院作物遗传研究所对利用该所条件所产生的学术成果一定要经过主持人的同意才能发表论文，并且该研究所必须是第一研究单位。科研人员在发表论文时非常注重获得专利，以此与企业合作可以迅速转化成果。我们2014 年 3 月访问新加坡淡马锡生命科学院时，他们的做法更是如此。

安徽农科院长期以来主要从事农作物新品种选育，50 多年来经几代科研人员积累下来的众多种质资源和育种材料，是我们非常宝贵的物化知识产权，在当前"种业新政"转型发展的过程中，只有更好地保护这些知识产权，才能更有效地与企业合作，顺利实现转型发展。从事应用基础研究，以发表论文为主要形式的知识产权，应在高水平刊物上发表论文，得到学术界的认可；同时尽快申报专利，加快与企业合作。

2. 提高创新能力和持续不断地创新是推动社会经济发展的动力，也是科研院所生存的根本。

访问芬兰不得不提诺基亚，20 世纪 90 年代后期，诺基亚打败通信界长期霸主摩托罗拉，一举拿下手机行业宝座并盘踞多年，是因为正确把握手机从模拟向数字换代的机会。到 2007 年年末，诺基亚手机在全球市场占有率高达40%，市值达 2 600亿美元。但此后诺基亚在技术方面不如摩托罗拉，在设计方面不如苹果，在软件方面不及谷歌和微软，到 2013 年，诺基亚手机业务仅以 72 亿美元被微软收购。

但芬兰很快又在其他众多领域创新发展。比如我们访问的 VTT 技术研究中心，许多创新领域与农业有关。利用细胞培养进行生物制品的开发利用，并进行规模化工业生产。比如利用酵母生产生物塑料和生物乙醇；利用黄莓细胞培养，浓缩生产其中一些可用于化妆品和药用的代谢物，实行工业化生产；用生物降解和高温分解等技术处理农作物秸秆生产生物燃油、生物酒精和棉花替代品等。这种将农业生产转化为工业生产的创新研究思路带给我们很好的启示，非常值得我们人均耕地面积少、资源有限的国家借鉴应用。

农作物秸秆如何更好地处理也是省政府交给我院的一项重要任务。我们可以选派合适的科技人员通过去学习、培训或合作研究的方式与 VTT 技术研究中心合作，尽快地学习和应用这些技术。这也是我院转型发展的一个很好的研究方向。

3. 加强国际学术交流和合作不仅是现代院所建设，培养具有国际视野人才所必需，也是加快科技创新的有效途径。

在与我们所访问的上述两国大学、科研院所科研人员的座谈和交流中，无不感受到他们广阔的视野，对他们所从事研究领域的熟知和人脉资源众多。这与他们的国际化视野、全球化交流的环境分不开。在组建研究团队时首先就考虑到产前、产中、产后，并在全球寻求合作伙伴。如芬兰 VTT 的农作物秸秆生产生物乙醇和生物燃油的生物降解和高温分解技术就是与英国科学家合作取得的。在产业化试验又是与荷兰一家公司合作进行的。我们参与的欧盟国际合作项目更是法国（油籽技术公司、农业生物技术研究公司、农科院、拜耳公司）、英国（洛桑研究所、农业发展与咨询服务公司）、德国（哥廷根大学、策普决策支持研究所）、波兰（科学院植物遗传研究所）、中国（安徽省农科院、华中农大、中国农科院油料所）等 5 国 14 家单位组成。

安徽农科院在当前加强现代化院所建设，加快转型发展过程中，提出了打破研究所界限组织创新团队，这是一个很好的开端。但人才是第一位的，在打造创新团队的实践中更应快速提升科研人员的国际视野和国际交流能力，应加大国际学术交流和合作的力度，多选派年轻的科技人员到国际著名大学、科研院所进修学习、合作研究。鼓励多参加大型综合性国际学术会议，尤其是在中国举办的这类国际会议。在这些场合不但要有安徽农科院科技人员的身影，更要有声音。结合各类项目的支持，尽快培养一批具有国际视野和创新能力的人才和团队，加速我院现代化院所建设。

标题：出国培训

日期：2014-07-07

　　为了更好地开展油菜黑胫病和根肿病的相关研究，荣松柏、费维新受阿尔伯塔大学邀请，将于本月前往加拿大阿尔伯塔大学进行为期 6 个月的培训学习。重点学习黑胫病和根肿病的综合防控技术，并利用大学的有利条件开展相关基础性研究。期望通过此次国外学习培训，为中国油菜黑胫病和根肿病研究提供研究方法，进一步加强和扩大国际合作交流。本次培训得到国家和安徽省外专局的大力支持和资助。

标题：青海油菜害虫调查

日期：2014-07-14

　　7 月 12—13 日，胡宝成、侯树敏赴青海调查春油菜害虫发生和为害情况。春油菜育种岗位专家杜德志研究员、互助综合试验站蔡有华站长和他们团队成员带领我们考察了互助试验站综合示范基地、杂交油菜制种基地、门源、大通和互助不同海拔高度的大田油菜害虫的发生及为害情况。原计划还调查贵德油菜害虫的发生情况，但是 13 日从门源到大通遇到了严重的交通堵车，100 千米的路程用了 7 个小时，我们被迫取消了对贵德油菜害虫的调查。

　　这次对青海春油菜害虫的调查，主要是重复去年的调查，验证我们得出的初步判断，即油菜花露尾甲可分布于海拔 3 000 米以下的地区，而油菜叶露尾甲仅可在海拔 2 800 米以下的地区生存。这次调查发现在互助县油菜花露尾甲为害比较重，他们已进行过防治，目前虫口数量不大，也没有发现叶露尾甲。据同行的唐国勇介绍，在油菜初花时，他们发现了很多油菜叶露尾甲，这可能与我们去迟了有关。在互助县油菜茎象甲发生也比较重，在制种基地就发现了不少被为害的植株。更有意义的是油菜初花时，他们在一块制种田中发现母本害虫为害株率高达 60% 左右，而父本为害率仅 10% 左右。这可能与父母本具有不同的化学物质有关，也为利用化学诱剂诱杀茎象甲提供了研究方向。我们将进一步调查，开展这方面的研究工作。此外，我们还发现了少量的苜蓿盲蝽和金龟子。在门源和大通，我们分别调查了白菜型和甘蓝型油菜，门源也有少量的茎象甲，但没有发现其他害虫。中国农科院油料所机械化育种岗位专家李云昌研究员和栽培岗位专家张春雷研究员等人一同参加了对互助油菜的考察。

标题：西藏油菜害虫调查指导防控

日期：2014-07-15

　　7 月 14 日，胡宝成、侯树敏赴西藏调查油菜害虫发生情况。西藏农牧科学院油菜综合试验站站长尼玛卓玛和她的团队成员带领我们考察了拉萨综合试验示范基地的油菜育种试验、区域试验、栽培试验和除草剂试验，还赴贡嘎示范基地调查。拉萨试验基地的白菜型油菜已接近成熟，甘蓝型油菜达盛花末期。蚜虫普遍发生较重，尽管她们已多次防治，但仍可看见几乎 100% 的"蚜虫棒"，植株中下部叶片上还有大量的蚜虫，以甘蓝蚜为主。据介绍，今年蚜虫特别重是与前期干旱，雨季来得较迟有关。我们推荐介绍了长江流域利用吡虫啉拌土底施，从早期长效控制蚜虫的方法。另外，我们还发现了少量的夜蛾幼虫，据介绍在油菜初花期前后，该害虫为害特别严重。经防治后，该害虫得到控制，防效较好。在贡嘎县甲竹林镇甲竹林村和岗堆镇雪村的油菜大田示范基地和精量播种试验地，蚜虫发生也较为普遍，但不是很重。夜蛾幼虫为害较重（具体种还需进一步鉴定）。据介绍，当地油菜苗期跳甲为害也较重。在调查中，我们交流了这些害虫的发生规律、研究方法和防控措施。

标题：墨竹县油菜示范基地考察

日期：2014-07-16

　　7 月 15 日，胡宝成、侯树敏继续在西藏调查。尼玛卓玛站长带领我们赴墨竹县考察油菜示范基地，并沿途调查油菜病虫害。尽管示范基地距离拉萨市 80 余千米，但由于沿途修路，加之降雨和平均高达 4 000 米以上的海拔高度，这次考察还是用了几乎一天的时间。我们也亲身体会到了高原从事农业科研工作的辛苦。示范基地主要是试验示范甘蓝型油菜品种——青杂 4 号和机械化播种。时值盛花期的青杂 4 号长势较好，从目前情况看可以正常成熟。尼玛卓玛站长介绍，如果示范成功，就可以替代当地的白菜型油菜品种，产量可提高 1 倍左右。

我们感到意外的是，在海拔 4 000 多米的高度，无论是示范基地还是沿途，还能发现大型鳞翅目害虫的幼虫（暂时还不能确定种名），田间也有一些该害虫为害的症状。由于这种害虫食量很大，少量发生不会造成大的影响，但是如果虫口数量逐年增加，就有可能暴发，那将是灾难性的。2011 年甘肃张掖 30 万亩油菜苜蓿盲蝽暴发就是一个典型的例子。我们也将这种可能告诉了尼玛卓玛站长，注意对该害虫的监控和防治。

标题：西藏油菜害虫调查结果

日期：2014-07-17

在西藏 3 天的考察中，我们对拉萨试验站的工作印象深刻，对当地油菜病虫害的发生情况有了初步了解。通过交流，我们有了一些合作共识，达到了互相学习，共同提高的目的。

为了提高油菜单产，拉萨试验站引进了全国各地甘蓝型油菜品种，筛选适合西藏种植的早熟品种，并取得很好的成效。同时开展了栽培、肥料、除草剂等试验，指导大田生产。拉萨试验站白菜型油菜品种育种水平比较高，尤其是选育出的品种"藏油 3 号"株型紧凑、角果直立，能在密植条件下高效利用光能，还适合机械化收获。这种株型的品种也是我们团队长期以来在甘蓝型油菜品种选育中期望达到的"油菜菌核病避病性"株型。在西藏目前没有菌核病，但引种到长江流域或可能避病性的优势就能发挥出来。西藏白菜型油菜品种资源众多，其中不乏一些特异性资源。如在交流中，尼玛卓玛团队介绍了白菜型油菜品种比较试验中就发现不同品种间蚜虫发生程度有较大差别。这也是我们赴藏前确定的任务之一，寻找抗蚜虫品种资源。双方同意在抗蚜品种资源筛选方面开展合作研究。

西藏众多白菜型油菜地方品种抗逆性强，生育期短，花色艳丽，可能适合在安徽皖南山区以观花发展旅游为目的，尤其是春播和夏播，错开当地油菜花期，延长观花时间。我们准备引种到安徽开展播期试验，进而开展合作。

油菜花露尾甲和叶露尾甲是中国西北春油菜区主要害虫，而且正向长江流域油菜产区扩散。调查这 2 种害虫是我们这次赴西藏考察的主要任务之一。这次调查没有发现这 2 种害虫，也从另一方面映证了我们在青海和甘肃的调查结果，即海拔 3 000 米以上不适合这 2 种害虫生存。

标题：加拿大学习培训

日期：2014-07-18

从本月 14 日开始荣松柏、费维新通过国家外专局培训计划项目到加拿大阿尔伯塔大学和阿尔伯塔农业科研所进行为期 6 个月的学习。经过短暂的时间调整和环境适应，16 日，我们参加了科研所的试验工作，George 带领我们查看了黑胫病和根肿病试验基地，并简单介绍了试验方法和试验目的，主要为抗性鉴定和药剂控制试验。

标题：加拿大学习培训

日期：2014-07-19

近几日，荣松柏、费维新主要学习分子生物学试验的一些基本技能和方法。科研所 Feng Jie 博士比较具体地向我们介绍了 DNA 的提取方法步骤以及各种试剂用途特点，同时介绍了他的方法与通常使用方法的不同之处。通过亲自操作向我们展示了 DNA 提取的全过程。计划在下周我们将进行浓度测定和 PCR 反等试验活动。另外我们还参加了根肿病分级试验，根据参考依据的不同，可分为 3 种：0~3 级、0~5 级和 0~9 级。最常用的为 0~5 级，其具体为：0 级无症状；1 级为须根部少有根肿；2 级须根部有根肿；3 为主根有较小的根肿，须根有小根肿；4 级主根部有较大根肿，须根较少或无；5 级土根有灰褐色根肿，根系短小，无须根。

标题：加拿大学习培训

日期：2014-07-25

本周荣松柏、费维新的主要任务是学习实验室的基本操作技能，包括基因克隆、基因图谱建立以及基因质量性状和数量性状分析等。分子生物学技术是现代科研的必备手段，对于病害的研究，不仅可以快速准确地判断病害类型，更重要的是可以找出致病基因，查出致病原因，从而可以寻找抗病基因。另外，我们还参加了一些田间病害调查和品种展示观摩会活动。

标题：黑胫病试验和秋种安排

日期：2014-7-28

今年油菜收获后，皖南一直雨水不断，入梅后，更是处于稳定少动的强降水雨带之中，降雨时间长，雨量大，致使我们在安徽黟县的柯村镇江溪村所做的黑胫病试验的脱粒工作一直没有完成。7月23—24日，李强生带领技术工人一行4人，赴黟县对黑胫病病害评估试验和药效防治2个试验的15个品种共90个小区进行脱粒、称重和取样。对今年秋种试验进行了安排。

标题：加拿大培训学习

日期：2014-08-01

最近，荣松柏、费维新在加拿大阿尔伯塔省CDCN Sheau fang Hwan博士、Kan Fa Chang博士帮助下参加了加拿大联邦农业研究中心、阿尔伯塔省农业研究中心等举办的Fielday活动。活动在省会Edmonton市南约400千米的Brooks小镇举行，会上加拿大各研究机构、公司介绍自己的研究试验和成果。作物品种涉及小麦、大麦、黄豆、豌豆、蚕豆、油菜等。有品种比较试验、药剂防控试验、密度试验、肥料试验、育种等。加拿大油菜面积大，油菜根肿病和黑胫病也比较严重。也有不少单位介绍了作物虫害方面的研究，以及加拿大油菜害虫发生和为害情况。展示了昆虫监视捕获仪、人工捕获方式方法和害虫标本。很多害虫在我国油菜生产上也是常见害虫。除了介绍害虫外，有专门从事益虫研究的学者向参会者介绍了益虫的特征特点，为我们研究害虫防控提供了新的思路和方法。

标题：会议交流

日期：2014-08-05

7月28日—8月1日李强生参加了在沈阳召开的"中国植物病理学会第十届全国会员代表大会暨2014年学术年会及第四届中美植物病理学学术研讨会"。本次会议由中国植物病理学会主办，沈阳农业大学等单位承办，有1 100多人注册参会。大会加强了学术交流，完成了中国植物病理学会理事会换届。会上，听取了"作物多样性控制病害的技术体系构建及应用"等大会报告和植物抗病性和抗病育种、植物病原真菌学及植物病害防治中的"Genome-wide comparative analysis evolution dynamics of NBS-encoding R genes in the family Brassicaceae""重要农作物病原菌抗药性研究"等分组报告，受益匪浅。

会议期间，向农业部长期基础性项目："重大检疫性农业有害生物种群、个体变化与抗药性检测分析"主持人周雪平研究员递交了有关中国油菜茎基溃疡病/黑胫病发生概况及潜在风险的报告和我们对中国油菜黑胫病分布及病原菌鉴定的调查文章，希望中国油菜茎基溃疡病/黑胫病的长期监测工作得到周雪平研究员的重视和支持。与油菜产业技术体系病虫草害功能研究室主任刘胜毅研究员和内蒙古农牧科学院李子钦研究员商讨了向农业部有关部门汇报中国油菜茎基溃疡病/黑胫病发生概况及潜在风险，共同申报研究项目事宜。

标题：刺吸式电位技术研究

日期：2014-08-07

7 月底到 8 月初，郝仲萍前往浙江杭州进行刺吸式电位（Electrical penetration graph，EPG）技术的研究与学习。刺吸式电位技术是一种用于研究植食性刺吸式口器昆虫在寄主植物上刺探和取食行为的电生理技术。目前，EPG 技术建立在波形基础上的刺吸式口器昆虫对寄主植物的选择性、昆虫传播植物病毒的机制和植物的抗虫机制以及内吸性农药的测定等行为生态学领域，并已成为昆虫生理学研究的热点之一。其中对蚜虫的研究最为深入和广泛，但将此技术应用在蚜虫对不同油菜品种的抗性水平检测上还未涉及。我们使用实验室内饲养的敏感蚜虫对所选取的几个油菜品种进行 EPG 分析研究。目前，试验的预备工作正在开展，希望借此探索建立油菜品种对刺吸式口器昆虫的抗性鉴定方法。

标题：油菜叶露尾甲触角感受器观察试验

日期：2014-08-08

8 月 4—7 日，侯树敏赴华中农业大学昆虫生态实验室开展油菜叶露尾甲触角感受器观察试验。对触角进行了固定、清洗、脱水干燥等试验操作。目前已送交电镜实验室进行电镜扫描，观察触角感受器，深入研究油菜叶露尾甲取食倾向，为进一步高效防控该害虫奠定基础。

标题：加拿大学习培训

日期：2014-08-11

本周荣松柏、费维新主要开展了 Clubroot cultivar screening trials，和 Surveying disease。CDCN 的根肿病试验主要是与加拿大多家种子公司和农药公司合作的，有 Pioneer、Cargill 等，以测试品种抗性和药剂效果为主。从试验效果看，不同品种的抗性存在明显差异。从一公司的的材料看，每品系取 25 株进行调查，材料间的差异十分明显，有的材料根肿病级别大多在 0~1 级，而有些材料几乎全部被侵染，级别达最高 3 级，植株矮小，角果稀少，籽粒干瘪，与有抗性的品种有明显差异。

下一步我们将针对根肿病害的生理小种和基因功能开展一些实验室的工作。黑胫病研究上将开展 gene knockout 实验，找出对病原菌致病表达的关键基因，从而提高对该病害的进一步理解和认识。

标题：西藏油菜害虫鉴定续

日期：2014-08-18

自 6 月、7 月胡宝成、侯树敏分别在西藏林芝及拉萨采集油菜害虫样品以来，经过本岗位及本院植保所、安徽农业大学植保学院和华中农业大学植物科技学院的昆虫专家进行多次鉴定，已鉴定出一些昆虫的种类。但是在林芝地区采集的甲虫和金龟子只鉴定为象甲科和丽金龟科害虫，未能鉴定出种名。为此，我们又将象甲科昆虫样品寄到中科院动物研究所，请相关专家帮助鉴定，同时正在联系金龟子方面的专家帮助鉴定。西藏的油菜害虫种类与内地差别很大，据推测该害虫有可能为新种。

标题：试验设计及前期工作

日期：2014-08-26

为了了解黑胫病病菌基因内部某些片段基因的功能。荣松柏、费维新设计了一套利用分生孢子敲除目标基因，接种到油菜上观察其表达或侵染症状的试验办法。通过试验我们会找到对黑胫病表达相关十分明显的基因。基因敲除后，会改变其产孢子量、侵染时间、病斑大小等。这种办法不仅有利于研究植物病理，研究病害本身，对抗病育种工作也有很大的帮助。试验将在培训的未来时间里进行。

标题：加拿大培训学习

日期：2014-08-27

　　最近一段时间，荣松柏、费维新在加拿大阿尔伯塔埃德蒙顿农业作物研究中心实验室开展了一些分子生物学技术培训和具体实验工作。利用 PCR 的方法测定黑胫病强侵染型的毒力基因表达和 qPCR 测定根肿病孢子不同基因在不同时间点上的表达。黑胫病试验采集了 130 余份菌株，经过分离纯化培养后提取 DNA，冷冻保存。设计出 12 种针对不同毒力基因的引物，对不同菌株进行 PCR 和电泳比较。目前试验仍在进行中。根肿病试验也同步进行，拟通过比对 20 余基因在侵染后不同时间点的表达量分析，确定其基因功能和表达。

标题：秋种计划安排

日期：2014-09-02

　　团队全体成员讨论今年秋种方案。针对 8 月初以来，由于连阴雨和温度偏低，前茬作物水稻、大豆、芝麻和花生均可能推迟成熟，对油菜病虫害试验的及时播种有较大影响。胡宝成要求各种试验一定要选好地点和田块，及时播种。同时对秋旱或秋涝及冬天可能的低温要有预案。

标题：加拿大学习培训

日期：2014-09-07

　　随着 9 月的到来，加拿大油菜迎来了收获的季节。由于埃德蒙顿地处加拿大阿尔伯塔省的北部，也是北美最北的大都市，气温相对偏低。9 月以来最高气温在 20℃左右，最低气温仅 5~6℃。本周我们除了继续开展实验室的黑胫病毒力基因测定的 PCR 实验和根肿病不同抗原材料间不同时期的 RNA 量变化的 qPCR 实验，参与了田间取样（根肿病土样）、温室试验和黑胫病分级、考种等工作。星期二（9 月 2 日）参加了研究所每月一次的全体科研人员座谈会（主要介绍一个月来的工作情况和下一月的计划）。下周我们计划：跟随阿尔伯塔大学的 Victor 教授进行根肿病野外田间调查工作，对所有黑胫病试验进行数据调查、收获。实验室试验工作继续。

标题：油菜增产模式攻关技术交流会

日期：2014-09-13

　　胡宝成于 9 月 11—12 日在武汉华中农大参加农业部种植业司主持召开的"长江中下游油菜增产模式攻关技术交流会"。来自湖北、湖南、江西、江苏、四川等省有关部门的领导和专家、各示范县的代表和油菜增产模式攻关专家指导组的专家 60 余人参会。会议现场观摩了华中农大的油菜精量联合直播作业现场，各地交流了攻关情况进展。傅廷栋院士代表专家组宣布了油菜模式攻关技术方案和成员分工，讨论通过了 2014—2015 年度攻关方案。

　　我们团队的任务为：油菜病虫草害综合防控技术指导、及时提出主要的防治措施、减少灾害损失。7 位专家会上报告了有关技术进展。胡宝成研究员作了"我国油菜病虫害新变化及综防对策"的报告。内容主要有：（1）老病害油菜菌核病继续加重，且出现苗期发病的新为害方式；（2）新病害根肿病、黑胫病不断发展，在很多地区为害已超过菌核病；（3）检疫性病害茎基溃疡病潜在风险加大，将对我国油菜产业造成巨大损失；（4）主要害虫蚜虫、小菜蛾、跳甲抗药性增强，为害加重；（5）次要害虫已上升为主要害虫，或以暴发方式，或以普发方式出现；（6）北方春油菜害虫向长江流域冬油菜区入侵，逐步适应南方气候和耕作条件开始为害。

标题：落实示范点

日期：2014-09-14

　　根据长江中下游油菜增产模式攻关会上要求，我们团队承担的病虫害防控需要自己联系确定示范点。结合我们在产业技术体系承担的任务，我们认为江西湖口和湖南衡阳比较适合我们开展工作。今天胡宝成与江西湖口县农业局郭小青局长沟通，准备尽快去考察。

标题：落实油菜模式攻关病虫草害防控指导组工作

日期：2014-09-21

　　胡宝成、侯树敏于 9 月 19—20 日赴江西湖口县帮助落实农业部长江中下游油菜增产模式攻关病虫草害防控指导组工作。九江市农业局副局长、市农科所吴小安所长等，湖口县农业局郭小青副局长，植保站黄站长等人带领我们实地

2021202320232023202120232021202120212021202320232021202120212021202320212021

考察了稻稻油、稻油、棉油等种植方式下拟安排的核心示范区各种试验地点。

湖口县耕地总面积仅有 28 万亩，但油菜种植面积高达 20 万亩以上，是名副其实的油菜生产大县。在座谈中我们了解到这里栽培水平比较高，但油菜菌核病常年发生比较重，是影响高产的主要原因。我们对菌核病防控中应注意品种的选用和熟期的搭配，苗期注意防治蚜虫，减轻菌核病的发生等提出建议。并表示全力配合当地植保部门做好菌核病的防控。承诺在苗期、花期和成熟前等关键时来湖口调查油菜蚜虫、菌核病和黑胫病发病情况；对试验示范中出现的病虫害新问题及时帮助分析和解决，保障模式攻关各种试验正常进行。

标题：西藏油菜害虫鉴定结果

日期：2014-09-23

今年 6 月我们在西藏林芝地区采集到的油菜害虫样本，经多位专家鉴定，最后由中国科学院动物研究所的专家鉴定为喜马象属，但是仍未能鉴定到种。该害虫在林芝地区油菜田发生很重。该害虫可为害油菜根茎又可为害叶片，很有可能是一个新种。我们将继续调查采样，与中国科学院动物研究所的专家合作开展深入研究。

标题：油菜毒力基因检测

日期：2014-09-24

荣松柏、费维新通过两个多星期的油菜黑胫病毒力基因检测，每个基因采用 2 套引物 PCR。来自加拿大阿拉伯塔省不同地区的 120 份菌株，均未检测出毒力基因 $AvrLm1$。部分菌株缺失 $AvrLm11$、$\beta\text{-}tubulin$、$Actin$ 基因，所有菌株均检测出 $AvrLm4\text{-}7$、$AvrLm6$、$AvrLmJ1$ 基因。初步认为加拿大阿尔伯塔省的油菜黑胫病主要生理小种缺失 $AvrLm1$，含有 $AvrLm4\text{-}7$、$AvrLm6$、$AvrLmJ1$ 基因，但 $AvrLm11$、$\beta\text{-}tubulin$、$Actin$ 基因是否不同菌株间有差异还需通过进一步重新检测确定。试验在加拿大阿尔伯塔 Edmonton 农业农村研究中心进行。

标题：油菜根肿病的调查

日期：2014-09-25

加拿大阿尔伯塔省油菜收获基本结束。油菜根肿病的调查被列为此次培训计划中的一项工作。荣松柏、费维新在 Xiaofang Huang 博士的安排下，和 Victor 一起对 Alberta Edmonton 市周边约 2 个小时车程 200 千米内的一些田块根肿病发生情况进行了调查。对每一个点进行 GPS 定位，确定其准确的方位，为下一次重新检测调查提供帮助。从调查情况来看，各地发生情况不一，有根肿病的田块大约占 30%，但病害发生的程度较低，一般发病率在 10% 以下，级别在 1 左右（1~3 级），极少有 2 级，估测对产量影响不大。调查情况与 Victor 交流，他们的调查工作已经持续多年，获得了大量的调查数据，对每一农场的发病情况都有详细的档案，对病害的发展趋势研究有重要意义。调查中就什么时间调查最合适，是苗期还是在收获期调查的数据更可靠与其进行了交流。

标题：农民科技培训

日期：2014-09-27

黄山市徽州区蜀源村通过种植油菜和向日葵促进乡村游，带动农家乐住宿、餐饮的发展。但由于缺乏技术，油菜和向日葵病虫害严重，产量低，一些种植户的收益有所下降。今年徽州区利用农业综合开发项目在蜀源村建立油菜百亩高产核心试验区和千亩示范区，我们团队承担技术指导任务。9 月 25—26 日，侯树敏等人赴蜀源进行实地育苗技术培训（当地在地作物茬口不适宜直播），参加培训的当地农民和农技人员 50 余人，期望从适时播种、培育壮苗开始，帮助广大种植户提高油菜单产和种植效益。

标题：整理种子和试验播种

日期：2014-10-04

合肥连续 50 多天的连阴雨在国庆节终于放晴了。10 月 2 日开始，李强生等人带领部分工人开始整理晾晒种子。油菜黑胫病和菌核病之间的关系研究上年度试验已取得一些数据，今年的试验计划在部分人工控制的环境下重复试验。10 月 3 日，合肥试验点的试验开始播种。分期播种的试验也播了第一期。

标题：油菜苗期考察指导防治虫害

日期：2014-10-05

黄山市徽州区蜀源村百亩油菜高产核心试验区育苗播种已近 10 天。10 月

4—5 日，胡宝成、侯树敏等人赴蜀源检查油菜出苗情况和苗期病虫害。在我们指导下，播种的近 20 亩苗床出苗比较好，但是大猿叶甲发生较重，每平方米成虫达 20 余头，并处于交尾期。同时黄曲条跳甲也有少量发生。我们已指导种植户及时采用化学药剂进行防治。

标题：黄山市的试验播种

日期：2014-10-07

　　黄山市黟县柯村是我们油菜黑胫病、根肿病试验基地。今年由于长期连阴雨，前茬水稻不能及时收获，试验播种只能推迟。10 月 4 日，李强生等带领部分工人赴柯村整地播种，至 6 日，油菜黑胫病抗病性鉴定和药剂防效试验、根肿病抗病性鉴定试验均已播种完毕。

标题：加拿大培训学习

日期：2014-10-10

　　近期，荣松柏、费维新对来自加拿大阿尔伯塔省 121 份黑胫病菌株进行 DNA 提取，并对相关毒力基因 PCR 扩增产物进行电泳。结果显示：所有菌株均缺失 $AvrLm1$，意味着在加拿大种植的品种广泛存在 $Rlm1$ 抗性基因。相反所有菌株都存在 $AvrLm6$ 和 $AvrLm4$-7，这 2 基因同样在其他国家如墨西哥、智利等都也普遍存在。试验仅在少数菌株中发现缺失 $AvrLmJ1$ 和 $AvrLm11$ 基因，分析认为可以表明黑胫病在加拿大的流行目前相对较慢，减缓了大规模的扩散，但也说明存在品种抗性丧失的可能。

标题：科技需求调研

日期：2014-10-13

　　接到油菜体系首席办公室的重点任务调研通知后，团队成员积极行动起来，于 10 月 10—13 日分别赴安庆市太湖县（代表皖西大别山区稻油种植区）、芜湖市芜湖县（代表沿江稻油种植区）调研当地油菜生产上存在的问题和科技需求。被调查的对象主要有当地行政主管部门、技术管理部门、涉农企业和种植户。同时还电话咨询了黄山市农科所（代表皖南山区稻油种植区）、池州市农技推广中心（代表沿江棉油种植区）和肥东县农技推广中心（代表江淮之间稻油种植区）等单位有关油菜生产的科技需求。调研结果已整理填报。

标题：EPG 技术的学习

日期：2014-10-15

郝仲萍于 10 月初，赴浙江大学继续实验室内饲养的敏感性蚜虫对取食不同油菜品种的 EPG 波形分析研究。由于刺吸电位技术目前已经成为研究植食性刺吸式昆虫取食行为及其传毒机制、植物抗性机理等的重要手段，且蚜虫作为刺吸式口器的代表研究更为广泛和深入。所以我们借该技术旨在探索刺吸式口器昆虫在不同油菜植株上的行为表现，比较品种抗性水平。在该项技术的学习研究中，我们了解到试验所得出的结果非常庞大，如何在庞大的数据系统中找出自己想要的参数，是非常关键的。蚜虫主要是在韧皮部吸食，其中波形中较为重要的几个波形为 C 波，即虫口针从刺入植株表皮并伴随有水溶性唾液分泌时产生的波形—口针位于植物表皮及薄壁组织内，并分泌凝胶型唾液—口针正位于表皮与维管束之间的一段时间内产生的波形。pd 波为蚜虫口针穿刺细胞膜时产生的波形。E 波表示口针位于植物韧皮部，其中 E1 波代表蚜虫分泌水溶性唾液，E2 波与吸食韧皮部汁液有关。F 波是口针在细胞外和细胞内穿刺过程受阻产生的机械障碍波。G 波的波峰向下，代表蚜虫在木质部取食水分。

标题：蚜虫对不同品种油菜取食行为的 EPG 波形分析研究

日期：2014-10-17

郝仲萍在进行蚜虫对不同品种油菜取食行为的 EPG 波形分析研究的过程中，由于前期播种的几个油菜品种中，某些品种的种子发芽率较低，又进行了补种，并对长势良好的处于真叶期的秦优 79 进行蚜虫刺吸式行为的研究。结果显示，在所探测的 6 个小时中，蚜虫刺探次数为 28 次，总的刺探时间为 5.2 小时，每次刺探的时间为 0.29 小时，在韧皮部中的总耗时为 1.5 小时，从第一次探测到首次接触韧皮部的总时间是 1 小时。个人认为，该项技术的结果与其他处理组中的数据相比较才会更加有意义。在接下来的研究中，我们将会与之前已经得出的一些研究结果进行比较，并进一步设置更多的处理和品种作为对比研究，找出差异性较大的参数，以获得试验预期的设想。

标题：出国培训取得积极成果

日期：2014-10-24

　　油菜根肿病和黑胫病出国培训项目取得积极成果。该项目自执行 3 个月以来，获得了阿尔伯塔大学农学院 Steve 教授和阿尔伯塔省农业研究中心黄晓芳研究员的大力支持和精心安排，培训工作与试验研究进展顺利。在过去 3 个月中，荣松柏、费维新分工协作，围绕根肿病和黑胫病 2 个病害，开展了病原菌的接种侵染研究、病害基因 PCR 鉴定、qPCR 定量检测基因表达差异、基因的敲除等技术培训与试验研究工作。其中病害基因 PCR 鉴定、qPCR 定量检测基因表达差异研究 2 项试验结果均被推荐参加 2014 年阿尔伯塔省植物病理学年会并在大会上以墙报的形式发表。该成果也将在英文病理学期刊上发表。同时我们积极投入参与对方单位大学研究所的试验研究工作。连续 5 周参加了阿尔伯塔大学开展的油菜根肿病田间调查活动，以及试验收获工作和收获后的室内考种等工作。通过与对方研究人员座谈了解加拿大科研项目申请立项、项目运行以及根肿病与黑胫病研究的进展。加拿大近年来在根肿病抗病育种上取得了令人瞩目的成果，育成抗根肿病新品种 10 余个。育种公司与研究所之间的合作紧密，研究所的研究成果很快转化为育种公司的新品种。同时这里的科研项目针对出现的问题服务于农业生产，集中人力财力解决农业生产上的难题，少做无用功，值得借鉴学习。

标题：参加中国昆虫学会年会

日期：2014-10-27

　　10 月 22—25 日，侯树敏、郝仲萍赴保定参加中国昆虫学会 2014 年学术年会暨学会成立 70 周年纪念会。会上听取了一些专家、学者关于昆虫分类、昆虫生理生化、昆虫生态与农业昆虫、昆虫生物防治及杀虫剂毒理等方面的最新研究进展及未来昆虫学研究的方向等。通过这次会议，使我们对国内的昆虫研究情况有了更深入的了解，开阔了眼界，拓宽了知识面，对我们今后更好地开展油菜昆虫研究及害虫防控具有很大的帮助。

标题：加拿大阿尔伯塔省植物病理学会

日期：2014-10-30

加拿大阿尔伯塔省植物病理学会（PPSA）于10月27—29日在阿尔伯塔省Canmore市举行。会议由加拿大和阿尔伯塔省植物病理学会主办。会议每年举办1次。主要围绕油菜、豆类、大麦、小麦、土豆等主要农作物病害研究而举办的学术交流活动，参加会议的也主要为阿尔伯塔省和周边省份的科研单位及相关大学机构。本次会议共进行了12场学术报告，内容涵盖了病害研究发展史、分子生物学技术研究、黑胫病、根肿病、条锈病、根腐病等以及相关病害防控技术研究。根据培训计划和会议要求，荣松柏、费维新参加了本次会议。将最近一段时间开展的黑胫病在加拿大的流行情况和根肿病孢子在不同抗性基因上的表达研究进行了总结，并向大会提交了研究摘要和POSTER。会议共收到摘要16份，44人参加会议。

标题：加拿大油菜根肿病研究最新进展

日期：2014-11-01

10月27—29日，费维新、荣松柏2人在加拿大学习期间，参加了加拿大阿尔伯塔省植物病理学会35届年会。油菜根肿病研究是本次会议的报道热点。其中有2场学术报告和10个大会墙报分别从根肿病病原菌检测方法、分子育种、致病机制、病害相关基因的表达及综合防控等方面报道了加拿大油菜根肿病研究的最新进展。该次会议聚集了加拿大根肿病研究的主要研究团队，参会的有阿尔伯塔大学和阿尔伯塔农业部的研究团队成员、加拿大农业部萨斯卡通研究中心的 B. D. Gossen 教授、加拿大圭尔夫大学的 M. R. McDonald 教授等根肿病研究专家。

近年来加拿大在油菜根肿病抗病育种上取得丰硕成果，2009年育成第一个春油菜根肿病抗病品种45H29，至目前已经育成抗根肿病新品种13个。但是这些品种的抗原大多来源于德国NPZ公司育成的甘蓝型冬油菜抗根肿病品种Mendel，该品种是利用欧洲根肿病生理小种鉴别寄主里面的2个抗病寄主ECD15（*B. olerancea*）和ECD04（*B. rapa*）远缘杂交合成的甘蓝型油菜，含有1个显性抗病基因和2个隐性抗病基因。在加拿大随着抗根肿病品种的应用，生理小种的变异和抗性丢失问题已经出现，目前变异的5号生理小种已经对抗性品种可以侵染发病长出根肿。抗病品种抗性丢失情况在澳大利亚甘蓝和日本的白菜抗根肿病育种史上均出现过。会上专家就根肿病抗性品种避免抗性丢失进行了讨论，提出应通过合理应用抗病品种延长品种使用期限。加强新的抗原的筛选是油菜根肿病抗病育种的重点，目前在甘蓝型油菜资源中尚未发现抗原，因此通过种间杂交进行资源材料创新是一条有效的途径，Mendel 的成功选育就是非常好的证明。

标题：技术需求调研

日期：2014-11-07

加快建设皖南国际文化旅游示范区是国务院在新形势下做出的重大战略决策，也是安徽省委、省政府贯彻落实党的十八大精神做出的重要举措。利用多彩多姿的农作物，构建优美的农田景观，使农业生产性与审美性相结合，与皖南山水自然景观融合，与徽派粉墙黛瓦相映成趣，提升皖南文化旅游和乡村游发展的质量和水平。油菜是其中重要的经济作物和观花作物。胡宝成、侯树敏等人于 10 月 29—30 日、11 月 5—6 日赴黄山市徽州区、歙县、黟县、休宁、祁门、黄山区等地调研技术需求，帮助当地利用油菜造景及选用合适品种，调整花期，防控病虫害。力求在打造优美景点的同时，发展油菜生产，提高种植效益。祁门县人大主任叶为丹，黄山市农科所所长王金顺、副所长王淑芬及上述各县（区）机关乡镇负责人参与调研。

标题：参加中国植物保护学会 2014 年学术年会

日期：2014-11-10

11 月 5—7 日，侯树敏、郝仲萍参加了在厦门召开的中国植物保护学会 2014 年学术年会。会上听取了院士、专家们关于中国植保目前取得的成就、存在问题以及未来发展方向的报告。听取了虫害防控专家们关于害虫的生物防治，包括利用天敌进行害虫防控、利用真菌进行害虫防控、利用植物源杀虫剂进行害虫防控的报告，以及利用作物套作、间作等栽培模式进行害虫的生态防控的研究报告。听取了新害虫（二点委夜蛾）暴发机制及治理技术的研究报告以及化学杀虫剂的创制和作用机制研究报告等。通过专家学者们的报告以及和同行专家们的交流，对我们的研究工作有很大启发，一些研究方法对我们在油菜害虫研究方面有很好的借鉴作用，能够更好地提高我们的研究水平。

标题：气候变化对油菜病虫害影响研讨

日期：2014-11-11

我们岗位在合肥举办了气候变化对油菜病虫害影响的研讨会。与会人员分别来自安徽省六安综合试验站、巢湖综合试验站、滁州市农科所、本岗位全体成员以及本单位对病虫害感兴趣的其他科技人员 40 余人。研讨会邀请了英国洛桑研究所的 Jonathan West 教授做了《气候变化时代作物病害的精细化管理》的报告。胡宝成研究员做了《我国油菜病虫害新变化及综合防治策略》的报告。同时，与会的科技人员提出了各自地方在油菜生产中出现的病虫害新问题，商讨防控对策等，研讨会达到了相互学习、共同提高的效果。

标题：学术交流

日期：2014-11-12

英国洛桑研究所的 Jonathan West 教授于 11 月 11—12 日访问我院。11 月 12 日就申报中的欧盟国际合作项目拟开展的工作，油菜菌核病和黑胫病的关系，油菜蚜虫为害后对菌核病的影响，油菜叶露尾甲、花露尾甲的研究进展，下一步拟合作的方向进行了交流讨论。通过交流，我们团队对下一步开展油菜黑胫病和菌核病之间的相互作用和关系研究有了新的启发，对在虫害方面与洛桑研究所的合作有一个良好的接触，对我们团队与洛桑研究所已经交流合作 20 年的成效也是一次再检验。

标题：EPG 试验中所涉及的油菜品种之间含油量的测定

日期：2014-11-17

由于进行品种间蚜虫 EPG 的分析研究，郝仲萍将试验中要用到的品种分别使用索氏抽提和核磁共振 2 种方法进行了含油量的测定。结果显示，各品种通过索氏抽提得到的含油量均高于核磁共振得到的含油量。但不同的品种使用不同的方法测得的含油量排序略有不同，如使用索氏抽提方法，秦优 10 号的含油量大于德核杂油 8 号，但核磁共振显示相反，德乐油 6 号与中核杂 488 的结果也如此。可见，要更精确地获得不同品种的含油量，还需要借助其他的方法加以辅助。

标题：油菜黑胫病研究

日期：2014-11-18

最近一段时间以来，荣松柏、费维新在加拿大阿拉伯塔农业研究中心和阿拉伯塔大学开展了油菜黑胫病和根肿病相关研究。利用研究中心采集的 115 份黑胫病病株样本，通过人工接种和 PCR 反应，观察不同菌株在不同寄主上的致病力差异和毒力基因表达差异。分析两者之间存在的关系，以及不同生理小种菌株所占比例和毒力基因缺失所反映的问题。利用多套鉴别系统对来自安徽不同地区采集的多个根肿病样本进行生理小种鉴定。试验于上个星期开始，5 个星期后进行调查统计。该试验将准确地鉴别出安徽省油菜根肿病优势小种，为下一步开展病害防治和抗性育种提供帮助。

标题：油菜病虫害调查及帮助发展乡村旅游

日期：2014-11-19

胡宝成、侯树敏等人于 11 月 17—18 日赴祁门县箬坑乡、黟县柯村乡、徽州区呈坎镇、潜口镇调查油菜病虫害，考察当地政府和农民对利用油菜打造旅游景点的技术需求。箬坑乡和潜口镇均是梯田油菜，当地利用油菜景观促进旅游做了大量工作，也取得了很好的成效。但今年农民种油菜的积极性不是很高，一方面种植比较迟，苗小、苗弱，另一方面空闲田比较多。我们建议可在农民抛荒田上种植一些牡丹等观花植物，可丰富景观，也不需要太多的田间管理。看来，要可持续发展，除了加快小型农机示范推广，地方政府如何协调景区收入和农民种植收入，提高农民积极性还有大量工作要做。

标题：黑胫病致病性变化研究

日期：2014-11-23

通过一段时间来的试验及数据汇总/分析，荣松柏、费维新对加拿大阿尔伯塔省油菜黑胫病菌毒力结构进行了研究。试验对来自阿尔伯塔省不同地区（县市）的 115 份菌株，利用 3 个不同的油菜品种 "Westar" "Quinta" 和 "Glacier" 作为寄主。人工接种后按照 0~9 级的分级方式对病斑大小进行调查统计，根据致病力的不同将 115 份菌株分为 PG-2、PG-T、PG-3 和 PG-4，其中 PG-2 占总菌株数量的 59%，最为突出，其次为 PG-3 占 37%，PG-4 占 4%。在毒力基因研究上，利用基因对基因原理，选用 10 套特异引物对每个菌株样本的 5 个基因 *AvrLm*1、*AvrLm*4-7、*AvrLm*6、*AvrLm*J1 和 *AvrLm*11 进行了 PCR 分析。结果显示：*AvrLm*1 在 115 份样本中均表现为缺失，与之相反，基因 *AvrLm*4-7 和 *AvrLm*6 在所有菌株中存在，*AvrLm*J1 和 *AvrLm*11 仅在少数样本中缺失。研究不仅证明了黑胫病致病性和毒力基因结构的变化趋势，而更加重要的是为抗黑胫病育种和抗病品种的选着布局提供了依据。

中国目前黑胫病病菌仅以弱侵染型种存在，对油菜的为害还没有达到十分严重程度，但诸多关于黑胫病病菌演变的研究报告已清晰地警示我们，开展全国黑胫病病害的调查和监测，加强黑胫病病原菌基础研究以及资源创新、抗病育种和防治策略研究是中国油菜产业健康发展的重要保障。

标题：油菜叶露尾甲触角感受器试验

日期：2014-11-25

11 月 21—24 日，侯树敏携带采集的油菜叶露尾甲样赴华中农业大学植物科技学院昆虫实验室进行油菜叶露尾甲触角感受器电镜扫描观察试验。昆虫触角分布有大量的感受器，能够感知寄主植物的化学信号，从而准确找到寄主植物，研究昆虫触角感受器是研究昆虫与寄主互作的重要途径。

标题：蚜虫对某种油菜及其处理之间的 EPG 波形分析比较

日期：2014-11-28

对油菜品种秦优 79 的蚜虫刺吸式行为进行的研究中，郝仲萍将这些结果与浙江农科院关于该品种上的包衣处理的结果进行比较，可以发现，秦优 79 上蚜虫不在韧皮部探测的 C 波为 2.01 小时，在韧皮部探测的 C 波为 1.45 小时。前者低于吡虫啉处理的油菜，而后者高于经过吡虫啉处理的数据。用吡虫啉处理的油菜，蚜虫在上面刺探的总次数高达 65 次，明显高于不进行处理的 28 次，但每次刺探的时间，在韧皮部中停留的时间以及 E1 和 E2 波均显著低于不经过处理的。可见不同的处理会导致蚜虫的刺探行为发生显著的变化，尽管虫体个体间存在差异，但在高达 30 次的重复中，排除掉个体差异较大的结果，仍然可直观地反映出结果的可靠性和科学性。该结果对于进一步分析各处理之间的差异原因打下基础。

标题：黟县油菜病虫害调查

日期：2014-12-01

　　油菜黑胫病试验播种已近 2 个月了，胡宝成、李强生、侯树敏等人于 12 月 1 日赴黟县柯村试验基地调查苗期发病情况，并调查油菜害虫和根肿病发病情况。尽管今年秋种至今雨水比较多，气候条件有利于病害的发生，但田间调查还是很少有发病植株，这与以往的观察基本一致。油菜害虫也仅有少量的蚜虫、菜青虫、猿叶甲，均没有达到防治标准。根肿病发病率比较高，所做试验田块有些品种发病率几乎是 100%。

标题：九江湖口油菜病虫害调查

日期：2014-12-02

　　胡宝成、侯树敏、李强生等于 12 月 2—3 日赴江西省九江市湖口县武山乡农业部油菜模式攻关示范基地和婺源县溪头乡调查病虫害发生情况。示范区采用稻田免耕人工撒直播、机械直播等方式种植，溪头乡主要采用育苗移栽方式种植。目前油菜苗大都在 5 片叶以上，大的达 7~8 片叶。有少量的霜霉病，零星的蚜虫、小菜蛾、菜青虫和蚤跳甲，均未达到防治指标。草害也控制的比较好。由于目前该地区降雨较多，田间湿度较大，部分田块沟内有积水，我们建议需及时清沟排水，降低土壤湿度，以减轻霜霉病发生。此外，我们还到当地油菜种植大户观摩飞机防控病虫害及叶面施肥试验。采用遥控飞机防治病虫害及叶面施肥具有高效、省工等明显的优点，具有很好的应用前景，特别是在家庭农场等大规模种植区值得推广。

标题：云南元谋南繁油菜病虫害调查

日期：2014-12-10

　　胡宝成、侯树敏、李强生等于 12 月 9—10 日赴云南元谋调查南繁油菜的病虫害情况。元谋是中国春油菜区冬季南繁的主要基地，青海、内蒙古、西藏、新疆等省区的春油菜品种在该基地进行冬季加代繁殖，穿梭育种。我们的主要目的是调查春油菜区的害虫是否随着南繁的油菜被带入当地，是否有油菜叶露尾甲、花露尾甲和茎象甲等。在岗位专家杜德志研究员的团队成员赵志等人的带领下对青海、内蒙古、西藏的南繁油菜病虫害进行了调查。正值油菜初花和盛花期，是调查油菜叶露尾甲和花露尾甲的适宜时期。但我们没有发现这 2 种害虫，只发现了少量蚜虫、小菜蛾和菜青虫，害虫比较少。据介绍，由于南繁油菜注重保苗，施用化学农药次数较多，而且周围蔬菜地也较多，农民也经常打药，防治病虫害，因而这次发现害虫较少。据参加南繁的科技人员介绍，10 月油菜播种出苗后，害虫较多，而且以前也曾经发现过花露尾甲。我们计划明年 10 月南繁油菜苗期再来调查，以证实我们推测春油菜区害虫可能是由于穿梭育种而被带入冬油菜区，且适应了冬油菜区的环境条件而开始为害冬油菜的论点。当地油菜病害主要是霜霉病。

标题：萨斯卡通根肿病研讨会

日期：2014-12-12

12 月 10—11 日费维新、荣松柏参加了加拿大农业部萨斯卡通研究中心召开的油菜根肿病研讨会。参加会议的人员包括加拿大研究根肿病的几个主要研究团队和油菜协会的人员。会上专家们介绍了近年加拿大在根肿病病原菌生物学、病原菌与寄主的互作抗性机制、病害流行、抗病育种与综合防治等方面所取得的成就与研究进展，以及下一步即将开展的研究计划。此次会议对我们开展油菜根肿病的下一步研究工作有很大的启发。会议期间我们和与会专家交流了我国油菜根肿病的发生及研究现状，并将与加拿大根肿病研究团队进一步开展根肿病研究合作，并初步达成引进加方的抗根肿病育种技术及根肿病抗性基因的分子标记系统的合作意向。我们还参观了该研究中心的用于根肿病研究的负压实验室和试验温室，并与在此留学工作的几位中国学者同行进行了交流。

标题：昆明试验站考察

日期：2014-12-15

胡宝成、侯树敏、李强生等人在完成了云南元谋县油菜冬繁基地病虫害调查后，于 12 月 11—12 日赴昆明试验站考察。该站站长李根泽研究员及团队成员符明联、王敬乔研究员等参与座谈。大家就油菜病虫害，尤其是云南油菜蚜虫的综合防控，及利用油菜打造乡村游景点，促进休闲农业和旅游业的发展，带动农民增收，进行了广泛深入的交流和讨论。同时讨论了 2015 年云南蚜虫综合防治示范区及其他相关事宜。

标题：美国专家来访

日期：2014-12-26

美国农业部 ARS 中心首席科学家、国际硒学会主席 Gary Banuelos 教授于 12 月 25 日再次访问安徽农科院（上次是 2013 年 11 月上旬）。胡宝成与他交流了富硒油菜和十字花科植物对病虫害的影响。他再次介绍了他们团队在美国加州利用油菜和十字花科植物清除当地高富硒土壤过程中所发现的现象，尽管当地干旱少雨，但富硒土地上油菜和十字花科植物很少有害虫，而附近其他非富硒土地上害虫正常发生。蜜蜂不受影响。同行的中科大苏州研究院、江苏富硒生物工程研究中心的袁林喜博士也向我们证实了这种现象，并介绍了中国富硒的几个地方（湖北恩施双河镇、江西宜春温汤镇、安徽石台大山村、广西巴马村）。这种现象和机理的进一步深入研究对开拓害虫防治新途径非常有意义。

标题：技术培训会

日期：2014-12-30

安徽农科院主持的"皖南地区观光生态农业关键技术集成与示范项目"对接及培训会于 12 月 28—29 日在黄山市召开。胡宝成、侯树敏等人参加了会议，并介绍了全国各地利用油菜花发展旅游的情况。重点讲解了在皖南山区利用油菜观化、疏用、作绿肥等用途及技术。黄山市农委徐主任、市农科所及试验示范点乡镇领导和农技人员 30 余人到会。会后实地考察了歙县长陔乡利用油菜打造黄山市百佳摄影点及发展旅游的做法。

2015 年度

标题：油菜黑胫病试验观察

日期：2015-01-08

近期，李强生、荣松柏等人对在合肥的 2 个油菜黑胫病试验进行了调查。试验分别为黑胫病病害损失和抗性鉴定试验，总体苗情良好。自去年 12 月上旬以来，合肥降水偏少，大田油菜出现轻度干旱。由于黑胫病试验在人工病圃中进行，得到及时喷灌。元旦及 2015 年 1 月 7 日的 2 次降温，除 1 个品种有 2 级冻害外，其余品种仅有轻微冻害或没有冻害。田间观察，叶片上没有发现黑胫病典型病斑。

标题：太湖县油菜苗期调查

日期：2015-01-13

1 月 12—13 日，侯树敏赴太湖县徐桥镇油菜示范区调查油菜苗情及病虫害发生情况。示范区核心示范片面积 100 亩，采用稻田免耕直播方式种植。目前油菜有 5~6 片叶，长势健壮，基本无病虫害害，无需防治，田间杂草防控也较好。

标题：徽州区油菜苗期调查和指导

日期：2015-01-16

1 月 14—15 日，侯树敏赴黄山市徽州区油菜示范点调查油菜苗情及病虫害发生情况。示范区面积 1 000 亩，核心示范片面积 200 亩，分别采用稻田免耕直播和育苗移栽方式种植。目前直播油菜有 6~7 片绿叶，移栽油菜 9~10 片绿叶。稻田直播油菜由于田间积水较多造成油菜叶片发红，我们提出应立即清沟排水，同时每亩追施尿素 10 千克提苗。移栽油菜长势健壮，基本无病虫害，无需防治，田间杂草防控也较好。

标题：安徽省油菜苗情及病虫害调查

日期：2015-01-24

1月20—23日，侯树敏参加省农委组织的省内油菜苗期考察，分别对滁州、五河、固镇、蒙城、阜南、六安、舒城、铜陵、池州、黟县、黄山、宣城、芜湖、当涂和巢湖的油菜试验及大田油菜进行了调查。其中五河、固镇新马桥和蒙城油菜受冻较重，部分品种菜苗被冻死，主要原因是2014年低温出现的较早，12月上旬该地区出现了-7～-6℃的低温，当时油菜苗较小，抗冻能力较弱。其他地方油菜苗基本正常，但直播油菜苗较小，大都5片叶左右，部分出现缺氮，需追施氮肥。主要原因是2014年9月下旬至10月上、中旬雨水较多，播期推迟。育苗移栽油菜长势健壮，大都10～11片叶。病虫害发生较轻，除有零星蚜虫外，未发现其他病虫害，无需防治。

标题：油菜黑胫病在我国的分布规律和为害程度

日期：2015-01-29

近几日，根据我们近8年来对全国17个省（市、自治区）142个市县油菜黑胫病的调查结果，拟向体系和农业部提交有关油菜黑胫病为害及风险评估报告。我们分析总结出油菜黑胫病在中国的分布规律和为害程度。我国油菜黑胫病一个显著不同于世界其他地区的特点是产量损失大，且年度间变化较小，呈逐年上升之势。但不同地区差别大。

1. 就全国范围来说，冬油菜区（占播种面积约90%）黑胫病普遍发生，已造成不同程度的产量损失。重病区的产量损失已超过菌核病为害所造成的损失。春油菜区（约占播种面积的10%）黑胫病零星发生，病菌仅侵入表皮，未入髓部，尚未造成产量损失。

2. 在冬油菜区有3个重病区：（1）江苏南京、安徽合肥、河南信阳、湖北襄阳、陕西汉中一线（北纬29°～33°）水旱作种植交错区油菜黑胫病发病很重，所调查区域病重田块发病率达80%～90%，产量损失达30%左右，已超过油菜菌核病；（2）长江中下游的安徽、湖北、江苏3省病害重。重病田块发病率达60%～90%，产量损失达20%左右；（3）贵州省立体水旱交错种植，常年多阴雨，病害比较重。重病田块发病率高达80%左右，产量损失可达20%～30%。

3. 冬油菜区长江流域同一县（区），丘陵地区油菜黑胫病普遍重于平原地区。发病率高于平原地区30%左右，产量损失率高出20%左右。前茬旱地油菜黑胫病普遍重于前茬水稻田油菜。发病率高于50%以上，产量损失率高出30%

左右。

4. 在春油菜区的内蒙古、甘肃、新疆和青海低海拔（2 500米以下）地区偶发现病株。西藏和青海高海拔（2 500米以上）地区尚未发现病害。

标题：参加体系年终总结考评会

日期：2015-02-05

2月1—3日，胡宝成、侯树敏、李强生赴桂林参加2014年度体系年终总结考评会。体系全部岗位科学家和试验站长进行了述职报告，总结了一年来的工作进展、取得成果、存在的问题及下年度的工作打算等。首席科学家王汉中研究员对油菜体系2014年的工作做了全面总结，分析了当前油菜产业面临的机遇和挑战，同时对岗、站的工作提出新的要求，布置了2015年的工作任务。从整个体系的汇报来看，我们感觉到经过8年来的体系建设，油菜产业技术体系岗、站间已形成紧密协作、相互支持的一个整体，对引领中国油菜产业的发展起到巨大的科技支撑和推动作用。

标题：油菜病害试验苗情调查

日期：2015-02-06

1月27—29日，安徽省迎来2015年最强一次大范围低温雨雪过程，江淮大地一片银装素裹。全省最低气温-3~2℃。截至29日14时，江南北部和江北有65个市县出现积雪，其中合肥积雪深度14厘米。30日部分地区有雨夹雪或小雪并渐止。李强生、荣松柏今天调查了雨雪降温后合肥、黄山两地油菜黑胫病病害试验的苗情，两地苗情长势良好，由于大雪覆盖，没有发生冻害，雨雪还使干旱有所缓解。

标题：访问尼泊尔国际山地综合发展中心（ICIMOD）

日期：2015-02-11

2月8—10日，胡宝成、侯树敏等访问了位于尼泊尔加德满都的国际山地综合发展中心。该中心主任David Molden教授和部分从事农业研究的科研人员接待我们座谈交流和参观考察。该中心的主要任务之一是通过开发与分享数据、信息知识提高山区农民的自我发展能力，促进区域合作，提高山地生态系统和山区社会可持续发展能力，增强山区农民对其所面临的社会经济及环境变化的认识和适应能力。在访问期间，我们介绍了在安徽省山区利用农作物，尤其是油菜种植打造农业景观、发展生态和休闲农业、促进旅游发展，带动农民增收的做法。对他们提出的随着气候和环境的变化，对农作物和农民收入有何影响时，我们结合所承担的农业部现代农业产业技术体系油菜病虫害岗位专家的工作，以中国油菜病虫害的发生和变化趋势的实例阐述了气候和耕作制度的变化所带来的新问题。

标题：访问印度旁遮普农业大学

日期：2015-02-14

胡宝成、侯树敏等人于 2 月 11—13 日访问了印度旁遮普农业大学。该农业大学植物育种系油菜团队有 10 余人，他们很重视种质资源的收集和利用，引进各国的十字花科植物资源和野生资源，并以此开展远缘杂交，创新育种材料。

在油菜新品种选育上，以芥菜型油菜新品种选育为主，以适应当地油菜生长季节相对高温和干旱的生态条件。在育种方法上有种间新合成芥菜型油菜品种，也有用常规育种方法选育出的甘蓝型和芥菜型油菜品种。在杂交育种上主要利用波里马细胞质雄性不育系和萝卜质细胞质雄性不育系，均育出了很好的油菜品种，一般能比当地常规品种增产 20%~30%。在病虫害方面，印度和中国有共同的问题——油菜菌核病。不同的是印度油菜最重要的病害 *Alternaria blight*（*A. brassicae*）在中国不重要。而中国近年发生和扩展比较快的油菜根肿病和黑胫病在印度尚不重要。在抗菌核病育种方面，他们主要是利用从中国引进的抗原（中油 821）。人工接种鉴定方法也是我们多年前就广泛应用的 PDA 菌丝块捆绑法和牙签穿刺接种法。蚜虫也是印度最重要的油菜害虫，但在该邦蚜虫仅在油菜青角期为害，苗期很少，这与中国云南和青海、内蒙等春油菜区的为害相同。

访问期间胡宝成研究员应邀做了"气候和耕作制度变化对中国油菜病虫害的影响"的学术报告。讲解了近年油菜菌核病在中国不但加重，而且还出现了苗期为害的新问题。还举例阐述了油菜菌核病形态避病和生态避病与耐病性的不同组合方式对油菜品种病株率和病情指数的贡献及对品种抗病性的影响。由于油菜菌核病在印度呈加重趋势，报告过后，被肯定对印方正在开展的抗病育种很有指导意义。在虫害方面，胡宝成研究员分析总结了中国油菜害虫三大变化趋势：（1）油菜的主要害虫，如中印双方共有的蚜虫、跳甲等抗药性增强，为害加重；（2）次要害虫或以普遍发生的方式，或以局部暴发的方式逐渐成为主要害虫；（3）传统上中国北方春油菜上的害虫逐渐适应南方冬油菜区的生态环境和耕作制度开始为害。这些研究成果对印度方面开展油菜害虫的研究和防控具有警示和借鉴作用。报告过后，我们双方也交流了交换油菜种质资源，尤其是引进印方抗蚜虫的芥菜型品种资源事宜和研究人员互访事宜。

标题：黑胫病菌种保藏

日期：2015-02-15

菌种保藏在于尽可能保持其原有性状和活力的稳定，确保菌种不死亡、不变异、不被污染。对黑胫病菌种保藏，李强生、荣松柏近日采取了 2 种方式：（1）短期保存采用低温保藏法，将菌种接种在 PDA 培养基上，待菌种生长完全后，置于4℃左右的冰箱中保藏，每隔 3 个月再转接至新的培养基上，生长后继续保藏，如此连续不断；（2）中长期保存采用石蜡油封藏法，此法是在无菌条件下，将灭过菌并已蒸发掉水分的液体石蜡倒入培养成熟的菌种面上，石蜡油层高出菌种面顶端 1 厘米，使培养物与空气隔绝，密封后，垂直放在4℃冰箱内或-20℃低温冰箱中保藏。近期，对短期保存的部分黑胫病菌株进行了继代培养，发现仍有部分菌株发生污染，甚至死亡。今后，将对所有的菌株多做几个备份，采用低温保藏法和石蜡油封藏法分别保存。

标题：访问印度德里大学

日期：2015-02-16

胡宝成、侯树敏 2 人于 2 月有 15 日访问了印度德里大学，德里大学始建于1922 年，是印度国内第一流大学，以其高标准的教学、研究闻名于世，吸引着众多杰出的学者、教授加盟。德里大学是印度很大的大学之一，目前有 16 个学部，86 个科系，77 个学院和 5 个其他被认可的研究所，遍及整个城市，拥有 13 万多正式学生和 26 万多非正式教育项目的学生。

德里大学南校区始建于 1973 年，1984 年迁至 Benito Juarez 路。南校区占地约 68 公顷，有遗传学系、生物化学系、生物物理系、英语系、信息学系、管理系、数学系、微生物系、运筹学系、植物分子生物学系等近 20 个系。在植物学领域主要开展发育生物学、功能基因组学、蛋白质组学和遗传学、生理学和生物化学、生物技术、生态系统学、植物—病原菌/植物—害虫互作学、生物多样性保护和生物进化学、气候变化和非生物胁迫等课题研究。

德里大学遗传学系位于新德里南校区。该系油菜研究团队主要从事油菜基因组学研究，开发出很多分子标记并用于油菜育种和抗病育种。在杂交育种方面，他们主要利用萝卜细胞质雄性不育系统。由于该系统保持系多，恢复系少，听说我们的隐性核不育系统正好与萝卜细胞质系统相反，是保持系少，恢复系多，他们非常感兴趣。应要求我们也较为详细地介绍了隐性核不育系统的遗传模式和应用方法。

在抗病育种方面，由于印度目前生产上应用的绝大多数芥菜型油菜品种均不抗黑斑病、白锈病、菌核病和白粉病。除了白锈病已在东欧芥菜型油菜品种中发现了抗原外，其他 3 种病害均没有在芥菜型品种中发现抗原。通过近年研究，他们已在东欧芥菜型油菜品种中 2 个不同的位点上定位了这种显性抗病基因，并通过分子标记辅助育种法将抗性基因转入到不同的印度芥菜型品种中。对印度芥菜型油菜为害最重的黑斑病，他们团队已在拟南芥中发现了抗原，并通过分子标记在第二组染色体中精细定位了该基因。下一步准备将该基因转入到现有的品种中去。

中国油菜基因组学研究工作也非常具有特色和优势，但与育种分属不同的研究团队，受现行评价体系和奖励政策的影响，研究结果不如印方那样可以迅速用于品种创新。

标题：访问尼泊尔、印度体会和启示

日期：2015-02-17

1. 国际山地综合发展中心建设实用技术示范园，推广新品种、新技术的做法值得我们学习借鉴。作为公益性科研单位，如何将我们研发的新品种和实用技术推广应用，帮助农民增产增效，安徽省农科院也建立了成果展示厅，各研究所也做了大量的工作，建立了各种展示模式，但总体上不够集中，不够直观，连续性也不够好。如果利用安徽省农科院在各地的基地建立长期集中展示示范区，并作为当地和全省实用技术和品种培训基地，对提高安徽省农科院服务"三农"的能力和水平，提高安徽省农科院影响力非常有益。

2. 国际山地综合发展中心也可以作为安徽省农科院培养具有国际视野和创新性领军人才的基地。支持和鼓励安徽省农科院科研人员以承担项目的形式在该中心工作。

该中心是区域性的政府间知识创新、集成与传播机构，中国是8个成员国之一，中国多家科研单位，如中国科学院的成都生物研究所、昆明植物研究所、地理科学和资源研究所、四川大学、云南大学等都是执行项目的伙伴单位。我们接触到的一些中国科研人员或以执行项目被选派或被招聘在该中心工作，他们均表示在该中心工作对开阔眼界、增长才干、熟悉国际交流和合作的程序和方式均受益匪浅。安徽省农科院也可以鼓励和帮助年青的科技人才参与竞争到这类国际研究机构工作和执行项目，培养具有国际视野和工作经历的人才。这对安徽省农科院现代化院所建设是非常有益的。

3. 印度上述2所大学相对宽松的学术研究和创新环境值得我们学习和借鉴。印度旁遮普农业大学和德里大学分别是印度著名的农业大学和综合性大学，他们的科研投入相对于中国还是比较低的，但是他们的研究具有一定的自主性和稳定性。我们访问的这2个团队均围绕着油菜协作创新。旁遮普农业大学植物育种系在十字花科植物资源收集、鉴定、远缘杂交创造新种质、各种不育系的遗传机制和利用、病虫害抗性遗传和鉴定、生理栽培直至育种。德里大学遗传学系则从油菜基因组研究到分子育种等方面均能长期持续地开展。其中的一些研究内容和方向具有探索性，不可能百分之百成功，但确实能推动科技进步。而我们的团队则主要以项目、课题为主线，为完成合同任务开展研究，只许成功，不能失败。往往为完成合同任务，稳妥有余，探索创新不够。近几年在安徽省政府和财政部门的大力支持下，安徽省农科院开始设立自主创新基金，开始向这方面发展，是一个良好的开端，但还远远不够。

随着中国科研经费新的管理办法和绩效考评的实施，一方面对规范科技人员的行为，减少浪费和乱花钱是非常重要的，但另一方面农业科研具有自己的特殊性——受农事季节影响、跨年度和周期长，这种管理办法也存在着急功近利，不利于科研工作谋划全局、考虑长远。在农业科研中还是应给予科研单位一定量的自主创新基金，鼓励自由探索创新，注重近期绩效与长远相结合，这样更有利于出创新性成果，从而推进农业科技进步。

4. 建议在现行国家评价体系框架内，院内部调整奖励办法和激励机制，通过培养创新团队，培养创新人才和领军人才。

我们所访问的印度 2 所大学的油菜团队，均以油菜为主线，注重将基础研究和应用研究相结合，开展流水线式的研究和创新，团队中每个成员仅负责其中某一部分工作，相互间又成为不可分割的整体，非常有利于出成果、出品种、出效益。这是发达国家以企业开展作物新品种选育的主要做法。印度上述 2 所大学的团队不是企业，但也遵循这种创新规律。

安徽省农科院也不乏这样的的创新团队，但总体上很多团队规模小、创新能力不足。另外受现行评价体系和奖励政策的影响，规模较大的团队也面临内部不稳，人人均想主持课题，不能很好地分工协作，很难出创新人才和领军人才。我们建议在现行国家评价体系不变的框架内，在国家科技投入不断加大，课题和项目的竞争相对弱化的环境下，院内部奖励办法和激励机制要普惠，强化团队的作用，强化协作合作，以此培养一批创新人才聚集的团队，从而产生领军人才。即便是领军人才也要靠团队创新人才的支撑，如果团队不和谐、难合作、不愿合作，领军人才也难以发挥领军作用。

标题：黑胫病试验调查

日期：2015-02-24

李强生、荣松柏等在合肥试验点所做的 2 次不同时期黑胫病菌菌丝接种试验，接种处均出现黑色病斑，部分较早接种的叶片已变黄、脱落。我们可以通过肉眼直接观察是否有明显病斑症状来判断菌丝是否进入植株组织，但无法确定病原菌侵染部位和为害程度，需通过荧光显微镜或进行定量 DNA 来分析。本次试验我们将进行 4 次接种来分析不同时期、不同为害程度对油菜产量的影响。

标题：油菜生长情况

日期：2015-02-25

近一段时间，安徽省大部分地区以雨水天气为主，气温整体较高。充沛的降雨和温和的气候给油菜生长提供了很好条件。目前在安徽南部皖南山区、沿江丘陵地区油菜已进入抽薹现蕾期，部分岗坡地，向阳地块油菜和一些早熟油菜已经进入初花期。相比较，今年油菜花期较去年早 10~15 天。合肥试验地油菜目前长势良好，未发现明显虫害，由于雨水较多，可能会引起一定的病害，我们将提前做好防治准备。

标题：油菜叶露尾甲饲养试验

日期：2015-02-26

　　侯树敏在田间采集的油菜叶露尾甲成虫在室内分别在 17℃ 左右的室温和自然室温条件下采用小白菜和甘蓝型油菜进行饲养近 3 个月，以观察成虫的活动情况。无论在 17℃ 左右的室温还是在自然室温条件下，成虫都会钻入土中休眠。目前，油菜已开始抽薹开花，我们将密切观察成虫是否能够出土活动，交配产卵，完成繁殖。鞘翅目甲虫的人工饲养一直都是比较困难的，如果能研究出油菜叶露尾甲的人工繁殖技术，将对该害虫的深入研究具有重要意义，同时也对其他鞘翅目昆虫的饲养有借鉴意义。

标题：恩施油菜病虫害调查

日期：2015-03-08

　　胡宝成、侯树敏于 3 月 7—8 日赴湖北省恩施州调查油菜初花期病虫害发生情况，尤其是近年来在南方油菜区发生的油菜叶露尾甲（油菜初花期是成虫产卵期）。恩施州农科院李必青所长等人带领我们调查了该院试验地、建始县油菜稀植高产示范基地、大峡谷沿线作为旅游观光的万亩油菜示范基地等。恩施全州有油菜 70 多万亩。据介绍油菜主要病虫害是油菜菌核病和蚜虫，但近 2 年鸟害、蚂蚁为害加重。我们调查的三地油菜均为初花期，长势很好，除下部老黄叶有少量的霜霉病和黑斑病外，没有其他病害。但我们在建始县高坪镇金塘村不但发现了油菜叶露尾甲还发现了花露尾甲，这 2 种害虫均是传统上北方春油菜害虫，这次在恩施的发现为我们总结出的全国油菜害虫的变化趋势之一"北方油菜害虫逐步适应南方冬油菜区生态环境开始为害"又提供了新的证据。

标题：恩施油菜超稀植栽培技术观摩

日期：2015-03-09

　　胡宝成、侯树敏这两天在恩施调查油菜病虫害的同时，李必青所长也带领我们考察了他们已试验多年的油菜超稀植栽培示范点。在建始县和恩施市2 个示范点超稀植栽培密度 600~1 000 株/亩，实地考察单株分枝可达 30 个左右。据介绍，该方法单株产量可达 500~700 克（亩产可达 250~350 千克）。我们感兴趣的是尽管该密度花期可长达 40 多天，但可以避油菜菌核病。他们以往试验表明，同地点、同品种，该超稀植栽培的油菜病株率仅 5% 左右，且仅为 1~2 级病株，对照常规栽培油菜病株率可达 30%，各级别病株均有。我们准备将该栽培方法在安徽省黄山市旅游区和沿江棉区推广。这样不但省工、增效（产量提高 1 倍以上），还可延长花期，促进旅游发展。在油菜根肿病区，也可以先在无病田育苗，然后移栽到病田，这样也可解决直播油菜根肿病为害较重的难题。

标题：重庆奉节县油菜病虫害调查

日期：2015-03-10

在完成了湖北省恩施州的油菜病虫害调查以后，我们于 3 月 9 日赴重庆市奉节县调查油菜病虫害，恩施州农科院李必青所长随同前往。奉节县农技推广站伍为民带领我们考察了位于新民镇北庄村的该县万亩油菜示范基地。示范区油菜正值初花期，是调查油菜叶露尾甲的最佳时机。在该示范区我们不但发现了油菜叶露尾甲，而且发现了大量的花露尾甲。百株成虫量为 50~60 头，花露尾甲略多些。油菜初花期也正值油菜叶露尾甲成虫交配产卵期，田间调查也发现了已产过卵的叶片。我们由恩施去奉节的沿途中，在兴隆镇的 2 个村的油菜地中也发现了油菜叶露尾甲和花露尾甲，这样北方油菜害虫在南方冬油菜又多了一个发生省、市的证据。

标题：重庆市开县和万州区油菜病虫害调查

日期：2015-03-11

胡宝成、侯树敏继续在重庆市奉节县、开县和万州区调查油菜病虫害。上午，在奉节县永安镇又发现了花露尾甲。下午，三峡试验站团队成员曾川带领我们考察利用油菜花发展旅游的油菜基地——开县竹溪镇。在竹溪镇油菜地，我们不但发现了花露尾甲，还发现了大猿叶甲。同时也调研了该基地利用油菜发展旅游的做法、取得的成绩和存在的问题，对我们在安徽帮助发展旅游非常有帮助。万州区甘霖镇利用油菜发展旅游尽管今年才开始起步，但也取得较好成绩。在该基地我们再次发现了花露尾甲。看来重庆市油菜花露尾甲的发生较叶露尾甲普遍。此外，在基地内还发现了典型缺硼植株，这可能与当地土壤当年改造后，熟土被生荒土覆盖有关。

标题：访问三峡综合试验站

日期：2015-03-12

结束了在重庆市万州和开县的油菜病虫害调查后，胡宝成、侯树敏于3月12日上午访问了三峡农科院和三峡综合试验站。徐洪志站长和团队成员带领我们参观了油菜实验室，并与该院院长及团队成员座谈，交流发展油菜产业的做法和措施，尤其是油菜病虫害综合防控和通过旅游促进油菜产业发展的做法和经验。

下午由万州赴恩施。一路上与恩施农科院李必青所长继续交流利用栽培措施防控油菜病害的事宜。我们建议恩施农科院定点定株观察比较油菜正常栽培密度（8 000株/亩左右）与该院正在研究的超稀植栽培密度（600~1 000株/亩）菌核病发病程度和原因。同时做2种密度和抗病、感病品种等处理的多重复规范性试验，研究不同栽培密度与菌核病发病率和严重度的关系以及避根肿病和黑胫病的可能性。我们双方均同意在上述方面加强交流与合作。

标题：巢湖试验站油菜菌核病飞防现场会

日期：2015-03-13

费维新与中国农科院油料作物研究所黄军艳博士等一行参加了巢湖综合试验站在肥东石塘举办的油菜菌核病飞防现场会。现场会上所用喷雾遥控飞机的机型为苏州绿农航空植保科技有限公司的农鹰8D2500。喷雾作业时间为13分钟可完成30多亩的作业量，每天可完成400~600亩的喷防工作。所用药剂为咪鲜胺25%乳油，试验品种为沣油737，作业效果较好。但是飞机价格较高，单机16万元，并对操作手的遥控操作技能有较高要求。同时还展示了一款售价为9.9万元的机型农鹰4DE1000。油菜菌核病是中国油菜上的主要病害，油菜初花期是防控油菜菌核病的关键时期。利用飞防可节约大量劳动力，降低种植成本，提高病害防控效率，具有很大的应用前景。机器厂家应进一步优化设计，提高机器的可操作性，降低成本与价格，使广大农民能买得起，用得起，用起来方便。

标题：宜昌市油菜病虫害调查和防控建议

日期：2015-03-14

　　3 月 12 日上午胡宝成、侯树敏由恩施赴宜昌市调查油菜病虫害。下午在宜昌综合试验站站长王友海及其团队成员程雨贵等人带领下赴其在枝江县马家店镇中桥村的千亩油菜示范基地和四岗镇的油菜试验基地调查油菜病虫害发生情况。经调查，两地的油菜害虫目前仅有少量的蚜虫、小菜蛾和潜叶蝇，暂不需要防治。我们建议要经常查看虫害的发生情况，及时防控，防止蚜虫、小菜蛾等害虫的暴发。病害主要有霜霉病和根肿病，部分田块根肿病很重，已经严重影响了当地油菜的生产。目前他们对油菜根肿病的防控主要是采用药剂防控，如采用福帅得灌根，氢氧化钙调节土壤 pH 等，但防治成本均较高，很难大面积推广应用。根据我们的试验结果，我们建议在目前还没有抗根肿病品种的情况下，可以通过推迟油菜播种期、增加油菜密度或提前育苗移栽等措施来避开根肿病侵染油菜的关键时期来控制根肿病。他们表示今年秋季播种时进行试验。

标题：参加宜昌综合试验站油菜病虫害飞防现场会及现场培训

日期：2015-03-15

　　3 月 13 日，胡宝成、侯树敏参加了由宜昌综合试验站在当阳县河溶镇前河村举办的油菜病虫害飞防现场会。参会人员有来自中国农科院油料作物研究所的李光明研究员、马霓博士，5 个示范县的农技人员，当阳县农业局的领导和技术人员，各乡镇农技站的科技人员以及油菜种植大户等 100 余人。胡宝成研究员应邀现场授课培训，介绍了我国油菜病虫害在目前气候和耕作制度变化的情况下的发展趋势以及防控策略。病害方面主要表现为：老病害（菌核病）为害不断加重，并出现新的侵染方式（苗期侵染）；新病害（根肿病、黑胫病）为害不断扩大；检疫性病害（油菜茎基溃疡病）存在暴发的风险。害虫方面主要表现为：主要害虫（蚜虫、小菜蛾、跳甲等）抗药性不断增强；次要害虫（猿叶甲、苜蓿盲蝽等）逐渐上升为主要害虫，或以暴发的方式或以普发的方式发生；传统上北方春油菜区的害虫（油菜叶露尾甲、花露尾甲等）已适应长江流域冬油菜区的生态环境，开始为害。这些都增加病虫害防控难度，给病虫害的防控带来新挑战。需要加强病虫害的调查、预测预报，采用农业防治和化学防治相结合以及利用高效的药械（如飞机施药）等办法进行综合防控才能取得较好的效果。会上胡宝成研究员还接受了当地媒体记者的采访，介绍了利用飞机进行油菜病虫害飞防的优缺点。优点主要是：提高了病虫害的防控效率，降低了劳动强度和防治成本，是病虫害高效防控的一个发展方向。缺点是：目前遥控飞机价格偏高。不过成立植保专业合作社进行病虫害统防统治是一个经济且可行的办法。

标题：参加六安综合试验站举办的油菜菌核病"飞防"现场会及培训

日期：2015-03-16

　　六安综合试验站举办的油菜菌核病"飞防"现场会于 3 月 16 日上午在舒城县干汊河镇举行。胡宝成、荣松柏参加了会议，到会有该站 5 个示范县的有关乡镇长和农技推广人员。中国农科院油料所方小平研究员等人、河南信阳综合试验站王友华站长、安农大周可金教授和曹流俭教授等人也到会观摩指导。胡宝成研究员应邀介绍了我国油菜病虫害发生和变化规律，着重介绍了油菜菌核病综合防治措施——根据油菜避菌核病和耐菌核病的机理，如何选用抗病品种、苗期防治蚜虫、初花—盛花期化学防治等技术。针对田间油菜霜霉病比较重的情况，与当地农技人员交流了防控油菜霜霉病技术。会后，小型飞机进行了田间喷药防病操作。

标题：黄山油菜根肿病调查

日期：2015-03-20

　　3 月 17—20 日费维新与中国农科院油料所方小平研究员一起赴黄山市调查油菜根肿病的发病情况。黄山市农科所王淑芬副所长、农技推广中心粮油站张跃飞站长参加油菜病害调研工作。调查结果表明，目前油菜根肿病在黄山 3 区 4 县均有不同程度的发生，其中休宁、歙县的根肿病发生为害严重，病株率高达 100%。近期由于雨水多，田间湿度大，病株已经开始腐烂，病株叶片呈萎蔫状态。但也有些病株根部腐烂后周围又长出一些新须根，有助于病株养分与水分的吸收，因此适量增施雷蒿肥可有效促进新须根的发育，促进植株生长，减少产量损失。目前油菜根肿病已经成为制约黄山油菜产业发展的关键因素，但是根肿病防治的用药、用工成本大，防治效果不理想，控制油菜根肿病最经济有效的方法是选育利用根肿病抗病品种。下一步我们将利用国外引进的根肿病抗病资源与鉴定获得的抗性资源开展油菜根肿病抗病育种，解决油菜根肿病这一生产难题。

标题：陕西汉中油菜病虫害调查

日期：2015-03-21

3月19—20日，侯树敏、郝仲萍赴陕西汉中调查油菜病虫害发生情况，特别是调查油菜叶露尾甲的发生情况。2014年5月我们在汉中市的油菜叶片中发现了大量的油菜叶露尾甲幼虫，但未见成虫，因此，在油菜花期（调查油菜叶露尾甲成虫最佳时间）我们再次调查。在汉中市农科所油菜研究室李英主任和植保研究室的尹素平的带领下赴勉县、南郑县和汉台区调查，结果均发现了油菜叶露尾甲成虫，其中勉县发生最重，平均百株虫量达60~70头，南郑县和汉台区发生相对较轻，平均百株虫量达20~30头。油菜叶露尾甲对油菜叶片、花蕾已造成较重的为害，而且成虫已开始大量交配产卵，不久将会有大量的幼虫为害叶片。此外，我们还发现了大量的油菜花露尾甲成虫，平均百株虫量达100~200头，对油菜也造成较重为害。这2种传统上北方春油菜区的害虫在汉中的大量发生，又证明了北方害虫已适应南方冬油菜区的生态条件开始为害的结论。

标题：陕西省安康市油菜病虫害调查

日期：2015-03-23

3月21—22日，侯树敏、郝仲萍继续在陕西省安康市和石泉县调查油菜病虫害发生情况，尤其是调查油菜叶露尾甲的发生情况。安康市也是油菜种植大市，与汉中市相距270多千米，我们推测该地区可能也会有油菜叶露尾甲发生。3月21日，我们在安康市建民镇油菜田中发现了大量的油菜叶露尾甲，百株成虫量达400~500头，对油菜叶片、花蕾已造成较重的为害，且成虫正值交配产卵期，不久也将会有更多的幼虫为害叶片。同时，我们也发现了大量的花露尾甲，平均百株成虫量达600头左右。石泉县城关镇油菜叶露尾甲和花露尾甲发生量更大，油菜叶露尾甲平均百株成虫量达 600～700 头，花露尾甲成虫量达 700 头左右。这 2 种害虫已对当地油菜造成较严重的为害，需要注意防控。

标题：四川省广元市油菜病虫害调查

日期：2015-03-24

3 月 23 日，侯树敏、郝仲萍继续赴四川省广元市调查油菜病虫害的发生情况。广元市与汉中市相距 185 千米左右，我们推测该地区也可能有油菜叶露尾甲发生。在广元市羊木镇的油菜田中发现了油菜叶露尾甲，但发生量较轻，百株成虫量达 10 头左右，目前对油菜影响不大，但存在暴发的风险。油菜花露尾甲发生量较大，平均百株成虫量达 600～700 头，对油菜造成较重的为害。蚜虫发生量较重，百株有蚜枝率已达 20% 左右，蚜棒长度严重的达 15 厘米左右，急需防控。

标题：油菜生产及病虫害调查

日期：2015-03-25

胡宝成、荣松柏赴芜湖市三山区调查油菜病虫害。时值油菜盛花期，所调查的田块油菜，除下部老黄叶有少量霜霉病外，无其他病虫害。在响水涧村我们还考察利用油菜发展旅游情况。与三年前相比，该地乡村游组织得很好，除公共汽车票外（上、下山共 20 元，比较合理）无其他费用，吸引了芜湖及周边大量市民去踏青休闲。明显不同的是三年前当地油菜播种面积占耕地面积的 90% 以上，而今年下降到不足 50%，其余的被小麦替代。看来，仅依靠旅游提高农民种油菜积极性是远远不够的，提高全程机械化水平和种植效益，三者缺一不可。

标题：河南固始县油菜黑胫病害调查

日期：2015-04-02

河南省固始县沙河镇虽是平原地区，但油菜黑胫病很重。我们 2 年的连续调查表明，该地的油菜黑胫病病株率和病指均是所调查的全国 100 多个县（区）中最重的。根据我们以往的调查结论，固始县丘陵地区油菜黑胫病应该比平原地区还要重。4 月 2 日，胡宝成、侯树敏、荣松柏赴固始县丘陵地区武庙镇调查油菜黑胫病。结果使我们很失望，当地抛荒地多，已基本不种油菜了，原来油菜打造的景观地锁扣梯田也是零零星星地种了一些油菜。据了解，这主要是土地已被流转，当地准备利用所流转的土地开发和发展旅游，近二年已没人种油菜了。看来利用土地流转发展旅游业各地有不同的理解和做法。

标题：黄山市徽州区油菜后期病虫害调查及指导

日期：2015-04-07

应黄山市徽州区农委的邀请，胡宝成、侯树敏今天赴该区灵山村和蜀源村调查油菜后期管理和病虫害。徽州区副区长廖万友、区农委盛主任、余主任、区农发办方主任等带领我们实地调查了两村的油菜病虫害发生情况。油菜菌核病发生比较重，茎秆已出现明显病斑，重病田目测发病率达20%左右（雨太大，田间积水较深，无法田间直接调查）。我们对后茬作物的种植提出了水稻—油菜、西瓜—油菜、向日葵—油菜等多种种植方式供当地参考。

标题：油菜生产调查

日期：2015-04-08

胡宝成、侯树敏赴青阳县和南陵县调查油菜病虫害。当地油菜在接连几天的大雨中刚刚终花，调查没有发现任何害虫。油菜菌核病刚刚在叶片上发生，还没有侵入茎秆，病叶率普遍不是很高，不到10%。叶片上黏连的花瓣也很少。看来大雨的冲洗作用对降低油菜菌核病株率还是有效的。油菜黑胫病在我们所调查的2个县均有发现，不同品种病株率有差别，病重的品种已达15%左右。由于油菜刚刚终花，在青角期的1个月里，病株还会不断表现症状，病株率还会增加。为了调查不同品种间的抗病性差异，我们询问在田间劳作的农民，但遗憾的是他们不知道种植品种的具体名。我们随后也采集些病株带回分析。

标题：巢湖油菜叶露尾甲调查

日期：2015-04-11

侯树敏赴巢湖耀华调查今年油菜叶露尾甲发生情况。叶露尾甲近年来已成为当地油菜、白菜的主要害虫，每年均有大量发生。当地油菜、白菜正值盛花期和盛花末期，也是油菜叶露尾甲成虫大量交配产卵期。据调查，目前田间油菜百株成虫量达1 000头左右，最多的1株上有达15头成虫。幼虫也已开始为害叶片，因而急需施药防控。我们此次调查主要是了解油菜叶露尾甲的发生程度，同时将雌、雄虫分开采样，以研究雌、雄触角感受器的差异、对寄主的定位选择及油菜叶露尾甲的遗传多样性。调查中，我们还发现2头不同的叶露尾甲成虫，其前胸背板及鞘翅呈古铜色，光滑、无刚毛，与绝大多数灰色有花纹和刚毛的个体有明显区别，这是出现了种群分化还是仅仅是个别变异，我们将继续跟踪调查。另外，田间害虫还有黄曲条跳甲、大猿叶甲，但发生量不大，暂无需防治。

标题：油菜叶露尾甲普查

日期：2015-04-14

自2008年油菜叶露尾甲在安徽巢湖被首次发现以来，该害虫在巢湖地区为害已呈逐年加重趋势，同时也在不断向周边地区扩展。为了调查油菜叶露尾甲在长江下游地区的发生情况，4月13日，侯树敏、郝仲萍赴安徽当涂、芜湖、宣城、广德和浙江长兴、湖州等地调查该害虫。结果在安徽当涂、芜湖和宣城等地均发现了油菜叶露尾甲的幼虫，但发生量较轻，尚未造成严重为害；在安徽广德、浙江长兴、湖州等地目前还未发现油菜叶露尾甲为害。

标题：杭州油菜叶露尾甲调查

日期：2015-04-14

侯树敏、郝仲萍继续赴浙江杭州、临安等地调查油菜叶露尾甲发生情况。在岗位科学家张冬青的团队成员余华胜研究员、张尧锋研究员的带领下在其所内油菜试验地及杨村试验基地进行调查，均未发现油菜叶露尾甲，在临安也未发现该害虫。目前看来，油菜叶露尾甲在浙江可能还未发生。田间调查之后，我们与张冬青研究员及其团队成员就油菜病虫害的发生与油菜栽培措施的关系进行了座谈，交流了一些看法，起到了很好的相互学习和促进作用。

标题：苏州油菜叶露尾甲调查

日期：2015-04-15

侯树敏、郝仲萍继续赴江苏苏州市调查油菜叶露尾甲发生情况。在苏州综合试验站孙华站长的团队成员许才康研究员、张建栋助理研究员的带领下赴吴中油菜示范区和望亭油菜试验基地进行调查，结果也都未发现油菜叶露尾甲。田间调查之后，我们还与孙华站长及其团队成员就油菜病虫害的防控技术以及在苏州等经济发达地区如何利用油菜花与旅游相结合、提高油菜种植效益、促进油菜发展等交换了看法。我们也介绍了我们在安徽黄山地区发展油菜与旅游相结合一些做法和经验。

标题：南京油菜叶露尾甲调查

日期：2015-04-16

侯树敏、郝仲萍继续赴江苏南京市调查油菜叶露尾甲发生情况。我们在句容、星甸等地均发现油菜叶露尾甲为害，在句容还采集到成虫样本带回研究。但目前两地的成虫发生量均不大，尚未造成严重为害，我们将继续关注油菜叶露尾甲在该地区的发展趋势。

标题：黑胫病调查

日期：2015-04-19

4月16—18日李强生、荣松柏对江西省油菜产区的油菜黑胫病发生进行了调查。此次调查的目的是为了进一步查清该病害在我国的详细发生情况。本次主要调查地点为九江—南昌—上饶 带，共调查8个县市。4月中下旬，江西油菜已近成熟，部分早熟或栽培条件差的田块开始收获，为黑胫病最佳调查时期。在我们所调查地区黑胫病均有发生，田块间、品种间发病率不一。初步统计最高田块发病率在20%~30%，大部分田块为零星发生，且病斑较小，与以往调查结果相比，该地区今年的黑胫病病害发生较轻。菌核病也较往年发病轻。

标题：浙江省黑胫病调查

日期：2015-04-20

在以往调查中，油菜黑胫病在浙江省普遍发生，且部分地区发病情况较重。为了解黑胫病的流行以及发展趋势，本次调查区域为衢州、杭州、湖州地区，约6个县市。从调查情况看，该病害同往年一样所到之处均有发生，但大部分调查田块发病不重，病株病斑不大，植株长势良好，对产量影响应该不大。为了分析病原菌的变化，我们对每个调查点取样作进一步分析。

标题：芝麻体系首席科学家张海洋等人一行来访交流

日期：2015-04-21

芝麻体系首席科学家河南农科院张海洋研究员和病虫害岗位专家等人来安徽省农科院检查指导工作，落实芝麻体系任务。在座谈时我们交流了各自作物病虫害的工作，通过交流我们再次深切地感受到以往从事植保工作，往往是注重自己所在地区病虫害问题，眼界不够开阔，措施有局限性。而通过体系内大协作能放眼全国，不仅解决当前问题，更重要是能发现潜在的问题和变化趋势，这对指导综合防控病虫害是非常有益的。

标题：向日葵体系首席科学家安玉麟等人一行来访交流

日期：2015-04-22

向日葵体系首席科学家安玉麟研究员及内蒙古农牧科学院院长冯万玉研究员和李子钦研究员来安徽省农科院交流。我们探讨了油菜和向日葵的共同病害——菌核病。尽管在油菜和向日葵中均没有发现抗原，但选育抗（耐）病性强的品种还是病害综合防控最重要和有效的手段。

标题：黄山市油菜、向日葵生产指导

日期：2015-04-23

胡宝成、李强生、荣松柏陪同向日葵体系首席安玉麟一行赴黄山市徽州区指导油菜、向日葵打造农事景观，发展乡村游、生态游中农作物生产上的问题。徽州区副区长廖万友、区农委盛新辉、余文英主任、潜口乡朱乡长等现场办公，帮助解决问题。安玉麟针对去年该区蜀源村向日葵生长中出现的问题和今年如何发展向日葵给予现场指导。安玉麟认为品种问题是主要的，其次是气候问题。并准备安排品种试验，提供耐高温高湿并抗病性比较好的品种。李子钦研究员等人在现场调查了油菜菌核病，发病率在 20%~30%。由于油菜和向日葵菌核病是同一种真菌，这对连作向日葵不利。

标题：赴石潭村指导油菜向日葵的生产

日期：2015-04-24

歙县霞坑镇石潭村利用油菜打造摄影点推动乡村游已有十多年。近年我们又帮助他们种向日葵，朝一年四季、季季有花的需求迈进，推动了当地旅游的发展。但连年种植油菜和向日葵病害加重，观花效果下降，农民种植效益也难提高。在油菜快收获、向日葵准备播种之际，我们与向日葵体系首席安玉麟研究员一道赴石潭村指导油菜向日葵的生产。歙县农委胡日辉主任，凌国宏站长，霞坑镇汪敏镇长、洪巧莲书记、农技站叶森国站长等一同参与考察指导。

安玉麟应邀做了培训，从品种选择、病虫害防控、栽培施肥等方面系统地讲解了如何种好向日葵。胡宝成研究员也从油菜油蔬两用、延长花期、病害防控等方面给予指导。石潭村吴德华书记、吴淑标主任等村委干部和种植大户 20 余人参与。培训过后又现场指导向日葵、油菜在当地景观中如何布局。下午我们继续在石潭、定潭和绵潭等地调查油菜病害，这三地菌核病发病率在 20% 左右，但定潭油菜黑胫病发病率高达 30% 左右，品种间差异较大，浙平系列品种病害轻。已采样带回。

标题：湖北恩施油菜考察

日期：2015-04-27

李强生于 4 月 27—29 日赴湖北省恩施市考察超稀植油菜病虫害发生情况。中国农科院油料所方小平研究员也同时到达。恩施市土家族苗族自治州农科院的李必青所长接待了我们，并陪同考察和介绍情况。4 月 27 日下午，李所长带我们考察了该院的油菜区域试验情况。油菜正值青角期，长势良好，菌核病发病率在 10% 以内，没有发现黑胫病，发现很少量的蚜虫，试验区域设置了防鸟网。据李所长介绍，恩施近年来鸟害严重，不得已设置了防鸟网。

标题：湖北恩施油菜考察

日期：2015-04-28

稀植油菜栽培技术是恩施市土家族苗族自治州农科院重点试验、示范、推广的技术。稀植油菜栽培改依赖大群体增产为强调个体优势，从改良田间微生态环境入手，确保单株生长健壮，通过控制个体增产潜力，达到群体稳产、高产目的。4 月 28 日，李必钦所长陪同我们考察了该院设在恩施市建始县的超稀植油菜 3 个试验点。超稀植油菜试验采用的品种为铜油杂 2 号、德新油 59 等。

8 月底播种，苗床育苗或水浮育苗。7~8 片叶时移栽至大田，株行距 1 米×1 米左右，500~600 株/亩。上足底肥，视情况喷施 1~2 次叶面肥，11—12 月喷施 2 次多效唑。目前油菜正值青角期，株高 2 米左右，一次有效分枝数 20~35 个，分枝部位低，植株没有倒伏，生长健壮。发现少量植株感染黑胫病和白锈病。菌核病的发病率在 10% 左右，与常规栽培的油菜发病率相当。据李所长介绍，在油菜菌核重发年份，由于超稀植油菜田间微生态环境的改良，菌核病发病较常规栽培的油菜轻。我们还就该院准备申报超稀植油菜栽培技术地方标准及扩大超稀植油菜示范、推广提了一些意见和建议。

标题：参加长江下游区油菜体系座谈会

日期：2015-04-29

　　胡宝成赴南京参加江苏农科院经作所主持的长江下游三省一市油菜体系"十三五"育种规划座谈会，长江下游区 4 位岗位专家和 6 位试验站站长均到会。会议由长江下游油菜育种岗位专家戚存扣研究员主持，到会的各位专家均发言对本区域内各岗位和试验站如何加强合作交流，做好本职工作，促进油菜产业的发展提出了一些建议和意见。胡宝成研究员也就"种业新政"条件下，省、市一级农科院所如何开展油菜育种也提出自己的想法。并建议应加强应用基础方面的研究，尤其是生物和非生物的抗逆性研究，发掘和创造抗病虫、抗极端气候条件的育种材料，从而选育创新性品种。

标题：黑胫病病原菌分离

日期：2015-05-05

　　荣松柏、李强生对前段时间调查所采集的黑胫病部分病株进行了病原菌分离提纯。病株秸秆经过消毒处理，在水琼脂培养基上进行培养分离。目前初步观察所采集的样本均有可能分离出黑胫病病菌，也就意味着，油菜秸秆上病症及黑色病斑为该病菌所致。准确的病原菌形态特征观察大概还需经过 2~3 次的纯化即可。

标题：江西湖口油菜病虫害调查

日期：2015-05-06

5月5日，侯树敏赴江西省湖口县武山镇油菜高产模式攻关示范基地调查油菜病虫害情况。在湖口县农业局郭局长等带领下调查了2个示范区的病虫害情况。2个示范区油菜菌核病发生均较重，早熟品种病害更重，病株率达50%~70%，且3~4级植株较多，病指30~50。中晚熟品种发病相对较轻，病株率一般为20%~30%。

油菜害虫目前主要为蚤跳甲，发生量比较大，由于蚤跳甲具有趋绿性，对晚熟油菜为害比较大。喷施催熟剂的田块，由于喷施时间较早，造成油菜千粒重和含油量的降低。根据调查的结果，我们建议要重视苗期蚜虫、菜青虫及跳甲的防控，选用中熟品种，初花期和盛花期2次喷药防控菌核病，喷施催熟剂的时间应掌握在油菜角果80%以上转为枇杷黄时为宜，同时我们计划在今秋油菜播种前在当地举办一次油菜病虫害安全高效综合防控技术培训会，帮助提高当地农技人员、农民科学防控油菜病虫害的能力。

标题：黑胫病发生情况调查及指导

日期：2015-05-09

5月7—9日，李强生、荣松柏赴陕西汉中进行油菜黑胫病发生情况调查。汉中地处陕西省西南部，因秦岭阻隔，气候温和湿润，常年降雨量较为充沛。因其独特的气候和地理位置，汉中被誉为陕北"小江南"。汉中有耕地面积400万余亩，常年油菜面积约120万亩，是中国重要的粮油生产基地。为了掌握油菜黑胫病在中国的发生情况，在国家油菜体系咸阳试验站和汉中农业科学研究所的帮助下，我们共调查了汉台区、勉县和南郑县3个县6个乡镇11个不同田块（含水田、旱地），其中包含一块白菜型油菜田的黑胫病发生情况。调查结果，所有调查的田块均有不同程度的病害发生，发病率5%~70%。旱地发病率普遍高于水田，这与水田能有效降解病原菌，减少菌源量积累，降低病原菌活力是密不可分的。不同油菜品种间的发病率存在差异，因调查的多位农户田块找不到人，具体品种名称无法得知。汉中农科所油菜课题组李英研究员和植保课题组王晓娥，咸阳试验站成员常建军参加了本次调查。她们在以往将该病害误认为油菜菌核病。本次的实地调查也帮助了当地科研技术人员对该病害的了解和认识。

标题：蚜虫在油菜植株上的取食行为研究

日期：2015-05-13

根据我们前期的研究结果，通过主成分分析，从59个参数中确定了其中16个参数影响最显著，而且这16个参数都与韧皮部相关。在初期所选择的几个油菜品种上进行蚜虫EPG研究，显示不同品种之间最主要的差异表现在韧皮部的总摄食时间上。近日，郝仲萍赴浙江大学继续进行蚜虫口针刺探电位图谱技术研究。本次对处于二叶期的中油821进行蚜虫EPG分析，在实验室内饲养的敏感系甘蓝蚜背部黏结金丝，置于二叶期的植株叶片上，同时在4棵分开的植株上检测4头蚜虫的取食行为，持续检测6小时，试验共设30次重复。

标题：中油821的蚜虫EPG测定

日期：2015-05-18

对中油821的蚜虫EPG数据进行分析，郝仲萍发现EPG方法在测定的过程中，单次重复存在比较大的变化，稳定性较差，需要进行更多次的重复，剔除其中的差异化较大的数据。结果显示，与韧皮部相关的参数中，在第一次E波之前的非探测期的持续时间为51.72分钟，从EPG开始到第一个E波出现的时间为205.43分钟，E1波出现的次数约为3次，E1波占韧皮部阶段的百分率37.95%，E1波到第一次持续的E2波（>10分钟）之间的时间为2.13分钟，E1波的总时间5.43分钟，E1波到持续的E2波（>10分钟）的总时间4.12分钟，E2波的总时间104.16分钟，从EPG开始到第一个E2波的时间260.27分钟，最长E2波的持续时间68.73分钟，E2波>10分钟的比例48.33%。

标题：蚜虫口针刺探电位图谱数据分析比较

日期：2015-05-21

结合前期的不同油菜品种的EPG数据进行聚类分析，郝仲萍发现采取不同的聚类分析方法，品种之间的分类不同，但秦优79与其他品种的差异化较大。试验将继续安排新的油菜品种的加入，目前已将要测的品种进行播种，待发育到二叶期时进行EPG测定，对更多品种的EPG参数进行聚类分析，更精确地归类不同的品种。

标题：根肿病菌侵染观察

日期：2015-05-25

　　根据前期在加拿大根肿菌侵染甘蓝型油菜的研究结果，费维新设计了根肿菌侵染白菜的试验。根肿菌采自黄山休宁张村试验地，接种植物为速生 2 号（由中国农科院蔬菜花卉所提供的白菜感病品种）。种子播种在菌土中 10 天后取苗观察，发现在植株根部有皮层侵染，并形成了薄壁孢子囊，与以前观察到的结果相似，但是出现根肿菌皮层侵染较早一些。

标题：油菜不同发育阶段对蚜虫取食的影响

日期：2015-05-26

　　由于前期的 EPG 研究只集中在不同油菜品种的二叶期一个发育阶段，横向比较虽然可以帮助我们了解植株对蚜虫取食的抗性因子定位，但植株不同的发育期，其抗性可能会存在很大的变化。所以接下来的研究将对秦优 10 号，秦优 79 及其中核杂 488 二叶期、四叶期和六叶期的蚜虫 EPG 进行测试，纵向比较不同油菜品种，不同发育阶段对蚜虫取食行为的影响。目前，郝仲萍已经将所需的品种在温室大棚中播种，待发育到相应的阶段进行 EPG 测试。

标题：巢湖油菜机收现场会

日期：2015-05-27

　　巢湖试验站主持的机收现场会于 26 日在肥东县石塘镇举办。胡宝成、荣松柏应邀参加现场会，机收岗位专家吴崇友研究员到现场指导。肥东县农技推广中心科技人员及种植大户 80 余人现场观摩。机收现场所种植的品种为洋油 737。于 10 月 10 日左右直播，密度为 3 万株/亩左右。收割前病虫害调查，菌核病发病率为 1%~3%，无黑胫病，也无害虫。在今年油菜菌核病偏重的情况下，实属不易。说明品种选择、播期避病和化学防治均有比较好的作用。收获时油菜成熟度达 90%左右，收后田间检查损失率不超过 8%，现场展示效果比较好。

标题：油菜黑胫病试验

日期：2015-05-2

李强生、荣松柏近一段时间对油菜黑胫病田间试验进行了调查和分析。从接种试验调查初步分析看，不同时期接种对病害的侵染有一定影响。早期接种为病原菌的侵染提供了充足时间，接种部位的不同，如叶片、茎秆对病害的发展也至关重要，相同条件下，接种于茎秆部的植株普遍发病较重些。通过调查和考种，对试验数据进行了分析，对产量损失进行了初步评估。由于气候和病原菌量较少的原因，黑胫病材料鉴定筛选试验较往年发病率偏低、病害程度轻。调查显示多数品种几乎没有发病，少数几份材料植株有病斑，但发病程度、病害级别较低，均在 1~2 级。气候的不适宜和田间菌源量不够可能是造成病害轻的重要原因。

标题：病毒感染植株后对蚜虫 EPG 影响的研究准备

日期：2015-05-29

根据项目安排，郝仲萍进行不同油菜品种接种 TuMV 病毒后对蚜虫 EPG 参数的影响。观察不同油菜品种在感染芜菁花叶病毒后蚜虫取食行为的变化，以了解病毒-蚜虫-植株之间的相互作用。TuMV 病毒来源于安徽省农科院烟草所纯化的病毒，使用 PBS 缓冲液进行研磨，并稀释到一定的浓度保存，待油菜品种出苗后将进行人工摩擦接种。在发病的植株上测定蚜虫的 EPG 图谱变化，与健康植株进行比较，确定植株感病后对蚜虫的影响。

标题：参加油菜—玉米周年高产高效技术模式示范现场会

日期：2015-06-01

5 月 28—30 日，侯树敏赴湖北襄阳参加国家油菜产业技术体系承办的油菜—玉米周年高产高效技术模式示范现场会。示范区位于襄阳市襄北农场，核心示范区面积 1 920 亩，采用油菜—玉米轮作模式。示范区集成应用了最新的 8 项先进核心技术：（1）粮油兼丰合理轮作技术。连续采用 5 年油菜轮作，土壤有机质含量可提高 0.2 个百分点，水稻或玉米单产提高 5%~8%，节肥 10% 左右，养分利用率提高 8% 左右，周年经济效益亩增收 20~30 元；（2）高油机收油菜品种"中双 11 号"。集高含油量（49.04%）、强抗裂角、高抗倒伏、抗菌核病为一体，每亩增加产油量 5.3 千克，亩增收 53 元；（3）机械化玉米品种"中单 808"。高产、抗病，每亩可增产 100 千克，亩增收 110 元；（4）油菜全程机械化高产高效生产技术。应用油菜精量播种、机械化收获等全程机械化作业，省工省时，节约用工成本 40 元/亩以上；（5）玉米全程机械化高产高效生产技术。机械精量播种、施肥、收获，可实现"双增二百"（增产 100 千克，增效 100 元）；（6）肥料减施高效利用技术。在现有联合播种机上加装喷雾施药装置，一次完成"灭茬、旋耕、施肥、播种、开沟、覆土、封闭除草"等工序，可大量节约用工成本，亩增效 80 元以上；（7）农药减施高效利用技术。芽前封闭除草、油菜"一促四防"，即在油菜花期施用磷酸二氢钾、油乐硼、咪鲜胺等，每亩可节省用工 3 个，增产 10%，增效 350 元；（8）秸秆（菌核）快速腐解技术。在收割机上安装喷雾装置，对油菜秸秆喷施复合生物菌剂 15 克/亩，可加速秸秆和菌核的腐解，培肥地力，可使后茬水稻增产 3%，下季油菜菌核病病指下降 16.8，增产 5%。

参加现场会的是来自全国各地的栽培、植保、农机、产业经济等方面的科技人员、农技推广人员 300 余人。虽然现场会的当天下着小雨，不利于机收作业，但机械示范演示仍取得很好的效果，油菜收获后可立即机械播种玉米。现场会后，还听取了王汉中首席的示范成果发布，院士、专家们的学术报告等，对与会的科研、推广人员是一次很重要的学习、提高的机会。

标题：林芝油菜病虫害调查及指导

日期：2015-06-11

6 月 10—11 日，侯树敏、吴新杰赴西藏林芝调查油菜病虫害发生情况，重点调查喜马象甲和园林发丽金龟今年的发生情况。在西藏大学农牧学院但巴老师和仓吉老师的带领下，在其油菜试验田进行了调查。油菜虫害总体比去年发生要轻些，但园林发丽金龟、喜马象甲仍发生较重，虽然调查时是阴雨天，但仍发现园林发丽金龟和较多的喜马象甲成虫，喜马象甲已成为当地为害油菜的优势种群，急需研究安全高效防控措施。我们介绍了几种防控方法，建议他们进行试验，并采样带回研究。

调查中还发现了苜蓿盲蝽及其他一些鞘翅目甲虫（种名待鉴定）。我们及时向但巴和仓吉老师介绍了要注意苜蓿盲蝽的发展，虽然目前虫口数量很少，但要注意防止其暴发。蚜虫也有零星发生，已有蚜棒，需要防治。在病害方面主要是霜霉病和白锈病，其中霜霉病发生较重，但由于目前油菜已经是青角期和盛花期，对油菜为害不大，可以不防治，我们介绍了相应防治药剂和防治方法。

田间调查结束后，我们与但巴和仓吉老师进行了座谈，据但巴老师介绍，目前他们在油菜病虫害研究和防控方面还比较弱，希望以后双方加强合作，在林芝地区开展油菜病虫害防控研究。我们赞成但巴老师的想法，并邀请但巴老师及其团队成员在方便的时候访问我所，加强交流，共同探讨合作研究的切入点，共同为林芝油菜的发展做出贡献。交流中我们还介绍了黄山利用油菜花促进旅游的做法，在林芝地区大力发展油菜不但可以增加农民菜籽收入，还能促进当地旅游发展，增加旅游收入。

标题：拉萨油菜病虫害调查及防控指导

日期：2015-06-13

6月12日，侯树敏、吴新杰乘汽车由林芝前往拉萨调查油菜病虫害。13日在拉萨综合试验站尼玛卓玛站长团队成员唐琳和袁玉婷老师的带领下到油菜试验田调查。由于品种和播期的不同，目前油菜正处于苗期、初花期、盛花期和角果期，不同生育阶段都有，且油菜类型丰富，白菜型、芥菜型和甘蓝型均有，有利于我们进行病虫害调查。调查发现田间油菜害虫主要有蚜虫、小菜蛾和大菜粉蝶（别名欧洲粉蝶）。其中大菜粉蝶有暴发的趋势，田间少部分苗期油菜的叶片已全部被吃光，只剩叶柄，初花期的油菜也被吃成秃杆。幼虫群集为害，一株油菜上严重的有15~20头幼虫，且大多为3~5龄幼虫，食量大，为害严重，有暴发的风险。我们建议及时喷药防治，并推荐使用菊酯类农药。据唐琳和袁玉婷老师介绍，拉萨油菜害虫有发生越来越重的趋势，去年大菜粉蝶就曾暴发过，今年田间又开始出现。蚜虫已经喷药防治过，现在又出现了较重的蚜棒，还需再次防治。我们建议防治害虫时需交替使用不同类型的杀虫剂，以免长期多次使用同一类型农药，易造成害虫抗药性增强，增加防治难度。田间未发现病害发生。

标题：油菜黑胫病试验

日期：2015-06-16

通过近一段时间对油菜黑胫病病株样本的分离纯化工作，李强生、荣松柏发现今年在江西、浙江、江苏、陕西、安徽等省份采集的病害样本在特征特性上与弱侵染型病原菌相似，菌丝在适宜温度条件下生长较快，菌丝分枝少，生长后期有棕色分泌物和黑色小点（分生孢子器）出现，初步判断所分离的样本均为黑胫病弱侵染型。虽然病原菌特征为弱侵染型，但发现，各地采集的不同病害样本，病原菌菌丝生长的速度，菌丝外观颜色，以及分泌物和分生孢子器的生成量多少均存在一定的差异，这一情况是否与油菜黑胫病病原菌生理小种的不同有关。我们将进行病原菌生理小种鉴定方面的研究，利用病原菌 RAPD 分子标记与致病性表型相结合的方法研究病原菌生理小种差异，筛选出合适的鉴别寄主，进行科学的病原菌生理小种鉴定。

标题：西藏山南地区油菜病虫害调查

日期：2015-06-17

6 月 15 日，侯树敏、吴新杰赴山南地区贡嘎县扎其乡西嘎学村调查油菜病虫害。西嘎学村油菜种植面积 800 余亩，是拉萨综合试验站的一个示范点。种植油菜为甘蓝型油菜，目前已进入初花期，田间调查未发现病虫害，油菜长势较好。据当地农民介绍，往年油菜害虫主要是蚜虫和毛毛虫（大菜粉蝶幼虫），严重时能把油菜吃光。对此我们介绍了防治方法和防治药剂等。田间调查结束后，我们与山南地区农技推广中心农科所的米玛次仁所长及其他科技人员进行了座谈。他们介绍了山南地区油菜生产现状，目前山南地区油菜种植面积 8 万多亩，其中 5 万多亩为甘蓝型油菜，其余为白菜型和芥菜型油菜。油菜施肥主要是农家肥、氮肥和磷肥。害虫主要是蚜虫、菜青虫，病害相对较轻，但菌核病也时有发生。油菜害虫发生较重的主要原因：一是农民缺乏防虫意识，对害虫大都不认识，也不愿意防治；二是油菜蚜虫主要发生在油菜花角期，施药困难，所以每年因虫害造成较大损失。为此我们介绍了热雾机和小型遥控无人飞机防控技术及防治药剂等。双方还商定计划今年 7—8 月份在当地举办一次油菜害虫识别及安全高效防控技术培训，以提高广大农民的害虫防控意识和防控技术水平。

标题：甘肃和政油菜害虫调查采样

日期：2015-06-25

6 月 21—24 日，侯树敏、郝仲萍赴甘肃临夏和政县调查油菜叶露尾甲并采样。油菜叶露尾甲最早就是在临夏和政一带发现的，该地区可以说是中国油菜叶露尾甲的一个起源中心。此次调查，我们不仅发现了大量的油菜叶露尾甲而且还发现了花露尾甲、苜蓿盲蝽等害虫，虫口密度也较以往调查的有所增加。调查时虽是阴雨天气，但严重田块油菜叶露尾甲的百株成虫量仍达 700~900 头，花露尾甲百株成虫量达 200~300 头，苜蓿盲蝽目前虫口密度还不大，但较以往有所增加，但值得关注，以防其暴发。我们采集了大量的油菜叶露尾甲成虫带回实验室探索饲养方法。目前成虫仍活着，希望能够完成一个世代，为深入研究提供大量的材料。

标题：油菜病虫害防控技术培训班

日期：2015-07-01

"油菜病虫害防控技术培训班"在屯溪黄山国际大酒店举办。会议由安徽省农科院作物所主办，黄山市农委承办，参会人员主要是黄山市各区县的农业技术人员 70 余人。会议分别邀请加拿大阿尔伯塔省农业研究中心教授黄小芳博士和安徽省农业科学院胡宝成研究员讲授了油菜主要病害（菌核病、根肿病、黑胫病）与虫害的防控技术与研究最新进展。加拿大在油菜根肿病与黑胫病方面的综合防治技术对我们开展这两种病害的防治具有重要的指导意义。报告中关于中国农业生产中近年来油菜病害与虫害发生新的变化给下一步的研究工作提出了新的课题。

标题：加拿大黄小芳博士等来访学术交流

日期：2015-07-04

6 月 30 日—7 月 3 日，加拿大阿尔伯塔省农业研究中心植物病理学专家黄小芳博士、张赣发博士与中国农科院作物所研究员李洪杰博士、河北省沧州农科院田伯红研究员一行 4 人来我所进行学术访问交流。双方讨论了合作交流平台的建设，为双方人员的学习互访提供便利的渠道。与中国农科院李洪杰研究员等就油菜遗传群体的构建与抗病育种以及论文的写作等方面进行了广泛的交流。访问期间黄小芳博士还应邀在"油菜病虫害防控技术培训班"上做了关于油菜根肿病和黑胫病研究学术报告。

标题：参加第十四届国际油菜大会（害虫研究新进展）

日期：2015-07-08

胡宝成、侯树敏、李强生于 7 月 5—9 日参加了在加拿大萨斯卡通举办的第十届国际油菜大会。这届国际油菜学术盛会有来自 30 多个国家的近 800 人参加，发表论文 530 多篇，其中有关油菜害虫研究的论文摘要 20 篇，内容涉及害虫综合防控、害虫抗药性、新害虫的发现和天敌利用、油菜抗虫性研究、杀虫剂对蜜蜂的影响等。其中害虫的综合防治、新害虫的发现和防控、油菜抗虫性及害虫抗药性等是研究的热点。

研究的害虫种类主要是：花露尾甲、茎象甲、跳甲、甘蓝瘿蚊、蚜虫、叶蝉、草盲蝽、心皮象鼻虫。我们团队报道了油菜新害虫——喜马象甲的发现和鉴定的情况。油菜害虫综合防治方面：在法国，由于茎象甲不断产生抗药性，而且抗性种群不断扩大、扩散，已经成为为害当地油菜的主要害虫之一。单一的化学防控已很难达到预期的防效，农民已无法有效控制该害虫为害。由于害虫综合防控（IPM）能够最大程度地减少化学农药的使用量，充分利用物理的和生物的方法来控制害虫，对保护生物的多样性和生态环境的安全具有重要意义。目前中国已开始实施化肥农药减施，农药使用只减不增。为了能够更好地控制害虫，实施综合防控势在必行。我们可以学习借鉴国外害虫综合防控成功的经验，结合我国农业生产的实际，研制出相应的害虫综合防控技术，将对中国农业可持续发展具有重大作用。

油菜新害虫的发现和防控方面：甘蓝瘿蚊 2000 年在加拿大安大略省被发现，现已成为为害加拿大油菜的主要害虫之一，导致部分地区油菜生产停滞。近年来该害虫已扩散至北美大草原，并开始为害。他们在采用化学防治的同时，开始寻找甘蓝瘿蚊的天敌。已经找到 2 种寄生蜂，一种是寄生幼虫的但还未鉴定出种类的寄生蜂，另一种是寄生卵的广腹细蜂科寄生蜂。我们也发现了一些为害油菜的新害虫（油菜叶露尾甲、苜蓿盲蝽和喜马象甲），在使用化学农药防控时，也应积极寻找天敌，开展生物防治。

昆虫抗药性研究方面：在德国，由于长期大量和滥用菊酯类杀虫剂防治油菜花露尾甲，造成油菜花露尾甲的抗药性不断增强，并在欧洲很多国家广泛传播，对油菜生产造成很大影响。在法国，油菜茎象甲对菊酯类农药也产生了严重的抗药性，科学家们采用豆科植物（蚕豆、小扁豆）与油菜间作，可有效减轻茎象甲对油菜的为害。此外，间作豆科植物还可以减少杂草的发生和减少肥料的施用，增加油菜产量。在中国也存在着长期大量使用同一种杀虫剂的现象，造成很多害虫均产生了不同程度的抗药性，如蚜虫、小菜蛾、黄曲条跳甲等对菊酯类农药均产生了一定程度的抗药性，因此，我们在防治害虫的时候一定要采用综合防控技术（IPM），使用化学合成杀虫剂时，一定要交替使用不同类型的杀虫剂，以减缓害虫的抗药性的产生，保护生态安全。

油菜抗虫资源筛选研究方面：蚜虫是为害油菜主要的害虫之一，不但能直接为害油菜造成损失而且还能够传播病毒病，对油菜造成更大的损失。蚜虫还具有暴发性，一旦防控不当，很容易造成暴发，为害严重。如果蚜虫在油菜花期、青角期发生，防治时十分困难的。在印度，蚜虫能造成 10%~90% 的油菜产量损失，因此，筛选抗蚜虫的种质资源进行抗虫育种显得尤为必要且意义重大。目前印度旁遮普农业大学利用野生十字花科植物抗蚜虫基因资源，通过杂交、回交等手段已成功将抗虫基因导入到当地芥菜型油菜品系中，并已选育出 3 个杂交组合和 8 个自交系具有较强抗（耐）蚜虫的能力，为开展抗蚜虫育种奠定了坚实的基础。

利用诱集植物防控油菜害虫研究方面：不同的害虫对不同的寄主作物有着不同的爱好，有些作物是其特别爱好的寄主，只有当这种寄主不存在时，为了生存，它们才会去选择去为害其他寄主作物。利用诱集植物可以诱集害虫进行集中杀灭，具有高效防控和减少杀虫剂使用的效果。印度在利用埃塞俄比亚芥诱集大菜粉蝶的研究表明，在油菜种植地旁边种植少量的（4 行）埃塞俄比亚芥，能够显著减少大菜粉蝶在油菜上的产卵数和幼虫数，据他们 2012—1013 年研究，种植埃塞俄比亚芥的田块，油菜田中大菜粉蝶的幼虫数平均为 1.5 头/株，而没有种植埃塞俄比亚芥的田块，油菜田中大菜粉蝶的幼虫数平均为 10.7 头/株。在埃塞俄比亚芥种植行中大菜粉蝶的幼虫数平均达 50.4 头/株。由此可见，埃塞俄比亚芥可以诱集油菜大菜粉蝶，以便集中杀灭，有利于保护油菜安全生产。这些也值得我们在油菜生产中加以借鉴，大力推广。

分子生物技术在昆虫研究中的应用方面：利用 RNA 干扰技术诱导油菜抗虫性。在欧洲，油菜花露尾甲是为害油菜主要的害虫之一，在德国，油菜花露尾甲造成油菜产量损失可达 50%。大量的使用杀虫剂，特别是菊酯类农药，不仅造成环境污染，而且容易造成油菜花露尾甲的抗药性增强，因此发展新的防控策略尤为必要。RNA 干扰技术是利用双链的 RNA 诱导油菜产生高度专一化抗花露尾甲的能力，同时又不伤害其他有益生物。油菜花露尾甲致使基因与花露尾甲专一性反转录启动子相结合的质粒，通过农杆菌介导产生抗花露尾甲的油菜植株。通过育种，选育出带有专一性抗花露尾甲的双链 RNA 序列的花粉的油菜品种，花露尾甲取食这种花粉后，不仅可以直接杀死花露尾甲，而且可以长期减少花露尾甲的种群数量。利用分子技术鉴别害虫种类和天敌方面：在法国，他们利用 COLEO TOOL 分子技术可以在各个生育阶段鉴别 40 种类的象鼻虫及其天敌，这将有利于分析害虫对农业和环境的影响，为研究提供新的方法。

标题：参加第十四届国际油菜大会（病害研究新进展）

日期：2015-07-16

胡宝成、李强生、侯树敏于 7 月 5—9 日参加了在加拿大萨斯卡通举办的第十届国际油菜大会。这届国际油菜大会在 40 余场分会场报告中安排了 9 场分会场报告，20 余位专家作了学术报告；在 9 场专题讨论会中安排了油菜黑胫病和病虫害综合防控 2 场专题讨论会；还有 80 余篇墙报。围绕着油菜菌核病、油菜根肿病、油菜黑胫病等主要病害和其他次要病害开展学术交流和讨论。

油菜菌核病研究方面：油菜菌核病是中国油菜上最主要病害，每年造成巨大经济损失。这届大会上中国与会专家提交了比较多的论义，人多涉及抗病基因的定位、抗病分子机制、抗病性鉴定和品种选育。这些在以往的国内学术交流中我们已相互了解。我们关注的重点是加拿大、欧洲和澳大利业等油菜主产国最新研究进展。他们的研究独具特色，如澳大利亚从分子水平对油菜抗菌核病性的机理进行研究，表明建设上的基因调控与株型和叶片组织结构等共同对抗性起作用。他们采用芸薹属作物种间杂交进行抗病性选择，并在成株期对茎秆和叶片同时进行抗病性鉴定来选择抗病品种。这实质上是同时鉴定植株的避病性和耐病性。先锋公司利用多地多点进行抗病性鉴定，选育出了 3 个抗菌核病强的品种，产量损失比原抗病品种对照平均下降达 65% 之多，且田间抗性稳定。在化学防控上，尽管也筛选出了多种高效防控药剂，但还研究出最适施药时机，认为在病菌子囊孢子释放期施药很关键。

中国近年油菜抗菌核病品种选育进展不大，近年病害有加重趋势。综其原因我们认为首先是基础研究与应用研究结合不紧密。从事分子技术研究的很少搞育种，从事育种研究的很少应用分子技术。其次是鉴定方法没能把避病性和耐病性结合起来和跨区域引种不能有效利用生态避病性，在化学防治上仅考虑油菜花期，没能综合考虑病菌子囊孢子释放、油菜生育敏感期和气候因素，盲目性比较大。

油菜根肿病研究方面：由 Plasmodiophora brassica 引起的油菜和十字花科植物根肿病是一种重要的土传病害。十多年前该病害仅在十字花科蔬菜中流行。2003 年加拿大阿尔伯塔省在 13 块油菜地里首次发现该病害侵染油菜，到 2014 年短短的十余年时间里已有 900 万公顷（1.35 亿亩）的耕地被感染，每年病害引起油菜籽品质和产量下降的损失高达 150 多亿加元。加拿大对该病害进行了广泛的研究。认为病菌主要传播途径是农机具在病田操作后，带菌土壤随农机具传到无菌田，其次是大风刮起带菌土壤向邻近田块扩展。带菌种子和带土薯块和其他繁殖材料也可引起远距离传播。病菌休眠孢子可以在土壤中存活 15 年以上，所以轮作效果不是很理想。他们的研究还表明，土壤酸碱性对病菌侵染影响不大，主要影响因素是温度，最适宜侵染温度是 25℃左右。病菌生理分化现象比较明显。目前在加拿大主要是 1、2、3、5、6、8 等多个生理小种，其中 3 号生理小种为优势小种。

在综合防控中，他们的研究表明首先是防止病菌随着土壤进一步扩展，所以对农机具消毒很重视。其次是田间冬季免耕，防止沙尘暴传播病菌，多年轮作可以减轻病害的发生，也是提倡的措施之一。在防治措施上，如德国筛选出的石灰氮 Calcium cyanamide 能有效地降低病株率和病指，但经济上不可行。最主要的综防措施是选用抗病的品种，加拿大、澳大利亚和欧洲已经选育出了抗病品种并得到广泛应用。但近年发现品种的抗病性丧失比较快。目前国际上对该病害的研究重点已深入到分子水平。在十字花科作物中筛选抗病基因，并进行定位，如在黑芥中就定位了 2 个抗病基因 Rcrt、Rcr8。普遍应用分子标记辅助育种，如加拿大阿尔伯塔大学就鉴定出 2 个 SSR 分子标记，马尼托巴大学与中国河南农科院合作鉴定出 3 个抗性基因用于分子辅助抗病育种。

油菜根肿病近年在中国发生逐年加重，尤其是中国长江流域油菜与水稻轮作，病菌随流水扩展很快。安徽省黄山市根肿病发病面积达 40% 左右。中国主要生理小种为 4 号小种，尚未有很好的防控措施，抗病育种工作也尚未开展。根肿病的快速流行已是中国油菜生产面临的新问题，抗病育种也是我们团队应重点考虑的目标之一。

油菜黑胫病研究方面：油菜茎基溃疡病/黑胫病 Phoma stem canker (blackleg) 是世界范围内油菜及其他芸薹属植物广泛发生的真菌病害。该病害每年造成世界油菜产量近 10 亿美元的损失。澳大利亚在 20 世纪 70 年代初由于该病的暴发流行致使该国油菜产业停滞发展长达 10 年之久，直到 80 年代抗病品种被选育出来才重新得以发展。法国、德国、英国和波兰等欧洲油菜主产国在 20 世纪 90 年代由于该病的流行导致产量损失在 10%~20%，严重流行年份的损失高达 30%~50%。加拿大从 80 年代末开始，由于病害的流行，造成生产停滞不前，直到抗病品种的大面积推广才迅速发展。油菜黑胫病病原菌为小球腔菌属的真菌复合种，主要有强侵染型的 *Leptosphaeria maculans*（[Desm.] CeS. et de Not.）（由此引起的油菜病害国内定名油菜茎基溃疡病）和弱侵染型的 *L. biglobosa*（由此引起的油菜病害国内定名油菜黑胫病）2 个种。农业部于 2007 年发布第 862 号公告将 *L. maculans*（真菌 205.）列入《中华人民共和国进境植物检疫性有害生物名录》。这届国际油菜大会上的研究报告表明，对该病害的研究也进入分子水平及分子辅助抗病育种已广泛应用。如澳大利亚鉴定出遗传变化和位点相关的抗病性。加拿大克隆出 *LepR*3 和 *Rlm*2 两个抗性基因。法国研究认为单独利用数量性状抗性基因或数量性状与质量性状基因共同利用可选育出持久抗病性品种，他们已鉴定出 15 个数量性状基因并克隆出其中 2 个用于抗病育种。选育出的质量性状单基因抗病性，在油菜苗期就表达抗病性，而数量性状的多基因抗病性则在成株期表达抗病性。美国在冬油菜品种资源中鉴定出多个能同时抗所有黑胫病小种的抗性基因（*Rlm*1-*Rlm*7），为抗病育种提供了很好的抗原。Cargill 公司通过多种育种途径（常规、杂种优势利用、小孢子培养、分子辅助选择等）选育出高油酸的抗黑胫病品种。欧洲多国的研究还发现，油菜黑胫病菌还会产生大量致敏蛋白质，是空气污染源之一。还有研究表明在化学防治上，对感病品种早期防治效果很好，但对中抗或抗病品种化学防治意义不大，可直接利用品种抗病性。

我们团队自 2008 年始开展了全国油菜黑胫病普查，结果显示：中国油菜黑胫病普遍发生。近 7 年来，我们调查过的 16 个省、市、自治区 190 个市县中，170 个市县均发现该病害。最重的田块发病率已高达 92%，整株死亡率已达 5%，部分调查田块损失率已超过油菜菌核病。尽管目前所调查和鉴定的结果表明中国已普遍发生的是弱侵染性的油菜黑胫病（*L. biglobosa*），强侵染性的茎基溃疡病尚未发现。随着气候的变化和耕作制度的变化，这种为害会进一步加重，将对中国油菜产业造成大的影响。

中国每年从加拿大、澳大利亚等国进口油菜籽达数百万吨。2009 年出入境检验检疫机构多次从进口油菜籽中截获油菜茎基溃疡病菌，2009 年 11 月国家质量监督检验检疫总局发布了《关于进口油菜籽实施紧急检疫措施的公告》（2009 年第 101 号）。中国与国际社会的科技交流与合作日趋频繁，种质资源材料的交换和引进也为新病原的引入创造了便利的条件。对该病害的监测和研究已刻不容缓。

标题：访问拜耳公司北美油菜育种站

日期：2015-07-17

在参加第十四届国际油菜大会期间胡宝成、李强生、侯树敏等还访问了拜耳公司北美油菜育种站。拜耳公司是德国化学品公司，90 年代初开始涉及油菜育种，他们的策略是把油菜品种与公司生产的除草剂结合起来，达到双重产品（种子和农药）同时进入市场的目的。该公司品种市场占有率提高很快，1997年公司第一个抗除草剂（Liberty Link）油菜杂交种问世，以后不断有新品种推出。公司在种子销售上采用 100%杀虫剂、杀菌剂种子处理，2002 年种植面积就达 1 200万亩，2007 年就占据北美 40%的市场份额达 2 400万亩，2012 年6 000万亩，现在高达 7 000多万亩，占据北美 50%的市场份额。

我们于 7 月 9 日上午赴拜耳公司北美油菜育种中心 Invigor 访问，并实地考察田间多种试验（品种比较、抗病性鉴定、抗除草剂品种展示）。该中心育种和病害专家 Barbara Fouler，Derek Potts 和 Jeff Mansiere 等人接待并讲解。拜耳公司油菜育种起步晚，但他们注重创新和大协作，育种水平起点高，成就显著。如在杂种优势利用上他们利用一种与抗除草剂连锁的不育系统，该不育系统不育系和保持系两用制种技术高效，既抗除草剂，又可很好地保护知识产权。目前他们已成功地将抗油菜菌核病、抗黑胫病、抗根肿病结合于一体。目前油菜品种能单独抗上述病害中的 1 种也属不易，加上抗除草剂，他们的育种水平处于世界领先水平。除此之外，他们还育出了高产、高含油量、高油酸含量、抗根腐、抗枯萎病的杂交品种。在抗裂角、早熟育种上也取得很好的成效。不断创新能够保障他们的品种在占据北美 50%的市场份额基础上更上一个新台阶。

标题：油菜黑胫病试验

日期：2015-07-20

荣松柏通过对今年田间病株的分离纯化，发现所采集的大部分黑胫病病株病原菌在培养特征上观察与典型的黑胫病弱侵染型种相似，表现为菌丝黄白色，有气生菌丝生成。培养一段时间后有黄色或棕色液体产生，同时产生黑色小黑点（为分生孢子）。由于病株来源于全国很多省份地区，病原菌培养虽然有很多共同特征，但个体之间还是存在一定差异，分析可能在致病性和致病力上也会在在差异，从而存在生理小种的差异。为此我们将利用人工接种的办法来研究分析。

标题：访问 Cargill 公司加拿大油菜育种中心

日期：2015-07-21

在参加国际油菜大会期间，胡宝成、李强生、侯树敏等还访问了 Cargill 公司。Cargill 公司是总部在美国的具有 100 多年历史的食品生产和研究利用跨国企业。在全球 200 多个地方有 1 300 多位从事研究和技术开发服务、知识产权保护等方面的专家。主要从事特种食用油研究和育种及产品应用，生产动物和鱼饲料、生物产品和生物能源、肉类和其他蛋白质产品。其中的特种油料公司总部在美国的科罗拉州，油菜育种的基础研究也在总部。在加拿大、澳大利亚、欧州等设有油菜育种站。我们早在 1998 年就与该公司签订了油菜合作育种协议。多年来执行了民间合作项目，相互鉴定油菜品种的抗病性及特殊酯肪酸育种。这次参加国际油菜大会后，我们于 7 月 9 日下午再次访问该公司位于加拿大萨斯卡砌温省的油菜育种中心。公司技术总负责人 Lorin DeBonte 博士和全球油菜育种负责人 Xinmin Deng 和加拿大育站多位专家接待我们。大家回顾了以往学术交流和合作所取得的成绩，也探讨了下一步合作的内容和方式。还实地考察了公司的田间试验和品种展示。

Cargill 公司的育种特点是产品和市场导向，主要是围绕高油酸特种油进行育种。不但出品种，还出产品（高油酸双低菜籽油），高油酸菜籽油在生产油炸食品可反复利用不影响油和油炸食品的品质的特点。所以与国际快餐业巨头麦当劳形成利益共同体。麦当劳在全球每天有 7 400 万人次的顾客量，Cargill 公司生产高油酸双低菜籽提供给麦当劳也有稳定的市场。根据国际快餐业对优质食用油的需求，该公司的油菜育种目标更深入到无反式脂肪酸、无饱和脂肪酸和高 Omega-3 脂肪酸育种。

他们的育种基地主要集中在北美，加拿大的萨斯卡通是抗病性鉴定中心。由于是特种油菜育种，他们的品种必须得到农户的接受去种植，所以也必须高产、抗病虫、抗逆。另外油脂品质必须交市场检验（每天 7 400 万人的顾客量），为了保证质量，他们是"百人磨一剑"，全球 100 余位科学家参与育种及相关的基础研究，每年只出 1~2 个品种，种植面积在 2 000 万亩左右。

标题：访问加拿大农业部萨斯卡通研究中心

日期：2015-07-22

在参加第十四届国际油菜大会期间，胡宝成、侯树敏、李强生等还访问了加拿大农业部萨斯卡通研究中心。该中心是加拿大农业部设在全国的 19 个研究中心之一，也是加拿大和国际油菜研究中心之一。该中心现从事研究的科学家 40 余人。中心设在萨斯卡砌温省会萨斯卡通市，在市内和邻近地区有试验农场 4 个，共计 1 120 公顷（约合 16 800 亩）。加拿大动、植物资源库和标本库也位于该中心，收集有包括国际大麦和燕麦种质资源在内的各种动、植物种质资源 11 万多份。该中心的研究领域主要集中在农业生物技术的研究和开发，高附加值农产品加工技术，作物育种、作物生态保护和主要农作物病虫草害综合防控。研究重点集中在 5 个方面：（1）加拿大平原三省可持续种植系统的作物综合管理；（2）根肿病的可持续综合管理；（3）油菜、豆类和饲料作物遗传改良的综合策略；（4）遗传资源的保护、评价和利用；（5）生物产品生物资源。在油菜研究方面，他们主要是创制新的种质资源来改良油菜品种；应用新技术开发油菜作为工业原料作物；油菜抗病虫、抗冷、抗旱和抗盐碱等抗逆性育种；油菜病虫草害的综合防控技术研究等。

我们在访问中，参观该研究中心的实验室和温室，人工气候室，油菜根肿病人工接种试验等。他们实验室和温室共享机制很好，大型仪器设备和温室使用要提前预定，周年运转，基本上没有闲置时间。温室和人工气候箱有专人管理，浇水、施肥，植株长势与露天栽培的基本没有区别。做试验周期短，准确性好，研究也是流水线型。与国内绝大多数实验室和我院的实验室以课题组为管理主体的家庭作坊管理模式形成鲜明对比。当然，他们的实验室管理模式与他们的科研经费管理是相对应的、相辅相成的。仪器设备的投入、采购、维修等辅助均由研究中心专人负责。科技人员要做的只是提前报使用计划，做好试验设计，关键时采集数据。权利、责任、义务对等明确。交流中我们还回顾2011年签订合作协议以来合作研究取得的进展，讨论了下一步的合作交流事宜。还引进了一些种质资源作为抗病鉴定材料。

标题：参加第十四届国际油菜大会其他访问成果

日期：2015-07-23

在参加第十四届国际油菜大会期间，胡宝成、李强生、侯树敏还分别与以下单位的人员进行广泛的学术交流，并取得了一些成果。

1. 与英国 Hertfordshire 大学的座谈。与英国 Hertfordshire 大学的 Bruce Fitt 教授座谈中，双方交流了防止油菜茎基溃疡病入侵中国及油菜黑胫病在中、英两国的流行和防控措施。Bruce Fitt 教授在国际上首先提出油菜茎基溃疡病在中国暴发的可能预警。胡宝成研究员作为第二作者参与 Bruce Fitt 教授于 2008 年在国际权威学术刊物上发表了论文。该论文分析总结了油菜黑胫病在加拿大、澳大利亚及欧洲的发生、发展和变化过程。对中国油菜黑胫病发生和流行及变化为茎基溃疡病的风险提出了近期、中期和长期的防控措施。双方联合执行了英国政府资助项目气候变化对油菜新病害的影响。我们团队也在主持科技部的科技支撑项目中把油菜黑胫病作重要研究内容之一。在农业部现代农业产业技术体系的研究工作中，把该病害研究也作为重点任务之一。近 8 年的研究基本明确了油菜黑胫病在中国分布特点、为害程度和变化趋势。在座谈中双方表达了进一步加强信息交流和深入合作。

2. 与法国 Biogemma 公司的座谈。与法国 Biogemma 公司的 Bruno Grezes-Bessel 博士（该公司技术负责人）、Limagrain 公司的 Jean-Eric Dheu 博士（法国油菜育种项目负责人）的座谈中，双方回顾了执行联盟第四框架国际合作的项目所取得的成果。针对近年中、法两国油菜生产面临的问题，双方同意在提高油菜产量的同时，加强抗病育种（抗菌核病、黑胫病、病毒病）和抗虫育种（抗花露尾甲）。尤其是抗虫育种，难度比较大。因为以往的育种工作对抗病性比较重视，在资源鉴定、抗病材料创制、机理和流行规律、人工接种和鉴定评价方法等方面均集累了丰富的材料和经验。而对油菜害虫的防控基本上是以杀虫剂的应用为主，缺乏系统的研究。随着法国对一些种类杀虫剂的禁用及中国在农业生产中提出绿色公关增产模式，减少农药和化肥的使用，害虫的综合防控将面临新的挑战。这将促使我们从抗虫育种上加快研究，解决害虫的为害对油菜产业的影响。双方一致同意在上述共同感兴趣的研究方向上各自开展工作；近期互访，尽快签订合作协议、保密协议，适当时机联合申报国际合作项目。

3. 与加拿大阿尔伯塔省农业部的座谈。在大会期间与加拿大阿尔伯塔农业部农业和农村发展研究所 Hwang Sheau-Fang 博士再次座谈，他们于会前（7月1—3日）访问了安徽省农科院，并在黄山市举办的油菜主要病虫害综合防控技术培训班上讲课指导油菜根肿病的防控。Hwang Sheau-Fang 研究团队最早在加拿大开展油菜根肿病研究。目前的研究水平处于世界领先地位。我们团队也派出过2位科技人员在该研究所培训了半年，并签订了合作协议。在这次座谈中，双方回顾了他们在我院访问和指导的情况，商谈了在油菜根肿病和黑胫病研究的合作细节，并表示了愿为安徽省农科院继续培训科研人员。

4. 芬兰赫尔辛基大学的座谈。与芬兰赫尔辛基大学的 Into Laakso 教授和芬兰 VTT 技术研究中心的 Tuulikki Seppanen-laakso 博士的座谈中。双方交流了自2014年我们团队2次访问芬兰期间交流的合作事宜所取得的新进展，尤其在油菜脂肪酸改良等育种合作继续申报有关项目事宜。

标题：参加第十四届国际油菜大会的体会、启示和建议

日期：2015-07-25

1. 我们油菜研究团队参会的体会和如何转型发展的启示

参加这届国际油菜大会我们获得了国际上油菜研究最新成就和进展的大量信息，取得了多项学术成果，这对我们油菜研究团队如何在国家实行"种业新政"的环境下，更好地学习、借鉴和转型发展深受启示，受益匪浅。

国家"种业新政"明确将杂交油菜新品种选育列入商业化育种，将育种项目资金投入的重点转向企业。这项新政策对我们油菜育种团队影响很大。如何将研究的重点由以往的育种转向基础研究？近、中、长期研究方向和目标如何确定？这届国际油菜大会无疑给我们提供了一个很好的学习交流机会。为了更多更有效地从大会上获取信息，我们派出了 6 人参会并明确每个人在会上关注的重点，胡宝成除了关注油菜菌核病方面的研究进展外，主要是与已有合作协议的有关大学、科研院所和企业交流合作进展情况，并寻求新的合作伙伴。陈凤祥主要关注油菜杂种优势利用方面的研究；李强生主要关注油菜黑胫病、根肿病和其他新病害方面的研究；吴新杰主要关注品种资源和转基因方面的研究；侯树敏主要关注油菜害虫方面的研究；范志雄主要关注分子生物学技术及应用等方面研究。通过学习和交流大家在各自关注的研究领域均获得大量信息，了解国际上研究最新进展。会上大家还广交朋友，达成多项合作意向，使我们今后的研究和创新争取能站在"巨人"的肩膀上。尽快实现转型发展。

2. 种质资源创新与育种紧密结合在"种业新政"下对我院转型发展的认识和启示

种质资源的创新是农作物种业创新的基础。安徽省农科院在作物育种上要有新的突破，必须在新种质发现和创新上先突破。拜耳公司和 Cargill 公司在油菜新品种选育和应用上的重大进展再次证明了这点。

中国 20 世纪 70 年代甘蓝型油菜波里马细胞质雄性不育的发现和 80 年代世界上第一个杂交油菜新品种"秦油二号"在全国大面积推广标志着我国油菜杂种优势利用研究居世界领先地位。我们团队从 20 世纪 90 年代初发现了甘蓝型油菜隐性上位核不育系，并成功地选育出一系列杂交油菜新品种，荣获"省科学技术一等奖"和"国家技术发明二等奖"，居全国领先地位。均是新的种质资源的发现和应用的基础。

这届国际油菜大会上，众多专家的报告和跨国公司所展示的新品种、新技术表明中国在该研究领域的优势已被超越。德国拜耳公司在短短 10 余年时间里油菜品种从无到有，并占据北美油菜种植面积 50% 的市场份额（达 7 000 万亩/年），是利用与抗除草剂相连锁的不育系统育成了抗油菜菌核病、抗黑胫病和抗根肿病与抗除草剂相结合的杂交亲品种。美国 Cargill 公司利用改良后的萝卜细胞质雄性不育系统成功地选育出高油酸含量的杂交油菜新品种，很快成为麦当劳、肯德基等国际快餐业专用油品种，现在他们又进一步选育出 Omega-3 脂肪酸、无反式脂肪酸等专用油菜品种。均是种质资源的率先突破及成功地利用的结果。

我国正在实施的"种业新政"将杂交水稻、杂交玉米、杂交棉花、杂交油菜和蔬菜新品种选育纳入商业化育种的范畴，我院相关研究所和团队也因此陷入了"危机"。如何抓住政府加大对种质资源创新研究的机遇，针对当前生产上存在的主要问题和潜在问题，通过种质创新与育种结合，争取"十年磨一剑"，尽快育成创新性品种，将是我院再铸辉煌的基础。

3. 团队协作在"种业新政"下对我院转型发展的认识和启示

团队协作将是农作物种业创新的关键。我院在作物育种和应用上要有新突破，还必须加大团队协作的力度。我们对拜耳公司和 Cargill 公司的访问成果使我们更加理解和体会协同创新的意义。

拜耳公司油菜育种在短期内能取得如此巨大的成效，也与他们的协作创新密不可分。公司在比利时建立基础研究中心，从事转基因、分子标记、抗性（生物和非生物）机理等研究。在加拿大、澳大利亚、德国、印度、波兰等油菜主要生产国设立育种试验站，充分利用当地种质资源、不同生态气候条件进行鉴定。各育种试验站有各自的育种目标，选育出的材料和品系又能相互交流综合到杂交品种中去。如同汽车生产的流水线，全球几百位从事油菜研究科研人员在各自岗位生产"零部件"，然后拿到各个育种站针对当地生产上的需求去"组装配套"一个新品种的问世是几百位研究人员共同协作的结果，可谓"百人磨一剑"。

Cargill 公司也是如此，他们的基础研究中心设在美国，育种和鉴定基地在加拿大，同时在澳大利亚、印度、欧洲也有育种分中心。由于是特种脂肪酸（高油酸）育种，为了保证品种的品质、产量和抗性能力，他们的试验规模很大，仅在加拿大全国就布点 25 个，产量比较试验小区达 4 万多个，抗病性鉴定在加拿大布点 10 个，小区达 3 000 多个。而这一切只为每年出 1 个品种。实为"大海捞针"。

而对比我院农作物品种的选育，不要说协作，就是研究所内部的协作也难以实现。3~5 人一个团队，家庭作坊式的育种，不但效率低下，试验规模小，而且"近亲繁殖"品种同质化程度高，市场占有率小，很难满足生产上的需求。"种业新政"尽管给我们带来了危机，但也是一种契机。在现行国家评价体系和奖励政策不变的框架下，我院应进行调整，奖励办法和激励机制要普惠，要强化团队作用，加强协作合作，以协同创新的机制来实现品种选育和生产上应用的新突破。

4. 对安徽省农科院加强国际学术交流与合作，培养具有国际视野和创新人才的建议

加强国际学术交流与合作是培养具有国际视野和创新性人才的有效途径之一，安徽省农科院应进一步鼓励和大力支持科技人员积极参与，促进现代化院所的建设。安徽省农科院国际学术交流与合作工作一直得到院党委的高度重视和支持，也取得了很好的成效，但广度和深度不够。各研究所之间不平衡，有些学科国际学术交流比较少，同时实质性的合作研究不多，迎来送往，交流洽谈的比较多。究其原因还是人才问题和我们自己的研究水平有限。

安徽省农科院在当前加强现代化院所建设，加快转型发展过程中提出人才立院并拟打破研究所界限组织创新团队。我们认为在打造创新团队的工作实践中更应快速提高科研人员的国际视野和国际交流能力，应进一步加大国际学术交流和合作的力度，并联合承担国际合作项目。安徽省农科院水稻所多年来一直在科研综合实力和成果推广应用等方面在全院领先，在全国 1 200 多家地市级以上的科研单位综合创新能力评估中连续多次进入百强甚至十强，这与该所重视人才培养，积极争取承担国际合作项目是分不开的。尤其是在 20 世纪 90 年代后期利用承担联合国 UNDP 项目，送出近 20 名科研骨干在国外著名研究所和大学培训半年以上。这批人才铸就水稻所今日的辉煌。

我们建议安徽省农科院应进一步加大选派年轻的科技人员赴国外进修学习和培训的力度。充分利用国家外专局引智培训项目、国家留学基金项目、国家自然科学基金项目和各类科研项目，选派有潜力的年青的科技人员赴国外著名的研究院所和大学进修学习或合作研究半年以上。并像要求每个研究所承担国家自然科学基金项目不留空白那样，要求每个研究所在国际学术交流和合作中不留空白。鼓励和支持科技人员多参加大型综合性国际学术会议和活动，尤其是在中国举办的这类国际会议和学术活动，结合科研工作实践尽快培养一批具有国际视野和创新能力的人才和团队，加快转型发展，加速安徽省农科院现代化院所建设。

标题：不同油菜品种四叶期蚜虫 EPG 测试

日期：2015-07-27

在前期对不同油菜品种二叶期上的蚜虫取食行为研究的基础上，近日，郝

仲萍继续对处于四叶期的不同油菜品种上蚜虫取食行为进行 EPG 研究分析。由于不仅要进行品种之间差异性的比较，还要进行同品种 2 个发育时期之间的差异性分析，所以我们并未仅对 16 个显著性参数进行测试，而是全部的 59 个 EPG 参数。目前数据正在整理分析中，并将于 8 月初进行六叶期的测试，以期发现品种抗蚜参数的连续性变化。

标题：与花生产业技术体系岗位专家交流

日期：2015-07-29

　　侯树敏与到访安徽省农科院花生综合试验站的花生产业技术体系病虫害防控研究室岗位科学家曲明静博士及其团队成员鞠倩博士进行了座谈。双方互相介绍了各自在害虫防控上的研究方法、进展及遇到的问题，探讨未来害虫研究的方向等，通过交流，大家互相启发，受益匪浅。

标题：根肿菌接种营养土的研究

日期：2015-07-30

　　根肿菌接种是研究根肿病的关键环节，费维新根据前人研究资料结合本实验室的试验条件，开展了根肿菌接种用营养土配方的研究。我们研究比较了 6 种不同配方的营养土基质，研究结果表明以沙子和泥炭作为基质的 2 种配方均可以作为油菜根肿菌接种用配方。其中泥炭为基质的配方感病对照品种根肿病发病率为 100%，可以用来鉴定生理小种和抗性资源筛选。沙子为基质的配方可以形成较大的根肿块，可以用来作为菌源繁殖的配方基质。

标题：蚜虫 EPG 研究过程中昆虫种群的维持

日期：2015-08-12

　　近日，郝仲萍赴浙江大学继续进行蚜虫口针刺探电位图谱的研究。由于上次去甘肃考察有些耽误试验进程，导致 2 个品种的发育时期过了四叶期，所以这次进行补充研究。但由于种种原因，特别是夏季的高温，常有用电超负荷而导致停电的状况，影响到室内敏感种群的存活，目前，敏感系种群数量太低，亟待建立种群。所以我们正在积极解决问题，一是通过田间捕获虫体，在室内鉴定，并开始饲养；二是正在联系其他单位，如果找到虫体的敏感系种群，我们也会积极引种。

标题：转录组、蛋白质组和代谢组学实验及数据分析研习会

日期：2015-08-17

8月11—15日费维新参加在上海举办的"录组学、蛋白质组学和代谢组学实验及数据分析系列研习会"。会议由上海生咨生物主办，上海市药物转化工程技术研究中心协办，参会人员有来自全国各研究院所及大学的专家学者共计40多人。研习会深入探讨了不同平台的试验方法、研究策略、试验设计和数据分析，并介绍了组学实验整合研究的案例。研讨内容由具有丰富实践经验的科研技术人员进行讲解和带领数据分析的实际上机操作，讲授老师主要是来自上海复旦大学、上海交通大学及上海生物信息技术研究中心的研究专家。

标题：拉萨综合试验站油菜病虫害调查

日期：2015-08-20

8月20日，侯树敏、荣松柏2人赴拉萨综合试验站。在尼玛卓玛站长及其团队成员唐琳研究员的带领下在他们的试验地进行调查。油菜大都正值成熟收获期，早熟品种已开始收割，晚熟品种角果也已开始转色。油菜的病害不重，未发现菌核病，有少部分因蚜虫为害引起的病毒病。虫害主要为蚜虫，在部分晚熟品种绿色角果上仍能发现大量的蚜虫，有些植株整株被蚜虫为害至死。在已收获的白菜型油菜地自生苗上又发现了大量的大菜粉蝶（欧洲粉蝶）的幼虫。据卓玛站长介绍，该害虫近两年在田间发生严重，如果防控不及时，时常暴发，大量幼虫能将油菜苗吃光，该害虫已成为为害当地油菜的主要害虫之一。我们6月份在当地调查时就发现了大量的大菜粉蝶的幼虫和蛹，现在又发现了大量的幼虫，所以该害虫在拉萨一年至少要发生2代以上。我们推荐了一些防控措施。

标题：在拉萨试验站座谈交流

日期：2015-08-21

侯树敏、荣松柏与拉萨综合试验站站长尼玛卓玛研究员进行了座谈，就拉萨地区和山南地区油菜种植品种、栽培技术和病虫害防控等进行了广泛而深入的交流。我们了解到该地区油菜病虫害主要有霜霉病、蚜虫、大菜粉蝶（欧洲粉蝶）、小菜蛾及跳甲等，以虫害为主，常常因为虫害防控不及时或防控方法不当而造成较大损失。我们与拉萨试验站计划一起在山南地区建立一个百亩油菜高产栽培及病虫害安全高效防控示范区，同时对当地农技人员开展一次油菜高产栽培及病虫害安全高效防控技术培训。

标题：西藏山南地区油菜病虫害调查

日期：2015-08-23

　　侯树敏、荣松柏在拉萨综合试验站站长尼玛卓玛研究员陪同下赴山南地区贡嘎县岗坡镇和扎囊县扎其乡西卡学村油菜种植区调查油菜病虫害。两地的油菜正值收获期，早熟田块，农民已收割堆放在田间进行后熟，迟熟田块也已进入黄熟期，等待收割。我们在田间调查发现为害油菜的最主要的害虫蚜虫和大菜粉蝶（欧洲粉蝶），田间发现有大量的大菜粉蝶在翩翩起舞，交尾产卵。据介绍，由于当地没有进行有效的防控，该害虫近年来发生量越来越大，为害也越来越重。我们在一块防治过一次害虫的田间调查发现，蚜虫（甘蓝蚜）的有蚜株率达90%左右，有蚜枝率达80%左右，蚜棒长度5～30厘米。大菜粉蝶幼虫也有5%左右。此外，我们还发现了疑似东方菜粉蝶的幼虫，我们已采集一些幼虫准备带回实验室进行饲养，待其化蛹羽化为成虫后进行鉴定。

标题：山南地区油菜病虫害安全高效防控及高产栽培技术培训

日期：2015-08-24

　　侯树敏、荣松柏在拉萨综合试验站站长尼玛卓玛研究员陪同下赴山南地区农业技术推广中心开展了油菜病虫害安全高效防控及高产栽培技术培训。就我们在拉萨和山南地区对油菜病虫害的调查情况及油菜长势情况进行了介绍，并根据调查情况，有针对地介绍了一些油菜病虫害的识别及安全高效防控方法，推荐了一些防控药剂以及相应的栽培管理技术，回答了与会人员的提问，介绍了一些除草剂的正确选择和使用方法等。参加培训的农技人员20人左右。

标题：敏感系甘蓝蚜的室内饲养

日期：2015-08-25

8 月初，因为实验室饲养的敏感系甘蓝蚜种群受到高温、高湿以及流行病的影响，种群出现断种。为了确保蚜虫 EPG 的研究可以在短期内继续进行，郝仲萍从浙江湖州黄芳老师处借调了同种的敏感性甘蓝蚜进行室内繁衍饲养。近日，我们赴浙江大学进行实验室敏感系甘蓝蚜的饲养。在建立种群之前，我们对养虫笼等设备进行了消毒处理，并修缮了养虫室控温控湿设备。目前，蚜虫种群生长、发育、繁殖良好，种群数量正在持续增加中。我们会积极总结经验教训，避免以后的试验过程中再出现类似的事件，影响试验的进展。

标题：油菜病虫害防控试验示范

日期：2015-09-03

为了进一步发展我省油菜油菜产业，结合国家油菜产业技术体系工作任务，和扩大油菜种植推动皖南乡村旅游产业发展。近期我们对油菜试验示范基地进行了考察，通过当地政府和农业科技推广部门的协调，落实了基地并向基地农户免费发放种子肥料等生产资料，承诺在生产关键时期进行病虫害防控管理技术指导和培训。以此在提高油菜产量的同时，提高旅游收益，带动发展乡村农家乐等相关产业，增加农民收益。2015—2016 年示范点拟设在黟县、歙县、休宁、祁门、太湖等旅游区和油菜生产县。

标题：油菜抗耐根肿病关键技术研讨会

日期：2015-09-07

9 月 6—7 日费维新赴华中农业大学参加油菜抗耐根肿病关键技术研讨会，参加会议的有来自植保、抗病育种、土肥、农机等相关领域的专家和湖北省政府相关部门领导及病疫区的代表近 20 人。此次研讨会由华中农业大学主办，参会单位有中国农科院、西南大学、湖南农业大学、安徽省农科院、四川省农科院、云南省农科院、江苏省农科院、宜昌农科院、黄山市农科所等单位，主办方特邀请中国工程院院士傅廷栋教授到会指导。7 日上午由与会根肿病研究专家作学术报告，分别从根肿病病害流行、致病机理、综合防治及抗病育种等方面介绍了根肿病研究关键技术的进展。费维新在会上汇报了我们研究团队近年来在根肿病方面开展的研究及进展。下午与会代表就当前生产上的急需的技术进行了讨论，形成了下一步开展根肿病研究的初步方案。与会代表一致同意成立全国油菜根肿病研究协作组，以加强科研合作与资源共享，为油菜根肿病联合攻关研究提供组织保证。会后由主办方将此次会议形成会议纪要上报农业部有关部门。

标题：油菜黑胫病菌分离

日期：2015-09-08

　　荣松柏通过对带病秸秆的分离，纯化，目前已全部完成今年所采集的180份样本。样本主要采集于安徽省、江苏省、湖北省、江西省、陕西省、四川省、河南省等。部分已经纯化的菌株已利用矿物油进行密封低温保存。从菌丝形态上观察，地区来源不同的菌株存在差异，我们将从分子生物学的角度进行分析，从而区分出病原菌的生理小种或种群差异，为筛选单一的抗性资源提供帮助。

标题：2015 参加全国植保大会

日期：2015-09-11

　　胡宝成、李强生和荣松柏参加了在吉林长春举办的一年一度植物保护学术年会。大会以李玉院士关于真菌分类学的报告作为开始，报告详细系统地介绍了真菌学发展、真菌分类、命名的规则。以较为详尽的实例阐述真菌命名方法及使用规则，对今后中国的真菌分类、科学研究具有指导意义。浙江省农科院院长陈剑平院士就中国当前植保科研科技现状和国家政策导向进行了介绍，就当前植保科研中存在的问题进行了分析并提出了科技创新与服务体系建立的重要性和必要性，提出中国今后植保科研发展的重点和方向。中国农科院植保所周雪平研究员就双生病毒种类鉴定、分子变异及致病机理进行了报告，研究在病毒快速鉴定、病毒变异分析等上取得了较大进展。报告最后提出了虫害与病害与植株之间的互作关系研究思考，这与我们目前在油菜病虫害研究上开展的工作相似，蚜虫与菌核病之间的互作关系、菌核病与黑胫病互作关系等研究已取得一些有意义的进展。新型绿色农药的创新与植物保护新设施新技术也是本次大会会议交流的主要内容。本次大会由中国植物保护学会主办，来自全国植保科研单位、农业高等院校、省市植保推广部门等 1 000 余人参会。

标题：参加全国植保大会

日期：2015-09-14

2015 年中国植物保护学术年会于 9 月 13 日结束。大会围绕植物病害、虫害，生物药剂、病虫害防控以及相关的科研项目设立等 5 个分会场进行了学术交流。会议内容广泛，涉及作物病虫害研究的各个环节和领域，包括病原菌鉴定、病原菌致病机理研究、病害控制技术研究以及多病害间的互作研究等。在听取众多研究学者报告后，结合当前的国家政策认为，减肥减药，降低农药残留，保障食品安全，倡导绿色防控已成为发展趋势。

油菜近几年随着市场价格的不稳定，种植面积逐年下降。但作为农业科技工作者，我们应清楚地认识到油菜产业对解决我国食用油所起到的重要作用。加快油菜种植的机械化进程、选育优良品种，加大油菜病虫害防控技术研究，降低种植成本，减少劳动强度，提高种植积极性，提高经济收入，是在新形势下发展油菜产业的重要内容。随着气候的变化，油菜病虫害为害日益严重，除了一些常见病虫害外，如菌核病、病毒病、蚜虫、菜青虫等，在一些地区经常发现有非油菜害虫为害油菜，由于缺乏相应的防治措施而导致巨大损失。油菜根肿病、黑胫病也在逐年增加。应加强病害监测、药剂筛选、抗病品种选育、防治技术研究等。

标题：参加中国昆虫学会 2015 年学术年会

日期：2015-09-24

胡宝成、侯树敏参加了在沈阳召开的中国昆虫学会 2015 年学术年会。中国昆虫学会理事长康乐院士做了题为《中国昆虫学近十年发展评述》的大会报告，介绍了中国近十年来昆虫学研究的进展和取得的成就。近十年是中国昆虫学研究快速发展的十年，科研成果丰富，发表的高水平的研究论文在数量上和被引用的次数上已位居世界第二位，仅次于美国。中国在有害昆虫的控制、昆虫多样性、昆虫基因组学、模式昆虫、表型可塑性、多营养级的互作研究、昆虫行为学和有益昆虫的利用、保护等方面研究较多，也取得较好的成绩，但对传粉昆虫和媒介昆虫的研究相对较薄弱。因此，今后中国的昆虫学研究在保障优势领域研究的同时需加强薄弱领域的研究，使中国的昆虫学研究更加全面系统。

美国昆虫学会理事长 Phillip Mulder 博士也应邀做大会报告。介绍了美国昆虫学研究进展、美国昆虫学会的合作伙伴和 2016 年将在美国举办的第二十五届国际昆虫学大会筹备情况，邀请中国的昆虫学家能够参加此次大会。此外，国内与会的一些昆虫学专家在昆虫基因组、媒介昆虫传毒机制、昆虫-微生物共生机制、昆虫-寄主互作机理、国内外新型杀虫剂的研究与开发进展、昆虫物种的分子界定与多样性研究以及古昆虫的自然历史和系统演化等发面做了精彩的大会报告。通过参加此次会议，我们了解了国内昆虫学研究的最新进展和研究方向，同时结识了一些朋友，为我们今后更好地开展油菜害虫研究开阔了思路，也为今后与国内同行加强合作奠定了基础。

标题：参加中国昆虫学会 2015 年学术年会（续）

日期：2015-09-25

中国昆虫学会 2015 年学术年会今天进入第二天分组专题报告阶段，共分 7 个组进行学术交流和讨论。我们参加了第四组"昆虫生态与农业昆虫"的专题交流和讨论。一些专家的报告给我们的研究提供了新的思路和方法。如中山大学的张文庆教授关于"害虫控制中的生态学问题"提出了只有应用生态学资源来控制害虫才是可持续的防治方法。而随着国家政策的调整，生态环境作为地方干部政绩的考核指标，农业生产"两减"，农业生产和经营方式的转变等，生物防治将会越来越受到重视，发挥的作用也会更大。中国农科院植保所雷仲仁研究员所做的"入侵斑潜蝇的种间竞争与种群替代"的报告，对我们正在从事害虫普查和监测方法是个很好的指导。如林芝喜马象甲是我们于 2014 年 6 月在西藏林芝八一镇首次发现的油菜害虫，2 年的调查在八一镇发现害虫发生量均很大。但调查的范围不够，明年应扩大到林芝油菜产区，确定为害范围。其他还有福建农林大学陈李林关于露尾甲在秋季大量出现的报告，使我们意识到对该害虫的调查不能仅仅限于油菜花期，冬前苗期也需要了解其发生情况。华中农大谈情情有关大猿叶虫的滞育的报告，也提醒我们对该害虫的调查应扩大范围。

标题：蚜虫口针刺探电位测试的补充研究

日期：2015-09-28

近日，郝仲萍赴浙江大学继续甘蓝蚜在不同油菜品种上口器探测电位图谱研究。这次主要是对前期研究中数据不太理想或缺少试验植株的中油 821、汇油 50 和德油 8 号进行补充研究，同时进行花叶病毒的前期预试验，摸索蚜虫携带病毒后的 EPG 研究条件，目前试验正在有序进行中。

标题：油菜黑胫病病害田间试验

日期：2015-10-04

10 月正值油菜播种时节，2—3 日团队成员荣松柏到安徽黟县柯村进行油菜试验播种。柯村油菜常年病害较重，是理想的病害试验基地。为了进一步加深对油菜黑胫病病害的发病特点、品种抗性评价和防治技术研究，本年度在该地开展了黑胫病苗期与成熟期致病力一致性对比试验和不同时期药剂防治技术试验，拟通过试验掌握病害的发生规律，分析室内苗期接种和大田成熟期致病力的差异及相关性，寻求病害的最佳防治时期和防治方法。

标题：油菜黑胫病合肥试验播种

日期：2015-10-06

10 月 4—5 日，李强生、荣松柏开始油菜病害试验合肥试验点播种。拟试验研究人工接种苗期侵染和大田侵染成熟期致病性致病力表达差异；鉴定筛选 100 份材料的黑胫病抗性水平；抗、感黑胫病资源材料的转育研究。

标题：利用栽培技术控制油菜病虫害试验

日期：2015-10-16

10 月 13 日，利用栽培技术控制油菜病虫害试验在合肥试验田进行。侯树敏等采用超稀植栽培与常规密度栽培 2 种方式进行油菜移栽试验，比较在超稀植栽培条件下油菜的产量、病虫害的发生情况与常规栽培条件下的异同。如果在超稀植栽培条件下油菜产量与常规栽培条件下相当，病虫害发生轻于常规栽培，那么由于超稀植栽培既可以省工又可以省苗，将是一个值得推广的栽培模式。

标题：油菜黑胫病病原菌监测

日期：2015-10-19

在一定条件下油菜黑胫病病原菌数量和活力决定着病害的发生水平。通常情况下，残留在秸秆上的黑胫病假囊壳子囊孢子能存在存活数月至数年。黟县柯村是油菜黑胫病病害发生较重的地方，目前油菜基本播种结束，播种较早些的田块已经出苗。为了能预测分析黑胫病的发生程度，10月15—16日胡宝成、李强生、荣松柏3人对该地区残留在油菜秸秆上的黑胫病病原菌数量和活力进行了监测。由于该地油菜秸秆仍然以焚烧为主，且大多数采用机械收获，残留在田地里的秸秆较少，不宜采集，但我们还是在田埂和田边获得了少量秸秆。秸秆上的病菌假囊壳可见，数量不是很多，活力需在实验室内检测。尽管大部分秸秆被焚烧，但黑胫病菌源量在该地区一定不少（原因需进一步分析），我们在调查油菜出苗情况时就发现了部分油菜子叶被侵染的症状。

标题：土壤重金属污染防治及风险评价研讨会

日期：2015-10-23

　　第五届全国重金属污染防治及风险评价研讨会21—23日在广西南宁举办。胡宝成、荣松柏参会。会议围绕我国目前重金属污染形式、治理策略进行专题研讨。随着我国工业和经济的不断发展，工厂烟尘污水、汽车尾气、矿山尾矿的大量排放，导致各种重金属 Cu \ Gd \ Si \ Zn \ Hg 等在部分地区的大气、土壤、水系中已处于超标水平，重金属污染越来越严重，对生态系统和人类健康构成了严重威胁。据会议和相关文献报告，中国目前有近10%的耕地面积重金属含量超标，部分严重污染耕地已不能耕种，丧失了土地利用价值，重金属污染治理工作迫在眉睫。土壤重金属污染治理主要有表层淋洗、中层固定、深层掩埋等常规办法，可有效减低土壤中重金属含量，但成本较高。高吸附花卉或植物与低吸附作物套栽套种的治理模式，既可利用高吸附植物转移土壤重金属，还可种植低吸附作物保证产量，玉米加东南景天的种植方式已达到很好的治理效果，正在逐步推广。同时，利用微生物、新材料石墨烯和硅肥等也是治理重金属污染的重要方法。油菜既是一种油料作物，在长江流域也是一种不与主要粮食作物争地作物。利用种植油菜治理土壤重金属污染，将是一种既经济又有效的土壤治理方法。

标题：参加安徽省植保学会 2015 年学术年会

日期：2015-10-27

团队成员一行 5 人参加了在合肥召开的安徽省植保学会 2015 年学术年会，胡宝成做了"中国油菜病虫害新变化和防控措施"的大会学术报告。会议还邀请了省内外的植保专家做了食品安全生产、病虫害绿色防控、森林害虫天敌防控等学术报告。参会人员来自安徽省各地市县植保工作者 70 人左右。

标题：黄山油菜试验基地考察

日期：2015-11-2

胡宝成、费维新、荣松柏赴皖南考察油菜病虫害基地。在黟县柯村试验基地，今年播种后温度较往年同期温度偏高，油菜长势良好，目前已经达到 4 叶 1 心。油菜根肿病偏重发生，虫害较少见。在华中农业大学的根肿病试验田块，我们根据农民田间间苗丢弃的菜苗根肿病发病情况统计，感病品种的发病率在 30%~50%，而抗病品种的发病率低于 1%，表现出良好的抗病性。黑胫病试验播期稍晚，出苗整齐，由于草害较重，喷施了除草剂。调查的结果表明早播的田块油菜根肿病较晚播的发病重。

标题：油菜害虫调查采样

日期：2015-11-05

侯树敏带领 3 名技术工人赴巢湖市耀华村调查油菜叶露尾甲的发生情况及采样。耀华村是最早发现油菜叶露尾甲的地方，每年均严重发生，虽然农民也施药防控，但效果不好，分析原因主要是：（1）该地区十字花科蔬菜、杂草较多，给油菜叶露尾甲提供了充足的寄主；（2）农户防治均是一家一户的小范围施药，未能统防统治。此次调查发现每株大白菜上油菜叶露尾甲成虫达 30~50 头（未施药防治），在施药防控的油菜田平均每株仍有成虫 2~3 头。另外，调查还发现除油菜叶露尾甲外，蚤跳甲、黄曲条跳甲、猿叶甲等甲虫发生量也较大，而蚜虫、菜青虫等发生很轻。甲虫已成为该地为害油菜、蔬菜的主要害虫。由于农民对甲虫防控技术不了解，我们介绍了一些农药和防控措施，并计划明年在该地区开展防控试验示范，帮助当地农民进行害虫高效防控。

标题：小菜蛾调查取样

日期：2015-11-06

侯树敏带领技术工人到田间采集小菜蛾进行室内种群繁殖。由于目前合肥试验地油菜田小菜蛾发生量较少，因此我们赴长丰岗集蔬菜基地进行采集。在花菜大棚中，我们发现所有植株叶片被为害得千疮百孔，平均每片叶有小菜蛾幼虫 10 头左右，成虫也是在植株间到处飞舞，菜农没有有效防控措施。由于蔬菜基地周边就有油菜田，我们也指导当地农民进行科学防治。

标题：油菜叶露尾甲触角电镜扫描试验

日期：2015-11-09

11 月 8 日，侯树敏赴华中农业大学昆虫化学生态实验室做油菜叶露尾甲触角感受器电镜扫描试验。在实验室 2 位同学的协助下，对采自我国 3 个不同省份的 60 头油菜叶露尾甲的雌、雄虫触角进行了取样、固定，目前正在等待电镜扫描观察。

标题：油菜叶露尾甲触角 RNA 提取试验

日期：2015-11-10

侯树敏在华中农业大学昆虫化学生态实验室做油菜叶露尾甲触角 RNA 提取试验。在实验室 2 位同学的协助下，对采自安徽巢湖的 100 头油菜叶露尾甲成虫的触角进行了取样、RNA 提取及浓度检测，所提 RNA 质量较好，符合进一步试验的要求。

标题：皖南油菜生产情况调查

日期：2015-11-13

11 月 11—12 日，胡宝成、李强生、荣松柏对安徽省皖南油菜主要产区黟县、歙县、黄山区的油菜种植情况进行了调查。由于油菜产业效益和机械化程度低等原因，安徽省整个油菜种植面积严重萎缩。据统计报道，目前，全省油菜种植面积不及最高峰值时的 50%，在 700 万~800 万亩。皖南作为国家、安徽省重要旅游地，近些年在传统旅游项目的基础上大力发展乡村游，每年吸引了大批游客，为地方经济和社会影响做出了重要贡献。也正因此，多年来油菜种植面积在皖南地区没有多大变化，甚至还有增长的趋势。此次调查情况也是如此，在很多乡村的房前屋后，山涧溪畔，都种上了油菜，一片郁郁葱葱的景象，来年花开时节定是金黄满山。但与此不相映衬的是，在一些名气较大的景点（如宏村、塔川），村庄周围农田里却杂草丛生，毫无生机，农民为追求更大的经济效益，用更多的时间从事商业买卖，不再种植油菜。这样一来，导致原来的田园风光一年不如一年。长此以往必定将影响整个皖南旅游事业的发展。

标题：赴六安市调查油菜苗期菌核病

日期：2015-11-21

近年来油菜苗期菌核病在安徽逐步加重。今年11月份以来连续20多天阴雨，且气温偏高，是油菜菌核病苗期发病的适宜气候条件。11月21日胡宝成、李强生、荣松柏赴六安市调查病害发生情况。从合肥到六安市的金寨县高速公路两旁路上几乎看不见油菜。金寨县下高速后，沿途也仅零星种植。看来今年油菜籽偏低的收购价格和连阴雨对油菜生产的影响还是很明显的。金寨的古碑至花石一线生态条件很好，沿途如果多种植些油菜发展休闲农业，对提高油菜种植效益和农民增收应该是非常有利的。

标题：油菜病害试验基地检查

日期：2015-11-24

近一个月的阴雨天气后，预报近日寒潮降雪将至。胡宝成、李强生、荣松柏等人于11月23—24日赴黟县柯村油菜病害试验基地检查越冬前各试验表现。各试验幼苗普遍长势较好，也没有发现苗期菌核病。但根肿病试验由于苗小，杂草比较多，长势不好。沿途我们顺道赴黄山区仙源镇、三口镇调查油菜病害，但令人遗憾的是以往油菜的主产区，现在很少有油菜了。

标题：撰写"十二五"综合考核与验收报告

日期：2015-12-03

12月1—3日，根据体系首席办的通知和要求，胡宝成、侯树敏等再次对"十二五"综合考核与验收报告进行精心修改，精简压缩篇幅并及时上报，同时填报"十二五"经费使用情况审核表。

标题：制作 2015 年度工作总结及"十二五"工作总结汇报 PPT

日期：2015-12-09

12月4—9日，根据 2015 年度工作总结和"十二五"综合考核与验收报告，胡宝成、侯树敏制作 2015 年度工作总结及"十二五"工作总结汇报 PPT，目前初稿已经完成，等待全体团队成员讨论后补充修改。

标题：合作交流

日期：2015-12-17

16—17 日，应中国科学院微生物所邀请，李强生、荣松柏等 4 人赴北京进行合作交流。微生物所叶健博士等就其所研究的虫害与病害之间的关系以及研究发展前景进行了交流，尤其在油菜蚜虫为害后对菜菌核病发生有较大的影响等方式进行了交流。叶博士根据我们提供的信息（2014 年 2 月在新加坡与其交流），提出了一些新的想法。我们就目前在该领域的研究进展和具体思路也进行了简单介绍，对蚜虫与菌核病互作试验中不同品种结果存在较大差异，双方表现出极大的研究兴趣，试图通过该差异寻找出抗虫抗病基因或调控机制，从而辅助育种工作。中国微生物所有国家级重点实验室，生物技术和实验室研究水平高，我们团队拥有着丰富的油菜种质资源和田间试验经验，双方的合作将室内室外工作紧密结合，更有利于该研究项目的进展。

标题：参观全国科技成果展

日期：2015-12-18

国家农业科技成果展于 11—12 月在北京中关村会展中心开展。根据农业部科技司的要求员李强生、荣松柏等于 17 日赴京参观了展览。展览设作物品种、肥料利用、转基因生物技术、现代种植等几个主要展区，分别就中国在作物产量、品种资源、品种品质、肥效利用、秸秆还田、生物肥料、生物技术、现代养殖种植等方面进行了展示。近些年在主要农作物如水稻、小麦、玉米等出现了一大批高产、优质品种，大大地提高了我国粮食单产和品质。通过基因组测序等生物技术的发展，在了解掌握和利用基因功能方面也取得了丰硕的成果。在保护农业资源和生态环境方面，紧紧以"一减二控三基本"为指导，促进产业结构调整和科技成果示范，取得了显著的绩效。转基因展区以三问三答的方式回应了人们对转基因研究和转基因产品的认识。

标题：昆虫行为学试验

日期：2015-12-29

12 月 27—29 日，侯树敏进行天敌昆虫缨小蜂饲养试验并利用 Y 型管研究其对不同处理寄主的选择行为试验。试验结果表明天敌昆虫对不同处理寄主具有偏好性，其偏好性与其寄生害虫对植物寄主的偏好性是一致的。天敌防控是生物防治的一个重要措施，如何在害虫防治过程中保护天敌是害虫综合防控重点研究内容之一。此外，还提取了一些寄主植物的次生代谢挥发物，分析其与害虫的互作关系，研究植物对害虫的抗性机理。

标题：油菜根肿病调查

日期：2015-12-30

12 月 28—30 日费维新等 3 人赴皖南调查油菜根肿病的试验情况。今年油菜根肿病呈现出发生面积大、发病率高的特点，主要是由于油菜秋季播种后雨水较多、气温偏高加重油菜根肿病的发生。在黟县柯村试验点，开展了 2 个试验：分别为抗根肿病育种转育的 F_2 代材料（44 份）的病圃鉴定，以及江苏农科院委托试验的 30 份油菜品种抗性鉴定。鉴定病圃的生理小种为 4 号小种，鉴定试验的感病对照发病率为 100%，病情指数在 90 左右，鉴定结果可靠。试验结果表明江苏农科院提供的 30 份品种经鉴定均为感病品种。在 44 份 F_2 代材料中获得 13 份高抗根肿病材料，发病率在 10% 以下，抗性表现良好，下一步将继续进行加代回交转育。

另外我们还考察了铜陵等沿江油菜产区的病害情况，尚未发现油菜根肿病发生。但是根据目前的生产情况，我国农业的机械化作业发展很快，为油菜根肿病的加速传播创造了有力条件，这一情况应该引起农业主管部门的高度重视，及早在源头控制、生产环节与抗病育种以及科普宣传等主要方面采取相应措施。例如，对病区生产繁殖的种子进行清洁处理及调运的检疫控制，在源头上控制根肿病的蔓延；对于病区跨区作业的农业机械采取消毒措施；并且加大根肿病抗病育种的支持力度；同时应加大根肿病防控知识的普及宣传，提升基层农技人员的防控意识。

2016 年度

标题：油菜叶露尾甲越冬调查

日期：2016-01-05

1月4—5日侯树敏到本院油菜害虫试验田调查油菜叶露尾甲越冬情况。按正常年份此时油菜叶露尾甲已入土冬眠，但是此次调查仍然发现田间有油菜叶露尾甲成虫在活动，啃食叶片，并未进入冬眠，这可能与今年冬季合肥的气温较往年偏高有关。由此可见随着气候的变化，油菜叶露尾甲的发生规律也在随之发生改变。气候变化对害虫种群的发生具有深远的影响，我们也将继续深入调查、监测害虫种群的变化趋势，研究在新情况下相应的防控措施。

标题：油菜叶露尾甲触角电镜扫描试验

日期：2016-01-12

1月11日，侯树敏对油菜叶露尾甲触角进行电镜扫描试验。触角是昆虫进行寄主选择、定位、感知外部环境和种群个体间信息通讯的重要器官。本试验结果表明：油菜叶露尾甲触角为棒状触角，分为柄节、梗节和鞭节，由11节组成；感器有毛形感器、刺形感器、锥形感器，感器主要分布在触角末端膨大的三节上，柄节上也分布有毛形和刺形感器，梗节和鞭节上感器较少，有少量的毛形感器和刺形感器；雄虫感器类型较雌虫丰富，试验数据正在进行统计。

标题：油菜叶露尾甲触角感器分类

日期：2016-01-15

根据 Schneider 对感器的分类方法，油菜叶露尾甲触角感器可分为 10 种，其中毛形感器 4 种（STI、STII、STIII、STIV）、刺形感器 3 种（SCI、SCII、SCIII）、锥形感器 3 种（SBI、SBII、SBIII）。这些感器分别具有感知外界化学信息的嗅觉和味觉、机械刺激、外界压力等功能。这些感器 90% 以上分布在触角的末端膨大的三节上，对其寄主定位、识别、取食、觅偶、交配、繁殖、栖息、防御和迁移等过程中起着及其重要的作用，调节着油菜叶露尾甲的行为与化学、物理等各种环境刺激因子的关系。

标题：积极应对油菜冻害

日期：2016-01-21

根据天气预报我省 1 月 23—25 日将出现极端低温天气，最低温度将达到 −16~−10℃。如此低温将会对油菜造成严重的冻害，甚至冻死。因此我们及时通过网络发布油菜冻害防控措施、电话回答地方农技人员关于油菜冻害防控技术咨询等。胡宝成 1 月 20 日赴石台县进行实地调研，查看田间油菜长势，指导油菜防冻工作，积极做好准备应对极端低温对油菜的影响，力争将损失降低到最低程度。

标题：油菜冻害防控技术咨询

日期：2016-01-22

侯树敏应邀做客安徽农网介绍油菜在这场极端低温条件下如何进行冻害预防和受冻后的补救措施。由于合肥地区的这场雪下得并不是很大，未能完全覆盖油菜苗，而且雪后即晴，融化较快，加之最低温度可达−10℃左右，将会对油菜造成严重的冻害，为此我们及时通过安徽农网讲解油菜冻害防控技术，力争帮助农民把冻害损失降低到最低程度。

标题："十三五"油菜植保技术需求调研

日期：2016-01-26

1 月 25—26 日费维新就"十三五"油菜植保技术需求开展了相关调研。调研的对象主要是安徽省的农业主管部门以及行业协会等相关机构，调研内容主要包括本地区油菜病虫草害的发生为害及防治情况、存在的主要问题以及技术需求等。相关内容将撰写形成文字报告上报。

标题："十三五"大别山区油菜产业技术需求调查

日期：2016-01-29

1 月 25—28 日，侯树敏与巢湖试验站的汤顺章、肖圣元等赴安徽省潜山县、太湖县、宿松县等大别山区国家贫困县调查油菜产业技术需求情况。我们走访了县农委、种植业局、油脂加工企业、农民专业合作社和油菜种植大户等。从反映的情况来看，近些年油菜种植面积持续减少，其主要原因是油菜籽价格低。特别是 2015 年当地油菜籽平均售价仅为 3.6 元/千克，种植效益很低，严重挫伤了农民种植油菜的积极性。据了解，如果油菜籽价格能稳定在 5.0 元/千克以上，大多数农民还是愿意种植油菜。种植小麦能够享受国家良种补贴和种植补贴，补贴较高，不论小麦产量的高低和品质的好坏，只要种了就能享受补贴，而种植油菜只有良种补贴，补贴很少，因此种植大户们多数愿意种植小麦。就种植技术而言，目前油菜种植机械化程度不高，特别是机械收获难度较大，农作物秸秆禁烧，特别是水稻收获后，田间稻草多，稻茬深，严重影响油菜免耕直播和机械播种，播种困难，出苗率和成活率低。另外，油菜病虫害草及时安全高效轻简化防控技术仍缺乏，病虫草害防治成本高、防效差也是影响油菜的种植的重要原因之一。在加工方面，当地油脂加工企业也较多，基本上每个县都有多家油脂加工企业，但规模都不大，年加工菜籽 240~3 000 吨，均为物理压榨，出油率低。菜油也没有分等级，都是 4 级菜油。迫切需要高含油量和高油酸等高品质油菜籽，以提高菜油品质，增强市场竞争力。

标题："十三五"特困大别山区油菜产业技术需求调查报告

日期：2016-02-02

根据国家油菜产业技术体系首席专家办公室的安排，由油菜虫害防控岗位专家牵头负责组织由岗位专家张春雷研究员、刘胜毅研究员和周广生教授以及黄冈、信阳、巢湖和六安等综合试验站组成的调查组，自 2016 年 1 月 24—29日，分别对湖北的麻城、罗田、浠水，安徽的潜山、太湖、宿松、岳西、金寨、舒城、裕安区、金安区、寿县、霍邱，河南的固始、光山、商城大别山区的 16个贫困县市区进行了油菜产业发展中存在的问题和技术需求面对面座谈调查。本次调查的对象是各县市的农业主管部门、技术推广部门、行业协会、龙头企业、农民专业合作社和种植大户等 6 大类技术用户，其中农业主管部门 16 个（县市区农委、农业局）、技术推广部门 15 个（县市区农技推广中心、种植业局）、行业协会 2 个、龙头企业 12 个、农民专业合作社 12 个、种植大户 15 个，基本覆盖了大别山区的贫困县市区，对了解大别山区油菜产业发展存在的问题和技术需求具有充分的代表性。

一、大别山区油菜产业的基本情况

据调查，大别山区种植的主要农作物有水稻、小麦、油菜、棉花、花生、茶叶、蔬菜、果树等。所调查的 16 个县市区油菜种植面积在 360 万亩左右，占耕地面积的 20% 左右。平均产量 130 千克/亩左右，生产的菜籽基本实现本地加工、销售。2015 年油菜籽平均售价 3.8 元/千克左右，菜籽油平均售价 17 元/500 千克左右。

二、油菜产业发展中存在的问题

（1）油菜籽销售渠道不畅，市场价格太低，种植油菜效益低。据了解，如果油菜籽价格能稳定在 5.0 元/千克以上，大多数农民是愿意种植油菜的。

（2）缺乏油菜轻简化、机械化高产高效种植技术。由于油菜成熟不一致，一次性联合收获难度大，损失率高，多数农户不愿机收。目前机械化率仅 10% 左右，除种植大户采用机械化种植外，其他基本仍是人工收获。

（3）缺乏有效处理前茬作物秸秆技术，严重影响油菜适时播种。由于实行秸秆禁烧，前茬作物秸秆很难处理，特别是稻草多、长，且稻茬深，严重影响油菜适时播种、播种质量以及机械操作，造成油菜出苗率和成苗率低，种植难度大、成本高。

（4）缺乏轻简、安全、高效的病虫草害防控技术。对油菜菌核病、猿叶甲、跳甲及花角期的蚜虫缺乏轻简高效的防控技术，对油菜根肿病、黑胫病、油菜叶露尾甲等病虫害缺乏了解，同时重"治"不重"防"，防治效果差，防治困难，在病虫草害发生严重的年份造成的损失很大。

（5）缺乏高含油量和高油酸等高产、抗病、优质油菜品种。油脂加工企业所收购的油菜籽质量参差不齐，出油率低、品质差，严重影响企业的生产效益和产品的市场竞争力。同时油菜籽的生产者也不能获得优质优价，提高种植效益。

（6）缺乏科学施肥和土壤改良技术。调查中发现，农民大都凭借老经验、老传统施肥，施肥多，偏施氮肥严重。

（7）龙头企业规模小，带动力弱。所调查的县市区的油脂加工企业和加工作坊规模都不大，大多数年加工菜籽一般在 240~3 000 吨，基本都是物理压榨，出油率低，一般为 32% 左右，4 级菜油，没有精深加工，油菜产业链短。

（8）大规模油菜标准化生产基地建设困难，企业和种植大户生产成本增加。由于实行土地确权以后，土地租金偏高，流转成本增加，而且土地承包期短、不稳定，企业和大户不敢在土地上过多投入资金建造高标准农田，扩大标准化生产规模。

（9）农民专业合作组织不规范，作用小。所调查的每个县市区基本都有多家农民专业合作社，但大都组织不规范，带动作用小，如太湖县农民合作社有700余家，但是规范的合作社只有1/3，真正发挥作用比较大的只有2~3家。

三、油菜产业发展中的技术需求

（1）油菜品种：需求适宜轻简化、机械化种植的高产、优质、抗倒、抗病、抗虫、抗裂角、高含油量和高油酸的早中熟油菜品种。

（2）生产机械：由于目前农村劳动力普遍缺乏，迫切需要高效的、性能可靠的播种、移栽、施肥、收获和植保机械。

（3）病虫草害综合防控技术：直播油菜苗期草害及虫害（猿叶甲、跳甲），花角期的菌核病和蚜虫等都难以有效防控，传统的田间施药十分困难，迫切需求轻简化、机械化、专业化、统一化的统防统治和综合防治。

（4）科学水肥管理技术：科学施肥、改良土壤、培肥地力，提高肥料的利用率，减少化学肥料的施用量。

（5）加工技术：大别山区的油脂加工企业和小作坊基本都是采用高温物理压榨和传统的木榨法进行加工，生产设备简单，加工工艺落后，出油率低、品质差，市场占有率低，难以做大做强。急需加大对中小企业的资金投入，实现加工设备和加工工艺升级换代，创立本土知名品牌，提高产品市场占有率。

四、发展油菜产业的具体建议

（1）加强政策扶持和服务。需要国家加大对油菜种植的补贴，希望国家能像种植小麦一样给予种植油菜补贴，提高农民种植油菜的积极性。

（2）加快土地流转，延长土地承包期，扶持种植大户和家庭农场，开展适度规模生产。增加农业基础设施投入，改善农业基础设施条件，建设高标准优质油菜高产、高效、绿色生产示范基地，提高农业综合生产能力。

（3）发展大型龙头企业，增强企业带动力。扶持组建大型龙头企业，大力发展油菜产业链条，推进纵向一体化经营。

（4）加大科技培训力度，提高科技贡献率。加大对农民的科技培训，提高农民的科技素质，积极扶持、建立规范的农民专业合作社，发展科技大户、种植大户，培养新型农民。加大对基层干部培养力度，加快转化农业科技成果。

（5）加快农业信息服务网络建设，服务山区农民。建设农民的电子商务平台，服务山区农民，加快大别山区贫困农民早日脱贫致富。

标题："十三五"长江下游区油菜产业植保技术需求调查报告

日期：2016-02-06

为了更真实地了解长江下游区目前油菜产业对植保技术的需求情况，根据国家油菜产业技术体系首席专家办公室和植保研究室的安排，由虫害防控岗位专家牵头负责组织由六安、巢湖、苏州、扬州、湖州、上海等综合试验站组成的调查组，1月25日—2月1日，分别对安徽省植保总站、安徽省植病学会、安徽省昆虫学会以及来安、全椒、贵池区、黄山区、休宁、祁门、歙县、屯溪区、金寨、舒城、裕安区、金安区、寿县、霍邱、潜山、太湖、宿松、巢湖市、肥东；浙江的安吉、南浔区、吴兴区、长兴；江苏的扬州市、丹阳市、高淳区；上海的奉贤区，长江下游区的27个县市区进行了油菜产业发展中存在的植保问题和技术需求面对面座谈调查。本次调查的对象是各县市的农业主管部门、技术推广部门、行业协会、龙头企业、农民专业合作社和种植大户6大类技术用户，其中农业主管部门5个（县市区农委、农业局）、技术推广部门22个（县市区农技推广中心、种植业局）、行业协会3个、龙头企业7个、农民专业合作社13个、种植大户21个，基本覆盖了长江下游区的油菜主产区，对了解长江下游区油菜产业发展存在的植保问题和技术需求具有充分的代表性。现将调查情况报告如下。

一、长江下游区油菜病虫草害发生、为害以及防治情况

病害：主要为菌核病、霜霉病、根肿病和黑胫病。菌核病是为害最严重的病害，其次是霜霉病，根肿病、黑胫病是新的病害，在局部地区发生严重。油菜菌核病发生为中等至偏重，一般病株率为20%~50%，严重时达80%。正常年份可造成油菜减产10%~20%，严重的年份减产30%~50%。病害防治主要采用化学防治，一般于油菜初花至盛花初期喷药防治1~2次。防治药剂有：菌核净、多菌灵、腐霉利、啶酰菌胺、咪鲜胺，防治面积为种植面积的30%~60%。根肿病在安徽皖南地区为害呈逐年扩大加重趋势。2014年根肿病发病率和病指

分别为 24.47% 和 18.12，重发地区的发病率在 95% 以上，目前根肿病防治尚无好的技术措施。

虫害：主要有蚜虫、菜青虫、猿叶甲、跳甲（黄曲条跳甲、蚤跳甲）、小菜蛾、潜叶蝇等。其中蚜虫是发生最普遍、为害最严重的害虫，尤其是苗期至蕾薹期为害重。其他害虫在不同年份、不同地区暴发，其中猿叶甲、跳甲难防治。油菜叶露尾甲是潜在的主要害虫，为害区域和为害程度正逐步扩大和加重。虫害防治主要采用化学防治，防治药剂有：吡虫啉、吡蚜酮、溴氰菊酯、毒死蜱等。害虫防治一般在油菜苗期农民愿意防治，花角期因防治困难而不愿防治。据本次调查，有 73% 左右的受访户进行害虫防治。

草害：主要为看麦娘、日本看麦娘、棒头草、早熟禾、茵草等禾本科杂草和牛繁缕、猪秧秧、稻槎菜、野老鹳草、大巢菜、三叶草、荠菜、阔叶草。草害发生中等偏重，随着免耕直播、机械化播种面积的扩大，草害发生越来越严重，防治困难。草害防治主要采用化学防治，有油菜芽前封闭除草和出苗后除草二种方式。防治药剂主要有：油菜播后、芽前封闭除草剂（乙草胺、乙·异恶草）、油菜出苗或移栽后防治禾本科杂草的除草剂（精喹禾灵乳油、高效氟吡甲禾灵乳油、高效盖草能、烯草酮）、油菜出苗或移栽后防治阔叶杂草的除草剂（草除灵、二氯吡啶酸）、油菜出苗或移栽后防治禾本科和阔叶杂草的除草剂（草除·精喹禾乳油）。据本次调查，有 73% 左右的受访户进行草害防治。

二、本地区油菜病虫草害防治中存在的主要问题

（1）病虫草害发生受气候影响大。冬春季雨水气温直接影响病虫草害的发生为害程度和防治效果，一般雨水多、温度偏高病虫草害发生重，影响防治效果，增加防治次数；（2）准确把握防治适期难，防治效果差。对于种植户而言，准确掌握适时防治期有一定的困难，据本次调查，仅 50% 左右的受访户能较准确识别病虫草害，掌握病虫草害的关键防治期。农户对新的病虫害（根肿病、黑胫病、油菜叶露尾甲）不认识，更不知道如何防治；（3）正确选择高效低毒农药困难。据本次调查，仍有 14% 和 30% 左右的受访户自己购买农药、22% 和 20% 左右的受访户在农药经销商的指导下购买农药防治病害，只有 60% 和 50% 左右的受访户在农技人员的指导下购买农药防治病虫害；有 45% 左右的受访户在施药过程中随意加大用药量，不但增加了防治成本，而且极易产生药

害；（4）病虫草害防治效率低。据本次调查，仍有 30% 左右的受访户使用手动喷雾器防治病虫害，50% 左右的受访户使用小型机动喷雾器防治病虫害，只有 17% 和 2% 左右的受访户使用远程式喷雾机械和无人机进行病虫害防治，缺乏轻简、高效施药机械；（5）病虫草害落实适期防治困难，防治效果差。油菜菌核病及花角期的蚜虫主要在花期和青角期防控，传统的背药桶下田防治已十分困难，因而农民往往放弃防治。此外，农户多数习惯多年使用同一种药剂，病虫草已产生抗药性，防效显著降低。一家一户的单独防治而不是大面积专业化的统防统治，这也是造成防效不好的重要原因。每年油菜病虫草害都会造成较大损失；（6）病虫草害防治成本高，劳动强度大。据本次调查，60% 左右的受访户防治病虫草害的费用为 30~60 元/亩，30% 左右的受访户防治病虫草害的费用为 60~90 元/亩，基本都是人工背负药械防治，费力费工，劳动强度大。

三、本地区油菜病虫草害防治需要研发和集成示范的技术

（1）选育、推广抗病虫的油菜新品种。抗病虫品种是防控病虫害的最经济、有效、环保的技术措施。

（2）研究农业防治、物理防治、生物防治和安全高效化学防控技术，推广病虫草害绿色防控措施。

（3）加强病虫害的监测预报，及时发布病虫害信息，监控病虫草害的抗药性，指导科学防控。

（4）建立油菜病虫草害统防统治专业化、社会化的服务体系，解决单家独户防治难的问题，改进、完善无人机和热雾机等机械化防治技术，降低防治成本。

（5）建立油菜病虫草害轻简、高效、绿色防控技术示范园区，加强科技培训，示范、推广病虫草害防控新技术、新成果，研究作物秸秆快速腐熟还田新技术以及封闭除草与播种一体化防治技术，降低防治成本，提高防控效果。

标题：油菜叶露尾甲田间调查

日期：2016-02-17

侯树敏对合肥试验田的油菜叶露尾甲进行了调查，发现油菜叶露尾甲较往年提前了 10 天左右，这可能因为近期合肥气温回升较快有关，也表明 1 月下旬出现的大雪和短期极端低温对其影响不大；另外，1 月 4—5 日我们调查时仍发

现油菜叶露尾甲还在田间为害，未冬眠，为害时间大为延长。田间调查也发现了蚤跳甲和大猿叶甲，均较往年提前出现。可见，随着气候的变化、冬季气温的升高，害虫的发生规律也在随之改变，为害有加剧的趋势，害虫防控需提早进行。

标题：六安油菜病虫害调查

日期：2016-02-18

　　胡宝成、侯树敏赴六安综合试验站开展油菜病虫害调查。就田间调查情况来看，今年油菜苗期病虫害发生不重，基本无病虫害，冻害也很轻。虽然年前经历了-10℃左右的极端低温，由于出现低温时田间有大雪覆盖，而且雪后气温很快回升，因此对油菜影响不大。入冬前对发生的蚜虫、菜青虫等也进行了很好的防治，大雪、低温也抑制了害虫的发生。目前油菜苗期大都长势良好，但部分菜苗因除草剂施用浓度过大而出现了药害，因此在安全用药上仍需加大培训力度，普及科学用药知识。期间，我们还与荣维国站长及其团队成员、六安市农科院方院长、梁院长等进行了座谈，就如何更好地开展"十三五"工作，促进当地油菜产业发展交换了意见。大家一致表示要进一步加强合作，实现优势互补，共同努力促进油菜产业发展。

标题：巢湖油菜病虫害调查

日期：2016-02-19

　　胡宝成、侯树敏赴巢湖综合试验站开展油菜病虫害调查。就田间调查情况来看，今年油菜苗期病虫害发生不重，基本无病虫害，冻害也较轻，一般为1~2级冻害。主要是年前巢湖的降雪量较小，极端低温时未能完全覆盖油菜苗；入冬前对蚜虫、菜青虫等也进行了很好的防治，目前油菜长势良好。同时，我们还与汤顺章站长及其团队成员进行了座谈，就如何更好地开展"十三五"工作，促进当地油菜产业发展交换了意见。

标题：皖南油菜根肿病试验及生产上病害发生情况调查

日期：2016-02-25

　　2月23—25日，费维新陪同中国农科院油料所方小平研究员、安徽省植保总站防治科吴向辉副科长等一行 4 人赴皖南调查油菜根肿病试验及生产上病害发生情况。2 月 23 日由黄山市农业技术推广中心粮油站站长张跃飞研究员等陪同调查了休宁县、徽州区和歙县开展的油菜根肿病药肥（含石灰氮）防控试验。试验设置了 20 千克药肥（氮钙宝）、40 千克药肥（20% 石灰氮）及对照 3 个处理，施用 2 种药肥的处理小区根肿病发病率能够降低 30~70 个百分点，药肥处理后根肿病病害级别较对照低，形成的根肿较小。但是药肥有效成分石灰氮对油菜出苗率有抑制作用，其药效的发挥受土壤中的水分影响，其使用技术有待进一步研究。2 月 24—25 日由宣城市种植业局副局长李贤胜、植保站站长钱国华陪同调查了绩溪、旌德、宁国、广德的油菜根肿病发生情况。旌德县根肿病发生较轻，其他 3 县市的根肿病均发生严重。在广德县有一片土地 8 年来一直未种植油菜等十字花科作物，今年被种植大户承包后种植油菜，根肿病大面积发生。由此可见根肿病菌在土壤中可长期存留并且具有侵染致病活力。并且随着农业机械化的快速发展，油菜根肿病随农机作业带土传播风险很大。油菜根肿病可能在未来成为制约我国油菜生产发展的主要病害。

标题：衡阳油菜病虫害调查

日期：2016-02-29

　　胡宝成、侯树敏 2 人于 2 月 28—29 日赴湖南衡阳调查油菜病虫害。主要是调查油菜叶露尾甲在衡阳是否存在，明确该害虫已扩展的范围。衡阳综合试验站黄益国站长带领我们赴衡山县萱洲镇调查，衡山县粮油站周敏良站长、植保站郭永清站长一同参与调查。当地油菜正值初花期，也是油菜叶露尾甲成虫发生的高峰期之一，但整个上午的调查没有发现该害虫。这是好事，至少近几年不需要担心该害虫在当地为害。田间调查还发现了油菜菌核病的蕾薹期病株，尽管仅是零星发生，但也说明油菜菌核病新的侵染方式又向南扩展了。

　　萱洲镇属于丘陵地区，当地农民仍然习惯油菜的传统种植方式，基本上是育苗移栽。油菜收获后，利用油菜籽饼作为肥料种植西瓜，西瓜品质好，非常受欢迎，其价格也比较高。加上农民在四周山坡上普遍种植桃、李、梨，在油菜盛花时节，田野一片金黄，山坡上桃红李白，吸引大量的游客前来观光游览。当地农民则以农家乐食宿、农产品销售增加收入。这也是当地油菜产业发展的一种方式。在田间调查中，我们也介绍了利用栽培措施防治油菜菌核病的方法，以及国内一些地方的油菜打薹、延长花期，促进观花旅游的一些做法。

标题：桂林油菜病虫害调查

日期：2016-03-01

　　胡宝成、侯树敏2月29日下午赴广西桂林。广西是中国油菜种植新区，主要是以发展休闲农业和水稻轮作做绿肥，近年来面积不断扩大。桂林市农业局刘助生总农艺师、市农科院张宗急所长和廖云云主任于3月1日带领我们赴龙胜县调查油菜病虫害及考察利用油菜发展休闲农业的现场——龙脊梯田。龙胜县农技推广站贾春林站长和龙脊村胡主任接待我们调查。尽管去年秋天当地遭遇极端多雨天气，降雨量是常年的5倍多。原计划播种油菜面积没有完全落实，已播种的100多亩油菜长势尚可，目前已接近初花期。田间调查有少量的油菜霜霉病，没有发现蚜虫，但发现了少量的花露尾甲。该害虫是当地一直存在的还是引进外来油菜品种带来的尚不得知。在调查和座谈中，我们介绍了安徽省利用油菜打造景点，发展休闲农业的做法及体会，对当地如何更好地推广油菜及引进其他作物发展休闲农业提出了一些看法和建议。

标题：贵州省油菜病虫害调查

日期：2016-03-03

　　胡宝成、侯树敏3月2—3日赴贵州省调查油菜病虫害。先后调查了贵州省农科院贵阳试验基地、贵定县盘江镇、从江县洛香镇等地的大田油菜。贵阳试验站饶勇站长及其团队成员、思南试验站李大雄等带领我们调查了上述地区，贵定县盘江镇赵雪梅镇长和推广中心主任杨先平等人参与调查。

　　贵阳试验站基地100多亩油菜试验生育期从抽薹到盛花阶段。初花阶段的品种油菜花露尾甲发生量比较大，百株虫量达300~500头，已经盛花的品种略少些。另外鸟害也比较重。在试验地所种植的白菜中发现大量疑似黑胫病的病株，病株率达90%左右，且病斑位于茎秆基部，表明发病早，是否为强侵染型需分子检测验证。贵定县盘江镇今年种植油菜2 000多亩，主要配合当地李树在花期形成"金海雪山"景观。我们调查时正值初花期，花露尾甲发生量也比较大，百株虫量达200头左右。从江县洛香镇花露尾甲零星发生，但金龟象发生量比较大。

盘江镇的"金海雪山"景观已有多年历史，前几年我们曾去过，田野油菜花一派金黄，周边山坡上上万亩李树白花盛开，美丽壮观，完全是一派乡村气息的田野风光。这次故地重返，感觉大不一样，田野如同工地。各地在发展休闲农业的大环境下，也在提升景区，投巨资、占农田、建设施。感觉如同把大城市中的公园和娱乐设施搬到乡村。完全没有几年前那种田原风光的感觉。

标题：龙胜油菜生产情况调查与指导

日期：2016-03-11

应广西龙胜县龙脊旅游有限公司的邀请，胡宝成、荣松柏 3 月 10—11 日赴龙胜该公司指导油菜生产。该公司项目负责人石灵干、廖云妮等人接待我们参与生产调查和指导。该公司利用龙脊梯田的自然景观，在水稻收获后种植油菜发展旅游，变淡季为旺季。多年前，首次种植油菜后大获成功，但近几年油菜一直发展不够理想。我们调查主要从品种、栽培技术和施肥及气候条件等几个方面开展。在技术层面，气候条件能适宜油菜生长开花。所用油菜品种阳光 2009 能正常开花结实，栽培技术上育苗时间较迟（10 月中下旬），移栽迟（11 月中下旬），冬前植株营养体小，密度小（2 000 株左右）。移栽时根没能栽直，培土较少，同时缺硼肥都是造成油菜生长不好的原因。我们建议育苗和栽培时间同时提前 20 天左右，加施硼肥，注意育苗密度和栽培密度，提高栽培质量。但在与当地老百姓交流中发现油菜不能种植好不仅仅是技术问题，主要是农民种植油菜积极性不高，他们解释油菜产量偏低，菜籽油食用不习惯，效益不行。公司也有难处，为营造梯田油菜景观，公司每亩地补助 800 元为当地水稻收获后放水造景。种油菜每亩地补助种子、肥料及几百元种植费。看来如何更好地协调双方的利益是解决农民种植积极性不高的前提，只有农民积极性提高，上述技术措施就比较容易实施落实。梯田油菜景观也将重放光彩。

标题：贵州油菜虫害花露尾甲、病害调查

日期：2016-03-12

离开龙胜后，胡宝成、荣松柏 2 人再赴贵州对油菜花露尾甲跟踪调查。思南试验站杜才富所长、李大雄书记、汤勇主任等人接待我们赴都匀市平浪镇调查。该镇凯口村 800 多亩全部为思南试验站的高油酸品种（油研 10 号等），田间为盛花期，已过花露尾甲发生高峰期。我们在田间不但发现少量成虫，还发现了幼虫。这与文献上记载成虫高峰后开始幼虫为害相吻合。同时还发现了少量白锈病植株。据介绍当地油菜青角期蚜虫发生较重，如果不防治对产量影响很大。这 2 次调查贵阳、贵定和都匀正好是同一纬度由近及远，花露尾甲的发生量也是由大到小。我们假设这种北方春油菜的害虫是否由于种子等人为因素由春油菜区传到试验中心而后向周围扩散。尽管目前尚不需要防治，但它的潜在暴发可能性不容忽视。

标题：石台县油菜产业发展调研

日期：2016-03-14

　　3 月 13—14 日，安徽省农科院党委书记徐义流研究员带领果树、蔬菜、茶叶、油菜、规划等方面专家对石台县农业产业进行了调研，侯树敏随行进行了油菜产业的调研。石台县是安徽省生态环境很好的县之一，境内山清水秀，生态优良，旅游资源很丰富。同时，石台县也是国家级贫困县之一，是目前重点帮扶脱贫的地区之一。我们团队一行分别赴石台县横渡镇石步桥村、河西村和矶滩乡洪墩村实地调查了果树、蔬菜、油菜和茶叶的生产状况，生产基地和生态园区建设情况等。根据调研情况，我们与石台县章文静县长、分管农业的吴亚虎副县长、杨普副县长、县农委主任、横渡镇和矶滩乡的领导进行了座谈。县农委的同志介绍了当前石台县农业生产的基本情况、存在的问题和技术需求等。专家们根据实地调研的情况和农委同志的介绍，针对性地提出了解决目前石台县农业所存在问题的措施和未来发展方向的建议。侯树敏提出了油菜多功能种植的建议：充分利用石台县优良的生态条件和丰富的旅游资源，发展油—蔬两用、观赏、高品质菜油等油菜多用途生产，开展油菜绿色生态标准化种植，打造绿色生态品牌，大力提升油菜种植效益。

标题：油菜推动旅游的示范基地建设

日期：2016-03-15

　　3 月 13—14 日，安徽油菜进入花期，本省及周边地区的游客纷至沓来。随着旅游业的发展，油菜种植，一方面增加农民收入，另一方面拉动旅游。近几年，我们在利用油菜推动旅游上也做了大量的宣传和实际工作，也取得了一些进展。在歙县、祁门、休宁、黟县等地开展了油菜花、向日葵、花卉等景点设计与种植。歙县石潭村油菜面积 500 亩左右，目前正值菜花盛期，由于几天前的一次低温，对油菜生长不利，调查中发现，农民自己购买的一些品种，很多都受到了低温的影响，花蕾被冻坏。我们提供的核优 418 品种抗冻性相对较好，受冻程度较轻，品种受到了当地农民的认可。早开花、花期长品种对发展旅游有重要意义。我们将通过品种选择、栽培管理等来实现这一目标。

标题：参加六安综合试验站油菜飞防现场会培训

日期：2016-03-21

侯树敏参加了六安综合试验站在六安市裕安区张店镇举办的油菜菌核病飞防现场会，现场油菜种植面积 200 余亩，正值盛花期，也是防控油菜菌核病的最佳时期。现场会上，侯树敏重点介绍了油菜菌核病及花期蚜虫的防治技术以及"一促四防"综合防控技术等，现场会采用单旋翼和 8 旋翼无人遥控飞机进行飞防示范，就比较而言，8 旋翼无人机更容易操控，稳定性较好，2 种无人遥控飞机的防治效果有待后期进一步调查评估。

标题：加拿大专家来访交流

日期：2016-03-23

加拿大农业部科学技术分部，研发及技术转让司司长 Denis 博士为团长的 5 人代表团来访。考察了田间育种和病虫害试验区，双方座谈了油菜生产、育种方法和技术及病虫害防控等进展和技术。表达了进一步交流和合作的愿望。

标题：塘基油菜病虫害及生产情况调查

日期：2016-03-24

胡宝成、荣松柏 2 人赴浙江湖州试验站调查塘基油菜生产和病虫害情况。湖州试验站成员叶根如所长、任用等人及当地荣德粮油合作社负责人带领我们赴南浔区菱湖镇考察塘基油菜生产情况。该镇现已发展塘基油菜 3 万亩。考察时正值油菜盛花期，除油菜基部叶片有中度霜霉病外，没有发现其他病虫害。据介绍塘基油菜除苗期蚜虫外，其他病虫害都较少。而当地大田菌核病则比较重。这主要与塘基油菜种植密度比较稀（3 000 株左右），通风透光比较好有关，同时每 2~3 年塘底淤泥翻上塘基，很少施用化肥也是病虫害少的重要因素，而产量一般每亩可达 200 千克，最好时可达到每亩 300 千克。这种种植方式也是我们多年调查中很少见的种植模式。

标题：皖南油菜病虫害调查

日期：2016-03-26

胡宝成、荣松柏 2 人于 3 月 25 赴绩溪县家朋乡和歙县岔口镇，调查我们提供的油菜品种核优 218 在两地的表现。家朋乡高书记和该乡尚村周书记等人和歙县农委副主任程主任、江主任，土肥站凌站长等人接待我们调查，黄山市农科所王淑芬所长参与调查。调查时，我们的品种正值盛花期。据当地农民和村干部反映，该品种开花早，花期长，花色艳丽，比较适合发展旅游。同时抗寒性比较强，在 3 月初的强寒流中表现突出。调查中，我们发现部分田块油菜菌核病已出现，为苗期侵染所致，这可能与当地冬季雨水多、气温偏高有关。另外，在岔口镇的调查中也同样发现了黑胫病病株。如何提高农民种植积极性，提高油菜病害防控，增加农民种植效益，显得日益突出。两地均希望今年能够提供给当地多些种子，促进乡村旅游的发展。

标题：安徽大别山区油菜害虫调查

日期：2016-03-28

3 月 24—25 日，侯树敏带领 2 名临工赴安徽大别山区的六安、霍山、潜山、怀宁、舒城等市县调查油菜害虫发生情况，特别是油菜叶露尾甲。在六安市裕安区、金安区、霍山县，安庆市潜山县和怀宁县均发现了油菜叶露尾甲，目前该害虫发生量不大，百株成虫量 10 头左右，但如不重视监测防控，几年后有可能暴发。在霍山县和潜山县还发现了花露尾甲，目前虫口数量也不大，百株成虫量也在 10 头左右，但该害虫具有更大的为害性，需高度重视。花露尾甲是北方春油菜区害虫，近年来我们已在陕西汉中、四川广元、重庆万州、贵州贵阳等地发现该害虫，但在安徽该害虫还是首次被发现。因此，我们要积极研究该害虫在冬油菜区的发生规律、生物学特性、种群间亲缘关系、迁移途径以及绿色高效防控技术等。另外，此次调查我们还发现了多种不常见跳甲、芫菁、蟓、甲虫等，具体种名还在鉴定中，为害油菜的害虫种类可能还会增加。

标题：金寨油菜产业调查

日期：2016-03-30

　　3 月 30 日，安徽日报（第 12 期）报道了金寨县铁冲乡有近万亩野生玉兰花盛开，联想到贵州省贵定县音寨村万亩李树花盛开时，配合田间 3 000 亩油菜同时开花，形成"金海雪山"的景观，成为乡村游一个著名景区，促进了油菜产业的发展，也提高了当地农民的收入。3 月 30 日，我们结合油菜花期病虫害调查和中央财政资金休闲农业项目，顺道考察了铁冲乡，看看山下田间是否可以发展油菜，如何发展油菜？是否可以打造一个安徽版的"金海雪山"。

　　金寨县粮油站祝尊友站长、铁冲乡方志先乡长、铁冲乡农技服务中心王万宏主任等带领我们实地考察。尽管玉兰花已凋谢，但满山的玉兰花树还是使我们感到壮观的气势。山脚下田间油菜花正值盛花，估计两者花期相差 20 天左右。我们介绍了贵州的"金海雪山"的概况，并展示了有关图片。考察中我们建议试种早熟品种，并通过栽培方法，尽量使两者花期吻合，形成更美好的景观。

标题：河南商城县油菜病虫害调查

日期：2016-04-01

　　胡宝成、侯树敏赴河南商城县调查油菜病虫害，特别是油菜叶露尾甲和花露尾甲。因为我们在安徽省的六安市、霍山县等大别山区的县市已发现了这 2 种害虫，因而推测河南的商城县也可能有这 2 种害虫。在信阳综合试验站程辉站长及其团队成员王军威、胡建涛、何道君以及商城县农业局胡敬东总农艺师、植保站陈昌、贺焕志等带领下，对商城县伏山乡里罗城村、汪岗乡洪畈村、河凤桥乡辛店村和新桥村的油菜示范基地进行了调查。示范基地油菜目前正值盛花期，长势良好。田间调查发现了油菜花露尾甲，目前虫口数不大，百株成虫量 20 头左右，为害不大。此次调查没有发现油菜叶露尾甲，我们推测油菜花露尾甲较叶露尾甲可能具有更强的环境适应能力？因此我们将继续进行监控。此外，调查还发现有 2 种金龟子成虫为害油菜，虽然发生量不大，但是也需引起重视，加强监测和防控，以防暴发成灾。

调查中，我们向信阳综合试验站的程辉站长和团队成员以及商城县农业局的科技人员详细介绍油菜叶露尾甲和花露尾甲这2种害虫的形态特征、发生规律和为害特点等，他们表示今后要加强对这2种害虫的监测，保持联系，加强对该害虫的防控，以防暴发成灾。此外，我们也介绍了一些油菜菌核病的发生规律及防控技术等。

标题：蚜虫在带毒油菜上的 EPG 研究

日期：2016-04-06

近日，郝仲萍赴浙江杭州进行蚜虫—病毒—油菜三者互作的研究，采用EPG技术，研究健康/带毒蚜虫在健康/带毒油菜植株上的行为差异。花叶病毒在油菜植株上的接种采用石英砂摩擦侵染法，由于花叶病毒侵染后并非每棵植株都表现病症，所以需要接种大量的植株，选取表现症状的进行蚜虫EPG研究，目前我们已经完成了健康蚜虫在4个带毒油菜品种上的EPG行为研究，数据正在进一步的分析中。

标题：油菜叶露尾甲触角 RNA 提取试验

日期：2016-04-08

为了发掘与油菜叶露尾甲嗅觉相关的基因，探索叶露尾甲寄主选择定位的分子机理，4月7日，侯树敏对采集自合肥的大量油菜叶露尾甲雌雄虫混合样进行了触角分离，提取RNA试验。拟通过转录组测序，寻找目标基因，为进一步深入研究和高效防控油菜叶露尾甲奠定基础。

标题：油菜叶露尾甲触角分离试验

日期：2016-04-11

触角是昆虫的重要感觉器官，在觅食、求偶、产卵、栖息、防御等活动中起着重要作用。触角上着生有不同类型的感器，接受、传递着外部刺激，具有嗅觉、触觉及感受气流、CO_2及温、湿度的功能。研究昆虫触角感器的形态、分布和功能，不仅可以从生理生化特性的微观角度探索昆虫的宏观行为，而且可以为开发新的害虫防治技术提供参考。油菜叶露尾甲成虫较小，触角更小，要分离出完成触角，必须在体视显微镜下精细操作才能完成。4月9—10日，侯树敏成功分离出 20 对雌、雄虫的触角，并固定保存，将进行电镜扫描观察，研究其感器类型。

标题：蚜虫–病毒–油菜三者互作研究

日期：2016-04-12

继前期研究之后，郝仲萍赴杭州进行带毒蚜虫传播病毒到油菜植株上的研究。试验将实验室饲养的健康，敏感蚜虫饥饿 1 天后分别接种到已经感染花叶病毒并发病的 4 个品种的油菜植株叶片上，取食一定的时间后，将带毒的蚜虫接种到 4 个品种的对应健康植株叶片上，测定带毒蚜虫在健康植株上的 EPG 数据，并观察植株的发病情况。植株发病被认为蚜虫带毒，传毒成功，未发病的植株检测植株的带毒情况。目前带毒蚜虫在 4 个品种上的接毒 EPG 研究已经完成，植株的病毒检测工作正在进行中。

标题：美国 Cargill 公司代表来访交流

日期：2016-04-13

4 月 9—11 日美国 Cargill 特种油脂公司研发部副总裁助理 Lorin 博士及负责全球育种经理 Deng Xinmin 博士一行 3 人到我院来访洽谈合作事宜，胡宝成会见了美国专家一行。4 月 10—11 口，费维新陪同来访美国专家赴皖南调查油菜生产上的根肿病、黑胫病、菌核病等发生情况。在黄山调查期间黄山市农科所副所长王淑芬研究员一同参加了调查。4 月 11 日下午美方专家与安徽省农科院作物所相关科技人员座谈交流。Cargill 公司研发部研究员 Dang Benyuan 博士介绍了该公司在油菜特种油脂高油酸油菜及产品研发上所取得的成就，同时介绍了Cargill 公司在油菜抗根肿病育种研究上的最新进展。双方就北美油菜发展的与中国油菜发展的现状进行了交流，并对油菜根肿病和黑胫病的抗病育种展开了讨论。通过考察与交流，双方就油菜病害合作研究达成了初步合作意向。

标题：蚜虫诱集试验调查

日期：2016-04-15

4 月 13—15 日，侯树敏等调查了田间多种十字花科作物、菊科作物等对蚜虫的诱集作用，以期筛选出诱集蚜虫较强寄主植物。试验采用完全随机排列，4

次重复。调查结果显示：甘蓝对蚜虫具有显著的诱集作用，目前甘蓝正值花期，有蚜株率100%，有蚜枝率90%左右，蚜棒长度2~10厘米，且部分植株已被蚜虫为害死亡；其次是上海青小白菜，有蚜株率10%左右，有蚜枝率20%左右；而与甘蓝和白菜相邻的甘蓝型油菜，蚜虫发生量很少，有蚜株率仅1%左右，有蚜枝率0.1%左右。因此，初步认为甘蓝可以作为蚜虫的诱集植物，特别是在以油菜花角期蚜虫为害十分严重的地区（如云南、西藏等）可以采用油菜与少量甘蓝间作或在油菜田边种植少量的甘蓝诱集蚜虫，然后再集中在甘蓝上施药，这样既减轻了防治难度和劳动强度，减少了农药施用量和防治成本，又保护了环境。我们计划今秋播种时再进行多点试验，重复试验，以验证试验的正确性和实用性，探索蚜虫防治新途径。

标题：油菜菌核病子囊盘的收集与蚜虫预处理

日期：2016-04-18

　　近日，郝仲萍在安徽省农科院油菜试验田中收集菌核病的子囊盘。将收集到的子囊盘移回室内的培养盒中继续培养，待成熟后，将甘蓝蚜连带叶片一起黏附在培养盒盖子的内里，一定时间后开盖，使气流带动喷发的子囊孢子向上升附着到蚜虫身上，镜检蚜虫身上附着的子囊孢子，并收集附着子囊孢子的蚜虫，为接下来的携带子囊孢子的蚜虫EPG研究做准备。

标题：参加长江下游油菜产业技术研讨会

日期：2016-04-25

　　4月21—23日，胡宝成、侯树敏、费维新、李强生参加了在上海召开的2016长江下游油菜产业技术研讨会。来自安徽、江苏、浙江、上海3省1市的科研单位、种子管理和农技推广部门等90代表参会。会议还邀请了傅廷栋院士、周永明教授和沈金雄教授就油菜的多用途应用、油菜优良性状基因定位、克隆以及油菜杂种优势预测等做了学术报告。我们就油菜病虫害新的发生规律和防控策略，冬油菜新害虫——油菜叶露尾甲的研究情况以及根肿病的研究进展等做了学术报告。与会专家还就油菜栽培、种质资源的创制、分子技术、软件的开发应用等做了相应的学术报告。大会促进了同行间的交流，增进了相互了解，对加强今后的合作，共同促进我国油菜产业的发展具有重要的作用。

标题：蚜虫调查和监测

日期：2016-04-26

4月25日，侯树敏对合肥地区油菜试验田害虫的连续调查和监测显示：目前蚜虫已发生较重，主要为甘蓝蚜为害。蚜虫发生严重的田块，有蚜枝率已达80%左右，蚜棒长度3~50厘米，被为害的分枝已基本无有效角果，少量植株已死亡。如果不及时防治，有暴发的风险，将造成严重的损失。我们已通过体系平台提醒全体系成员要加强田间调查，注意及时防治蚜虫，以防暴发成灾。

标题：油菜农药使用情况调查

日期：2016-04-29

4月28—29日费维新赴含山县调查油菜农药使用情况。调研期间含山县植保站张跃副站长等2人陪同。走访了2个油菜种植大户和部分农户。大户的承包土地面积均在1 500亩以上，油菜播种收获均实现了全程机械化。油菜施药主要集中在除草和菌核病防治，对用药量与施药次数和用药时期均比较合理。农户在用药量与施药次数一般要高于种植大户，用药的时期把握不准也是增加用药量与次数的原因之一。

标题：油菜菌核病与蚜虫的互作预试验

日期：2016-05-03

近日，郝仲萍赴浙江大学进行油菜菌核病与蚜虫互作研究的预试验。目前，主要对前期收集的子囊盘释放子囊孢子后黏附在蚜虫体表，利用这部分蚜虫在健康油菜植株上进行 EPG 研究。前期在实验室内用菌核培养子囊盘，但收集到的子囊盘较少，只能在油菜花期于田间进行采集，但采集的子囊盘子囊孢子喷发周期不一致，不能集中喷发，而蚜虫在培养盒内也不能长期放置，导致蚜虫体表黏附的孢子数较少，所以目前的研究结果只能作为参考，下一步我们将总结经验，完善试验过程。

标题：山西运城油菜害虫调查

日期：2016-05-05

4月27—29日，侯树敏、范志雄2人赴山西省农科院棉花研究所调查油菜害虫及油菜授粉蜂——壁蜂等事宜。据杜春芳老师介绍，壁蜂是一种很好的授粉蜂，易饲养、易保存，成蜂期30~40天。成蜂在蜂巢中产卵、化蛹，蜂蛹可在4℃冰箱中长时间保存，等到第二年春天油菜初花时，取出蜂蛹放入网棚内，2~3天即可羽化出成蜂，开始授粉，是油菜制种的一种好昆虫，较释放壁蜂大大降低成本。我们计划今年引种繁殖，探索壁蜂在长江流域油菜授粉效果。

在害虫方面，油菜青角期蚜虫发生较重，急需防治。此外，还发现了油菜叶露尾甲的幼虫，表明油菜叶露尾甲在该地也存在。据介绍，花露尾甲在油菜蕾花期也有为害，这对研究油菜叶露尾甲和花露尾甲的遗传变异和扩散途径具有重要的意义。我们还在当地的迟花的油菜田中，发现了大量的绿芫菁为害。此时，正值绿芫菁大量交配繁殖期，这是我们2011年在陕西杨凌首次发现绿芫菁为害油菜以来，第二次发现绿芫菁为害，这也证明了我们推测的随着气候和耕作制度的变化，油菜新害虫以局部暴发的方式发生这一推论。我们已采样带回实验室进行深入研究。

标题：超稀植油菜病虫害调查

日期：2016-05-13

5月12—13日，侯树敏、费维新赴恩施农科院调查超稀植油菜病虫害及植株长势情况。在恩施农科院水稻油菜研究所李必钦所长的带领下实地调查了他们在七里坪的超稀植油菜试验基地。油菜的超稀植栽培是恩施农科院近年来研究推广的一项适宜山地和丘陵的油菜栽培模式。据李所长介绍，试验基地超稀植油菜种植密度为550~660株/亩，单株角果数5 000~6 000个，平均产量在250~300千克/亩，高产田块产量更高。我们田间调查发现，油菜植株长势很强，单株分枝在30个以上，菌核病发病很轻，虫害也不重。由于种植密度稀，田间通风透光好，农事操作容易，因而病虫害防控较好。我们认为油菜超稀植在山区、丘陵等不适宜机械化操作地方可以推广应用，特别是在根肿病发生较重的地区，在目前还没有抗病品种的情况下，超稀植育苗移栽是一项很有效的防控根肿病措施。我们计划今秋在安徽黄山地区根肿病发生严重的田块试验油菜超稀植栽培的经济效益。

标题：油菜品种发育时期对蚜虫取食行为的影响

日期：2016-05-23

前期郝仲萍对 3 个油菜品种在 3 个发育时期蚜虫取食行为的变化进行研究，所得的数据在近期处理完毕。结果显示，在 2 叶期和 6 叶期，3 个品种之间所测得的大多数 EPG 参数均无明显差异。在 4 叶期，大多数的频率性参数在 3 个品种之间也无明显差异，但是时间相关的参数差异明显，特别是与蚜虫吸食汁液相关的 E2 的波形的时间参数变化在 3 个品种之间非常明显，并且与田间的观察结果相一致。所以我们认为使用 EPG 技术探测油菜品种的抗蚜性摸索研究中，以 4 叶期的油菜品种上与韧皮部取食相关的 E2 波形参数的时间参数作为参考和研究依据判断油菜的抗蚜性有着较大的意义。目前撰写的相关文章正在投稿中。

标题：油菜超稀植栽培防控病虫害试验收获

日期：2016-05-27

5 月 25—26 日，侯树敏对合肥试验田的超稀植油菜试验进行了收获。从试验结果来看，油菜种植密度不同，花期、成熟期也有差别。超稀植油菜由于分枝多因而花期较长，成熟相对较迟；害虫发生量差别不大，但超稀植油菜更需注重菌核病的防控，因为植株较少，一旦菌核病发生造成的产量损失会更大。在防控好菌核病的情况下，油菜超稀植栽培在山区及根肿病发生严重的地区还是很有应用前景的。

标题：研究油菜抗虫试验方案

日期：2016-05-31

随着油菜收获的结束，田间工作暂告一段落。近期侯树敏、郝仲萍在查阅大量中外文献资料的情况下，重点研究制订了油菜抗蚜虫、菜青虫和小菜蛾的室内试验方案，以筛选油菜抗虫资源。目前已确定采用经典的室内饲养接虫试验与 EPG 试验相结合的方法来评价油菜的抗虫性，同时对两项测定的结果进行比对，以综合评价油菜的抗虫性。

标题：油菜新害虫——喜马象甲的为害及分布调查

日期：2016-06-12

6月11—12日，胡宝成、侯树敏经成都转机到达西藏林芝地区对我们于2014年发现的油菜新害虫——喜马象甲进行第三次野外调查研究。这次调查的目的主要是再次确认该害虫的为害程度、分布范围和扩散速度。12日上午一下飞机我们就直奔林芝油菜主产县工布江达县进行调查。沿途调查了秀巴、欧巴、木巴等村镇。尽管天气晴朗，气温也高达20℃左右，但除了发现少量的瓢虫外，没有发现喜马象甲和其他害虫，这表明喜马象甲尚未扩散到距林芝最初发现地50千米以外的地区，这也或许与这些地方海拔高度高（3 400米以上），不适宜害虫生存有关。（在青海调查油菜叶露尾甲时，我们发现油菜叶露尾甲分布在海拔2 800米以下的地区，而花露尾甲可分布在海拔3 000米以下的地区）。

标题：米林县和八一区油菜病虫害调查

日期：2016-06-13

今天天气很好，晴天到多云，气温也比较高，有利于昆虫出来活动和取食。上午侯树敏、胡宝成沿林芝地区南线赴米林县和八一区继续调查油菜病虫害。尼洋河谷两岸油菜面积也比较大，我们一般在15～20千米选择1个点进行全面调查。在米林县的增巴村发现少量的蚜虫、瓢虫、叩头甲及潜叶蝇，此外还有一些霜霉病和白锈病，并可见"龙头"状。在其他点均没有发现害虫。在八一区米瑞乡米瑞村发现一种鞘翅目新甲虫（田间无法确认种，需带回实验室鉴定），虫口密度较大，每平方米可达10余头，但仍没有发现喜马象甲。随身携带的海拔仪显示这里的海拔高度为2 900余米，比昨天调查的区域低400～500米，这可能是昨天几乎没有收获而今天收获较大的原因。

下午我们赴西藏农牧学院位于林芝市郊章麦村的试验基地调查。这是我们2014年首次发现喜马象甲的地方，而且虫口密度较大。2015年再次调查，发现虫口密度有较大上升。但是今天的调查却令我们失望，在田里寻找了几十分钟仅发现1头喜马象甲和个别鳞翅目昆虫的幼虫。分析原因有3种可能：（1）今年这里施用农药进行防治过了；（2）调查晚了，成虫已完成交配，入土产卵去了；（3）下午3～4点钟以后，成虫开始入土过夜了。或者还有其他可能，晚上我们与农牧学院的但巴教授交流后也许会有结论。

标题：喜马象甲调查取样

日期：2016-06-14

在完成了林芝向西 50 千米和向南 50 千米外的油菜喜马象甲分布调查后，今天上午胡宝成、侯树敏按计划向东调查。由于昨夜下了一夜的大雨，早上我们出发时还断断续续地下着阵雨，一路上油菜田间积水较多，不能下田调查，即便下田也很难发现昆虫。我们沿途拍照了油菜花景色。下午我们改变了原先计划，吃过午饭后直奔西藏农牧学院植科院油菜试验地调查。在但巴教授的研究生安克杰的帮助下，我们在试验田里捕捉到了足够做试验的正在交尾的喜马象甲成虫，拍照和简单处理后准备带回合肥进行室内研究。此外，我们还对试验田 10 平方米左右的地块挖掘深 15 厘米左右寻找喜马象甲的幼虫和蛹。在 1 个多小时中，我们总共发现和收集到疑似喜马象甲的幼虫 38 头，疑似喜马象甲的蛹 14 头，我们也进行了简单的处理，准备带回合肥进行室内观察研究。

在与旦巴教授的团队座谈中，据介绍，他们团队在每年 4 月初，油菜出苗时就发现有大量的喜马象甲成虫为害油菜子叶，到 9 月初还可见少量成虫。我们对该害虫也有了进一步的认识。为了尽快对喜马象甲进行全面研究，双方同意开展合作研究，进而联合申报有关研究项目。

标题：林芝油菜害虫调查小结

日期：2016-06-16

在林芝的野外调查研究任务完成后，胡宝成、侯树敏于 6 月 15 日经成都返回合肥。这次调查研究收获比较大，结合我们过去二年的工作和但巴教授团队的观察得出几点初步结论：（1）喜马象甲仍然在林芝市郊的西藏农牧学院植科院的油菜试验基地和邻近的章麦村该院油菜试验基地大量发生，以此为中心的周边 50 千米以外的地区尚未发现该害虫；（2）在没有化学防治的情况下，连续 3 年该害虫没有出现暴发现象，可能与当地良好的生态环境、天敌抑制有关，害虫与天敌达到了一个动态平衡；（3）4 月初该害虫就以成虫为害油菜子叶，到 9 月份，在玉米地里尚可发现成虫，因而该害虫有可能在当地一年发生 2 代或 2 代以上，这需要进一步田间观察和人工饲养来确定；（4）除了喜马象甲外，在当地还发现了其他为害油菜的甲虫，其分布范围较喜马象甲广，但属名和种名尚需鉴定；（5）金龟子在林芝地区分布广，油菜田间调查发现有 3 种，可能还会有更多种，金龟子已成为该地区油菜和其他作物的主要害虫之一。

此外，当地油菜蚜虫发生较普遍，在林芝市郊为害较重。油菜白锈病和霜霉病发生也较普遍，这除了白菜型油菜不抗病外，也与当地雨水比较多、温差较大有关。我们已建议当地可引种甘蓝型油菜品种，部分替代感病的白菜型油菜品种。林芝号称"西藏小江南"，是发展旅游的好地方，如果适当扩大油菜种植面积，减少小麦、青稞的种植面积，对发展旅游、增加农牧民的收入均非常有帮助。

标题：喜马象甲成虫解剖及幼虫、蛹饲养试验

日期：2016-06-21

6 月 16—21 日，侯树敏对在西藏林芝采回的喜马象甲成虫及疑似幼虫、蛹进行了室内解剖、饲养和羽化试验，同时对成虫、卵、幼虫、蛹进行了显微拍照。对喜马象甲成虫的触角、头部、前足、中足、后足、胸腹部、鞘翅、内脏等进行了解剖和显微拍照，进一步了解喜马象甲的结构和形态特征；在喜马象甲雄虫腹内可见其阳茎，雌虫腹内可见有卵，每雌有 30~40 粒卵，卵淡黄色，椭圆形。目前幼虫及蛹的饲养、羽化实验室还在进行中。

标题：油菜蚜虫 EPG 研究的补充试验

日期：2016-07-01

由于在对前期的试验数据进行整理分析的时候发现，有些油菜品种上的蚜虫 EPG 数据存在缺失，有些异常值较多。为了确保数据的准确性和完整性，近日，郝仲萍赴浙江大学继续进行蚜虫在油菜上的 EPG 研究。主要补充油菜品种新油 17 的 EPG 数据，以及补充验证中油 821 和德油 8 号的缺失数据。由于最近杭州的气温较高，苗长势不好，为了不影响试验的准确性，我们丢弃了较多的长势不好的苗，选择长势较好的苗进行试验。目前，新油 17 的 EPG 数据已经完成，其他 2 个品种正在出苗，待苗发育到所需的阶段后，继续补充试验数据。

标题：选择落实油菜病虫草害绿色防控示范基地

日期：2016-07-02

6月30日—7月1日，侯树敏赴池州市选择落实2016—2017年度油菜病虫草害绿色防控示范基地。市农委副主任及农技人员等陪同我们赴乌沙镇丰庄村实地查看示范基地。丰庄村是池州市重点扶贫的贫困村，土地面积2 000余亩，丘陵地貌，主要种植旱地作物，一般为棉花—油菜、大豆—油菜、玉米—油菜等轮作模式，作物种类较丰富。油菜是当地冬季最主要的作物，农民有种植油菜的习惯，但对病虫害草害的防控技术仍比较落后，特别是对农药的选择和施用都存在很多的问题。因此我们计划在该地开展油菜病虫草害绿色防控技术示范与推广，进行科技培训，推荐抗病虫能力较强、适合当地种植的高产优质油菜品种。根据害虫发生情况，拟采用灯诱、色诱、性诱、植物诱杀再结合适当的化学防治等，对病虫草害进行绿色高效综合防控，保护当地生态环境，实现油菜安全生产和农民增收。

标题：参加油菜跨蜜蜂体系工作推进会暨技术培训

日期：2016-07-05

7月5日，侯树敏赴青海互助参加了由国家油菜产业技术体系栽培与土肥研究室主办，青海互丰农业科技集团有限公司承办的油菜跨蜜蜂体系工作推进会暨技术培训会。参会人员为国家油菜产业技术体系栽培、植保岗位专家、黄冈、绵阳、巢湖等综合试验站站长及技术骨干、国家蜂产业技术体系代表以及青海互丰农业科技集团有限公司的负责人和技术人员等20余人。上午由蜂产业技术体系授粉蜂群管理岗位专家团队成员武文卿老师介绍了国内外蜜蜂研究现状、蜜蜂授粉基本情况与经济效益以及蜜蜂饲养管理中存在的问题等，油菜产业技术体系岗位专家张春雷研究员介绍了油菜轻简化栽培及多功能利用情况。油菜是优良的蜜源植物，而蜜蜂授粉又增加了油菜的结实率，提高了油菜的产量和品质，两个体系间的合作能够更好地促进共同发展。会上大家还讨论了不同生态区访花昆虫调查研究方案，拟先在我国油菜主产区开展访花昆虫种类的调查研究。

下午我们到青海互丰农业科技集团有限公司油菜试验田现场捕捉访花昆虫（蜜蜂）及标本制作演示。与会代表还亲自练习标本制作，并讨论了鳞翅目、鞘翅目和双翅目访花昆虫标本制作方法等。通过此次会议，使大家对蜜蜂有了更多的了解以及油菜与蜜蜂的互利互惠、协同进化的关系等，为深入开展跨体系协作是一个良好的开端。

标题：青海互作大田油菜访花昆虫调查

日期：2016-07-06

7月6日上午，侯树敏随培训班学员又赴青海互丰农业科技集团有限公司低海拔（2 100多米）油菜制种基地以及高海拔（2 700多米）油菜生产大田调查访花昆虫的种类。由于目前正值油菜盛花期，有很多养蜂人在此放蜂，因此田间主要访花昆虫是蜜蜂。此外还发现了一些双翅目的蝇类访花昆虫，但数量相对较少。目前青海互作县干旱严重，油菜、小麦、青稞等在地作物严重缺水，对正常生长影响很大。但在铺地膜的油菜制种田油菜长势较好，黑色地膜可有效地防虫、防草、保墒，值得在干旱地区推广应用。

标题：参加油菜相关标准审定会

日期：2016-07-07

应全国农技中心的邀请，侯树敏赴北京参加2017年种子行业标准立项评估暨14项农业行业标准审定会。参与《油菜品种菌核病抗性鉴定技术规范》《油菜耐渍性鉴定技术规程》和《油菜抗旱性鉴定技术规范》3个行业标准的审定。油菜是我国第一大油料作物，随着气候和耕作制度的变化，我国油菜每年都要遭受很多生物和非生物自然灾害，给油菜生产造成严重的损失。3项标准的制定，对我国油菜抗菌核病、抗旱、耐渍品种的选育、资源的抗性鉴定具有很好的规范和指导意义。与会专家均对标准内容进行了认真仔细的审阅和讨论，提出一些修改意见，帮助标准起草单位完善标准文本，使标准更具有科学性、先进性和实用性。

标题：内蒙古呼伦贝尔油菜病虫害调查

日期：2016-07-15

胡宝成、侯树敏由北京转机到内蒙古呼伦贝尔调查油菜虫害。海拉尔综合试验站王树勇站长等人带领我们赴牙克石附近的免渡河农场调查。该农场属于呼伦贝尔农垦集团，有耕地15万亩，其中今年油菜种植面积6万亩，从种到收已实现全程机械化。半天时间我们驱车跑了一半以上的油菜田，时值油菜盛花期，蓝天白云下，金黄的油菜花、绿色的小麦、白色的马铃薯花交织成一幅美丽的图画。田间调查仅发现少量的花露尾甲和苜蓿盲蝽。据介绍，三、四年前当地花露尾甲发生比较严重，近几年他们每年均用"功夫"防治多次。在一块油菜自生苗地里，由于没有施用农药，我们发现了大量的花露尾甲，每百株达 500 头以上。这也映证了农药防治花露尾甲确实起到了很好的效果。

标题：海拉尔油菜病虫害继续调查

日期：2016-07-16

上午胡宝成、侯树敏继续在牙克石调查。免渡河农场贾副总带领我们赴乌奴耳镇高吉山林场调查林场工人所种植的油菜病虫害发生情况。这里每户工人均种植油菜几百亩至上千亩不等，与免渡河农场的种植是集体管理不同，这里每户工人各自管理，有的施药防治害虫，有的并不这样做。我们在没有施用过杀虫剂的田块发现了较多的花露尾甲，每百株达 200~300 头，单株有的多达 7~8 头。这再次验证了免渡河农场 6 万亩油菜防治害虫效果很好。我们采集了一些花露尾甲成虫，准备带回合肥鉴定并比较与青海所发生的花露尾甲在形态和分子水平上的异同。下午返回海拉尔。

标题：海拉尔特泥河农场油菜病虫害调查采样

日期：2016-07-17

在内蒙古农牧业科学院植保所李子钦研究员等人的带领下，胡宝成、侯树敏赴呼伦贝尔农垦集团特泥河农场考察油菜新品种及配套栽培技术示范推广基地。该基地试验核心区 100 亩，设立的目标是在肥料、农药减施 25%，利用率提高 8%，品种增产 3%~5%，含油量提高 2%~4%。为达到上述目标，他们采用的主要技术措施有：（1）抗病、高油、双低杂交油菜品种"NM88""中油杂25""大地95""三丰66"等多个品种；（2）测土配方，环境友好型的缓释、缓控专用肥一次性施肥技术；（3）种子带菌检测技术及防虫防病的种子包衣技术；（4）高效、低毒、低残留+增效剂的科学配方化学除草技术；（5）蛋白诱导抗性、赤眼蜂、性诱防控及微生物菌肥综合防控技术。

时值盛花期，田间各品种长势很好，调查没有发现病害，基本没有杂草，有少量花露尾甲，对油菜产量没有什么影响。但苜蓿盲蝽发生量较大，每百株虫口量可达 50~60 头，田间已有些被害植株和少量落花落蕾现象。由于以往该地区没有该害虫，所以仅在苗期由于黄曲条跳甲为害严重时施用过一次杀虫剂。这是当地油菜害虫变化的一个新动向，也是我们继 2011 年在甘肃张掖发现苜蓿盲蝽大面积（30 万亩）发生后，再次发现该害虫的为害情况。我们介绍了在张掖综合防控该害虫的措施并商定在呼伦贝尔合作进行黄曲条跳甲和苜蓿盲蝽综合防控研究。

标题：参加春油菜全产业链绿色高产高效模式现场观摩会暨专家论坛

日期：2016-07-18

　　胡宝成、侯树敏全天参加了呼伦贝尔春油菜全产业链绿色高产高效模式现场观摩会暨专家论坛。上午现场观摩呼伦贝尔农垦谢尔塔拉农场油菜万亩高产攻关试验田和五大技术综合应用的效果展示。实地考察合适佳食品有限公司菜籽油加工全过程。并赴该农垦集团"互联网+健康食品体验馆"参观和体验。下午参加专家论坛，7 位专家应邀做了主题报告。傅廷栋院士做了"关于绿肥油菜和饲料油菜"、青海农科院唐国永研究员做了"我国春油菜生产现状及发展对策"、中国农科院油料所副所长黄凤洪研究员做了"高品质菜籽油制备与提值利用技术"、中科院上海生命科学研究院营养科学研究所高莹研究员做了"芥花油营养"、中国农科院油料所李培武研究员做了"油菜品质改良与低芥酸菜籽油营养健康研究进展"、华中农大冯中朝教授做了"提高国际竞争力，促进我国油菜产业健康发展"、中国农科院油料所副所长张学昆研究员做了"油菜机械直收技术进展"等报告。专家们的报告从不同的角度和视角报道了油菜相关研究领域的最新进展，是一次很好的学习和交流的机会。

标题：喜马象甲室内饲养试验

日期：2016-07-28

　　从 6 月 15 日始，我们由西藏林芝带回的喜马象甲成虫、幼虫和蛹，在养虫室内进行饲养试验，鉴定所采幼虫和蛹是否喜马象甲的幼虫和蛹。由于幼虫和蛹都是在土壤中所采到的，因此我们在大培养皿和塑料培养盒内把幼虫和蛹分别放入土壤中，并保持适宜的温度和湿度进行室内饲养。然而经过 40 余天的饲养和观察，幼虫和蛹却逐渐死去，未能羽化出成虫，且成虫在饲养过程中也逐渐死亡。我们推测可能是内地的气候和土壤条件不适宜喜马象甲的生长，无法完成生活史。

同时，我们请西藏大学农牧学院旦巴教授在林芝代为观察的喜马象甲的幼虫和蛹羽化试验，蛹已羽化出了喜马象甲成虫，羽化率为 40%，但是幼虫还未完成羽化。目前已基本确定所采集的蛹是喜马象甲的蛹。为了进一步确定幼虫是否为喜马象甲幼虫，仍需进一步试验。为深入开展喜马象甲的研究工作，制订下一步试验方案，我们计划近期在当地油菜收获前再赴林芝进行调查。此外，由于当地青稞、小麦和油菜病害也普遍发生，他们也希望与我院加强病害方面的研究合作，因此我院也拟派病害专家前往调查了解，为进一步开展科技援藏做好前期准备。

标题：油菜害虫诱集试验调查

日期：2016-08-09

8月7日侯树敏经成都转机于8日到达拉萨，9日在袁玉婷站长及尼玛卓玛老师的带领下赴拉萨综合试验站试验田调查我们今春安排油菜害虫诱集试验对害虫诱集的效果。由于今年拉萨的降水较往年偏多很多，害虫总体发生不重，油菜田间有少量的蚜虫，但在田边种植甘蓝的害虫诱集试验中，我们发现甘蓝对大菜粉蝶（2015年发生很重）有很强的诱集作用，目前甘蓝上已诱集有10多头大菜粉蝶幼虫，而相邻的油菜植株上却未发现幼虫。此外，我们还发现当地一种油萝卜对大菜粉蝶具有更强的诱集作用，已在其植株上发现了大菜粉蝶2~5龄幼虫60余头，而在相邻的油菜、白菜植株上却未发现大菜粉蝶幼虫。萝卜对大菜粉蝶也有一定的诱集作用，在其上发现有大菜粉蝶幼虫，因此，我们推测可能是由于油萝卜、甘蓝及萝卜中含有较高的芥子硫苷对大菜粉蝶具有吸引作用。尼玛卓玛老师已给了一些种子准备带回合肥实验室进行生理生化分析，明确其诱集原因，为进一步研究合成大菜粉蝶诱集信息素奠定基础，以期实现大菜粉蝶的绿色防控。

标题：扎囊县油菜示范区病虫害调查

日期：2016-08-12

8月11—12日在拉萨综合试验站团队成员王晋雄和尼玛次仁的带领下侯树

敏赴拉萨综合试验站设在扎囊县扎其乡和多坡章乡油菜示范区调查病虫害。2个示范区病虫害总体发生不重，基本无病害，但少部分田块蚜虫仍较重。在扎其乡西嘎学村我们帮助指导的病虫害绿色防控百亩示范区油菜长势良好，虫害发生很轻，平均有蚜枝率 0.1% 左右，而非示范区平均有蚜枝率达 10%~15%。示范区对害虫的防控有显著的效果，得到当地政府部门和科技部门的高度认可。拉萨综合试验站也表示下一年度将继续扩大示范面积，大力推广病虫害绿色防控技术，促进农民增产增收。

标题：参加第七届国际作物科学大会及中国作物科学年会

日期：2016-08-22

8 月 15—19 日胡宝成、侯树敏、李强生、荣松柏赴北京参加第七届国际作物科学大会及中国作物科学年会。国际作物科学大会每 4 年举办一次，大会内容包括作物遗传育种与种子生产、作物种质资源保护利用与评价、作物营养与高效利用、生物和非生物胁迫、作物基因及基因组学、基因克隆、转基因作物、气候变化与作物可持续生产、作物高效生产与质量安全等。我们重点听取了利用作物遗传多样性持续控制病虫害、气候变化对害虫及转 Bt 作物抗虫性的影响、转基因抗蚜虫植物、利用 RNA 干扰技术控制桃蚜以及大豆抗虫遗传育种等报告。此外，作物抗病、抗旱及耐盐基因的挖掘、分子标记的开发以及利用基因编辑技术对作物进行定向选育等对我们开发利用油菜抗虫基因和分子标记具有重要的启发意义。我们也和与会的有关专家进行了交流，为今后开展国内和国际合作奠定一些基础。

标题：油菜种衣剂安全评价试验

日期：2016-08-25

近一段时间，侯树敏、宋伟对油菜种子进行杀虫剂包衣试验。设 4 个不同的浓度梯度，以清水为对照，共 5 组，每组 3 次重复，在人工气候箱内研究种衣剂对油菜出苗的影响。结果表明 0.5% 的种衣剂浓度对油菜出苗率和发芽势略高于清水对照，因此，0.5% 的种衣剂浓度较适合进行种子包衣，下一步我们将进行更多种衣剂安全及害虫（蚜虫、黄曲条跳甲）的防效试验，以研究最适宜的种衣剂及最优配方，实现对害虫的绿色高效防控。

标题：油菜虫害防控岗位秋季工作安排

日期：2016-08-30

随着 2016 年油菜秋播即将开始，我们岗位召开了油菜秋播工作研讨会，讨论下一步工作计划。团队拟重点开展以下研究工作：（1）继续监测全国油菜害虫发生和变化情况；（2）在前期预备试验的基础上，继续开展油菜种衣剂配方优化筛选试验，研制最佳种衣剂配方，开展防虫效果室内和田间试验。选择高效低毒环境友好型杀虫剂进行害虫室内和田间防效试验，同时研究新型农药复配剂进行防效试验；（3）根据前期 EPG 试验结果，对参试的油菜品种进行叶片表皮切片电镜观察，研究叶片表皮的组织结构，与 EPG 结果进行比对，同时进行田间试验验证，筛选抗虫资源，为抗虫基因的挖掘准备试验材料。继续开展蚜虫与菌核病的关系研究；（4）对油菜新害虫（叶露尾甲、花露尾甲和茎象甲）进行触角感器电镜扫描观察，为进一步克隆相关嗅觉蛋白基因（OBPs）做前期准备；（5）示范和推广油菜主要害虫绿色高效综合防控技术，建立核心示范区。

标题：油菜示范基地落实及供种

日期：2016-09-05

9 月 3—4 日，胡宝成、侯树敏赴池州市贵池区和黄山市黄山区送去油菜示范基地所需油菜种子 110 千克，同时察看示范基地茬口情况，指导安排油菜播种前的工作。池州示范基地为丘陵，前茬主要是棉花、玉米、大豆等旱地作物。黄山区主要是水稻。因此，根据茬口和当地农民种植习惯，贵池区以育苗移栽为主，黄山区以直播为主。同时我们还为示范基地准备了我们体系的科研成果"油菜专用肥"，以实现油菜节肥增效。还为示范基地配备了频振式杀虫灯、高效低毒生物化学农药等，以减少农药的施用量，提高农药的防效，开展病虫草害绿色防控，实现示范区油菜绿色高效生产，提高油菜籽的市场竞增力。

标题：油菜黑胫病强侵染型入侵问题

日期：2016-09-07

近日刘胜毅研究员电话询问油菜黑胫病强侵染型（*L. maculans*）在中国是否已经被发现，已有几位国外专家向他询问过这个问题。胡宝成也被类似的问题询问过。2016 年 6 月 8 日，加拿大马尼托巴大学的 Dilanthan Fernando 教授在给胡宝成的电子邮件中说到，Plant Pathology 的一位审稿者说该病已在中国被发现，如果这点被加到论文中，该论文将很快地被发表，且很独特。胡宝成当天给 Dilanthan Fernando 教授回信说："我们团队在农业部和科技部的项目支持下，经过近 10 年的全国油菜黑胫病普查和监测，至今尚未发现 *L. maculans*，你得到的信息是错误的"。在与刘胜毅研究员的通话中，胡宝成也讲了这件事，并转发了相关的电子邮件给刘胜毅研究员和侯树敏、李强生、荣松柏等团队成员。因为油菜黑胫病强侵染型是中国检疫性病害。

标题：油菜高效生产及病虫草害绿色防控试验示范基地建设

日期：2016-09-21

9 月 19—20 日，侯树敏再赴黄山市黄山区落实油菜高效生产及病虫草害绿色防控试验示范基地，讨论试验方案，并送去国家油菜产业技术体系"十二五"科技成果之一的"油菜专用缓释肥"6 吨。示范区主要开展节肥增效试验和病虫草害绿色防控试验，实现减施化肥和农药，促进当地油菜产业绿色发展，提升油菜籽市场竞争力，实现油菜安全生产和提质增效，促进农民增产增收，保障油菜产业健康可持续发展和食用油安全。试验示范基地位于黄山区三口镇，核心区 260 余亩，周边辐射布点推广 2 000 余亩。目前油菜播种前的各项准备已基本就绪，只等国庆节期间水稻收获后适时播种。

标题：油菜种子包衣重复试验

日期：2016-09-22

在前期试验的基础上，侯树敏、宋伟又对 2 品种、4 种药剂的 7 个处理分别进行了油菜种子包衣试验。包衣后的种子分别于室内和室外 2 种条件下种植，以研究不同种衣剂及药种比对油菜出苗的影响，同时比较室内外种子发芽的情况。播种 7 天后调查出苗数，计算出苗率。结果表明，不同的种衣剂和药种比对油菜籽的出苗率有较大的影响。室内出苗率变异范围在 29.17%~79.17%；室外出苗率变异范围在 33.33%~93.33%。室外出苗率明显高于室内出苗率，可能是因为室外温度较高、光照充足的原因。另外，同一种药剂的药种比对室内外油菜出苗率的影响也存在不一致的现象。因此，我们将继续进行重复试验，以筛选最佳种衣剂和药种比，为安全高效防治油菜害虫奠定基础。

标题：油菜害虫田间调查

日期：2016-09-23

9 月 22—23 日，侯树敏、宋伟到合肥试验田已种植的油菜、白菜、甘蓝等试验小区中调查油菜害虫的发生情况。结果表明，在当前最高温度仍在 30℃左右时，菜青虫、黄曲条跳甲、猿叶甲及叶露尾甲都已经开始出现。特别是油菜叶露尾甲比以前的调查提前了 1 周出现，这表明该害虫的秋季为害时间更长了，需进一步研究其发生规律。我们此前制订了今秋油菜害虫防控试验方案及室内害虫饲养、研究方案，目前各项工作正顺利开展。

标题：油菜竞争力提升试验示范基地播种

日期：2016-10-09

10 月 6—9 日，侯树敏、范志雄赴黄山市黄山区山口镇进行油菜高效生产及病虫害绿色防控试验示范基地进行播种。示范基地建设在良富家庭农场，该农场拥有流转土地 600 余亩，主要为稻—油栽培模式。10 月 1—3 日的阴雨，对适时早播有影响，目前天晴，已播种 100 余亩，预计在本月 15 日前能完成播种。此外，我们还与体系遗传改良与繁育研究室及本研究室的岗位专家合作，在该镇根肿病重发区开展抗根肿病种质资源筛选鉴定试验，目前播种已基本结束。

标题：参加中国昆虫学会 2016 年会

日期：2016-10-17

10 月 10—13 日，侯树敏、宋伟参加了在昆明召开的 2016 年度学术年会。与会专家、学者、研究生 600 余人。学术报告分为大会报告和分组报告两部分进行。大会报告有 13 位专家分别从昆虫的行为学、基因调控、昆虫发育、昆虫寄主协同进化、生物防治、粘虫迁飞、昆虫多样性与系统演化、气候变化对昆虫的影响、大数据应用、昆虫雷达监测等方面做了报告。分组报告分为 8 个小组进行交流（昆虫分类、古昆虫与传粉昆虫；昆虫生理生化与分子生物学；基因组学、昆虫发育与遗传；昆虫生态与农业昆虫；生物防治、城市昆虫、医学昆虫及蜱螨；林业昆虫、资源昆虫、昆虫产业化；外来入侵与植物检疫）。我们重点选择听取了与自己研究内容相关及感兴趣和即将开展研究的报告，同时与有关专家进行了交流。通过参加会议，对了解中国昆虫研究的前沿及方向，新技术和新方法的应用及提高自己的研究水平具有重要的意义。同时结交了一些国内的专家学者，为今后的合作、交流奠定了基础。

标题：油菜大猿叶甲田间调查

日期：2016-10-24

近日，油菜大猿叶甲在安徽多地普遍发生。据侯树敏、郝仲萍在合肥、肥东、庐江、黄山等地调查，大猿叶甲的成虫、幼虫均开始大量为害油菜，为害严重的田块，平均百株虫量达 200 头左右，油菜叶片"千疮百孔"，急需防治。我们也及时通过体系平台提醒各位专家、站长进行田间调查，及时防治害虫。

标题：油菜害虫试验

日期：2016-10-26

近一段时间，侯树敏、宋伟研究了 4 种不同种衣剂的 35 种药种比对"大地95"和"青杂七号"种子发芽的影响；同时苗期接种蚜虫、黄曲条跳甲和猿叶甲，研究不同种衣剂及不同药种比处理对害虫的防效，以筛选最适宜的种衣剂和药种比。同期完成油菜叶露尾甲和喜马象甲的成虫触角显微取样、固定、清洗、干燥，为触角感器的电镜扫描观察做好前期准备。

标题：帮助综合试验站鉴定油菜害虫，指导防控

日期：2016-10-28

10 月 27—28 日，我们先后接到六安综合试验站刘道敏站长及贵阳试验站饶勇站长发来油菜害虫及植株被为害状的照片，要求帮助鉴定害虫种类及指导防控措施。我们根据害虫形态特征及油菜被害状，鉴定六安的害虫为油菜猿叶虫，贵阳的害虫为蚤跳甲。我们及时把鉴定结果通知刘道敏站长和饶勇站长，并提出防控措施。10 月份我省遭受 25 天左右的连阴雨天气，田积水较多，油菜渍害严重，就是在这样多雨环境下，油菜猿叶虫仍然发生严重。雨水能够抑制蚜虫种群暴发，但对猿叶虫却影响很小，猿叶虫仍有暴发的可能，猿叶虫已

经成为为害油菜的主要害虫，急需加强防控。

标题：论文撰写及试验安排

日期：2016-11-01

郝仲萍执笔撰写并投递到 The Journal of the Kansas Entomological Society 的 SCI 论文 'EPG-recorded feeding behaviour of cabbage aphids Brevicoryne brassicae on three oilseed rape cultivars at three developmental stages' 近期有了审稿结果，需要根据 3 位审稿人的审稿意见进行返修。我们根据审稿人的意见进行了认真细致的回复和修改，并将修改稿和对审稿人意见的回复函一并返回到杂志编辑处。目前该文章正在返修的审稿过程中。与此同时，对前期开展的研究工作试验数据进行处理，查阅文献，正在积极准备下一篇文章的撰写，争取在年底前将下一篇英文文章投稿。2016 年后半年的试验也正在积极的进行中，并且将对前期甘蓝蚜与花叶病毒的互作研究进行深入的分析。下一步将对携带与不携带病毒的蚜虫进行测序，从分子的角度解释 2 种处理的蚜虫在油菜上取食行为差异。

标题：油菜竞争力提升行动调查研究

日期：2016-11-04

11 月 2—3 日，胡宝成、侯树敏赴黄山市黄山区、黟县、休宁等地开展油菜竞争力提升研究工作，实地调查油菜苗期病虫害。今年 9 月底以来，连续阴雨低温，所调查地区的油菜苗普遍弱小，田间积水严重，猿叶甲有暴发的风险，杂草为害很重。黄山区三口镇是我们百亩试验示范基地，此外，华中农大和中国农科院油料所的油菜根肿病抗性鉴定试验也安排在该镇。在区农技中心何主任和镇农技站严站长等人的协助下，我们进行了田间调查，结果表明，抗、感病品种基本没有发病，这可能与播种偏迟（10 月 6—10 日播种）、温度偏低有关。

虫害方面，田间尽管没有蚜虫，但猿叶虫为害较重。早播（10 月 6 日）的田块，为害株率达 80% 左右，每株有虫 1~4 头；迟播（10 月 10 日后）的田块，由于苗弱小，虫害相对轻些。在黄山市的焦村镇（郭村、贤村）猿叶虫为害也较重。黟县宏村镇卢村近百亩连片油菜长势很好，也基本没有害虫。在渔亭镇艾坑村，60 余亩油菜是我们这次调查苗期最好的，植株达 6 叶 1 心，但根肿病发生重，所调查的田块发病率达 80% 左右，也有少量猿叶虫为害。休宁县齐云山镇南坑村历年油菜种植水平比较高，今年由于土地流转到大户，受阴雨的影响，基本没有种植。尚未流转的几户农民种植的油菜已达 6 叶 1 心，长势较好，也有少量猿叶虫为害。这次调查表明，随着气候和耕作制度的变化，害虫种群也相应地发生了变化，猿叶甲已成为当地油菜的主要害虫之一。

标题：携带花叶病毒的甘蓝蚜在健康油菜植株上的取食行为研究

日期：2016-11-07

近日，郝仲萍赴浙江大学继续进行甘蓝蚜与油菜花叶病毒关系的研究。在前期对接种病毒后的德乐油 6、新油 17、浙平 4 以及中双 11 等品种植株上不带毒甘蓝蚜的取食行为进行 EPG 研究分析后，本次将甘蓝蚜饲养在患病的油菜植株上获取病毒，使之携带花叶病毒，然后转移到德乐油 6 和中双 11 的健康植株上进行带毒蚜虫的取食行为 EPG 研究，并评估带毒蚜虫的传毒能力。由于植株上接种病毒后可能并不表现症状，所以我们使用病毒检测试剂盒将试验结束后的蚜虫和植株进行病毒检测，目前试验正在进行中。

标题：参加 2016 年中国植物保护学术年会

日期：2016-11-15

11 月 10—12 日，侯树敏、宋伟参加了在成都举行的"中国植物保护学会2016 年学术年会"。大会的主题是"植保科技创新与农业精准扶贫"，参会人员达 1 100 多人，共有 120 位专家、学者及在校硕、博士研究生做了学术报告。专家们对绿色、可持续的植保研究工作各抒己见，百家争鸣。

11 月 11 日开幕式后进行大会特邀报告，7 个特邀报告包括农药、植物病害、农业昆虫、虫害与病害之间的关系、农田鼠害与可持续控制等研究。报告题目为：《绿色农药创制与应用》《洞庭湖区东方田鼠种群数量暴发机理》《植物免疫诱导阿泰灵的创制与应用》《我国主要检疫性入侵害虫发生和防控态势》《灰飞虱传水稻病毒病的灾变规律与绿色防控技术》《小麦赤霉病发生规律及其防控研究进展》以及《农产品与环境中农药、重金属快速检测技术与产品》。

11 月 12 日分 4 个分会场进行学术报告交流，即农业昆虫与可持续控制技术研究、植物病害与可持续控制技术研究、生物防治技术研究、农田草害与可持续控制技术研究以及农田鼠害与可持续控制技术研究。我们重点参加农业昆虫与可持续控制技术研究和生物防治技术研究的交流。报告内容既有昆虫生态化学防控、生物防治，又有绿色农药研制、靶标作用机理研究。还有围绕结构生物学展开研究，开发新型疫苗，激发提高植物自身免疫能力，增强植物抗病虫能力。绿色可持续植保是今后植保工作者研究的重点和热点，也是保障食品和生态安全的重要技术措施。

该次会议规模大，层次高。专家们从不同领域报告植保工作研究进展和取得的成果。通过参加这次会议，使我们了解了国内昆虫研究的前沿，开阔自己研究思路，对提高我们对油菜害虫的绿色可持续防控研究具有重要意义。

标题：喜马象甲电镜扫描试验

日期：2016-11-18

1 月 17 日，侯树敏、宋伟在安徽农业大学生物技术中心电镜实验室对油菜喜马象甲（暂定名）触角进行了电镜扫描观察。油菜喜马象甲是我们团队在西藏林芝地区发现的新害虫，经文献检索及请国内多位专家鉴定，目前只能鉴定为喜马象属害虫，很可能为一新种。喜马象甲触角感器主要有毛型感器、刺形感器和锥形感器。感器类型不是很多，这可能与其生活的环境和其寄主较少有关，我们将进一步对其生物学特征和生态学特征进行观察研究，同时拟进行嗅觉气味结合蛋白（OBPs）基因分析、克隆和表达试验，开展分子化学生态研究。

标题：油菜叶露尾甲人工饲养试验

日期：2016-11-22

近日，油菜叶露尾甲已在田间大量发生。虽然安徽近期一直多阴雨，但是叶露尾甲仍然发生较重，似乎雨水对其影响不大，平均百株虫量达 30~50 头。为了更好地开展研究，侯树敏、宋伟在田间采集 1 200 头油菜叶露尾甲在室外网室（自然环境）及室内养虫笼中分别进行人工饲养试验。鞘翅目甲虫人工饲养繁殖成功率很低，我们前几年的室内饲养也证明了这一点。所以我们采用室外网室，在自然气候条件下和室内养虫笼 2 种方法进行饲养，探索油菜叶露尾甲的人工饲养条件，为深入研究持续提供研究所试材，同时也能更好地观察研究该害虫的生物学和生态学特征。

标题：油菜叶露尾甲采样

日期：2016-12-01

　　侯树敏、宋伟带领 2 名工人赴巢湖市耀华村采集油菜叶露尾甲成虫，同时调查该害虫在该地发生情况。耀华村可以说是油菜叶露尾甲在安徽的起源中心。当天，天气晴好，最高气温达 16℃，我们田间调查时，发现仍有大量的油菜叶露尾甲成虫在为害油菜、白菜，百株虫量达 300~500 头。我们采集了约 1 000 头成虫带回实验室，采用已开花的"青杂 7 号"进行饲养，研究油菜开花是否为油菜叶露尾甲交配产卵的信号，探索油菜叶露尾甲种群室内饲养条件。

标题：油菜试验示范基地调查指导

日期：2016-12-05

　　12 月 3—4 日，侯树敏、胡宝成赴黄山区三口镇油菜竞争力提升试验示范基地调查油菜苗情及病虫草害的防控情况。示范基地今年播种 260 余亩，9 月 28—30 日播种的油菜目前长势良好，有 8~9 片绿叶，但 10 月 10—15 日播种的长势较弱。由于 10—11 月雨水非常多，渍害严重，造成迟播油菜大量死苗，田间缺苗较多。前期发生较重的油菜大猿叶甲已得到控制，禾本科杂草也防控较好。我们对渍害较重、苗已发红的田块提出清沟沥水，追施氮肥，叶面喷施磷酸二氢钾等技术措施，充分利用近期晴好天气和较高气温，促进油菜冬前生长，壮苗越冬，对缺苗严重的田块进行移栽补苗，加强田间管理。

标题：信阳市油菜苗情调查

日期：2016-12-09

　　12 月 5—7 日侯树敏、胡宝成应信阳试验站的邀请赴河南省信阳市参与油菜越冬前考察和田间病虫害调查。信阳市农科院石院长和程辉站长带队 3 天里考察了商城县、光山县、新县和罗山县等地油菜产区。中国农科院油料所程晓晖博士、河南农科院张书芬岗位专家、浙江省农科院华水金岗位专家及团队成员等 10 余人参与考察。

如同华东地区一样，信阳市今年油菜播种时节气候异常，10 月份和 11 月份连续阴雨，造成当地水稻茬油菜不能播种。我们考察时大多数稻田还泡在水中。各试验示范基地播种早，采取了多种措施，但苗情均不如往年，苗小、长势弱。加上 11 月下旬强冷空气入侵，田间冻害普遍达 2 级以上。早熟品种已抽薹 5 厘米左右并已冻死。调查中没有发现害虫，但猿叶甲和跳甲的为害状比较普遍。气候的变化带来害虫种类的变化已开始呈现，尤其是猿叶甲今年首次大发生。

为了促进油菜产业走出低谷，信阳市各地在试验站和河南省农科院岗位专家的指导下做了多种尝试。商城县和新县在旅游区种植油菜推动休闲农业和景区旅游结合。大力扶持大户种植油菜。新县箭厂河乡一位"80 后"油菜种植大户的工作给我们留下了深刻的印象。光山县晏河乡农技推广站充分发挥示范带动作用。不论是品种展示和千亩示范片均起到了很好的示范和展示效果。罗山县信阳农科院油菜试验基地 30 余亩油菜长势喜人。在今年异常气候条件下，田里有苗就说明工作做得好。田间苗期能接近常年的长势说明付出辛苦和努力要比常年大得多。考察中我们也发现了一个不容忽视的问题：除草剂的为害。随着种植规模化不断扩大，土地逐步流转到大户，杂草防控越来越依靠除草剂。我们在新县陈店乡看到了前茬花生使用除草剂后，后作油菜全部死亡的田快。如果不重视，这种现象可能会越来越多。

标题：油菜叶露尾甲生物学特性观察

日期：2016-12-15

经过近 1 个多月的室内饲养，侯树敏、宋伟利用春性油菜品种"青杂 7 号"作为饲养材料，然后再利用已开花的"青杂 7 号"油菜及本地尚处于苗期的油菜分别饲养油菜叶露尾甲成虫。结果发现：利用已开花的"青杂 7 号"饲养的油菜叶露尾甲成虫开始交配产卵，且孵化出幼虫，而苗期油菜饲养的成虫并没有交配产卵。因此，我们推测：油菜叶露尾甲在冬季是休眠而不是滞育；油菜开花是诱导成虫交配产卵必要条件。这为在实验室内进行种群繁殖提供了条件。我们将继续饲养，探索一套油菜叶露尾甲种群室内繁殖的技术规程，为开展深入开展研究及时提供试验材料，也对其他甲虫的室内饲养提供借鉴。此外，这也解释了当冬季气温较高时，田间仍有油菜叶露尾甲成虫活动的原因。

标题：不同药剂对蚜虫的毒力测定

日期：2016-12-19

近一段时间，侯树敏、宋伟选用 5 种不同剂型的杀虫剂对油菜蚜虫进行室内毒力测定。5 种杀虫剂分别是悬浮剂稻腾（阿维·氟酰胺）、阿立卡（噻虫·高氯氟），以及水分散粒剂艾美乐（吡虫啉）、顶峰（吡蚜酮）和福戈（氯虫·噻虫嗪）。分别采用二倍法和十倍法稀释药剂，以清水为对照。试验结果表明，5 种杀虫剂的毒力从高到低依次是阿立卡、稻腾、艾美乐、顶峰和福戈。悬浮剂的阿立卡和稻腾对油菜蚜虫的毒力大于 3 种水分散粒剂杀虫剂的毒力；阿立卡（噻虫·高氯氟）和稻腾（阿维·氟酰胺）对蚜虫的毒力较好，其 LC_{50} 的值分别为 0.0084 毫克/升、0.0592 毫克/升；在油菜蚜虫的防治中选择合适剂型的杀虫剂是提高蚜虫防效的一个关键因素。